Publisher
Roger J. Grant

Managing Editor
John H. Ferguson

Cost Consultant
Hanscomb Limited

Coordinator
Gina Scherhaufer

St. John's
Wayne Fitzpatrick

Halifax
Raymond Murray

Montreal
Pierre Paul Bourbonnais

Ottawa
David Crane

Toronto
Paul Westbrook

Winnipeg
Joe McEvoy

Calgary
Mike Hullah

Vancouver
John Walker

Mechanical
Peter Mason

Electrical
Al Wright

Hanscomb's *Yardsticks for Costing* is published by the R.S. Means Co., Inc., a member of the Construction Market Data Group, which serves the construction industry in the U.S., Canada, and Mexico with publications and services that provide cost, product and project activity information for design, construction, and facility management professionals.

U.S. Office: R.S. Means Co., Inc.
100 Construction Plaza
Kingston, MA 02364
Phone: (781) 585-7880
Fax: (781) 585-7466
www.rsmeans.com

Canadian Office: CMD/Canada
280 Yorkland Blvd.
North York, ON M2J 4Z6
CANADA
Phone: (416) 758-6400
Fax: (416) 494-6978

Price: $115 (plus G.S.T.)

The information and prices contained in Hanscomb's *Yardsticks for Costing* are believed to be representative of current prices and costs. No warranty or guarantee, implied or otherwise, is given nor any liability assumed by either the R.S. Means Co., Inc., a member of the Construction Market Data Group, or Hanscomb Consultants, Inc. in connection with this book.

The cost information contained in this publication is developed by Hanscomb Limited and is not based on Means' own cost information. However, Means believes the information contained herein is a valid alternative source of costing information and as such is complementary to Means' cost data publications.

Published in U.S.A. All rights reserved. The contents of this publication are copyrighted and may not be reproduced or stored in an electronic retrieval system either in part or in full without the consent of R.S. Means Co., Inc.

Member of the Canadian Business Press

Cont

Please read before using YARDSTICKS FOR COSTING!

To make it easier for you to pinpoint items, the manual is divided into seven sections, each coded **A, B, C, D, E, F** and **G**.

Note that Section C is divided into two parts: one listing **metric** prices and the other listing **imperial** prices. Both listings use a **Division** number at the top of the page. This number corresponds to the MASTERFORMAT specification. The Divisions are listed below. To further help you use this manual, you'll find a visual guide on pages 5 and 6. This comprises examples which clearly pinpoint the essential components of each section, and is preceded by notes on how to use the tables. We strongly recommend that before using the data you take time to look at Section A!

A	HOW TO USE THE MANUAL		4
B	INDEX TO SECTIONS C AND D		7
C	CURRENT MARKET PRICES	Metric 10/Imperial	71
D	COMPOSITE UNIT RATES	Metric 132/Imperial	141
E	GROSS BUILDING COSTS		150
F	LABOUR RATES		157
G	METRIC CONVERSIONS & ABBREVIATIONS		159

Current Market Prices Divisions—Metric and Imperial

		Metric Page Number	Imperial Page Number
1.	General Requirements	10	71
2.	Site Work	11	72
3.	Concrete	17	78
4.	Masonry	20	81
5.	Metals	23	84
6.	Wood and Plastics	25	86
7.	Thermal and Moisture Protection	27	88
8.	Doors and Windows	30	91
9.	Finishes	35	96
10.	Specialties	41	103
11.	Equipment	45	107
14.	Conveying Systems	46	108
15.	Mechanical	47	108
16.	Electrical	55	116

SECTION A

Introduction: How to Use *Yardsticks for Costing*

How to use the data

One of the biggest advantages of *Yardsticks for Costing* is that it lists costs for 8 major Canadian cities–many other manuals list only one set of unit prices.

Note that **unit prices are for average non-residential construction, involving union labor.**

Generally speaking, in most areas, unit prices for residential construction are as much as 20-30% lower.

No allowances have been included for alteration work, difficult access, crash schedules or any other extremes.

Material and workmanship quality is assumed to be of good standard and produced under normal conditions. Special large-scale purchasing discounts have not been applied.

Overhead & profit

For **overhead and profit**, note that all prices include site overheads and profit for all items normally subcontracted by general contractors. General trade work is priced at net cost excluding site overheads and profit.

When preparing estimates, refer to Section D, CIQS Z1. A sum should be added to estimates to cover the general contractor's site overheads and profit on a percentage basis.

Preparation of estimates

Section C contains unit prices set out in a trade format and is ideally suited to the preparation of sub-trade preliminary estimates using approximate quantities.

Section D provides composite unit rates which are more suited to an elemental cost estimate, a faster method used to prepare preliminary estimates. Ideally, cost summaries should follow the Elemental Building Cost Breakdown shown on Page 5.

Local market conditions can have a profound effect on final building costs. Generally, the greater the volume of work in a given locality, the steeper the rises in prices for that area. In smaller cities, these conditions can be created temporarily by the inadvertent tendering of one or two large projects during the same period. These influences cannot be measured definitively and each estimator must allow for them according to his or her own judgment.

Contingencies/Allowances

When preparing estimates, the wise estimator allows a contingency sum for unforeseen conditions. Even where definitive prebid estimates have been prepared, it is suggested that a small margin should be provided for potential field changes during construction.

Escalation

Unit prices and rates are based on tendering levels experienced during January 1998. They allow for the cost of wage increases up to the end of December 1997. Tendered rates normally include provision for escalation based on the work schedule of a particular project, and depend on the contract conditions. It is impossible to ascertain the precise escalation in a rate. However, estimators should allow for escalation likely between January 1998 and the date of the estimate. Here is an example of how you can do this:

Estimate based on unit rates = $1,215,000

Proposed bid date = August 1998

6 months x 2% per annum, estimated = 1%

Total estimate August 1998 bid date = $1,227,150

Goods & Services Tax

All rates exclude the Goods and Services Tax (G.S.T.), Harmonized Sales Tax (H.S.T.) and Quebec Sales Tax (Q.S.T.). The applicable Provincial Sales Tax (P.S.T.) is included in Ottawa, Toronto, Winnipeg and Vancouver's rates. This approach conforms to industry bidding practices which include the submission of all tenders exclusive of G.S.T., the tax being added to the certified amount of each progress billing.

If you have any questions

If you have any questions regarding the content of *Yardsticks for Costing,* call the Hanscomb Hot Line in the city nearest you:
- St. John's (709) 722-0505
- Halifax (902) 469-3732
- Montreal (514) 846-4060
- Ottawa (613) 234-8089
- Toronto (416) 487-3811
- Winnipeg (204) 475-9859
- Calgary (403) 234-9490
- Vancouver (604) 685-1241

Questions concerning mechanical or electrical costs should be directed to the Toronto office.

To order extra copies

To order additional copies of *Yardsticks for Costing*, call (800) 334-3509.

Preparing an "Elemental Building Cost Breakdown"

When possible, estimates should carry an elemental notation using the CIQS measurement and pricing method. An example of a format prepared by Hanscomb Consultants Inc. using actual figures is shown here.

This format provides for a reduction of most sub-elemental estimates to a single rate based on a parametric unit suitable to that particular sub-element. Accumulation of these elemental unit rates over a period of time will provide an excellent source of parametric cost data, which will be useful for rapid preliminary estimating at the earliest stages of projects. This method should be used at every opportunity, rather than the square foot or cubic foot (square metre or cubic metre) single rate methods of estimating.

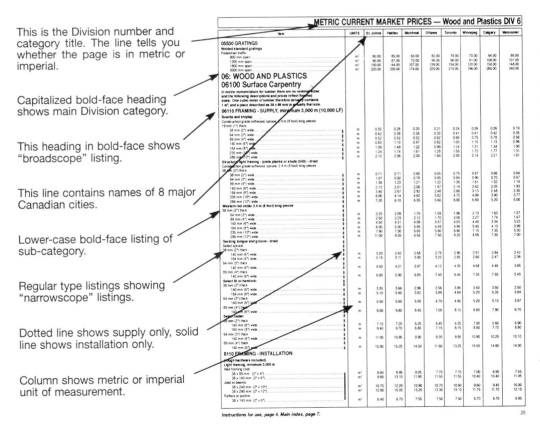

1: HOW TO READ "CURRENT MARKET PRICES" METRIC ON P. 10–IMPERIAL P. 71

This is the Division number and category title. The line tells you whether the page is in metric or imperial.

Capitalized bold-face heading shows main Division category.

This heading in bold-face shows "broadscope" listing.

This line contains names of 8 major Canadian cities.

Lower-case bold-face listing of sub-category.

Regular type listings showing "narrowscope" listings.

Dotted line shows supply only, solid line shows installation only.

Column shows metric or imperial unit of measurement.

Prices are shown in dollars and cents if under $1,000; dollars only if over $1,000.

Unit prices are listed separately in **both metric and imperial**, using the Division format.

Prices are based on market prices current January 1998, and include all materials, labour to install, transportation, equipment costs and site overheads and profit for work normally done by subcontractors. Provincial taxes included where applicable, **GST excluded.**

Unit prices are for use in **approximate** construction cost estimating. Prices represent **average** rates for **average** conditions. Many variables influence construction costs at a given location and a given time – the reader must gauge these conditions. The reader must note that prices shown represent normal rather than optimum conditions where lower or higher prices prevail.

Hanscomb recommends obtaining budget quotes from subcontractors and suppliers for specific installations.

Use caution when using unit rates for negotiating change orders.

2: HOW TO READ "COMPOSITE UNIT RATES" METRIC ON P. 132 - IMPERIAL P. 141

Main heading shows metric or imperial listings for composite rates, material/system classification. Note that number refers to Canadian Institute of Quantity Surveyors (CIQS) breakdown.

Listings of composite units and rates are for use in preparing preliminary estimates or for comparative purposes. Rates in this section are basically built up from the prices appearing in Section C, Current Market Prices.

3: HOW TO READ "GROSS BLDG. COSTS — REPR. EXAMPLES" ON P. 150

Description of building type

Breakdown of building elements.

First 3 columns show low and high costs per square metre, plus **average** costs for building elements.

These 3 columns show low and high costs per square foot, plus average costs for building elements.

Final column shows building element cost as a percentage of total cost.

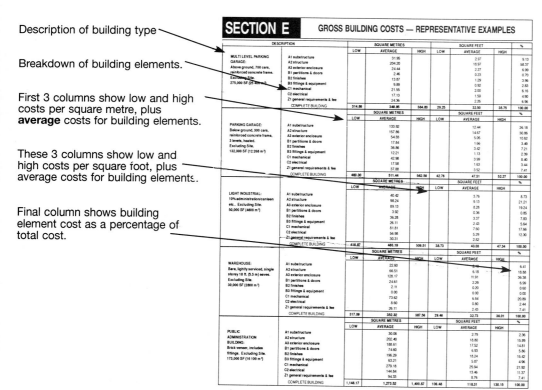

This section offers a general guide to **overall** cost of 35 building types.

Costs are shown in both metric and imperial and based on gross floor area. Costs are shown for each building element with its proportion to the total cost. Prices are national averages and must be adjusted to local conditions.

High and low prices are shown per square foot or square metre, and these indicate the 75 and 25 percentile respectively. In the majority of cases, prices will fall between the high and low figures.

Note that costs for site work are not included because of a wide variation regardless of gross floor area.

SECTION B

Index of Contents of Sections C & D

A

Access Flooring	**42**,	104
Acoustical Treatment	**38**,	99
Air Distribution	**53**,	115
Architectural Woodwork	**26**,	87

B

Basement Excavation	**133**,	141
Bidding Requirements	**10**,	71
Insurance and Bonds	**10**,	71
Built-in Maintenance Equipment	**45**,	107

C

Carpeting	**40**,	101
Cast-in-place Concrete	**18**,	79
Chalkboards and Tackboards	**41**,	103
Clearing	**11**,	72
Communications	**69**,	130
Compartments and Cubicles	**42**,	103
Concrete	**17**,	78
Cast-in-place Concrete	**18**,	79
Concrete Reinforcement	**18**,	79
Expansion and Contraction Joints	**18**,	79
Formwork for Concrete	**17**,	78
Grout	**20**,	81
Precast Concrete	**19**,	80
Concrete Reinforcement	**18**,	79
Contingencies/Allowances	**140**,	149
Design	**140**,	149
Escalation	**140**,	149
Post-Contract	**140**,	149

D

Dampproofing	**27**,	88
Demolition	**11**,	72
Design	**140**,	149
Doors	**137**,	146
Doors and Windows	**30**,	91
Entrances and Storefronts	**31**,	92
Glazing	**33**,	94
Hardware and Specialties	**33**,	94
Metal Doors and Frames	**30**,	91
Metal Windows	**32**,	93
Special Doors	**31**,	92
Window Walls/Curtain Walls	**34**,	96
Wood and Plastic Doors	**30**,	92
Wood and Plastic Windows	**33**,	94

E

Earthwork	**11**,	72
Electrical	**55**, 116, **138**,	147
Basic Materials and Methods	**55**,	116
Communications	**69**,	130
Electrical Heating	**138**,	147
Electrical Installations	**138**,	147
Electrical Resistance Heating	**69**,	130
Emergency Systems	**139**,	148
Lighting	**67**,	129
Lighting Systems	**138**,	147
Power Generation	**69**,	130
Service and Distribution	**59**,	121
Electrical Heating	**138**,	147
Electrical Installations	**138**,	147
Electrical Resistance Heating	**69**,	130
Elevators	**46**,	108
Emergency Systems	**139**,	148
Entrances and Storefronts	**31**,	92
Equipment	**45**,	107
Built-in Maintenance Equipment	**45**,	107
Laboratory Equipment	**46**,	107
Loading Dock Equipment	**45**,	107
Escalation	**140**,	149
Expansion and Contraction Joints	**18**,	79
Exterior Enclosure	**135**,	143
Roof Covering	**136**,	145
Walls Above Ground Floor	**135**,	144
Walls Below Ground Floor	**135**,	143
Windows & Entrances	**136**,	144

F

Finishes	**35**,	96
Acoustical Treatment	**38**,	99
Carpeting	**40**,	101
Gypsum Wallboard	**36**,	97
Lath and Plaster	**35**,	96
Painting	**40**,	101
Resilient Flooring	**39**,	100
Special Coatings	**40**,	101
Terrazzo	**38**,	99
Tile	**37**,	98
Wall Covering	**41**,	102
Wood Flooring	**39**,	100
Fire Protection	**50**,	111
Flagpoles	**43**,	104
Flashing and Sheet Metal	**29**,	90
Formwork for Concrete	**17**,	78
Foundations	**132**,	141

Conveying Systems ... **46**, 108
Elevators ... **46**, 108
Material Handling Systems ... **47**, 108
Moving Stairs and Walks ... **46**, 108

IMPORTANT! Metric item page numbers are in bold type. All other numbers denote imperial items.

SECTION B

Index of Contents of Sections C & D

G

General Requirements	**10**,	71
Permits and Taxes	**10**,	71
General Requirements and Fee	**140**,	149
Glazing	**33**,	94
Grout	**20**,	81
Gypsum Wallboard	**36**,	97

H

Hardware and Specialties	**33**,	94
Heat Transfer Equipment	**52**,	114
Heating, Ventilation and Air Cond.	**137**,	146

I

Insulation	**28**, **49**,	88, 110
Insurance and Bonds	**10**,	71

L

Laboratory Equipment	**46**,	107
Landscaping	**15**,	76
Lath and Plaster	**35**,	96
Lightgauge Metal Framing	**24**,	85
Lighting	**67**,	129
Lighting Systems	**138**,	147
Loading Dock Equipment	**45**,	107
Lockers	**43**,	105
Lowest Floor Construction	**133**,	142

M

Masonry	**20**,	81
Stone Walling	**22**,	83
Unit Masonry	**20**,	81
Material Handling Systems	**47**,	108
Mechanical	**47**, 108, **137**,	146
Air Distribution	**53**,	115
Basic Materials and Methods	**47**,	108
Fire Protection	**50**,	111
Heat Transfer Equipment	**52**,	114
Heating, Ventilation and Air Cond.	**137**,	146
Insulation	**49**,	110
Plumbing	**50**,	112
Plumbing and Drainage	**137**,	146
Power or Heat Generation	**52**,	113
Mechanical Site Services	**13**,	74
Membrane Roofing	**29**,	90
Metal Decking	**23**,	84
Metal Doors and Frames	**30**,	91
Metal Fabrications	**24**,	85
Metal Joist	**23**,	84
Metal Windows	**32**,	93
Metals	**23**,	84
Lightgauge Metal Framing	**24**,	85
Metal Decking	**23**,	84
Metal Fabrications	**24**,	85
Metal Joist	**23**,	84
Structural Metal Framing	**23**,	84
Moving Stairs and Walks	**46**,	108

P

Painting	**40**,	101
Partitions	**44**, 105, **136**,	145
Partitions and Doors	**136**,	145
Doors	**137**,	146
Partitions	**136**,	145
Paving and Surfacing	**13**,	74
Permits and Taxes	**10**,	71
Pile Foundations	**12**,	73
Plumbing	**50**,	112
Plumbing and Drainage	**137**,	146
Post-Contract	**140**,	149
Postal Specialties	**44**,	105
Power Generation	**69**,	130
Power or Heat Generation	**52**,	113
Precast Concrete	**19**,	80
Prefabricated Structural Wood	**26**,	87
Preformed Roofing and Siding	**29**,	90

R

Resilient Flooring	**39**,	100
Roof Accessories	**30**,	91
Roof Construction	**134**,	143
Roof Covering	**136**,	145

S

Service and Distribution	**59**,	121
Sewage and Drainage	**14**,	75
Shingles and Roofing Tile	**28**,	89
Shoring	**11**,	72
Site Development	**140**,	149

IMPORTANT! Metric item page numbers are in bold type. All other numbers denote imperial items.

Index of Contents of Sections C & D

SECTION B

Site Drainage **11**, 72	Wall and Corner Guards **42**, 103	Tile **37**, 98
Site Improvements **15**, 76	Stairs **134**, 143	Toilet and Bath Accessories **44**, 106
Site Work **11**, 72, **140**, 149	Stone Walling **22**, 83	
Clearing **11**, 72	Structural Metal Framing **23**, 84	**U**
Demolition **11**, 72	Structure **133**, 142	Unit Masonry 81
Earthwork **11**, 72	*Lowest Floor Construction* **133**, 142	Upper Floor Construction **133**, 142
Landscaping **15**, 76	*Roof Construction* **134**, 143	
Mechanical Site Services **13**, 74	*Stairs* **134**, 143	**W**
Paving and Surfacing **13**, 74	*Upper Floor Construction* **133**, 142	Wall and Corner Guards **42**, 103
Pile Foundations **12**, 73	Substructure **132**, 141	Wall Covering **41**, 102
Sewage and Drainage **14**, 75	*Basement Excavation* **133**, 141	Walls Above Ground Floor **135**, 144
Shoring **11**, 72	*Foundations* **132**, 141	Walls Below Ground Floor **135**, 143
Site Development **140**, 149	*Special Conditions* **133**, 142	Waterproofing **27**, 88
Site Drainage **11**, 72	Surface Carpentry **25**, 86	Window Walls/Curtain Walls **34**, 96
Site Improvements **15**, 76		Windows & Entrances **136**, 144
Special Coatings **40**, 101	**T**	Wood and Plastic Doors **30**, 92
Special Conditions **133**, 142	Terrazzo **38**, 99	Wood and Plastic Windows **33**, 94
Special Doors **31**, 92	Thermal and Moisture Protection **27**, 88	Wood and Plastics **25**, 86
Specialties **41**, 103	*Dampproofing* **27**, 88	*Architectural Woodwork* **26**, 87
Access Flooring **42**, 104	*Flashing and Sheet Metal* **29**, 90	*Prefabricated Structural Wood* ... **26**, 87
Chalkboards and Tackboards **41**, 103	*Insulation* **28**, 88	*Surface Carpentry* **25**, 86
Compartments and Cubicles **42**, 103	*Membrane Roofing* **29**, 90	Wood Flooring **39**, 100
Flagpoles **43**, 104	*Preformed Roofing and Siding* **29**, 90	
Lockers **43**, 105	*Roof Accessories* **30**, 91	
Partitions **44**, 105	*Shingles and Roofing Tile* **28**, 89	
Postal Specialties **44**, 105	*Waterproofing* **27**, 88	
Toilet and Bath Accessories **44**, 106		

IMPORTANT! Metric item page numbers are in bold type. All other numbers denote imperial items.

SECTION C — METRIC CURRENT MARKET PRICES

Item	UNITS	St. Johns	Halifax	Montreal	Ottawa	Toronto	Winnipeg	Calgary	Vancouver
00: BIDDING REQUIREMENTS									
00600 Insurance and Bonds									
00610 PERFORMANCE BONDS									
Annually renewable:									
Value of contract									
50%	$/1000	4.25							
100%	$/1000	6.25							
Sliding Scale:									
50%, 2 years, contract value:									
Not exceeding $2.5M	$/1000	7.00							
Over $2.5M not exceeding $5.0M	$/1000	5.50							
Over $5.0M not exceeding $7.5M	$/1000	5.25	Bonding rates reported are considered appropriate for most ICI construction. Actual rates vary depending on the qualifications of the contractor, duration of work, etc.						
Over $7.5M	$/1000	5.00							
100%, 2 years, contract value:									
Not exceeding $2.5M	$/1000	9.25							
Over $2.5M not exceeding $5.0M	$/1000	7.00							
Over $5.0M not exceeding $7.5M	$/1000	6.75							
Over $7.5M	$/1000	6.25							
00620 Payment Bonds									
Labour and materials (add to cost of per performance bonds):									
Federal Government contracts, 50%	$/1000	5.25							
Federal Government contracts, 100%	$/1000	7.25							
All other contracts, 50%	$/1000	4.25							
All other contracts, 100%	$/1000	6.25							
01: GENERAL REQUIREMENTS									
01060 Permits and Taxes									
Building Permits									
Based on value									
Minimum Permit Fee	$	8.00	25.00	N/A	50.00	50.00	23.00	N/A	77.00
Basic Rates									
Not exceeding $50,000	$/1000	8.00	N/A	N/A	N/A	12.00	7.00	N/A	1.54
Over $50,000 not exceeding $200,000	$/1000	6.40	N/A	N/A	N/A	12.00	7.00	N/A	3.70
Over $200,000	$/1000	6.40	N/A	N/A	N/A	12.00	7.00	6.00	3.70
Not exceeding $5,000,000	$/1000	6.40	N/A	N/A	10.00	12.00	7.00	6.00	3.70
Over $5,000,000 not exceeding $10,000,000	$/1000	6.40	N/A	N/A	8.75	12.00	7.00	6.00	3.70
Over $10,000,000	$/1000	6.40	N/A	N/A	7.50	12.00	7.00	6.00	3.70
Taxes									
Sales tax on building materials:									
Provincial Sales Tax (P.S.T.)	%	N/A	N/A	N/A	*8.00	*8.00	*7.00	N/A	*7.00
Goods & Services Tax (G.S.T.)	%	N/A	N/A	7.00	7.00	7.00	7.00	7.00	7.00
Quebec Sales Tax (Q.S.T.)	%	N/A	N/A	7.50	N/A	N/A	N/A	N/A	N/A
Harmonized Sales Tax (H.S.T.)	%	15.00	15.00	N/A	N/A	N/A	N/A	N/A	N/A

The unit rates given include material, labour, overhead & profit
*P.S.T. on material has been included in Ottawa, Toronto, Winnipeg & Vancouver's unit rates
All unit rates exclude G.S.T., Q.S.T. + H.S.T.

For Calculation Purposes using the unit rates provided in this book:
St. Johns: 15% H.S.T. should be added to the unit rate
Halifax: 15% H.S.T. should be added to the unit rate
Montreal: 7.5% Q.S.T. should be added to the sum of the unit rate plus 7% G.S.T.
Ottawa: 7% G.S.T. should be added to the unit rate (8% P.S.T. on material is included in the unit rate)
Toronto: 7% G.S.T. should be added to the unit rate (8% P.S.T. on material is included in the unit rate)
Winnipeg: 7% G.S.T. should be added to the unit rate (7% P.S.T. on material is included in the unit rate)
Calgary: 7% G.S.T. should be added to the unit rate
Vancouver: 7% G.S.T. should be added to the unit rate (7% P.S.T. on material is included in the unit rate)

Method for calculating a unit rate from scratch
Assumptions:
Material (M) = $40.00
Labour (L) = $40.00
Overhead & Profit (O) = $20.00

	St. Johns	Halifax	Montreal	Ottawa	Toronto	Winnipeg	Calgary	Vancouver
Material	40.00	40.00	40.00	40.00	40.00	40.00	40.00	40.00
Labour	40.00	40.00	40.00	40.00	40.00	40.00	40.00	40.00
OH&P	20.00	20.00	20.00	20.00	20.00	20.00	20.00	20.00
PST on (M)	N/A —	N/A —	N/A —	8% 3.20	8% 3.20	7% 2.80	N/A —	7% 2.80
GST on (M+L+O)	N/A —	N/A —	7% 7.00	7% 7.00	7% 7.00	7% 7.00	7% 7.00	7% 7.00
QST on sum of (M+L+O+GST)	N/A —	N/A —	7.5% 8.03	N/A —	N/A —	N/A —	N/A —	N/A —
HST on (M+L+O)	15% 15.00	15% 15.00	N/A —	N/A —	N/A —	N/A —	N/A —	N/A —
TOTAL	115.00	115.00	115.03	110.20	110.20	109.80	107.00	109.80

METRIC CURRENT MARKET PRICES — Site Work DIV 2

Item	UNITS	St. Johns	Halifax	Montreal	Ottawa	Toronto	Winnipeg	Calgary	Vancouver
02: SITE WORK									
02050 Demolition									
02060 BUILDING DEMOLITION									
No salvage or haulage included, based on building volume									
Low rise building, 3 m (10') floor to floor height, GFA of 40 ksf, average cost	m³	10.00	8.95	9.45	9.55	9.05	10.00	10.15	10.35
02070 SELECTIVE DEMOLITION									
Concrete									
Foundation Walls, 200 mm (8") thick									
Unreinforced	m³	95.00	108.00	109.00	124.00	110.00	115.00	122.00	122.00
Reinforced	m³	185.00	178.00	220.00	235.00	220.00	230.00	240.00	245.00
Slab-on grade:									
Unreinforced	m²	8.40	8.75	6.45	8.95	8.00	6.80	7.20	7.25
Reinforced	m²	12.75	13.25	9.80	13.55	12.10	10.30	10.90	10.90
Masonry									
Partitions:									
Average cost	m²	46.75	57.00	58.00	48.75	58.00	61.00	60.00	64.00
Exterior walls:									
Average cost	m²	65.00	67.00	81.00	90.00	81.00	85.00	91.00	92.00
02100 Clearing									
02115 TREE PRUNING AND REMOVAL									
Tree removal in restricted areas									
Complete removal:									
600 mm diameter	EA	525.00	645.00	540.00	630.00	630.00	550.00	610.00	600.00
02140 Site Drainage									
TEMPORARY CONSTRUCTION DEWATERING									
Pumping prices include attendance consumables and 10 m of discharge pipe									
Electrically powered:									
1.5 l/s, 1.5 kW submersible	DAY	45.50	41.00	42.00	44.00	40.00	44.25	36.00	46.00
45 l/s, 22 kW	DAY	155.00	141.00	145.00	152.00	140.00	152.00	124.00	158.00
Gas or Diesel powered:									
45 l/s, 22 kW	DAY	220.00	210.00	215.00	225.00	210.00	230.00	187.00	235.00
Drainage trenches and pits									
Trenches 1800 mm wide including backfill									
600 mm deep by machine	m	9.00	8.05	7.75	7.90	7.80	8.00	8.80	8.20
900 mm deep by machine	m	11.70	10.50	10.10	10.25	10.20	10.40	9.20	10.65
1200 mm deep by machine	m	15.50	13.90	13.35	13.55	13.50	13.75	11.50	14.15
Well point system, single stage. Including all equipment rental and labour including 24 hour supervision, 50 mm (2") dia. well points : 1500 mm o.c. 150 mm (6") dia. header.									
150 m header - first month	MONTH	37,300	32,300	34,900	35,000	35,000	35,800	29,100	36,400
Add for each subsequent month	MONTH	17,500	15,100	16,400	16,400	17,100	16,800	13,700	17,100
300 m header - first month	MONTH	80,500	69,800	75,500	75,800	72,500	77,500	62,900	78,700
Add for each subsequent month	MONTH	34,800	30,200	32,700	32,700	32,000	33,500	27,200	34,100
02150 Shoring									
02151 PILING WITH INTERMEDIATE LAGGING, SOLDIER PILES AND RAKERS									
6000 mm deep	m²	225.00	230.00	255.00	255.00	230.00	265.00	255.00	265.00
10000 mm deep	m²	250.00	285.00	285.00	290.00	255.00	295.00	285.00	295.00
02152 SHEET PILING									
Steel									
Left in place:									
8000 mm deep, 150 kg/m² 30 (lbs/sf)	m²	250.00	330.00	255.00	335.00	295.00	310.00	330.00	345.00
02153 UNDERPINNING									
Average Cost	m³	650.00	585.00	575.00	635.00	690.00	595.00	775.00	800.00
02200 Earthwork									
02210 SITE GRADING									
Rough Grading									
Strip and stockpile topsoil:									
Pull scraper not exceeding 150 m haul	m³	2.48	2.27	2.25	2.01	2.07	2.32	1.88	2.31
Cut, fill and compact:									
Pull scraper not exceeding 200 m haul	m³	N/A	2.48	2.42	2.16	2.27	2.51	2.34	2.51
Self propelled scraper not exceeding 500 m haul	m³	3.25	3.06	2.94	2.54	2.78	3.03	2.60	3.05
Cut and stockpile:									
Front end loader operation	m³	2.50	2.37	2.33	2.08	2.18	2.42	2.24	2.42
Scraper operation	m³	N/A	2.25	2.24	1.92	2.07	1.88	1.98	2.24
Fill and compact from stockpile:									
Pull scraper not exceeding 200 m haul	m³	N/A	2.37	2.40	2.23	2.16	2.42	1.96	2.42
Self propelled scraper not exceeding 500 m haul	m³	N/A	3.02	2.97	2.54	2.75	2.94	2.39	2.96

DIV 2 Site Work — METRIC CURRENT MARKET PRICES

Item	UNITS	St. Johns	Halifax	Montreal	Ottawa	Toronto	Winnipeg	Calgary	Vancouver
Fill with imported granular material (not exceeding 15km haul):									
Machine operation	m³	18.00	22.50	22.50	19.90	20.50	22.50	18.10	22.50
Hand operation	m³	50.00	50.00	51.00	42.25	45.75	46.75	51.00	47.00
Finish grading									
By machine:									
Grader	m²	1.00	0.97	0.97	0.81	0.89	1.00	0.78	0.97
Roller	m²	0.55	0.52	0.50	0.42	0.48	0.52	0.41	0.50
By hand:									
To rough grades	m²	2.30	2.26	2.30	1.97	2.08	2.23	1.74	2.15
To finish grades	m²	3.30	3.30	3.35	2.79	3.02	3.12	2.66	3.14
02220 EXCAVATING AND BACKFILLING									
Machine excavation - building (excluding hauling cost)									
Bulk excavation medium soil, (including checker/labourer):									
Backhoe operation, 60 m³/hour	m³	2.90	2.32	2.36	3.05	2.66	2.33	2.60	2.19
Front end loader operation, 60 m³/hour	m³	2.05	1.99	2.03	2.14	1.87	1.97	2.09	1.83
Bulk excavation, rock:									
Ripping	m³	8.20	8.10	8.20	7.50	7.45	8.40	8.30	7.65
Trench and footing excavation medium soil									
For foundation walls									
Not exceeding 2000 mm deep	m³	9.55	8.90	9.65	8.05	8.70	9.75	7.25	8.70
Over 2000 mm not exceeding 4000 mm deep	m³	5.90	5.90	5.95	5.35	5.40	6.05	4.49	5.40
For column footings									
Not exceeding 2000 mm deep	m³	11.80	11.00	11.95	10.90	10.80	12.10	8.95	10.80
Over 2000 mm not exceeding 4000 mm deep	m³	6.95	6.95	7.00	7.30	6.35	7.15	5.25	6.50
Excavation below level of basement:									
For wall footings not exceeding 600 mm deep	m³	4.75	4.70	4.79	4.12	4.34	4.83	3.57	4.32
Trench and footing excavation, rock:									
For foundation walls not exceeding 4000 mm deep	m³	130.00	115.00	131.00	137.00	120.00	134.00	113.00	133.00
For footings	m³	138.00	122.00	139.00	145.00	126.00	141.00	120.00	140.00
Hand excavation									
Not exceeding 2000 mm deep:									
Normal soil	m³	65.00	61.00	66.00	57.00	60.00	64.00	62.00	56.00
Rock (hand-held compressor tool)	m³	275.00	310.00	320.00	330.00	285.00	325.00	260.00	310.00
Clean off rock face	m²	24.50	24.50	24.75	24.25	22.25	25.25	19.00	23.75
Bulk excavation, overburden (external), minimum volume 2000 m³									
Wide open areas	m³	20.00	19.85	20.00	18.55	16.90	20.25	15.05	18.10
Adjacent building 30 m distant	m³	60.00	44.00	60.00	56.00	51.00	61.00	45.50	54.00
Trench excavation, overburden (external) for retaining wall									
Wide open areas	m³	40.00	36.50	47.25	44.00	39.75	47.75	37.25	42.75
Adjacent buildings 30 m distant	m³	100.00	97.00	133.00	123.00	112.00	134.00	99.00	120.00
Backfill and compaction									
Excavated materials, place & compact for grading	m³	9.40	9.25	8.20	7.20	7.85	8.25	7.10	7.35
Pit run gravel not exceeding 15 km	m³	19.00	19.00	19.20	18.05	18.00	19.60	14.40	17.60
Crushed stone to weeping tiles	m³	43.00	31.75	37.25	32.75	38.00	37.50	32.50	33.75
20 mm crushed stone to under side of slab-on-grade, not exceeding 15 km haul	m³	31.75	27.75	32.00	28.25	30.00	32.75	24.00	29.00
Waste material disposal									
Hauling:									
1 hour return trip	m³	8.00	6.75	7.50	7.05	8.00	8.90	6.80	9.00

02350 Pile Foundations

02360 PILES

Item	UNITS	St. Johns	Halifax	Montreal	Ottawa	Toronto	Winnipeg	Calgary	Vancouver
Concrete piles									
Precast piles:									
300 mm x 300 mm square	m	175.00	122.00	106.00	126.00	109.00	94.00	91.00	131.00
400 mm x 400 mm square	m	225.00	128.00	110.00	129.00	113.00	97.00	100.00	136.00
Steel piles									
Steel H-piles:									
300 mm (12"), 79 kg/m (53 lb/ft)	m	148.00	148.00	116.00	130.00	132.00	124.00	120.00	158.00
Steel pipe piles:									
250 mm (10") dia., concrete filled	m	120.00	120.00	105.00	105.00	106.00	112.00	110.00	127.00

02380 CAISSONS

Item	UNITS	St. Johns	Halifax	Montreal	Ottawa	Toronto	Winnipeg	Calgary	Vancouver
Drilled Caissons									
In normal soil									
No lining:									
600 mm (24") dia.	m	100.00	83.00	72.00	88.00	83.00	80.00	80.00	99.00
750 mm (30") dia.	m	150.00	142.00	124.00	149.00	133.00	138.00	120.00	159.00
900 mm (36") dia.	m	200.00	188.00	164.00	200.00	184.00	183.00	160.00	220.00
Lining removed:									
600 mm (24") dia.	m	125.00	104.00	91.00	111.00	104.00	102.00	100.00	124.00
750 mm (30") dia.	m	175.00	159.00	139.00	170.00	157.00	156.00	150.00	188.00

METRIC CURRENT MARKET PRICES — Site Work DIV 2

Item	UNITS	St. Johns	Halifax	Montreal	Ottawa	Toronto	Winnipeg	Calgary	Vancouver
1500 mm (60") dia.	m	500.00	480.00	415.00	510.00	520.00	470.00	480.00	620.00
In wet soil, pumping included									
Lining removed:									
750 mm (30") dia.	m	200.00	159.00	139.00	171.00	167.00	156.00	175.00	196.00
Lining left in place:									
750 mm (30") dia.	m	400.00	355.00	310.00	380.00	375.00	345.00	400.00	450.00
In shale or soft rock									
No lining:									
750 mm (30") dia.	m	450.00	415.00	370.00	320.00	385.00	415.00	310.00	465.00

02500 Paving and Surfacing

02510 PAVING, minimum 1000 m²

Item	UNITS	St. Johns	Halifax	Montreal	Ottawa	Toronto	Winnipeg	Calgary	Vancouver
Base courses									
Grading:									
Prepare sub-base	m²	1.08	1.08	0.82	0.92	0.94	0.83	0.82	0.82
Granular bases:									
Pit run gravel, 300 mm thick	m³	16.25	19.65	18.55	22.25	19.05	22.00	21.00	22.00
20 mm crushed stone	m³	28.75	28.75	34.00	39.75	33.75	40.25	29.50	39.50
Bituminous paving									
One layer:									
50 mm	m²	7.25	7.25	6.50	5.65	6.30	7.45	7.45	6.20
Two Layers:									
100 mm	m²	14.00	13.35	11.60	10.60	12.15	13.65	13.10	11.20

02525 Curbs and Gutters

Item	UNITS	St. Johns	Halifax	Montreal	Ottawa	Toronto	Winnipeg	Calgary	Vancouver
Precast concrete curb									
200 mm x 150 mm (8"x6"x8')	m	27.00	22.25	21.00	19.80	24.75	21.75	20.00	27.00
Precast concrete pavers									
50 mm (2") thick precast pavers complete, basic 4" x 8"	m²	66.00	55.00	49.00	51.00	59.00	53.00	47.50	63.00

02600 Mechanical Site Services

02660 WATER DISTRIBUTION

Cast iron pressure pipe based on 30 m of pipe tee, two 90 degree elbows, buried 1.5 deep, including excavation, bedding, anchoring and backfill.

Item	UNITS	St. Johns	Halifax	Montreal	Ottawa	Toronto	Winnipeg	Calgary	Vancouver
Class 2 titon cast iron pipe:									
100 mm (4")	m	147.00	140.00	143.00	140.00	157.00	145.00	145.00	150.00
150 mm (6")	m	169.00	161.00	164.00	161.00	181.00	166.00	166.00	172.00
200 mm (8")	m	205.00	194.00	198.00	194.00	220.00	200.00	200.00	210.00
250 mm (10")	m	260.00	250.00	255.00	250.00	280.00	255.00	255.00	265.00
300 mm (12")	m	305.00	290.00	295.00	290.00	325.00	300.00	300.00	310.00
350 mm (14")	m	370.00	355.00	360.00	355.00	395.00	365.0	365.00	380.00
400 mm (16")	m	430.00	410.00	420.00	410.00	460.00	425.00	425.00	440.00
450 mm (18")	m	495.00	475.00	485.00	475.00	530.00	485.00	485.00	505.00
500 mm (20")	m	575.00	545.00	555.00	545.00	610.00	560.00	560.00	585.00
600 mm (24")	m	735.00	700.00	715.00	700.00	785.00	725.00	725.00	750.00

Schedule 40 pvc pressure pipe with cast iron fittings based on 30 m of pipe, one tee, two 90-degree elbows, buried 1500 mm deep, including excavation, bedding, anchoring and backfill.

Item	UNITS	St. Johns	Halifax	Montreal	Ottawa	Toronto	Winnipeg	Calgary	Vancouver
C900 pvc pipe:									
100 mm (4")	m	116.00	112.00	112.00	110.00	121.00	113.00	113.00	119.00
150 mm (6")	m	124.00	121.00	121.00	118.00	130.00	122.00	122.00	128.00
200 mm (8")	m	163.00	158.00	158.00	155.00	171.00	160.00	160.00	167.00
250 mm (10")	m	199.00	194.00	194.00	190.00	210.00	195.00	195.00	205.00
300 mm (12")	m	240.00	235.00	235.00	230.00	250.00	235.00	235.00	250.00

Soft copper pressure pipe (in coil) based on 40 m (132') of pipe, one coupling, one adapter, buried 1500 m (5') deep, including excavation, bedding and backfill.

Item	UNITS	St. Johns	Halifax	Montreal	Ottawa	Toronto	Winnipeg	Calgary	Vancouver
Soft copper pipe type k:									
12 mm (1/2")	m	150.00	144.00	144.00	142.00	158.00	145.00	147.00	154.00
20 mm (3/4")	m	155.00	149.00	149.00	147.00	164.00	150.00	152.00	159.00
25 mm (1")	m	168.00	161.00	161.00	160.00	177.00	163.00	164.00	172.00
32 mm (1 1/4")	m	182.00	175.00	175.00	174.00	193.00	177.00	179.00	188.00
38 mm (1 1/2")	m	189.00	182.00	182.00	180.00	200.00	183.00	185.00	194.00

Curb stop including box buried 1500 mm (5') deep

Item	UNITS	St. Johns	Halifax	Montreal	Ottawa	Toronto	Winnipeg	Calgary	Vancouver
Copper service pipe:									
12 mm (1/2")	EA	205.00	197.00	197.00	195.00	215.00	199.00	200.00	210.00
20 mm (3/4")	EA	235.00	225.00	225.00	220.00	245.00	225.00	230.00	240.00
25 mm (1")	EA	285.00	275.00	275.00	275.00	305.00	280.00	280.00	295.00
32 mm (1 1/4")	EA	450.00	435.00	435.00	430.00	475.00	440.00	440.00	465.00

DIV 2 Site Work — METRIC CURRENT MARKET PRICES

Item	UNITS	St. Johns	Halifax	Montreal	Ottawa	Toronto	Winnipeg	Calgary	Vancouver
38 mm (1 1/2")	EA	525.00	505.00	505.00	500.00	555.00	510.00	515.00	540.00
Cast iron service pipe:									
100 mm (4")	EA	690.00	655.00	660.00	650.00	720.00	670.00	670.00	705.00
150 mm (6")	EA	935.00	890.00	900.00	880.00	980.00	905.00	905.00	960.00
200 mm (8")	EA	1,380	1,310	1,320	1,300	1,440	1,340	1,340	1,410

02665 SUPPLY & RETURN CHILLED WATER MAINS

Including fittings, supports, guides and expansion joints and loops.
Schedule 40 A-53 pipe

Item	UNITS	St. Johns	Halifax	Montreal	Ottawa	Toronto	Winnipeg	Calgary	Vancouver
In tunnel with 50 mm (2") glass fibre insulation:									
75 mm (3") dia.	m	380.00	370.00	375.00	360.00	405.00	375.00	370.00	390.00
100 mm (4") dia.	m	425.00	410.00	415.00	405.00	450.00	415.00	410.00	435.00
125 mm (5") dia.	m	505.00	490.00	495.00	480.00	535.00	495.00	490.00	520.00
150 mm (6") dia.	m	560.00	545.00	550.00	535.00	600.00	550.00	545.00	580.00
200 mm (8") dia.	m	685.00	665.00	670.00	655.00	730.00	670.00	665.00	705.00
250 mm (10") dia.	m	885.00	860.00	865.00	840.00	940.00	865.00	860.00	910.00
300 mm (12") dia.	m	1,120	1,090	1,100	1,070	1,200	1,100	1,090	1,160
350 mm (14") dia.	m	1,210	1,180	1,190	1,150	1,290	1,190	1,180	1,240
In steel conduit including excavation & backfilling, av. 1.8 m deep:									
75 mm (3") dia.	m	555.00	540.00	545.00	530.00	595.00	545.00	540.00	575.00
100 mm (4") dia.	m	665.00	645.00	650.00	630.00	710.00	650.00	645.00	685.00
125 mm (5") dia.	m	875.00	850.00	855.00	830.00	930.00	855.00	850.00	900.00
150 mm (6") dia.	m	990.00	960.00	970.00	945.00	1,060	970.00	960.00	1,020
200 mm (8") dia.	m	1,200	1,170	1,180	1,140	1,280	1,180	1,170	1,230
250 mm (10") dia.	m	1,470	1,430	1,440	1,400	1,570	1,440	1,430	1,510
300 mm (12") dia.	m	2,100	2,050	2,050	2,000	2,250	2,050	2,050	2,150
350 mm (14") dia.	m	2,550	2,475	2,500	2,425	2,725	2,500	2,475	2,625
In insulating concrete including concrete backfilling, average 1800 mm (6') deep:									
75 mm (3") dia.	m	485.00	475.00	480.00	465.00	520.00	480.00	475.00	500.00
100 mm (4") dia.	m	515.00	500.00	505.00	490.00	550.00	505.00	500.00	530.00
125 mm (5") dia.	m	615.00	600.00	605.00	585.00	655.00	605.00	600.00	635.00
150 mm (6") dia.	m	740.00	720.00	725.00	705.00	790.00	725.00	720.00	760.00
200 mm (8") dia.	m	935.00	910.00	920.00	895.00	1,000	920.00	910.00	965.00
250 mm (10") dia.	m	1,140	1,100	1,110	1,080	1,210	1,110	1,100	1,170
300 mm (12") dia.	m	1,440	1,390	1,410	1,370	1,530	1,410	1,390	1,480
350 mm (14") dia.	m	1,620	1,570	1,590	1,540	1,730	1,590	1,570	1,660

02695 STEAM DISTRIBUTION SYSTEM

Including fittings, supports, guides and expansion joints and loops.
Schedule 40 A-53 steam, schedule 80 seamless condensate

Item	UNITS	St. Johns	Halifax	Montreal	Ottawa	Toronto	Winnipeg	Calgary	Vancouver
In tunnel with 50 mm(2") calcium silicate insulation on steam and 25 mm (1") glass fibre on condensate:									
75 mm (3"), 38 mm (1 1/2")	m	360.00	350.00	350.00	340.00	385.00	350.00	350.00	370.00
100 mm (4"), 50 mm (2")	m	380.00	370.00	375.00	360.00	405.00	375.00	370.00	390.00
125 mm (5"), 75 mm (3")	m	450.00	435.00	440.00	430.00	480.00	440.00	435.00	465.00
150 mm (6"), 75 mm (3")	m	515.00	500.00	505.00	490.00	550.00	505.00	500.00	530.00
200 mm (8"), 100 mm (4")	m	575.00	555.00	560.00	545.00	610.00	560.00	555.00	590.00
250 mm (10"), 125 mm (5")	m	800.00	775.00	785.00	760.00	850.00	785.00	775.00	820.00
300 mm (12"), 150 mm (6")	m	875.00	850.00	855.00	830.00	930.00	855.00	850.00	900.00
350 mm (14"), 150 mm (6")	m	1,110	1,080	1,090	1,060	1,190	1,090	1,080	1,150
In steel conduit including manhole, excavation and backfilling, average 1800 mm (6') deep:									
75 mm (3"), 38 mm (1 1/2")	m	630.00	615.00	620.00	600.00	675.00	620.00	615.00	650.00
100 mm (4"), 50 mm (2")	m	750.00	730.00	735.00	715.00	800.00	735.00	730.00	770.00
125 mm (5"), 75 mm (3")	m	840.00	815.00	825.00	800.00	895.00	825.00	815.00	865.00
150 mm (6"), 75 mm (3")	m	960.00	930.00	940.00	915.00	1,020	940.00	930.00	985.00
200 mm (8"), 100 mm (4")	m	1,160	1,120	1,130	1,100	1,230	1,130	1,120	1,190
250 mm (10"), 125 mm (5")	m	1,470	1,430	1,440	1,400	1,570	1,440	1,430	1,510
300 mm (12"), 150 mm (6")	m	1,940	1,880	1,900	1,850	2,075	1,900	1,880	1,990
350 mm (14"), 150 mm (6")	m	2,100	2,050	2,050	2,000	2,250	2,050	2,050	2,150
In insulating concrete including manhole, excavation and backfilling, average 1800 mm (6') deep:									
75 mm (3"), 38 mm (1 1/2")	m	500.00	485.00	490.00	475.00	530.00	490.00	485.00	510.00
100 mm (4"), 50 mm (2")	m	525.00	510.00	515.00	500.00	560.00	515.00	510.00	540.00
125 mm (5"), 75 mm (3")	m	615.00	600.00	605.00	585.00	655.00	605.00	600.00	635.00
150 mm (6"), 75 mm (3")	m	735.00	715.00	720.00	700.00	785.00	720.00	715.00	755.00
200 mm (8"), 100 mm (4")	m	935.00	910.00	920.00	895.00	1,000	920.00	910.00	965.00
250 mm (10"), 125 mm (5")	m	1,140	1,100	1,110	1,080	1,210	1,110	1,100	1,170
300 mm (12"), 150 mm (6")	m	1,320	1,280	1,290	1,250	1,410	1,290	1,280	1,350
350 mm (14"), 150 mm (6")	m	1,620	1,570	1,590	1,540	1,730	1,590	1,570	1,660

02700 Sewage and Drainage

02710 SUB-SURFACE DRAINAGE SYSTEMS

PVC
Perforated:

Item	UNITS	St. Johns	Halifax	Montreal	Ottawa	Toronto	Winnipeg	Calgary	Vancouver
100 mm (4") dia.	m	19.85	19.30	19.30	18.90	20.75	19.65	19.45	20.50
150 mm (6") dia.	m	29.00	28.00	28.00	27.50	30.25	28.75	28.50	30.00

METRIC CURRENT MARKET PRICES — Site Work DIV 2

Item	UNITS	St. Johns	Halifax	Montreal	Ottawa	Toronto	Winnipeg	Calgary	Vancouver
Vitrified clay									
Farm tile, 300 mm (1'-0") length									
100 mm (4") dia.	m	26.00	25.25	25.25	24.75	27.25	25.75	25.50	27.00
150 mm (6") dia.	m	30.75	30.00	30.00	29.25	32.25	30.50	30.25	32.00
02720/30 STORM/SANITARY SEWERAGE									
Concrete drainage piping based on 30 m of pipe including jointing, buried 1.5 m deep, including excavation, bedding and backfilling.									
Type C-76 class 3 concrete sewer pipe									
150 mm (6")	m	109.00	105.00	106.00	104.00	115.00	106.00	106.00	113.00
200 mm (8")	m	129.00	124.00	125.00	123.00	136.00	125.00	125.00	134.00
250 mm (10")	m	163.00	157.00	159.00	156.00	173.00	159.00	159.00	170.00
300 mm (12")	m	174.00	167.00	169.00	166.00	184.00	169.00	169.00	181.00
375 mm (15")	m	198.00	190.00	192.00	188.00	210.00	192.00	192.00	205.00
450 mm (18")	m	220.00	215.00	215.00	210.00	235.00	215.00	215.00	230.00
525 mm (21")	m	255.00	245.00	245.00	240.00	270.00	245.00	245.00	265.00
600 mm (24")	m	315.00	300.00	305.00	300.00	330.00	305.00	305.00	325.00
675 mm (27")	m	355.00	345.00	345.00	340.00	375.00	345.00	345.00	370.00
750 mm (30")	m	425.00	410.00	415.00	405.00	450.00	415.00	415.00	445.00
900 mm (36")	m	555.00	535.00	540.00	530.00	590.00	540.00	540.00	580.00
1050 mm (42")	m	690.00	665.00	670.00	660.00	730.00	670.00	670.00	720.00
Catch Basins, excavation and backfill included with pipe									
Poured concrete:									
610 mm x 610 mm x 1220 mm deep (2' x 2' x 4' deep)	EA	1,240	1,200	1,210	1,180	1,330	1,200	1,210	1,280
Add for each additional 300 mm (1') in depth	EA	157.00	151.00	152.00	149.00	167.00	151.00	152.00	161.00
Precast concrete:									
610 mm (2'0") dia. x 1220 mm (4'0") deep	EA	1,020	985.00	995.00	975.00	1,090	985.00	995.00	1,050
Add for each additional 300 mm (1') depth	EA	157.00	151.00	152.00	149.00	167.00	151.00	152.00	161.00
Manholes, excavation and backfill included with pipe									
Poured concrete:									
760 mm x 760 mm x 2130 mm deep (2'6" x 2'6" x 7'0" deep)	EA	1,840	1,770	1,790	1,750	1,960	1,770	1,790	1,890
Add for each additional 300 mm (1') depth	EA	184.00	177.00	179.00	175.00	196.00	177.00	179.00	189.00
Precast concrete:									
760 mm (2'6") dia. x 2130 mm (7'0") deep	EA	1,570	1,510	1,520	1,490	1,670	1,510	1,520	1,610
Add for each additional 300 mm (1') depth	EA	198.00	190.00	192.00	188.00	210.00	190.00	192.00	205.00
02740 SEPTIC TANK SYSTEMS									
including excavation, stone bedding and backfilling									
Septic Tank									
Steel horizontal:									
3,270 l (791.0 imp.gals.)	EA	2,075	2,000	2,000	1,970	2,200	2,025	2,050	2,100
9,090 l (2,375.0 imp.gals.)	EA	6,400	6,200	6,200	6,100	6,800	6,300	6,300	6,500
22,730 l (5,000.0 imp.gals.)	EA	13,700	13,300	13,300	13,100	14,700	13,500	13,600	14,000
Disposal bed header pipes									
Cast Iron, mechanical joint:									
100 mm (4")	m	119.00	116.00	116.00	113.00	127.00	117.00	118.00	121.00
Plastic:									
100 mm (4")	m	85.00	83.00	83.00	81.00	91.00	84.00	85.00	87.00
Plastic perforated:									
100 mm (4")	m	53.00	52.00	52.00	51.00	57.00	52.00	53.00	54.00

02800 Site Improvements

02830 FENCES AND GATES

Item	UNITS	St. Johns	Halifax	Montreal	Ottawa	Toronto	Winnipeg	Calgary	Vancouver
Chain link fence - galvanized steel									
6 gauge wire - 50 mm (2") mesh:									
Penitentiary type:									
1800 mm high	m	61.00	60.00	56.00	63.00	53.00	62.00	50.00	61.00
2400 mm high	m	81.00	79.00	74.00	76.00	70.00	82.00	60.00	81.00
3600 mm high	m	102.00	101.00	95.00	91.00	88.00	104.00	75.00	102.00
9 gauge wire - 50 mm (2") mesh:									
Standard type:									
1800 mm high	m	49.50	45.00	42.25	47.75	43.00	46.25	36.50	49.25
2400 mm high	m	61.00	56.00	52.00	63.00	53.00	59.00	45.00	61.00
3600 mm high	m	71.00	67.00	63.00	73.00	62.00	69.00	53.00	71.00
11 gauge wire - 50 mm (2") mesh:									
Light Commercial type:									
1800 mm high	m	40.00	33.00	30.25	32.00	35.75	34.00	30.25	35.00
2400 mm high	m	50.00	43.00	39.50	40.50	46.50	43.50	39.50	45.75
3600 mm high	m	63.00	59.00	54.00	57.00	54.00	61.00	46.25	63.00
Barbed wire top protection:									
3 strands	m	5.00	5.65	5.20	6.25	5.25	5.80	5.40	6.00
Galvanized steel gates:									
50 mm (2") mesh, 1800 mm high	m	139.00	112.00	103.00	128.00	121.00	116.00	107.00	119.00

02900 Landscaping

02920 SOIL PREPARATION

Item	UNITS	St. Johns	Halifax	Montreal	Ottawa	Toronto	Winnipeg	Calgary	Vancouver
Spread and grade topsoil by machine									
From site stockpile	m³	8.00	7.45	7.80	8.05	7.15	7.85	5.80	7.95
Import (including cost of soil)	m³	30.00	22.00	21.50	27.00	26.00	21.75	21.00	27.25

Instructions for use, page 4. Main index, page 7.

DIV 2 Site Work — METRIC CURRENT MARKET PRICES

Item	UNITS	St. Johns	Halifax	Montreal	Ottawa	Toronto	Winnipeg	Calgary	Vancouver
Fine grade topsoil by hand									
To slopes, banks and the like	m²	3.50	2.55	2.85	3.12	2.92	2.69	2.99	3.05
02930 LAWNS									
Seeding, mechanical application assumes soil prepared and work carried out in best sowing periods									
Lawns (area not exceeding 10 000 m²)									
$4.50/kg, 25 kg/1000 m²	m²	0.82	0.75	0.72	0.77	0.69	0.74	0.55	0.62
Hydro seeding, over 10 000 m²									
Level areas (wood fibre mulch)	m²	1.00	0.55	0.62	0.64	0.63	0.64	0.50	0.56
Sloping areas (liquid plastic)	m²	1.25	0.65	0.69	0.79	0.75	0.74	0.60	0.62
Sodding									
6 mm to 20 mm thick cut nursery sod:									
No. 1 grade to level ground	m²	4.50	3.30	2.55	3.14	3.17	3.42	3.00	2.60
No. 1 grade to slopes	m²	5.00	4.02	3.14	4.11	3.78	3.67	3.78	3.03
02950 TREES, SHRUBS AND GROUND COVER									
All trees earth balled and burlapped. All plantings to be staked and guyed as necessary. Prices cover excavation and reinstatement and include maintenance and full guarantee. Planting assumed in normal season. All trees nursery grown.									
Trees, deciduous									
Sugar maple and linden and ash:									
3000-4000 mm high (40mm caliper)	EA	200.00	215.00	181.00	170.00	193.00	169.00	160.00	190.00
50-60 mm caliper	EA	290.00	345.00	305.00	290.00	305.00	290.00	255.00	320.00
75-90 mm caliper	EA	550.00	650.00	590.00	435.00	540.00	550.00	500.00	620.00
Silver maple:									
3000-4000 mm high (40mm caliper)	EA	200.00	159.00	181.00	170.00	191.00	174.00	160.00	198.00
50-60 mm caliper	EA	280.00	350.00	305.00	290.00	310.00	295.00	255.00	325.00
75-90 mm caliper	EA	500.00	645.00	580.00	545.00	600.00	555.00	500.00	640.00
Red maple and honey locust:									
3000-4000 mm high (40mm caliper)	EA	220.00	265.00	245.00	230.00	235.00	230.00	196.00	255.00
50-60 mm caliper	EA	300.00	435.00	425.00	400.00	375.00	410.00	325.00	445.00
75-90 mm caliper	EA	550.00	780.00	780.00	760.00	690.00	755.00	580.00	795.00
Trees, evergreen									
Cedar:									
1200-1500 mm high	EA	140.00	97.00	75.00	77.00	94.00	104.00	101.00	77.00
1500-1800 mm high	EA	190.00	240.00	225.00	215.00	215.00	245.00	240.00	199.00
1800-2400 mm high	EA	320.00	380.00	370.00	360.00	335.00	390.00	380.00	330.00
Spruce:									
1200-1500 mm high	EA	200.00	180.00	170.00	157.00	167.00	153.00	155.00	136.00
1500-1800 mm high	EA	250.00	300.00	300.00	300.00	265.00	295.00	225.00	225.00
1800-2400 mm high	EA	375.00	435.00	435.00	455.00	390.00	445.00	330.00	330.00
Pine:									
1200-1500 mm high	EA	200.00	180.00	174.00	169.00	167.00	185.00	176.00	136.00
1500-1800 mm high	EA	250.00	335.00	310.00	300.00	295.00	345.00	310.00	250.00
1800-2400 mm high	EA	400.00	530.00	495.00	485.00	480.00	555.00	485.00	410.00
Shrubs									
Forsythia and honey suckle:									
1000-1200 mm high	EA	35.00	33.25	28.25	29.00	29.50	31.25	25.00	26.50
1200-1500 mm high	EA	45.00	40.75	33.00	34.00	37.50	36.25	35.00	30.75
Oleaster (Russian Olive):									
1000-1200 mm high	EA	35.00	34.50	28.25	29.00	30.50	31.25	25.50	26.50
1200-1500 mm high	EA	45.00	42.50	33.75	35.00	37.75	37.25	34.25	32.25
Flowering crab-tree:									
1000-1200 mm high	EA	70.00	56.00	45.25	46.75	53.00	50.00	49.50	42.00
1200-1500 mm high	EA	76.00	63.00	54.00	57.00	64.00	60.00	63.00	51.00
Beautybush:									
1000-1200 mm high	EA	40.00	44.25	39.25	36.50	39.25	39.00	38.00	33.50
1200-1500 mm high	EA	50.00	53.00	48.00	44.75	47.50	47.75	45.00	40.50
Spirea:									
600-1200 mm high	EA	30.00	20.75	25.50	23.75	25.00	26.50	N/A	21.25
1200-1500 mm high	EA	42.00	36.00	36.50	34.00	34.25	37.50	N/A	27.50
Dogwood:									
1000-1200 mm high	EA	40.00	31.50	26.00	24.25	29.50	27.00	27.50	23.75
1200-1500 mm high	EA	52.00	52.00	44.50	41.50	46.00	46.25	38.50	39.00
Hedges									
Yews:									
800-900 mm high	m	135.00	115.00	95.00	88.00	109.00	118.00	115.00	108.00
900-1000 mm high	m	200.00	200.00	165.00	153.00	183.00	205.00	200.00	220.00
Privet:									
1000-1200 mm high	m	35.00	34.50	32.50	30.50	30.50	34.25	25.50	26.25
1200-1500 mm high	m	44.50	40.25	38.75	36.25	37.00	41.00	29.75	31.25
Boxwood:									
250-300 mm high	m	90.00	106.00	140.00	131.00	122.00	146.00	106.00	108.00
300-400 mm high	m	110.00	128.00	168.00	157.00	146.00	175.00	128.00	131.00
Flowering currant (Alpine):									
450-600 mm high	m	39.25	34.50	32.25	30.25	32.75	33.75	34.50	26.25
600-900 mm high	m	46.00	46.00	44.50	41.50	40.75	46.25	34.00	34.75

METRIC CURRENT MARKET PRICES — Concrete DIV 3

Item	UNITS	St. Johns	Halifax	Montreal	Ottawa	Toronto	Winnipeg	Calgary	Vancouver
03: CONCRETE									
03100 Formwork for Concrete									
03110 SUBSTRUCTURE									
Footings									
Strip (wall) footings:									
Level footings	m²	38.00	41.75	49.50	44.75	47.50	47.75	44.50	48.00
Stepped footings	m²	44.00	48.50	51.00	45.75	50.00	49.00	46.00	49.75
Spread (column) footings:									
Column footings	m²	40.00	45.00	49.50	44.75	48.00	47.75	44.50	48.25
Piles caps	m²	45.00	43.75	48.00	50.00	52.00	48.00	43.75	46.75
Raft foundations	m²	45.00	52.00	58.00	57.00	50.00	59.00	46.00	58.00
Foundations walls and grade beams									
Not exceeding 4000 mm high:									
Concealed finish	m²	40.00	42.50	47.75	49.25	41.50	50.00	44.50	48.00
Exposed finish	m²	50.00	49.50	55.00	57.00	48.00	56.00	51.00	55.00
03110 STRUCTURE									
Multiple uses (minimum 4) 8 floors or more									
Flat plate slab concealed finish	m²	42.00	44.75	46.75	48.00	49.00	47.25	42.00	45.50
Exposed finish	m²	52.00	48.50	51.00	50.00	53.00	48.50	45.25	47.50
Flat slab, with drops:									
Concealed finish	m²	45.00	49.75	52.00	49.00	54.00	53.00	46.75	51.00
Exposed finish	m²	54.00	54.00	55.00	50.00	57.00	54.00	49.75	54.00
Steel beam slab:									
Concealed finish	m²	46.00	44.75	46.75	57.00	49.00	47.25	42.00	45.50
Exposed finish	m²	54.00	48.00	50.00	62.00	53.00	48.00	44.75	48.50
Concrete beam slab									
Concealed finish	m²	48.00	56.00	59.00	49.00	55.00	58.00	52.00	56.00
Exposed finish	m²	56.00	59.00	61.00	57.00	64.00	59.00	54.00	59.00
Walls									
Not exceeding 1200 mm high									
Concealed finish	m²	38.00	42.50	43.75	44.75	45.00	43.50	38.75	42.00
Exposed finish	m²	46.00	49.75	51.00	45.75	48.00	49.50	45.25	49.00
Between 1200 mm and 2400 mm									
Concealed finish	m²	38.00	46.00	47.50	39.75	45.00	47.00	42.00	45.50
Exposed finish	m²	46.00	54.00	55.00	42.00	48.00	53.00	48.50	53.00
Between 2400 mm and 4800 mm									
Concealed finish	m²	45.00	49.75	51.00	40.75	46.00	51.00	45.25	49.00
Exposed finish	m²	50.00	55.00	56.00	43.00	49.00	57.00	52.00	56.00
Column (square or rectangular):									
Concealed finish	m²	52.00	65.00	67.00	59.00	65.00	67.00	60.00	65.00
Exposed finish	m²	60.00	66.00	68.00	62.00	70.00	66.00	60.00	66.00
Beams:									
Concealed finish	m²	62.00	63.00	65.00	57.00	64.00	63.00	58.00	63.00
Exposed finish	m²	60.00	67.00	69.00	62.00	70.00	66.00	62.00	67.00
Stairs (measure soffits only):									
Exposed finish	m²	150.00	184.00	180.00	185.00	175.00	180.00	160.00	173.00
Single use									
Flat plate slab:									
Concealed finish	m²	45.00	55.00	55.00	60.00	56.00	57.00	51.00	56.00
Exposed finish	m²	55.00	61.00	62.00	68.00	67.00	62.00	58.00	63.00
Flat slab, with drops:									
Concealed finish	m²	55.00	59.00	59.00	64.00	64.00	59.00	54.00	59.00
Exposed finish	m²	60.00	65.00	66.00	70.00	71.00	65.00	61.00	66.00
Steel beam slab:									
Concealed finish	m²	55.00	55.00	55.00	60.00	60.00	55.00	51.00	56.00
Exposed finish	m²	60.00	61.00	62.00	67.00	67.00	61.00	58.00	63.00
Concrete beam slab:									
Concealed finish	m²	55.00	61.00	63.00	67.00	67.00	62.00	58.00	63.00
Exposed finish	m²	60.00	67.00	69.00	73.00	73.00	67.00	63.00	68.00
Walls									
Not exceeding 1200 mm high									
Concealed finish	m²	45.00	45.50	45.50	50.00	49.00	44.75	41.75	45.25
Exposed finish	m²	52.00	52.00	52.00	57.00	56.00	51.00	47.75	52.00
Between 1200 mm and 2400 mm									
Concealed finish	m²	46.00	48.75	48.75	50.00	53.00	47.75	44.75	48.25
Exposed finish	m²	54.00	56.00	55.00	57.00	61.00	54.00	51.00	55.00
Between 2400 mm and 4800 mm									
Concealed finish	m²	48.00	52.00	52.00	51.00	57.00	51.00	47.75	52.00
Exposed finish	m²	55.00	59.00	59.00	58.00	65.00	57.00	54.00	58.00
Columns (square or rectangular):									
Concealed finish	m²	54.00	67.00	67.00	56.00	65.00	67.00	61.00	66.00
Exposed finish	m²	62.00	74.00	74.00	61.00	75.00	71.00	67.00	73.00
Beams:									
Concealed finish	m²	53.00	68.00	68.00	67.00	66.00	66.00	59.00	68.00
Exposed finish	m²	60.00	75.00	75.00	72.00	75.00	72.00	65.00	74.00
Stairs (measure soffit only):									
Exposed finish	m²	160.00	205.00	192.00	225.00	189.00	215.00	167.00	190.00

Instructions for use, page 4. Main index, page 7.

DIV 3 Concrete — METRIC CURRENT MARKET PRICES

Item	UNITS	St. Johns	Halifax	Montreal	Ottawa	Toronto	Winnipeg	Calgary	Vancouver
03200 Concrete Reinforcement									
03210 STEEL BARS									
Deformed bars, 350 MPa (50,000 psi)									
Light bars:									
To footings and slabs	kg	1.25	1.16	1.04	1.32	1.25	1.39	1.08	1.32
To walls, columns and beams	kg	1.30	1.23	1.10	1.40	1.27	1.41	1.14	1.40
Heavy bars:									
To footings and slabs	kg	1.20	1.04	0.96	1.19	1.20	1.29	1.01	1.11
To walls, columns and beams	kg	1.25	1.11	0.99	1.26	1.23	1.37	1.03	1.18
Deformed bars, 400 MPa (60,000 psi)									
Light bars:									
To footings and slabs	kg	1.25	1.16	1.04	1.32	1.28	1.43	1.08	1.38
To walls, columns and beams	kg	1.30	1.23	1.10	1.40	1.35	1.51	1.14	1.47
Heavy bars:									
To footings and slabs	kg	1.20	1.04	0.98	1.19	1.22	1.29	1.03	1.19
To walls, columns and beams	kg	1.25	1.11	0.99	1.26	1.23	1.37	1.03	1.27
Add for epoxy coating									
Total load not exceeding 1 tonne:									
Light bars	kg	0.75	0.50	0.48	0.66	0.60	0.65	0.50	0.67
Heavy bars	kg	0.60	0.36	0.34	0.48	0.42	0.47	0.36	0.47
Total load over 1 not exceeding 5 tonnes:									
Light bars	kg	0.60	0.41	0.39	0.54	0.49	0.54	0.41	0.53
Heavy bars	kg	0.45	0.27	0.27	0.37	0.34	0.36	0.28	0.37
Total load over 5 tonnes:									
Light bars	kg	0.45	0.32	0.32	0.45	0.38	0.42	0.34	0.43
Heavy bars	kg	0.35	0.22	0.30	0.31	0.28	0.29	0.23	0.30
03220 WELDED WIRE FABRICS									
In slabs:									
150 mm x 150 mm (6"x6") mesh:									
6/6 gauge	m²	3.90	2.78	2.71	3.31	3.26	3.62	2.73	3.39
8/8 gauge	m²	3.25	2.36	2.31	2.82	2.71	3.08	2.32	2.67
10/10 gauge	m²	2.75	2.36	2.32	2.32	2.30	2.53	1.91	1.94
100 mm x 100 mm (4"x4") mesh:									
8/8 gauge	m²	N/A	3.47	3.40	4.14	3.90	4.53	3.42	3.89
10/10 gauge	m²	N/A	2.36	2.31	2.82	2.70	3.08	2.32	2.68
03230 STRESSING TENDONS, i.e. to parking garage slab									
Wire or strands									
Ungrouted:									
1760 MPa									
Not exceeding 30 m long	kg	6.00	5.20	4.44	5.45	5.05	6.05	4.87	6.00
Over 30 m not exceeding 60 m long	kg	5.50	4.66	3.97	4.90	4.60	5.50	4.36	5.50
Bars									
Ungrouted									
1030 MPa									
Not exceeding 15 m long	kg	6.50	5.20	4.68	5.65	5.40	6.40	4.89	6.45
Grouted									
1030 MPa									
Not exceeding 15 m long	kg	13.50	11.10	10.10	12.00	11.60	13.60	12.85	13.90
03250 Expansion and Contraction Joints:									
PLAIN FILLER TYPES									
Asphalt and fiber types to exterior									
6 mm (1/4") thick contraction joint, i.e. to sidewalks									
100 mm wide	m	6.90	7.40	6.25	6.65	6.90	7.15	6.85	8.20
150 mm wide	m	6.50	7.40	6.25	6.65	7.45	7.15	7.00	8.30
12 mm (1/2") thick control joint, i.e. to facades									
100 mm wide	m	8.50	10.55	8.95	9.50	9.55	10.20	10.00	11.30
150 mm wide	m	9.00	10.90	9.25	9.80	9.90	10.50	10.35	11.75
24 mm (1") thick expansion joint, i.e. between new & existing bldgs.									
150 mm wide	m	13.00	14.05	11.95	12.60	12.55	13.55	13.35	14.85
200 mm wide	m	14.00	16.20	13.75	14.50	15.25	15.60	15.35	18.20
300 mm wide	m	16.00	17.80	15.20	14.85	16.95	17.20	16.85	20.00
03300 Cast-in-place Concrete									
03310 CONCRETE PLACING									
By crane or hoist (major hoisting equipment not included)									
To foundation:									
Wall footings	m³	16.00	21.75	14.55	16.40	18.20	15.45	16.90	14.95
Column footings	m³	16.00	21.75	14.55	16.40	18.20	15.45	16.90	14.95
Raft foundations	m³	14.00	18.60	12.45	13.75	15.50	13.25	16.90	12.60
Pile caps	m³	17.00	22.25	15.60	16.40	18.60	16.55	16.90	14.95
Grade beams and foundation walls	m³	17.00	22.25	15.60	16.40	18.60	16.55	16.90	14.95
To column, walls etc.									
Columns	m³	25.00	31.25	20.75	26.25	26.00	23.00	23.50	23.75
Walls	m³	22.00	28.00	18.70	23.50	23.25	20.75	21.00	21.50
To slabs, beams etc.									
Slab-on-grade	m³	15.00	17.00	11.95	15.05	14.20	13.25	13.40	13.75

METRIC CURRENT MARKET PRICES — Concrete DIV 3

Item	UNITS	St. Johns	Halifax	Montreal	Ottawa	Toronto	Winnipeg	Calgary	Vancouver
Suspended slabs (flat slabs)	m³	16.00	18.00	13.00	16.40	15.00	14.25	14.60	14.95
Suspended slabs (pans or waffles)	m³	20.00	21.00	15.55	19.60	17.50	17.20	17.55	17.95
Suspended slabs (metal deck)	m³	18.00	21.00	16.65	20.75	18.00	18.40	18.70	19.15
Beams (integrated with slabs)	m³	18.00	17.00	13.00	16.40	15.00	14.25	14.60	14.95
Beams (isolated)	m³	17.00	18.00	13.00	16.40	15.00	14.40	14.60	14.95
To miscellaneous									
Stairs	m³	40.00	50.00	37.50	41.50	41.75	39.50	44.25	40.75
Floor toppings	m³	33.00	40.00	30.75	32.75	35.00	31.25	40.50	30.25

03310 HEAVYWEIGHT CONCRETE (supplied only)

Portland cement
Standard local aggregates:

Item	UNITS	St. Johns	Halifax	Montreal	Ottawa	Toronto	Winnipeg	Calgary	Vancouver
10 MPa	m³	118.00	90.00	83.00	104.00	98.00	111.00	97.00	88.00
15 MPa	m³	120.00	94.00	87.00	110.00	103.00	117.00	105.00	92.00
20 MPa	m³	125.00	104.00	95.00	115.00	109.00	122.00	110.00	98.00
25 MPa	m³	133.00	113.00	104.00	121.00	113.00	119.00	116.00	101.00
30 MPa	m³	140.00	125.00	115.00	128.00	121.00	130.00	129.00	108.00

High-early cement, type 30
Standard aggregates:

Item	UNITS	St. Johns	Halifax	Montreal	Ottawa	Toronto	Winnipeg	Calgary	Vancouver
10 MPa	m³	122.00	98.00	90.00	114.00	107.00	121.00	104.00	98.00
15 MPa	m³	124.00	102.00	94.00	121.00	112.00	126.00	110.00	99.00
20 MPa	m³	130.00	117.00	108.00	126.00	120.00	144.00	116.00	110.00
25 MPa	m³	138.00	129.00	119.00	131.00	123.00	148.00	124.00	114.00
30 MPa	m³	145.00	136.00	125.00	138.00	132.00	158.00	140.00	119.00

03345 CONCRETE FLOOR FINISHES

Standard Finishes
Concealed rough finishes:

Item	UNITS	St. Johns	Halifax	Montreal	Ottawa	Toronto	Winnipeg	Calgary	Vancouver
Screeding	m²	2.30	1.95	1.96	2.00	2.00	1.98	1.91	2.20
Wood float	m²	3.10	2.60	2.62	2.67	2.70	2.76	2.55	2.97

Concealed smooth finishes:

Item	UNITS	St. Johns	Halifax	Montreal	Ottawa	Toronto	Winnipeg	Calgary	Vancouver
Machine trowel	m²	4.50	4.56	5.10	4.46	4.30	4.52	4.46	5.00
Machine grinding	m²	21.25	18.20	21.75	17.80	18.50	18.75	17.85	20.75

Exposed finishes:

Item	UNITS	St. Johns	Halifax	Montreal	Ottawa	Toronto	Winnipeg	Calgary	Vancouver
Machine trowel	m²	4.75	4.23	5.00	4.14	4.25	4.41	4.14	4.72
Broom finish	m²	2.90	2.60	3.08	2.55	2.70	2.76	2.55	2.75
Acid etching	m²	2.00	1.63	1.93	1.75	1.80	1.65	1.59	1.87
Stair treads	m²	31.50	27.25	32.50	26.75	27.50	25.50	26.75	30.75

Heavy duty finishes
Standard hardener - non-metallic
(steel trowel finish and sealer not included):

Item	UNITS	St. Johns	Halifax	Montreal	Ottawa	Toronto	Winnipeg	Calgary	Vancouver
20 kg/10 m² (40lbs/100sf)	m²	3.10	1.76	1.78	1.55	1.92	1.65	1.59	1.97
30 kg/10 m² (60lbs/100sf)	m²	4.65	2.46	2.48	2.16	2.70	2.43	2.23	2.75

Coloured hardener - standard colours
(steel trowel finish and sealer not included):

Item	UNITS	St. Johns	Halifax	Montreal	Ottawa	Toronto	Winnipeg	Calgary	Vancouver
20 kg/10 m² (40lbs/100sf)	m²	3.70	8.05	8.15	7.10	7.50	7.70	7.35	9.00
30 kg/10 m² (60lbs/100sf)	m²	5.55	9.10	9.20	8.05	8.00	8.80	8.30	9.30

03350 SPECIALLY FINISHED CONCRETE

BUSHHAMMERED CONCRETE

Exterior walls/columns in open area, minumum 100 m² :

Item	UNITS	St. Johns	Halifax	Montreal	Ottawa	Toronto	Winnipeg	Calgary	Vancouver
Heavy finish	m²	80.00	77.00	72.00	76.00	70.00	83.00	69.00	82.00

SANDBLASTED CONCRETE

Exterior walls/columns in open area, minumum 500 m² :

Item	UNITS	St. Johns	Halifax	Montreal	Ottawa	Toronto	Winnipeg	Calgary	Vancouver
Light finish	m²	16.00	16.80	13.90	13.80	14.00	15.45	13.65	16.35
Medium finish	m²	20.00	20.50	17.10	17.00	17.45	19.85	16.75	20.50
Heavy finish	m²	28.00	27.50	22.75	22.50	25.00	26.50	22.25	27.25

03400 Precast Concrete

03410 PRECAST CONCRETE PANELS

Architectural wall panels
Solid, non load bearing:

Item	UNITS	St. Johns	Halifax	Montreal	Ottawa	Toronto	Winnipeg	Calgary	Vancouver
Plain grey, smooth finish	m²	173.00	170.00	151.00	175.00	175.00	160.00	161.00	176.00
Plain grey, textured finish	m²	186.00	183.00	154.00	178.00	185.00	188.00	193.00	190.00
Plain grey, exposed aggregate	m²	192.00	189.00	164.00	190.00	185.00	175.00	205.00	196.00
White, textured finish	m²	198.00	195.00	158.00	182.00	195.00	198.00	198.00	200.00
White, exposed aggregate	m²	220.00	215.00	220.00	195.00	195.00	220.00	230.00	225.00

Sandwich panels, non load panels:

Item	UNITS	St. Johns	Halifax	Montreal	Ottawa	Toronto	Winnipeg	Calgary	Vancouver
Plain grey, smooth finish	m²	230.00	196.00	183.00	210.00	192.00	195.00	182.00	230.00
Plain grey, textured finish	m²	240.00	205.00	192.00	220.00	200.00	205.00	190.00	240.00
Plain grey, exposed aggregate	m²	270.00	225.00	215.00	245.00	225.00	220.00	210.00	255.00
White, textured finish	m²	260.00	220.00	205.00	235.00	220.00	230.00	205.00	265.00
White, exposed aggregate	m²	345.00	270.00	255.00	290.00	300.00	360.00	270.00	310.00

Solid, load bearing:

Item	UNITS	St. Johns	Halifax	Montreal	Ottawa	Toronto	Winnipeg	Calgary	Vancouver
Plain grey, smooth finish	m²	225.00	210.00	197.00	225.00	215.00	193.00	191.00	220.00
White, textured finish	m²	240.00	230.00	215.00	240.00	225.00	210.00	205.00	240.00

Sandwich panels, load bearing:

Item	UNITS	St. Johns	Halifax	Montreal	Ottawa	Toronto	Winnipeg	Calgary	Vancouver
Plain grey, smooth finish	m²	255.00	230.00	220.00	250.00	235.00	215.00	215.00	250.00
White, textured finish	m²	265.00	245.00	235.00	270.00	245.00	270.00	230.00	265.00

Instructions for use, page 4. Main index, page 7.

DIV 4 Masonry — METRIC CURRENT MARKET PRICES

Item	UNITS	St. Johns	Halifax	Montreal	Ottawa	Toronto	Winnipeg	Calgary	Vancouver
03410 PRECAST STRUCTURAL CONCRETE									
Beams									
Standard I section:									
1000 mm deep	m	460.00	420.00	415.00	475.00	400.00	355.00	415.00	395.00
Columns									
Rectangular section:									
600 mm x 600 mm single storey	m	500.00	405.00	370.00	350.00	415.00	355.00	355.00	375.00
600 mm x 600 mm multi storey	m	450.00	525.00	480.00	615.00	515.00	460.00	460.00	505.00
03410 PRECAST PRESTRESSED CONCRETE									
Floor and roof slabs, 490 kg/m² (100 psf) live load									
Hollow core slabs, 7.3m (24') spans, min. 500 m² (5000 SF)									
204 mm (8") hollow core	m²	N/A	79.00	80.00	81.00	68.00	71.00	70.00	77.00
305 mm (12") hollow core	m²	N/A	94.00	95.00	93.00	79.00	92.00	84.00	90.00
Double tees, 9.2m (30') spans, min. 600 m² (6000 SF)									
610 mm (24") deep	m²	125.00	103.00	103.00	116.00	104.00	88.00	91.00	99.00

03600 GROUT

Item	UNITS	St. Johns	Halifax	Montreal	Ottawa	Toronto	Winnipeg	Calgary	Vancouver
Cement and sand									
Pressure grout curtain:									
Connection Charge, 1 per 3 m depth	EA	325.00	295.00	320.00	320.00	285.00	335.00	290.00	335.00
Grouting material, average absorption rate 0.02 cf/m of depth	m³	2,000	1,820	1,770	1,980	1,730	2,075	1,810	2,025
Filling voids:									
Average cost	m³	4,250	4,050	4,100	4,250	3,750	4,500	3,650	4,375
Epoxy									
100% solids injected to cracks:									
Slab on grade	m	46.00	38.75	38.25	38.75	40.00	42.75	36.25	47.50
Soffits or walls	m	67.00	55.00	55.00	55.00	58.00	61.00	54.00	68.00
Epoxy/sand 1:4 mortar:									
Patching to slab or deck									
12 mm thick	m²	230.00	195.00	197.00	190.00	200.00	215.00	180.00	235.00
25 mm thick	m²	385.00	330.00	330.00	320.00	335.00	360.00	305.00	390.00
Bulk grouting									
Filling to voids	m³	13,200	10,700	10,800	10,500	11,500	11,900	9,800	13,300

04: MASONRY
04200 Unit Masonry

The following items cover simple walls and components. Prices for composite walls can be found in Section D, Division A3, Exterior Cladding and Division B1, Interior Partitions and Doors. Regional requirements vary for masonry walls and care should be taken when pricing an estimate to ensure the correct specification is used for the region. No allowance has been made in the prices for decorative or special bonding. As a rule of thumb for budgeting purposes, a wall with a decorative bond would cost approximately 10% more than a comparable wall in stretcher bond, but this differential can vary depending on the volume of work, the size and type of unit, and the specific bond. Where an unusual circumstance prevails, we recommend that the local masonry association be contacted. Before pricing a masonry takeoff, we recommend that a check be made of local availability of masonry material. No allowance has been made in the masonry prices for scaffolding or temporary work platforms. If these are required, a separate assessment should be made of the cost involved, based on the dimensions and nature of the anticipated work and the time requirement of the temporary platforms.

04210 CLAY UNIT MASONRY - UNREINFORCED

Item	UNITS	St. Johns	Halifax	Montreal	Ottawa	Toronto	Winnipeg	Calgary	Vancouver
Face brick wall									
Modular clay brick 190 x 90 x 57 mm									
Veneer	m²	112.00	100.00	103.00	98.00	104.00	118.00	100.00	121.00
Tied to solid backing	m²	115.00	103.00	107.00	101.00	107.00	120.00	103.00	125.00
Utility clay brick 245 x 90 x 57 mm									
Veneer	m²	110.00	98.00	102.00	96.00	102.00	110.00	98.00	119.00
Tied to solid backing	m²	113.00	100.00	107.00	101.00	105.00	112.00	103.00	122.00
Norman clay brick 290 x 90 x 57 mm									
Veneer	m²	110.00	103.00	107.00	101.00	101.00	115.00	103.00	118.00
Tied to solid backing	m²	113.00	107.00	110.00	104.00	104.00	119.00	106.00	121.00
Jumbo clay brick 290 x 90 x 90 mm									
Veneer	m²	105.00	92.00	95.00	89.00	96.00	99.00	92.00	112.00
Tied to solid backing	m²	108.00	95.00	98.00	92.00	99.00	101.00	95.00	115.00
Giant clay brick 390 x 90 x 190 mm									
Veneer	m²	80.00	64.00	64.00	62.00	77.00	92.00	62.00	83.00
Tied to solid backing	m²	80.00	66.00	65.00	64.00	79.00	95.00	63.00	87.00

04220 CONCRETE MASONRY - UNREINFORCED

Item	UNITS	St. Johns	Halifax	Montreal	Ottawa	Toronto	Winnipeg	Calgary	Vancouver
Plain (lightweight) concrete blocks									
Backup:									
100 mm	m²	47.00	48.50	61.00	57.00	59.00	48.00	60.00	65.00
150 mm	m²	50.00	53.00	69.00	60.00	63.00	56.00	66.00	72.00
200 mm	m²	54.00	57.00	73.00	68.00	68.00	65.00	71.00	72.00

METRIC CURRENT MARKET PRICES — Masonry DIV 4

Item	UNITS	St. Johns	Halifax	Montreal	Ottawa	Toronto	Winnipeg	Calgary	Vancouver
250 mm	m²	58.00	71.00	89.00	84.00	74.00	84.00	88.00	88.00
300 mm	m²	65.00	77.00	97.00	92.00	89.00	90.00	95.00	107.00
Freestanding jointed and pointed:									
100 mm	m²	49.00	49.25	61.00	57.00	61.00	52.00	61.00	68.00
150 mm	m²	52.00	54.00	69.00	60.00	65.00	60.00	67.00	74.00
200 mm	m²	56.00	58.00	73.00	68.00	70.00	68.00	71.00	75.00
250 mm	m²	60.00	72.00	89.00	84.00	78.00	89.00	88.00	93.00
300 mm	m²	67.00	78.00	97.00	92.00	93.00	96.00	95.00	111.00
Skin of cavity wall									
100 mm	m²	50.00	48.50	67.00	60.00	61.00	52.00	66.00	71.00
150 mm	m²	53.00	53.00	71.00	65.00	66.00	60.00	69.00	74.00
200 mm	m²	57.00	57.00	78.00	74.00	71.00	68.00	76.00	82.00
250 mm	m²	62.00	71.00	93.00	91.00	82.00	89.00	91.00	98.00
300 mm	m²	68.00	77.00	101.00	98.00	88.00	96.00	98.00	106.00
Architectural split faced concrete blocks									
Freestanding jointed and pointed:									
100 mm	m²	54.00	60.00	70.00	71.00	68.00	69.00	68.00	80.00
150 mm	m²	59.00	65.00	75.00	77.00	74.00	78.00	73.00	85.00
200 mm	m²	67.00	72.00	84.00	85.00	84.00	92.00	82.00	96.00
250 mm	m²	73.00	82.00	96.00	98.00	91.00	99.00	93.00	110.00
300 mm	m²	N/A	88.00	102.00	105.00	110.00	102.00	99.00	117.00
Skin of cavity wall:									
100 mm	m²	55.00	59.00	73.00	75.00	69.00	72.00	71.00	82.00
150 mm	m²	60.00	64.00	79.00	80.00	75.00	80.00	76.00	90.00
200 mm	m²	68.00	71.00	87.00	88.00	85.00	88.00	85.00	99.00
250 mm	m²	74.00	81.00	99.00	101.00	93.00	99.00	96.00	111.00
300 mm	m²	N/A	87.00	109.00	111.00	109.00	104.00	106.00	124.00
Integrally coloured architectural split faced concrete blocks									
Freestanding jointed and pointed:									
100 mm	m²	64.00	72.00	76.00	84.00	80.00	83.00	69.00	95.00
150 mm	m²	67.00	78.00	82.00	91.00	84.00	89.00	75.00	101.00
200 mm	m²	76.00	84.00	88.00	98.00	95.00	96.00	82.00	111.00
250 mm	m²	83.00	99.00	104.00	116.00	104.00	111.00	95.00	124.00
300 mm	m²	N/A	110.00	118.00	126.00	125.00	125.00	106.00	141.00
Skin of cavity wall:									
100 mm	m²	65.00	71.00	79.00	88.00	81.00	86.00	72.00	97.00
150 mm	m²	68.00	77.00	85.00	95.00	85.00	92.00	78.00	102.00
200 mm	m²	77.00	83.00	92.00	101.00	96.00	98.00	85.00	115.00
250 mm	m²	84.00	98.00	107.00	120.00	105.00	114.00	98.00	126.00
300 mm	m²	N/A	109.00	120.00	132.00	131.00	128.00	109.00	147.00
04230 REINFORCED UNIT MASONRY									
Face clay brick									
100 mm modular clay brick 190 x 90 x 57 mm									
Veneer	m²	120.00	106.00	98.00	103.00	111.00	113.00	105.00	130.00
Tied to solid backing	m²	123.00	111.00	102.00	107.00	114.00	119.00	110.00	135.00
100 mm utility clay brick 245 x 90 x 57 mm									
Veneer	m²	118.00	104.00	99.00	104.00	109.00	116.00	106.00	127.00
Tied to solid backing	m²	121.00	107.00	101.00	106.00	112.00	117.00	108.00	132.00
100 mm norman clay brick 290 x 90 x 57 mm									
Veneer	m²	118.00	106.00	98.00	103.00	108.00	113.00	105.00	126.00
Tied to solid backing	m²	121.00	113.00	104.00	109.00	111.00	121.00	111.00	130.00
100 mm jumbo clay brick 290 x 90 x 90 mm									
Veneer	m²	113.00	99.00	91.00	96.00	102.00	106.00	98.00	119.00
Tied to solid backing	m²	116.00	101.00	93.00	98.00	105.00	108.00	100.00	122.00
100 mm giant clay brick 390 x 90 x 190 mm									
Veneer	m²	88.00	67.00	63.00	66.00	76.00	72.00	67.00	86.00
Tied to solid backing	m²	90.00	69.00	66.00	69.00	79.00	74.00	69.00	88.00
Plain (lightweight) concrete blocks									
Backup:									
100 mm	m²	55.00	56.00	69.00	63.00	69.00	66.00	67.00	73.00
150 mm	m²	60.00	60.00	75.00	67.00	75.00	72.00	74.00	78.00
200 mm	m²	66.00	65.00	80.00	77.00	81.00	78.00	78.00	84.00
250 mm	m²	72.00	77.00	95.00	93.00	90.00	91.00	93.00	100.00
300 mm	m²	80.00	84.00	104.00	97.00	100.00	101.00	102.00	110.00
Freestanding jointed and pointed:									
100 mm	m²	57.00	57.00	69.00	63.00	71.00	66.00	68.00	75.00
150 mm	m²	62.00	61.00	75.00	67.00	76.00	72.00	74.00	81.00
200 mm	m²	68.00	66.00	80.00	77.00	82.00	78.00	79.00	87.00
250 mm	m²	74.00	78.00	95.00	93.00	93.00	91.00	93.00	103.00
300 mm	m²	82.00	85.00	104.00	97.00	102.00	101.00	102.00	113.00
Skin of cavity wall:									
100 mm	m²	63.00	56.00	73.00	66.00	70.00	70.00	71.00	77.00
150 mm	m²	68.00	60.00	78.00	71.00	75.00	76.00	77.00	82.00
200 mm	m²	69.00	65.00	84.00	80.00	81.00	81.00	82.00	89.00
250 mm	m²	75.00	77.00	101.00	97.00	94.00	98.00	98.00	106.00
300 mm	m²	83.00	84.00	108.00	100.00	104.00	104.00	105.00	114.00

Instructions for use, page 4. Main index, page 7.

DIV 4 Masonry — METRIC CURRENT MARKET PRICES

Item	UNITS	St. Johns	Halifax	Montreal	Ottawa	Toronto	Winnipeg	Calgary	Vancouver
Architectural split faced concrete blocks									
Freestanding jointed and pointed:									
100 mm	m²	62.00	68.00	75.00	77.00	78.00	72.00	74.00	87.00
150 mm	m²	69.00	72.00	84.00	85.00	86.00	81.00	82.00	96.00
200 mm	m²	79.00	80.00	90.00	92.00	96.00	87.00	88.00	104.00
250 mm	m²	87.00	88.00	102.00	105.00	109.00	99.00	99.00	118.00
300 mm	m²	N/A	95.00	111.00	112.00	118.00	107.00	107.00	128.00
Skin of cavity wall:									
100 mm	m²	63.00	56.00	82.00	84.00	70.00	79.00	79.00	84.00
150 mm	m²	70.00	60.00	87.00	88.00	75.00	84.00	85.00	90.00
200 mm	m²	80.00	65.00	94.00	96.00	81.00	90.00	91.00	97.00
250 mm	m²	88.00	77.00	108.00	109.00	96.00	103.00	104.00	115.00
300 mm	m²	N/A	84.00	114.00	116.00	105.00	110.00	110.00	126.00
Integrally coloured architectural split faced concrete blocks									
Freestanding jointed and pointed:									
100 mm	m²	72.00	80.00	81.00	90.00	90.00	85.00	73.00	102.00
150 mm	m²	77.00	85.00	87.00	97.00	96.00	91.00	82.00	110.00
200 mm	m²	88.00	92.00	96.00	107.00	110.00	102.00	90.00	121.00
250 mm	m²	97.00	105.00	110.00	123.00	121.00	117.00	102.00	139.00
300 mm	m²	N/A	117.00	123.00	134.00	133.00	129.00	112.00	155.00
Skin of cavity wall:									
100 mm	m²	73.00	79.00	84.00	93.00	91.00	88.00	76.00	106.00
150 mm	m²	78.00	84.00	90.00	100.00	98.00	96.00	83.00	114.00
200 mm	m²	89.00	91.00	99.00	110.00	111.00	105.00	93.00	126.00
250 mm	m²	98.00	104.00	113.00	126.00	122.00	120.00	105.00	143.00
300 mm	m²	N/A	116.00	126.00	140.00	139.00	133.00	114.00	159.00
04270 GLASS UNIT MASONRY									
Glass block units in straight assembly, normal view,									
152mm x 152mm (6" x 6")	m²	515.00	395.00	195.00	425.00	665.00	340.00	690.00	475.00
203mm 203mm (8" x 8")	m²	350.00	295.00	160.00	270.00	440.00	250.00	385.00	395.00
305mm x 305mm (12" x 12")	m²	335.00	385.00	165.00	310.00	360.00	230.00	250.00	410.00

04400 Stone Walling

Including Necessary Anchor And Fixing Slots And Checks

04410 ROUGH STONE

Item	UNITS	St. Johns	Halifax	Montreal	Ottawa	Toronto	Winnipeg	Calgary	Vancouver
Fieldstone									
Split Field Stone									
Random pattern	m²	250.00	240.00	220.00	245.00	240.00	250.00	280.00	245.00
Limestone									
Split bed split face:									
Coursed Rubble	m²	150.00	130.00	119.00	133.00	148.00	137.00	187.00	133.00
90 mm sawn bed, split face:									
Single coursing	m²	130.00	114.00	104.00	117.00	124.00	121.00	136.00	117.00
Triple coursing	m²	140.00	121.00	111.00	125.00	129.00	128.00	145.00	122.00

04420 CUT STONE (edgework extra)

04455 Marble

Item	UNITS	St. Johns	Halifax	Montreal	Ottawa	Toronto	Winnipeg	Calgary	Vancouver
White, 20 mm thick									
Honed finish	m²	450.00	440.00	405.00	455.00	445.00	470.00	510.00	445.00
White, 40 mm thick									
Honed finish	m²	600.00	585.00	535.00	595.00	535.00	620.00	620.00	580.00

04460 Limestone

Item	UNITS	St. Johns	Halifax	Montreal	Ottawa	Toronto	Winnipeg	Calgary	Vancouver
Plain ashlar coursing:									
Dimensioned stone 90 mm on bed:									
Sawn finish	m²	300.00	290.00	265.00	300.00	275.00	305.00	315.00	285.00
Rubbed finish	m²	325.00	305.00	280.00	315.00	290.00	320.00	330.00	310.00

04465 Granite

Item	UNITS	St. Johns	Halifax	Montreal	Ottawa	Toronto	Winnipeg	Calgary	Vancouver
Grey, 40 mm thick:									
Flamed finish	m²	575.00	565.00	515.00	580.00	510.00	585.00	585.00	535.00
Honed finish	m²	600.00	585.00	535.00	605.00	530.00	610.00	610.00	550.00
Polished finish	m²	625.00	605.00	555.00	625.00	550.00	635.00	635.00	600.00
Grey, 100 mm thick									
Flamed finish	m²	700.00	675.00	620.00	700.00	620.00	710.00	710.00	645.00
Honed finish	m²	730.00	700.00	640.00	715.00	640.00	735.00	735.00	665.00
Polished finish	m²	750.00	725.00	665.00	740.00	660.00	755.00	755.00	725.00

04470 Sandstone

Item	UNITS	St. Johns	Halifax	Montreal	Ottawa	Toronto	Winnipeg	Calgary	Vancouver
Ashlar coursing:									
Standard grade	m²	225.00	200.00	185.00	205.00	196.00	210.00	225.00	200.00
Select grade	m²	275.00	250.00	230.00	260.00	230.00	265.00	265.00	250.00

METRIC CURRENT MARKET PRICES — Metals DIV 5

Item	UNITS	St. Johns	Halifax	Montreal	Ottawa	Toronto	Winnipeg	Calgary	Vancouver
05: METALS									
05100 Structural Metal Framing									
05120 STRUCTURAL STEEL									
(based on simple construction types) 300 MPa (400 ksi) yield strength, including shop prime coat									
Beams:									
Light beams not exceeding 50 kg/m	TONNE	2,425	2,200	1,900	2,525	2,375	2,675	2,800	2,625
Wide flange beams between 50 and 240 kg/m	TONNE	2,025	1,960	1,580	2,150	1,980	2,225	2,350	2,375
Welded wide flange	TONNE	2,300	2,200	1,800	2,450	2,250	2,075	2,675	2,550
Plate girders:									
Average cost	TONNE	2,675	2,200	1,940	2,625	2,425	2,175	2,900	2,675
Columns:									
Light beam, not exceeding 50 kg/m (35 lbs/lf)	TONNE	2,400	2,200	1,820	2,475	2,225	2,175	2,675	2,550
Wide flange, over 50 kg/m not exceeding 285 kg/m	TONNE	2,200	1,960	1,580	2,150	1,980	1,890	2,300	2,250
Welded Wide Flange	TONNE	2,475	2,200	1,800	2,450	2,250	2,250	2,675	2,550
Hollow Structural Sections (HSS):									
All sizes	TONNE	2,650	2,700	2,075	2,800	2,425	2,375	2,900	2,925
Spandrels:									
Light beams < 50 kg/m	TONNE	2,500	2,550	2,025	2,825	2,400	2,250	2,775	2,750
Wide flange beams 51-240 kg/m	TONNE	2,500	2,350	1,870	2,625	2,325	2,375	2,900	2,625
Welded wide flange beams	TONNE	2,425	2,500	1,960	2,725	2,350	2,175	2,675	2,675
Trusses:									
Double angle or tee	TONNE	2,875	2,800	2,150	2,750	2,700	2,725	3,350	2,850
Wide flange	TONNE	2,675	2,600	2,000	2,525	2,500	2,575	3,075	2,625
Welded wide flange	TONNE	2,875	2,800	2,125	2,750	2,650	2,725	3,200	2,850
Tubular sections	TONNE	3,250	3,150	2,300	3,075	2,900	3,200	3,475	3,200
Bracing:									
Angles	TONNE	2,675	2,475	2,025	2,750	2,525	2,475	3,000	2,850
Wide flange	TONNE	3,250	2,775	2,575	3,475	3,125	2,950	3,575	3,575
Purlins:									
Light beam	TONNE	2,425	2,100	1,820	2,475	2,275	2,250	2,775	2,550
Wide flange	TONNE	2,200	1,950	1,760	2,150	2,000	1,790	2,125	2,250
Girts:									
Hot rolled	TONNE	2,425	1,880	1,820	2,475	2,275	2,250	2,775	2,550
Cold formed	TONNE	3,825	3,750	3,000	4,050	3,725	4,325	4,575	4,150
Sag rods:									
Average cost	EA	24.00	21.75	17.20	22.25	21.50	20.75	25.25	23.75
Loose lintels (supply only):									
Average cost	TONNE	1,600	1,350	1,220	1,650	1,430	1,280	1,600	1,710
Base plates:									
Up to 203 mm (8") thickness Canadian	TONNE	2,100	1,760	1,610	2,200	2,025	1,980	2,425	2,250
Over 203 mm (8") thickness U.S.	TONNE	2,525	2,400	1,930	2,575	2,400	2,375	2,900	2,675
Stud shear connectors:									
Shop applied	EA	1.80	1.61	1.45	1.80	1.63	1.56	1.91	1.78
Field applied	EA	3.50	3.53	2.91	3.63	3.28	3.21	3.93	3.56
Ancillary steel:									
Average cost	TONNE	3,925	4,025	3,375	4,150	4,225	4,150	5,300	4,725
05200 Metal Joist									
05210 OPEN WEB STEEL JOISTS AND BRIDGING									
(based on simple construction types.)									
For bracing etc. see item 05120.									
380 MPa (55 ksi) yield strength									
Prime coated	TONNE	2,375	2,300	1,800	2,550	2,250	2,175	2,725	2,425
05300 Metal Decking									
05310 ROOF DECKS - GALVANIZED									
38 mm (1 1/2") deep, non cellular									
0.76 mm (0.028") thick:									
Standard, Z75 wipe coat	m^2	14.50	14.50	10.90	15.50	13.25	12.40	14.45	14.40
Standard, Z275 (g90)	m^2	15.00	14.85	11.55	15.85	14.00	12.65	15.10	15.25
Acoustical, Z75 wipe coat	m^2	17.30	17.90	13.40	19.10	16.30	15.30	16.30	17.70
Acoustical, Z275 (g90)	m^2	18.00	17.90	13.95	19.10	16.95	15.30	17.00	18.45
0.91 mm (0.036") thick:									
Standard, Z75 wipe coat	m^2	15.80	15.85	12.20	16.95	14.90	13.55	16.70	16.15
Acoustical, Z75 wipe coat	m^2	18.90	19.25	14.60	20.50	17.80	16.45	17.40	19.30
1.22 mm (0.048") thick:									
Standard, Z75 wipe coat	m^2	18.70	18.55	14.45	19.85	17.60	15.85	19.70	19.10
1.63 mm (0.064") thick:									
Standard, Z75 wipe coat	m^2	21.00	21.00	16.35	22.25	19.85	17.85	23.25	21.50
76 mm (3") deep, non cellular									
0.76 mm (0.28") thick:									
Standard, Z75 wipe coat	m^2	19.60	20.50	18.35	21.50	18.45	17.85	19.10	17.80
Standard, Z275 (g90)	m^2	22.00	21.50	18.85	23.00	20.75	18.45	19.85	18.85
Acoustical, Z75 wipe coat	m^2	22.75	23.75	20.50	25.00	21.50	23.25	22.25	23.00
Acoustical, Z275 (g90)	m^2	23.75	24.75	21.00	26.00	22.25	24.00	23.00	24.25
0.91 mm (0.036") thick:									
Standard, Z75 wipe coat	m^2	22.00	23.00	19.90	24.25	20.75	19.85	21.50	19.95

Instructions for use, page 4. Main index, page 7.

DIV 5 Metals — METRIC CURRENT MARKET PRICES

Item	UNITS	St. Johns	Halifax	Montreal	Ottawa	Toronto	Winnipeg	Calgary	Vancouver
Acoustical, Z75 wipe coat	m²	24.75	25.75	19.20	27.25	23.25	21.75	22.50	25.50
1.22 mm (0.048") thick:									
Standard, Z75 wipe coat	m²	24.75	26.00	19.70	27.25	23.25	22.50	23.75	25.25
1.63 mm (0.064") thick:									
Standard, Z75 wipe coat	m²	29.00	28.75	24.50	30.75	27.25	24.50	27.50	29.50
05310 FLOOR DECKS - GALVANIZED									
(based on composite decks)									
Flat (v-rib pans)									
0.38 mm (0.0148") thick	m²	10.00	9.45	8.15	10.10	9.10	8.10	10.00	9.85
38 mm (1 1/2") deep non cellular									
0.76 mm (0.028") thick									
With Z75 wipe coat	m²	17.50	17.90	13.40	19.10	16.45	15.30	19.20	17.85
With Z275 (g90)	m²	18.25	19.25	14.40	20.00	17.20	16.45	18.25	18.70
0.91 mm (0.036") thick									
With Z75 wipe coat	m²	19.60	19.90	16.85	21.25	18.45	16.95	19.90	21.50
1.22 mm (0.048") thick:									
With Z75 wipe coat	m²	22.00	22.50	19.40	24.25	21.75	19.25	23.25	25.50
1.63 mm (0.064") thick:									
With Z75 wipe coat	m²	25.75	25.75	21.50	27.25	24.50	21.75	29.00	29.00
38 mm (1 1/2") deep, cellular (100% cellular)									
0.91 mm (0.036") thick:									
With Z75 wipe coat	m²	39.25	40.50	34.75	43.25	41.00	35.25	44.00	47.50
With Z275 (g90)	m²	44.00	46.00	38.75	49.00	46.25	40.00	48.25	54.00
76 mm (3") deep, non cellular									
0.76 mm (0.028") thick									
With Z75 wipe coat	m²	24.75	25.75	19.20	27.00	23.25	21.75	24.25	27.00
With Z275 (g90)	m²	25.00	26.25	19.70	27.50	23.75	22.50	25.25	27.50
0.91 mm (0.036") thick:									
With Z75 wipe coat	m²	27.25	28.00	21.00	30.00	25.50	24.00	26.25	30.00
1.22 mm (0.048") thick:									
With Z75 wipe coat	m²	29.75	30.25	24.50	32.50	28.00	26.00	29.00	32.50
1.63 mm (0.064") thick:									
With Z75 wipe coat	m²	33.00	34.00	25.50	36.25	31.00	29.25	31.50	36.25
76 mm (3") deep, cellular (100% cellular)									
0.91 mm (0.036") thick:									
With Z75 wipe coat	m²	52.00	54.00	46.50	58.00	57.00	48.75	58.00	66.00
With Z275 (g90)	m²	54.00	55.00	47.75	59.00	58.00	50.00	62.00	68.00
05400 Lightgauge Metal Framing									
05410 PARTITION FRAMING SYSTEMS									
Solid type, 0.508 mm thick (25 gauge)									
400 mm (16") o.c.									
41 mm (1-5/8") studs	m²	8.70	9.90	8.45	9.65	9.55	8.25	9.70	11.15
64 mm (2-1/2") studs	m²	10.10	11.35	9.75	11.10	10.95	9.50	11.15	12.00
92 mm (3-5/8") studs	m²	11.50	12.50	10.70	12.20	12.20	10.55	12.25	13.15
152 mm (6") studs	m²	17.10	22.00	18.80	21.50	19.90	18.30	21.50	22.75
05500 Metal Fabrications									
05510 METAL STAIRS AND LADDERS									
Pan stairs with closed risers:									
250 mm treads and 200 mm risers									
900 mm wide (per tread)	EA	85.00	103.00	89.00	116.00	106.00	104.00	131.00	121.00
1050 mm wide (per tread)	EA	100.00	115.00	100.00	129.00	125.00	114.00	144.00	134.00
1200 mm wide (per tread)	EA	110.00	124.00	107.00	140.00	130.00	124.00	156.00	142.00
Landings:									
50 mm deep pan	m²	500.00	505.00	615.00	660.00	595.00	585.00	715.00	675.00
Circular stairs:									
Steel stairs:									
1500 mm dia. (per tread)	EA	200.00	215.00	187.00	240.00	235.00	215.00	260.00	245.00
05515 LADDERS									
Open steel ladders:									
400 mm wide	m	75.00	90.00	66.00	83.00	83.00	74.00	99.00	88.00
Steel ladders with safety loops:									
400 mm wide	m	125.00	145.00	122.00	123.00	140.00	112.00	160.00	152.00
05520 HANDRAILS AND RAILINGS									
Handrails on wall brackets									
Steel:									
50 mm pipe rail	m	40.00	40.25	29.75	37.00	37.00	31.50	44.25	40.50
Plastic covered steel:									
50 mm wide	m	50.00	58.00	42.75	56.00	53.00	47.25	64.00	61.00
Railings									
Steel:									
50 mm pipe railing, 900 mm high	m	100.00	109.00	99.00	126.00	116.00	107.00	139.00	134.00
12 mm tube pickets, 900 mm high	m	150.00	153.00	136.00	173.00	161.00	150.00	193.00	184.00

METRIC CURRENT MARKET PRICES — Wood and Plastics DIV 6

Item	UNITS	St. Johns	Halifax	Montreal	Ottawa	Toronto	Winnipeg	Calgary	Vancouver
05530 GRATINGS									
Welded standard gratings									
Pedestrian traffic:									
900 mm span	m²	80.00	85.00	63.00	82.00	79.00	70.00	94.00	88.00
1200 mm span	m²	90.00	87.00	72.00	95.00	90.00	81.00	108.00	101.00
1800 mm span	m²	130.00	144.00	107.00	139.00	134.00	120.00	158.00	148.00
3000 mm span	m²	220.00	235.00	174.00	225.00	215.00	196.00	260.00	240.00

06: WOOD AND PLASTICS
06100 Surface Carpentry

In metric nomenclature for lumber there are no nominal sizes and the following descriptions and prices reflect finished sizes. One cubic meter of lumber therefore actually contains 1 m³, and a piece described as 38 x 89 mm is actually that size.

06110 FRAMING - SUPPLY, minimum 3,000 m (10,000 LF)

Item	UNITS	St. Johns	Halifax	Montreal	Ottawa	Toronto	Winnipeg	Calgary	Vancouver
Boards and shiplap									
Construction grade softwood, spruce, 2.4 m (8 foot) long pieces									
19 mm (1") thick:									
38 mm (2") wide	m	0.32	0.28	0.20	0.21	0.24	0.26	0.26	0.19
64 mm (3") wide	m	0.42	0.39	0.38	0.33	0.41	0.41	0.42	0.35
89 mm (4") wide	m	0.52	0.52	0.52	0.62	0.65	0.75	0.78	0.56
140 mm (6") wide	m	0.83	1.10	0.97	0.82	1.03	1.10	1.13	0.96
184 mm (8") wide	m	1.09	1.49	1.22	0.99	1.24	1.31	1.34	1.00
235 mm (10") wide	m	1.24	1.74	1.61	1.28	1.55	1.72	1.77	1.31
286 mm (12") wide	m	2.10	2.06	2.00	1.60	2.00	2.14	2.21	1.61
Structural light framing - joists planks or studs (S4S) - dried									
Construction grade softwood, spruce, 2.4 m (8 foot) long pieces									
38 mm (2") thick:									
38 mm (2") wide	m	0.71	0.71	0.60	0.65	0.75	0.87	0.66	0.64
64 mm (3") wide	m	1.07	0.92	0.78	0.85	0.84	0.90	0.70	0.67
89 mm (4") wide	m	1.38	1.23	1.21	1.22	1.35	1.61	1.32	1.19
140 mm (6") wide	m	2.13	2.01	2.08	1.97	2.19	2.62	2.03	1.93
184 mm (8") wide	m	3.40	2.67	2.92	2.48	2.88	3.13	2.48	2.30
235 mm (10") wide	m	6.00	4.14	4.62	3.82	4.70	4.99	3.90	3.77
286 mm (12") wide	m	7.20	6.10	6.35	5.60	6.00	6.80	5.20	5.00
Western red cedar, 2.4 m (8 foot) long pieces									
38 mm (2") thick:									
64 mm (3") wide	m	2.25	2.09	1.76	1.59	1.96	2.13	1.63	1.57
89 mm (4") wide	m	2.50	2.23	2.12	1.70	2.09	2.27	1.74	1.67
140 mm (6") wide	m	4.50	4.31	4.09	3.37	4.03	4.40	3.34	3.23
184 mm (8") wide	m	6.00	5.30	5.05	4.49	4.99	5.40	4.13	3.99
235 mm (10") wide	m	7.90	7.00	6.65	5.60	6.60	7.15	7.35	5.30
286 mm (12") wide	m	11.00	9.35	6.55	7.50	8.20	8.05	7.30	7.00
Decking tongue and groove - dried									
Select spruce:									
38 mm (2") thick									
140 mm (6") wide	m	3.20	2.62	2.68	2.76	2.90	2.91	2.84	2.42
184 mm (8") wide	m	3.15	3.11	3.00	3.25	2.85	2.60	2.47	2.36
64 mm (3") thick									
140 mm (6") wide	m	4.50	4.21	3.97	4.12	4.35	4.68	4.46	3.65
89 mm (4") thick									
140 mm (6") wide	m	6.00	5.90	6.85	7.40	6.45	7.35	7.55	5.45
Select fir or hemlock:									
38 mm (2") thick									
140 mm (6") wide	m	3.35	3.66	2.96	2.56	3.06	3.40	3.50	2.50
184 mm (8") wide	m	5.10	5.60	3.82	3.89	4.69	5.20	5.35	3.84
64 mm (3") thick									
140 mm (6") wide	m	5.50	5.85	5.05	4.79	4.86	5.20	5.10	3.97
89 mm (4") thick									
140 mm (6") wide	m	9.00	9.80	8.45	7.05	8.15	8.80	7.90	6.70
Select cedar:									
38 mm (2") thick									
140 mm (6") wide	m	7.15	7.25	5.25	5.45	6.25	7.00	5.60	6.90
184 mm (8") wide	m	9.40	9.70	6.80	7.15	8.15	8.80	7.70	8.80
64 mm (3") thick									
140 mm (6") wide	m	11.00	10.95	9.90	8.35	9.55	10.90	10.25	10.10
89 mm (4") thick									
140 mm (6") wide	m	15.00	15.25	14.50	11.60	13.25	15.55	14.85	14.00
6110 FRAMING - INSTALLATION									
(rough hardware included)									
Light framing, minimum 3,000 m									
Wall framing cost:									
38 x 89 mm (2" x 4")	m²	6.60	8.95	8.05	7.75	7.75	7.00	6.95	7.55
38 x 140 mm (2" x 6")	m²	9.80	13.10	11.90	11.55	11.55	10.40	10.40	11.05
Joist or beams:									
38 x 240 mm (2" x 10")	m²	10.75	12.20	10.90	10.70	10.60	9.60	9.45	10.00
38 x 290 mm (2" x 12")	m²	12.00	15.05	13.20	13.30	13.10	11.75	11.70	12.15
Rafters or purlins:									
38 x 140 mm (2" x 6")	m²	6.40	6.70	7.55	7.50	7.50	6.70	6.70	6.85

Instructions for use, page 4. Main index, page 7.

DIV 6 Wood and Plastics — METRIC CURRENT MARKET PRICES

Item	UNITS	St. Johns	Halifax	Montreal	Ottawa	Toronto	Winnipeg	Calgary	Vancouver
Suspended ceiling framing timber:									
32 x 38 mm (1 1/2" x 2")	m²	9.25	9.25	9.15	10.65	10.90	12.75	9.70	9.80
Nailers, blocking, etc.:									
38 x 38 mm (2" x 2")	m	2.90	3.34	3.44	3.37	3.35	3.93	3.00	3.12
Furring or strapping:									
19 mm (1") thick									
38 mm (2") wide	m	1.10	1.47	1.30	1.28	1.28	1.21	1.16	1.11
64 mm (3") wide	m	1.30	1.27	1.48	1.49	1.50	1.33	1.34	1.37
89 mm (4") wide	m	1.30	1.74	1.55	1.51	1.52	1.38	1.37	1.41
38 mm (2") thick									
38 mm (2") wide	m	1.50	2.01	1.78	1.73	1.75	1.63	1.56	1.62
64 mm (3") wide	m	1.40	1.92	1.69	1.65	1.67	1.55	1.49	1.55
89 mm (4") wide	m	1.70	2.26	1.99	1.95	1.97	1.87	1.76	1.75
140 mm (6") wide	m	1.75	2.31	2.12	2.08	2.01	1.78	1.88	1.74
06115 PLYWOOD SHEATHING - SUPPLY, minimum 5,000 m²									
Prices are based upon the standard imperial panel size which is 1220 x 2440 (4' x 8'), although 1440 x 3050 (4' x 10') and 1440 x 3660 (4' x 12') are available from most mills, at a premium.									
Unsanded fir plywood:									
12.5 mm (1/2")	m²	8.40	6.35	6.80	5.70	7.05	5.65	7.05	5.70
15.5 mm (5/8")	m²	10.75	8.55	9.55	10.45	9.30	7.50	8.75	7.45
18.5 mm (3/4")	m²	12.45	10.15	11.40	11.70	10.65	8.60	10.50	8.55
Sanded fir plywood, G1S:									
8 mm (3/8")	m²	10.40	10.00	8.60	8.40	9.45	8.55	8.85	8.95
11 mm (1/2")	m²	12.25	10.85	9.90	10.35	10.85	8.65	10.40	9.05
14 mm (5/8")	m²	14.80	13.45	11.30	13.65	14.10	11.75	12.45	11.55
17 mm (3/4")	m²	17.15	15.10	13.45	14.45	15.50	13.50	13.75	13.60
06115 PLYWOOD SHEATHING - INSTALLATION, min. 5,000 m²									
Floors or flat roofs:									
12.5 mm (1/2")	m²	4.60	4.46	5.20	5.30	4.57	5.35	4.07	4.97
15.5 mm (5/8")	m²	5.00	5.00	5.85	5.95	5.15	6.00	4.59	5.50
18.5 mm (3/4")	m²	5.50	5.40	6.25	6.35	5.50	6.45	4.89	5.90
20.5 mm	m²	6.00	5.75	6.70	6.75	5.85	6.70	5.25	5.90
Walls:									
9.5 mm (3/8")	m²	5.20	5.15	6.00	6.10	5.25	6.00	4.68	5.45
12.5 mm (1/2")	m²	5.50	5.50	6.40	6.50	5.65	6.50	5.05	5.45
15.5 mm (5/8")	m²	6.00	6.05	7.05	7.20	6.20	7.15	5.50	5.75
18.5 mm (3/4")	m²	6.30	6.40	7.50	7.60	6.55	7.55	5.80	5.90
20.5 mm	m²	6.80	6.70	7.85	8.00	6.90	8.05	6.15	5.90

06170 Prefabricated Structural Wood

06180 GLUED LAMINATED CONSTRUCTION

Structural units - SUPPLY ONLY (excluding hardware) based on actual net volumes, spruce

Item	UNITS	St. Johns	Halifax	Montreal	Ottawa	Toronto	Winnipeg	Calgary	Vancouver
Straight members 38 mm material: Interior work									
Industrial grade	m³	N/A	710.00	665.00	725.00	805.00	735.00	740.00	855.00
Commerical grade	m³	950.00	740.00	705.00	755.00	855.00	765.00	770.00	855.00
Quality grade	m³	N/A	775.00	740.00	770.00	900.00	780.00	785.00	950.00
Structural units (installation only)									
Less than 5000 m³:									
Members not exceeding 9 m (30') long	EA	168.00	132.00	124.00	137.00	151.00	144.00	140.00	171.00
Over 9 m³ (30'), not exceeding 12 m (40')	EA	235.00	215.00	200.00	225.00	210.00	235.00	230.00	225.00
Over 12 m (40')	EA	460.00	420.00	390.00	435.00	415.00	460.00	445.00	355.00
5000 m³ and over:									
Members not exceeding 9 m (30') long	EA	93.00	85.00	80.00	88.00	84.00	93.00	90.00	95.00
Over 9 m (30'), not exceeding 12 m (40')	EA	156.00	142.00	133.00	147.00	140.00	155.00	150.00	159.00
Over 12 m (40')	EA	295.00	275.00	255.00	280.00	265.00	295.00	285.00	265.00

06190 PREFABRICATED WOOD JOISTS & TRUSSES

Composite wood joist with parallel 38 mm x 64 mm (2" x 3") top and bottom Micro-Lam flanges and 10 mm (3/8") plywood web - SUPPLY ONLY (excluding hardware)

Item	UNITS	St. Johns	Halifax	Montreal	Ottawa	Toronto	Winnipeg	Calgary	Vancouver
300 mm (11 1/8") deep	m	6.50	10.65	8.00	10.30	7.20	8.90	7.40	10.60
355 mm (14") deep	m	12.50	12.30	8.50	10.80	7.50	9.50	7.75	11.35
406 mm (16") deep	m	16.50	14.15	8.90	11.25	7.85	9.60	8.40	11.90
457 mm (18") deep	m	18.00	16.35	9.25	12.00	8.15	10.00	N/A	13.10
508 mm (20") deep	m	19.00	18.80	9.75	12.80	8.50	10.70	N/A	14.20

06400 Architectural Woodwork

06420 PANELING

Veneered plywood panelling standard panels excluding finishing.
Select grades for special selection or bookmatching, multiply prices by two

Item	UNITS	St. Johns	Halifax	Montreal	Ottawa	Toronto	Winnipeg	Calgary	Vancouver
Fir: 6 mm (1/4") G1S	m²	32.00	35.25	38.00	37.00	40.00	42.00	42.25	37.25
Birch: 6 mm (1/4") G1S	m²	36.00	41.50	42.00	41.00	45.00	46.75	47.00	38.00
Oak: 6 mm (1/4")	m²	40.75	55.00	54.00	53.00	51.00	60.00	61.00	45.50
Mahogany: 6 mm (1/4")	m²	45.00	55.00	54.00	53.00	56.00	60.00	61.00	45.75
Walnut: 6 mm (1/4")	m²	55.00	78.00	73.00	71.00	69.00	77.00	82.00	57.00
Teak: 6 mm (1/4")	m²	65.00	82.00	76.00	75.00	81.00	85.00	85.00	66.00

METRIC CURRENT MARKET PRICES — Thermal & Moisture Protection DIV 7

Item	UNITS	St. Johns	Halifax	Montreal	Ottawa	Toronto	Winnipeg	Calgary	Vancouver
Wood panelling T&G simple finish									
Knotty Pine: 19 mm x 140 mm (1" x 6") D4S	m²	50.00	44.75	42.50	41.50	46.50	54.00	56.00	49.50
Cedar: 19 mm x 140 mm (1" x 6") D4S	m²	79.00	90.00	70.00	68.00	75.00	60.00	64.00	81.00
Redwood: 19 mm x 140 mm (1" x 6") D4S	m²	90.00	102.00	100.00	98.00	94.00	99.00	112.00	110.00
Douglas Fir: 19 mm x 140 mm (1" x 6") D4S	m²	65.00	93.00	65.00	63.00	79.00	72.00	75.00	76.00
Birch: 19 mm x 140 mm (1" x 6") D4S	m²	70.00	81.00	68.00	66.00	80.00	70.00	75.00	79.00
Oak: 19 mm x 140 mm (1" x 6") D4S	m²	107.00	102.00	94.00	91.00	92.00	89.00	95.00	109.00
Mahogany: 19 mm x 140 mm (1" x 6") D4S	m²	127.00	123.00	121.00	118.00	109.00	96.00	99.00	130.00

07: THERMAL AND MOISTURE PROTECTION

07100 Waterproofing

Item	UNITS	St. Johns	Halifax	Montreal	Ottawa	Toronto	Winnipeg	Calgary	Vancouver
PROTECTION BOARD									
Tar impregnated asbestos board									
3 mm (1/8") thick:									
Laid horizontally	m²	6.75	7.00	6.60	6.25	6.60	7.40	6.00	7.20
Fixed vertically	m²	8.25	8.50	8.05	7.60	7.90	9.05	7.50	8.75
Hardboard									
6 mm (1/4") thick:									
Laid horizontally	m²	4.50	4.55	4.32	4.12	4.30	4.84	3.80	4.69
Fixed vertically	m²	6.00	6.05	5.75	5.50	5.60	6.45	5.30	6.25
Plywood									
6 mm (1/4") thick:									
Laid horizontally	m²	7.00	6.80	6.45	6.35	6.65	7.25	7.10	7.20
Fixed vertically	m²	8.50	8.40	7.95	7.80	8.00	8.95	7.50	8.85
07110 MEMBRANE WATERPROOFING									
Fabric membrane									
Glass fibre mesh (embedded):									
2-ply on horizontal surfaces	m²	14.00	13.00	12.55	12.35	14.30	15.15	12.95	14.50
2-ply on vertical surfaces	m²	17.00	15.45	14.90	14.70	17.00	18.10	14.40	17.25
3-ply on horizontal surfaces	m²	17.00	14.85	14.30	14.10	16.35	17.40	13.85	16.50
3-ply on vertical surfaces	m²	21.00	20.50	19.70	19.40	22.50	24.00	19.20	22.75
Flexible membrane									
3 mm (1/8"), polyethylene base sheet:									
On horizontal surfaces	m²	17.05	14.15	13.65	13.45	15.15	16.60	12.95	15.75
On vertical surfaces	m²	24.50	18.20	19.50	19.25	21.75	23.75	18.55	22.50
1.5 mm (1/16"), rubber based sheet:									
On horizontal surfaces	m²	26.00	23.00	24.50	24.25	28.00	29.75	25.00	28.25
On vertical surfaces	m²	42.75	42.75	46.25	45.75	53.00	56.00	45.50	53.00
07120 FLUID APPLIED WATERPROOFING									
Elastomeric (cold applied)									
2-part:									
On horizontal surfaces	m²	27.00	26.25	25.25	25.00	27.75	30.75	25.00	25.25
On vertical surfaces	m²	30.00	29.50	28.50	28.00	31.00	34.75	25.50	27.50
Rubberized asphalt (hot applied)									
Sheet reinforced:									
On horizontal surfaces	m²	15.20	13.15	12.70	12.50	13.90	15.40	13.00	12.05
On vertical surfaces	m²	22.00	19.85	19.15	18.85	21.00	23.25	18.20	18.45
Acrylic, epoxy or silanes									
On vertical surfaces:									
Low solid	m²	14.00	13.45	12.95	12.75	13.95	15.75	11.90	14.05
High solid	m²	21.00	19.35	18.70	18.40	20.00	22.50	17.50	19.95
07145 CEMENTITIOUS DAMPPROOFING									
Parging									
Exposed:									
12 mm thick (2 coats)	m²	20.00	18.40	18.65	17.20	21.00	20.50	17.00	18.30
Concealed:									
12 mm thick (2 coats)	m²	16.00	13.00	13.20	12.15	15.00	14.50	12.00	12.95

07150 Dampproofing

Item	UNITS	St. Johns	Halifax	Montreal	Ottawa	Toronto	Winnipeg	Calgary	Vancouver
07160 BITUMINOUS DAMPPROOFING									
Cutback asphalt									
Sprayed:									
1 coat	m²	3.50	3.40	3.42	3.26	3.62	3.96	2.90	3.14
2 coats	m²	5.00	5.95	4.95	4.75	5.25	5.80	4.20	4.59
07180 WATER REPELLENT COATING									
Silicone base									
Concrete and masonry walls:									
1 coat	m²	6.00	4.72	5.20	4.89	5.85	6.05	4.75	5.05
2 coats	m²	11.00	8.90	9.80	9.25	11.05	11.45	8.90	10.05

Instructions for use, page 4. Main index, page 7.

DIV 7 Thermal & Moisture Protection — METRIC CURRENT MARKET PRICES

Item	UNITS	St. Johns	Halifax	Montreal	Ottawa	Toronto	Winnipeg	Calgary	Vancouver
07200 Insulation									
07210 BUILDING INSULATION									
Loose fill insulation									
Fibrous:									
Glass fibre	m³	45.00	46.25	45.25	44.00	52.00	54.00	44.00	47.00
Peletized:									
Vermicular or perlite	m³	60.00	69.00	67.00	65.00	75.00	80.00	69.00	69.00
Board or quilt insulation									
Glass fibre af-530:									
25 mm (1")	m²	10.90	12.45	12.90	12.05	13.00	15.30	13.25	14.05
38 mm (1 1/2")	m²	12.00	13.60	14.05	13.15	14.30	16.65	14.45	15.45
51 mm (2")	m²	14.85	16.05	16.60	15.55	17.70	19.75	17.10	18.45
Expanded polystyrene:									
25 mm (1")	m²	10.20	12.30	12.70	12.05	12.75	15.30	14.20	14.80
38 mm (1 1/2")	m²	11.00	15.45	13.45	12.90	13.75	16.35	15.15	15.80
51 mm (2")	m²	12.50	17.35	15.05	14.45	15.60	18.40	17.05	17.70
Urethane panels:									
25 mm (1")	m²	15.00	20.25	17.75	17.75	18.75	21.50	19.90	21.25
38 mm (1 1/2")	m²	17.00	24.25	21.25	21.25	21.25	25.50	24.00	25.50
51 mm (2")	m²	19.00	26.75	23.25	23.50	23.75	28.25	26.25	28.00
Foamed-in-place (insulated in warm conditions)									
Polyurethane:									
Sprayed, 1 coat	m²	9.00	10.35	9.00	8.75	10.10	10.35	9.80	10.65
Poured into cavity average 25 mm wide including jigging walls	m²	18.00	20.75	18.05	17.50	20.25	20.75	19.60	21.25
Perimeter and Under-Slab Insulation									
Polystyrene									
Moulded panels:									
25 mm (1")	m²	10.00	9.45	9.65	9.75	10.60	10.75	10.10	10.20
38 mm (1 1/2")	m²	14.00	14.60	16.50	16.75	16.55	18.55	17.40	17.55
51 mm (2")	m²	18.00	17.00	19.10	19.45	20.00	21.50	20.25	20.50
Polyurethane									
Rigid board:									
25 mm (1")	m²	11.00	13.00	13.25	13.80	13.75	14.80	15.00	14.05
38 mm (1 1/2")	m²	12.50	16.20	16.50	17.25	15.60	18.55	17.40	17.55
51 mm (2")	m²	15.00	20.00	20.25	21.25	19.05	22.75	21.50	21.75
07220 ROOF AND DECK INSULATION									
Wood fibreboard									
Asphalt impregnated:									
12 mm board	m²	3.25	4.23	3.63	3.86	3.90	3.82	3.72	3.64
Glass fibreboard									
Rigid kraft faced insulation:									
19 mm	m²	5.80	6.10	5.40	5.60	6.15	5.60	5.55	5.50
25 mm	m²	7.75	8.60	7.60	7.95	8.65	7.95	7.80	7.75
50 mm	m²	12.70	14.30	12.60	13.25	14.55	13.25	13.00	12.95
75 mm	m²	18.10	20.75	18.15	19.15	21.25	19.20	18.85	18.75
100 mm two layer	m²	26.50	28.50	25.00	26.50	29.00	26.50	26.00	25.75
Expanded polystyrene panels									
25 mm (1")	m²	6.50	8.20	7.75	7.25	7.20	7.70	7.95	7.75
38 mm (1 1/2")	m²	8.50	10.70	10.05	9.55	9.45	10.15	10.40	10.15
51 mm (2")	m²	10.50	13.95	13.00	12.40	12.25	13.20	13.60	13.25
Phenolic foam panels									
25 mm (1")	m²	9.00	8.95	8.10	8.00	9.00	8.00	8.30	8.05
38 mm (1 1/2")	m²	13.00	11.45	10.25	10.20	11.50	10.20	10.60	10.35
51 mm (2")	m²	16.00	15.05	13.30	13.40	15.05	13.40	13.95	13.55
07250 FIRE-RESISTANT COATINGS									
Sprayed fireproofing 2 hour fire rating									
Structural steel members:									
Columns, small (measure girth)	m²	25.00	12.80	11.50	12.40	14.00	15.10	12.90	14.60
Columns, large (measure girth)	m²	20.00	7.95	7.15	7.80	8.75	9.45	8.05	9.10
OWSJ (twice depth plus width)	m²	25.00	12.80	11.50	12.40	14.00	15.10	12.90	14.60
Beams (measure girth)	m²	20.00	14.30	12.85	13.90	15.60	16.90	14.45	16.25
Floor decks (measure flat area):									
76 mm (3") cellular	m²	15.00	10.30	9.25	10.05	11.30	12.20	10.40	11.75
76 mm (3") fluted	m²	15.00	10.30	9.25	10.05	11.30	12.20	10.40	11.75
38 mm (1 1/2") cellular	m²	15.00	9.60	8.65	9.35	10.50	11.40	9.70	10.95
38 mm (1 1/2") fluted	m²	15.00	9.60	8.65	9.35	10.50	11.40	9.70	10.95
07270 FIRESTOPPING									
2 hour floor separation									
To edges or openings in slabs	m	9.00	6.55	5.90	6.20	7.15	7.70	6.60	7.45
07300 Shingles and Roofing Tile									
07310 SHINGLES									
Asphalt shingles, standard pitch									
Standard butt edge:									
10.25 kg/m² (210 lbs/sf)	m²	12.00	11.75	11.10	11.50	11.15	11.85	10.00	10.05
Sealed butt edge:									
10.25 kg/m² (210 lbs/sf) self sealing	m²	13.00	11.75	11.10	11.50	11.15	11.85	10.00	10.05

METRIC CURRENT MARKET PRICES — Thermal & Moisture Protection DIV 7

Item	UNITS	St. Johns	Halifax	Montreal	Ottawa	Toronto	Winnipeg	Calgary	Vancouver
Slate shingles									
Vermont type:									
Weathering green	m²	110.00	92.00	107.00	100.00	98.00	87.00	82.00	84.00
Cedar shingles									
First grade, high pitch (4/12 min):									
450 mm (18") shingle, 140 mm (5 1/2") exposed	m²	42.00	41.00	35.00	40.75	37.50	44.00	31.00	31.50
600 mm (24") shingle, 190 mm (7 1/2") exposed	m²	44.75	42.25	38.50	43.75	40.00	47.00	33.50	34.75

07400 Preformed Roofing and Siding

07410 PREFORMED WALL AND ROOF PANELS

Item	UNITS	St. Johns	Halifax	Montreal	Ottawa	Toronto	Winnipeg	Calgary	Vancouver
38 mm (1 1/2") profile									
Exposed fasteners:									
Single skin siding									
0.711 mm (0.028") steel, baked enamel finish	m²	47.00	45.00	40.50	46.25	42.00	49.25	47.25	47.25
0.813 mm (0.032") aluminum, baked enamel finish	m²	56.00	58.00	52.00	59.00	53.00	63.00	63.00	60.00
Single skin fascia panels									
0.711 mm (0.028") steel, baked enamel finish	m²	80.00	83.00	75.00	85.00	77.00	87.00	79.00	85.00
0.813 mm (0.032") aluminum, baked enamel finish	m²	138.00	163.00	162.00	185.00	166.00	190.00	145.00	183.00
Hidden fasteners:									
Single skin siding									
0.711 mm (0.028") steel, baked enamel finish	m²	70.00	70.00	70.00	79.00	72.00	82.00	74.00	79.00
0.813 mm (0.032") aluminum, baked enamel finish	m²	78.00	78.00	79.00	90.00	81.00	92.00	84.00	89.00
Single skin facia panels									
0.711 mm (0.028") steel, baked enamel finish	m²	85.00	89.00	80.00	92.00	86.00	93.00	89.00	90.00
0.813 mm (0.032") aluminum, baked enamel finish	m²	95.00	88.00	88.00	100.00	90.00	103.00	103.00	99.00
Factory sandwich panel 25 mm insulation									
0.711 mm (0.028") steel, baked enamel finish	m²	100.00	99.00	89.00	102.00	91.00	104.00	107.00	100.00
0.813 mm (0.032") aluminum, baked enamel finish	m²	110.00	110.00	99.00	113.00	101.00	117.00	120.00	112.00

07460 CLADDING/SIDING

Item	UNITS	St. Johns	Halifax	Montreal	Ottawa	Toronto	Winnipeg	Calgary	Vancouver
Wood siding									
Beveled select cedar (unfinished):									
19 mm x 184 mm (1" x 8")	m²	60.00	69.00	74.00	76.00	74.00	81.00	71.00	66.00
19 mm x 235 mm (1" x 10")	m²	55.00	63.00	65.00	66.00	64.00	74.00	56.00	55.00
Fibre-reinforced cement siding									
Flat panels:									
6 mm (1/4") with textured finish	m²	110.00	113.00	92.00	108.00	102.00	102.00	98.00	100.00
Corrugated panels:									
6 mm (1/4") with coloured finish	m²	101.00	99.00	78.00	95.00	88.00	87.00	84.00	85.00
Sandwich panels:									
38 mm (1 1/2") with coloured finish	m²	148.00	138.00	116.00	139.00	131.00	127.00	122.00	125.00

07500 Membrane Roofing

07510 BUILT-UP BITUMINOUS ROOFING

Item	UNITS	St. Johns	Halifax	Montreal	Ottawa	Toronto	Winnipeg	Calgary	Vancouver
Base treatment									
Base sheets (vapour barrier):									
Paper laminate	m²	2.50	2.35	1.96	2.15	2.37	2.39	2.01	2.01
1.95 kg/m² (0.4 lbs/sf) asphalt impregnated felt	m²	3.03	2.72	2.25	2.49	2.70	2.76	2.32	2.32
Membrane									
Asphalt impregnated felts:									
0.73 kg/m² (0.15 lbs/sf) felt (per ply)	m²	2.64	2.35	1.96	2.15	2.44	2.32	1.96	2.02
Bitumen:									
Roofing asphalt, standard	kg	0.68	0.69	0.57	0.63	0.63	0.68	0.57	0.55
Protective surface									
Granular materials:									
10 mm (3/8") roofing gravel	TONNE	73.00	73.00	59.00	60.00	64.00	69.00	65.00	67.00
White granite chips	TONNE	145.00	144.00	116.00	119.00	126.00	138.00	125.00	135.00

07540 FLUID APPLIED ROOFING

Item	UNITS	St. Johns	Halifax	Montreal	Ottawa	Toronto	Winnipeg	Calgary	Vancouver
Elastomeric (cold applied)									
On horizontal surfaces	m²	26.00	28.75	25.75	25.50	25.50	28.25	24.75	28.00
Rubberized asphalt (hot applied)									
Sheet reinforced:									
On horizontal surfaces	m²	23.50	26.00	23.00	23.25	23.25	25.50	22.50	25.75

07600 Flashing and Sheet Metal

07610 SHEET METAL ROOFING

Item	UNITS	St. Johns	Halifax	Montreal	Ottawa	Toronto	Winnipeg	Calgary	Vancouver
Copper									
Standing seams:									
4.88 kg/m² (16 oz)	m²	215.00	185.00	181.00	181.00	188.00	194.00	194.00	198.00

07620 SHEET METAL FLASHING AND TRIM

Item	UNITS	St. Johns	Halifax	Montreal	Ottawa	Toronto	Winnipeg	Calgary	Vancouver
Flashings									
Galvanized steel:									
26 gauge	m²	40.00	43.50	43.75	43.25	42.00	46.75	42.00	46.50
Aluminum:									
0.711 mm (0.032")	m²	45.00	50.00	51.00	53.00	47.00	54.00	56.00	54.00
Stainless steel (eze-form)									
0.406 mm (0.016")	m²	70.00	76.00	75.00	76.00	70.00	82.00	74.00	82.00
Copper:									
4.88 kg/m² (16 oz)	m²	100.00	99.00	108.00	101.00	97.00	108.00	105.00	108.00

DIV 8 Doors and Windows — METRIC CURRENT MARKET PRICES

Item	UNITS	St. Johns	Halifax	Montreal	Ottawa	Toronto	Winnipeg	Calgary	Vancouver
07650 FLEXIBLE FLASHING AND TRIM									
Butyl, 1.6 mm (63 mil)	m²	36.00	36.25	37.00	38.00	38.00	39.75	32.25	38.50
Butyl, 1.6 mm (63 mil) with galvanized fascia clip	m²	42.00	41.50	42.25	43.25	43.00	45.50	36.75	44.00

07700 Roof Accessories
07800 SKYLIGHTS (measure plan area)
07810 Plastic skylights

Item	UNITS	St. Johns	Halifax	Montreal	Ottawa	Toronto	Winnipeg	Calgary	Vancouver
Single skin:									
Less than 1 m² (10 sf) plan area (ea)	m²	410.00	440.00	420.00	425.00	390.00	455.00	375.00	375.00
Double skin:									
Less than 1 m² (10 sf) plan area (ea)	m²	540.00	570.00	545.00	555.00	520.00	600.00	490.00	475.00
07820 METAL FRAMED SKYLIGHTS									
Aluminum, standard members									
Heat strengthened laminated glass:									
Not exceeding 45 m² (500 sf)									
Clear anodized finish	m²	600.00	575.00	585.00	615.00	580.00	645.00	605.00	515.00
Baked enamel finish	m²	625.00	630.00	595.00	625.00	590.00	660.00	620.00	520.00
Colour anodized finish	m²	750.00	765.00	730.00	725.00	730.00	810.00	760.00	615.00
Over 45 m² (500 sf)									
Clear anodized finish	m²	575.00	550.00	555.00	555.00	555.00	615.00	580.00	490.00
Baked enamel finish	m²	600.00	560.00	570.00	565.00	565.00	630.00	595.00	525.00
Colour anodized finish	m²	700.00	650.00	655.00	665.00	650.00	725.00	685.00	565.00

08: DOORS AND WINDOWS
08100 Metal Doors and Frames
08110 HOLLOW STEEL FULLY FINISHED

Item	UNITS	St. Johns	Halifax	Montreal	Ottawa	Toronto	Winnipeg	Calgary	Vancouver
Door frames based on 0.9 m x 2.1 m doors in walls 140 mm thick									
2.642 mm thick steel (12 gauge)	EA	260.00	285.00	285.00	300.00	260.00	275.00	235.00	240.00
2.032 mm thick steel (14 gauge)	EA	160.00	143.00	155.00	156.00	153.00	150.00	125.00	148.00
1.626 mm thick steel (16 gauge)	EA	135.00	124.00	135.00	135.00	133.00	130.00	109.00	127.00
1.219 mm thick steel (18 gauge)	EA	130.00	117.00	127.00	127.00	125.00	122.00	103.00	121.00
0.915 mm thick steel (20 gauge)	EA	125.00	101.00	109.00	109.00	123.00	105.00	100.00	107.00
Doors 45 mm thick without openings, based on 900 mm x 2100 mm doors, prepared to receive but excluding hardware									
Honeycombed:									
1.626 mm thick steel (16 gauge)	EA	295.00	310.00	350.00	330.00	360.00	340.00	290.00	345.00
1.219 mm thick steel (18 gauge)	EA	235.00	240.00	270.00	240.00	270.00	265.00	220.00	265.00
0.914 mm thick steel (20 gauge)	EA	200.00	200.00	220.00	210.00	225.00	215.00	181.00	210.00
Stiffened									
1.626 mm thick steel (16 gauge)	EA	425.00	415.00	460.00	445.00	420.00	460.00	385.00	460.00
Sundries:									
Openings in door (excluding glazing)	EA	60.00	58.00	58.00	59.00	58.00	57.00	48.25	59.00
08120 ALUMINUM DOORS AND FRAMES									
Frames based on 900 mm x 2100 mm (3'x7') doors									
For single doors:									
Clear anodized finish	EA	300.00	270.00	290.00	285.00	285.00	275.00	320.00	260.00
Colour anodized finish	EA	330.00	305.00	325.00	320.00	365.00	310.00	360.00	310.00
Single door with 900 mm (3') transom (excluding transom panel):									
Clear anodized finish	EA	400.00	365.00	390.00	390.00	410.00	370.00	435.00	355.00
Colour anodized finish	EA	450.00	405.00	435.00	430.00	435.00	415.00	485.00	390.00
Single door with sidelight and transom (excluding glazing):									
Clear anodized finish	EA	710.00	650.00	695.00	690.00	705.00	665.00	770.00	625.00
Colour anodized finish	EA	850.00	780.00	835.00	820.00	840.00	790.00	925.00	755.00
For pair of doors:									
Clear anodized finish	EA	340.00	315.00	335.00	330.00	340.00	315.00	370.00	300.00
Colour anodized finish	EA	400.00	385.00	410.00	405.00	410.00	395.00	460.00	375.00
Pair of doors with transom (excluding transom panel):									
Clear anodized finish	EA	530.00	495.00	530.00	520.00	530.00	505.00	585.00	475.00
Colour anodized finish	EA	675.00	630.00	675.00	665.00	670.00	645.00	750.00	610.00
Pair of doors with sidelights (excluding glazing):									
Clear anodized finish	EA	530.00	495.00	530.00	520.00	530.00	505.00	585.00	475.00
Colour anodized finish	EA	620.00	575.00	615.00	610.00	620.00	585.00	660.00	555.00
Pair of doors, sidelight and transom (excluding glazing):									
Clear anodized finish	EA	850.00	780.00	835.00	820.00	845.00	790.00	925.00	755.00
Colour anodized finish	EA	1,000	915.00	980.00	965.00	985.00	930.00	1,090	880.00
Doors based on 0.9 m x 2.1 m (3'x7') doors, excluding hardware and glazing									
45 mm (1-3/4") doors									
25 mm (1") stiles:									
Clear anodized finish	EA	750.00	685.00	795.00	790.00	800.00	760.00	885.00	720.00
Colour anodized finish	EA	800.00	760.00	795.00	790.00	810.00	760.00	885.00	720.00
50 mm (2") stiles:									
Clear anodized finish	EA	500.00	475.00	500.00	495.00	500.00	475.00	555.00	450.00
Colour anodized finish	EA	575.00	545.00	570.00	565.00	580.00	545.00	635.00	520.00
76 mm to 101 mm (3" to 4") stiles:									
Clear anodized finish	EA	700.00	665.00	695.00	690.00	695.00	665.00	770.00	625.00
Colour anodized finish	EA	840.00	795.00	835.00	820.00	840.00	790.00	925.00	755.00

METRIC CURRENT MARKET PRICES — Doors and Windows DIV 8

Item	UNITS	St. Johns	Halifax	Montreal	Ottawa	Toronto	Winnipeg	Calgary	Vancouver
127 mm (5") stiles:									
Clear anodized finish	EA	800.00	760.00	830.00	790.00	800.00	760.00	885.00	720.00
Colour anodized finish	EA	840.00	795.00	865.00	820.00	840.00	790.00	925.00	755.00
50 mm (2") doors									
50 mm (2") stiles:									
Clear anodized finish	EA	650.00	615.00	670.00	635.00	645.00	610.00	715.00	580.00
Colour anodized finish	EA	700.00	655.00	715.00	675.00	695.00	655.00	765.00	620.00

08200 Wood and Plastic Doors

08210 INTERIOR WOOD FLUSH TYPE

Based on 45 mm door sizes 900 mm x 2100 mm. Prices include hanging the door and fixing the hardware, but exclude the supply of hardware, see 08700. Prices do not allow for painting, staining or any other decorations, nor for any glass or glazing.

Item	UNITS	St. Johns	Halifax	Montreal	Ottawa	Toronto	Winnipeg	Calgary	Vancouver
Solid core									
Paint grade:									
Birch	EA	185.00	194.00	191.00	180.00	190.00	220.00	170.00	215.00
Stain grade:									
Birch, select white	EA	220.00	210.00	220.00	205.00	205.00	235.00	196.00	235.00
Mahogany, tiama	EA	220.00	230.00	240.00	285.00	245.00	275.00	215.00	285.00
Ash	EA	260.00	245.00	235.00	310.00	270.00	270.00	225.00	280.00
Red Oak, flat cut	EA	290.00	265.00	230.00	270.00	240.00	260.00	205.00	275.00
Walnut	EA	350.00	315.00	290.00	325.00	290.00	325.00	255.00	340.00
Teak	EA	375.00	335.00	325.00	325.00	330.00	365.00	290.00	380.00
Plastic Laminate 1.5 mm (1/16") thick:									
Wood grain	EA	325.00	265.00	240.00	280.00	250.00	275.00	215.00	275.00
Textured	EA	330.00	270.00	245.00	290.00	260.00	280.00	220.00	285.00
Solid colours	EA	335.00	275.00	270.00	280.00	280.00	305.00	240.00	310.00
Hollow core, honeycomb fill									
Paint grade:									
Birch	EA	140.00	174.00	152.00	175.00	160.00	173.00	136.00	174.00
Stain grade:									
Birch, select white	EA	170.00	194.00	183.00	173.00	172.00	199.00	162.00	200.00
Mahogany, tiama	EA	170.00	210.00	189.00	235.00	205.00	215.00	170.00	220.00
Ash	EA	200.00	240.00	215.00	235.00	230.00	245.00	191.00	250.00
Red Oak, flat cut	EA	225.00	210.00	220.00	245.00	230.00	245.00	194.00	260.00
Walnut	EA	275.00	295.00	260.00	295.00	265.00	295.00	230.00	305.00
Teak	EA	325.00	315.00	275.00	275.00	280.00	310.00	245.00	325.00

08300 Special Doors

08330 ROLLING OVERHEAD DOORS (NON-INDUSTRIAL)

Rolling overhead grilles
Aluminum storefront types:

Item	UNITS	St. Johns	Halifax	Montreal	Ottawa	Toronto	Winnipeg	Calgary	Vancouver
Clear anodized finish	m²	610.00	485.00	520.00	460.00	525.00	610.00	440.00	515.00
Colour anodized finish	m²	695.00	555.00	585.00	570.00	585.00	685.00	495.00	580.00

08360 OVERHEAD DOORS

Manual, sectional overhead type, hardware and glazing included
Wood doors:

Item	UNITS	St. Johns	Halifax	Montreal	Ottawa	Toronto	Winnipeg	Calgary	Vancouver
Panel type	m²	128.00	128.00	115.00	98.00	109.00	131.00	99.00	115.00
Flush type, non insulated	m²	150.00	151.00	129.00	126.00	139.00	157.00	122.00	130.00
Flush type, insulated	m²	175.00	176.00	151.00	150.00	167.00	183.00	146.00	151.00
Steel doors:									
Single skin 0.914 mm thick (20 ga)									
Standard	m²	210.00	184.00	191.00	215.00	194.00	220.00	172.00	178.00
Reinforced	m²	230.00	205.00	210.00	235.00	205.00	245.00	190.00	197.00
Double skin 0.914 mm thick (20 ga)									
Insulated	m²	265.00	250.00	255.00	295.00	245.00	295.00	230.00	240.00
Insulated and reinforced	m²	305.00	275.00	285.00	320.00	270.00	325.00	255.00	265.00
Flush type, heavy duty	m²	425.00	375.00	390.00	445.00	375.00	450.00	350.00	365.00

08370 ROLLING OVERHEAD DOORS (INDUSTRIAL)

Industrial steel doors:
Non-labelled service door

Item	UNITS	St. Johns	Halifax	Montreal	Ottawa	Toronto	Winnipeg	Calgary	Vancouver
0.914 mm (20 ga) thick steel	m²	240.00	210.00	210.00	240.00	215.00	245.00	178.00	200.00
1.219 mm (18 ga) thick steel	m²	260.00	230.00	230.00	265.00	235.00	265.00	194.00	220.00
Class a, 3 hour labelled									
0.914 mm (20 ga) thick steel door	m²	435.00	380.00	380.00	440.00	380.00	445.00	325.00	365.00

08400 Entrances and Storefronts

08410 ALUMINUM FRAMING SYSTEMS

For single glazing (glazing not included)
50 mm x 100 mm approx. Members:

Item	UNITS	St. Johns	Halifax	Montreal	Ottawa	Toronto	Winnipeg	Calgary	Vancouver
Clear anodized finish	m	70.00	66.00	62.00	67.00	74.00	64.00	83.00	64.00
Colour anodized finish	m	80.00	76.00	72.00	80.00	87.00	75.00	98.00	74.00
65 mm x 150 mm approx. Members:									
Clear anodized finish	m	110.00	103.00	97.00	107.00	117.00	101.00	131.00	100.00
Colour anodized finish	m	125.00	120.00	113.00	125.00	137.00	118.00	153.00	116.00

Instructions for use, page 4. Main index, page 7.

DIV 8 Doors and Windows — METRIC CURRENT MARKET PRICES

Item	UNITS	St. Johns	Halifax	Montreal	Ottawa	Toronto	Winnipeg	Calgary	Vancouver
For double glazing, thermally broken									
50 mm x 100 mm approx. Members:									
Clear anodized finish	m	77.00	76.00	72.00	80.00	87.00	75.00	98.00	74.00
Colour anodized finish	m	120.00	120.00	113.00	125.00	137.00	118.00	153.00	116.00
65 mm x 150 mm approx. Members:									
Clear anodized finish	m	115.00	114.00	108.00	119.00	130.00	112.00	146.00	111.00
Colour anodized finish	m	125.00	120.00	113.00	125.00	137.00	118.00	153.00	116.00
Reinforcement for aluminum framing									
Average cost	m	25.00	27.50	26.00	28.50	31.25	27.00	35.00	26.75
08460 AUTOMATIC ENTRANCE DOORS									
Power operated doors									
Swing doors									
Overhead mounted, single door	EA	3,300	3,900	3,450	3,650	3,275	3,725	3,825	3,775
Overhead mounted, pair of doors	EA	5,700	6,700	6,000	6,300	5,600	6,400	6,600	6,500
Mounted in floor, single door	EA	3,800	4,500	4,025	4,250	3,775	4,325	4,425	4,375
Mounted in floor, pair of doors	EA	6,500	7,600	6,800	7,200	6,400	7,300	7,500	7,400
Sliding doors, doors included, glazing not included:									
12' opening, biparting	EA	9,500	9,400	10,300	10,900	9,400	10,800	11,000	10,900
08470 REVOLVING DOORS									
Based on standard dimensions: diameter 2000 mm approx., height 2100 mm, fascia panel 76 mm.									
6 mm glass									
Manual type:									
Anodized aluminum	EA	37,500	33,400	29,600	33,500	35,100	39,500	40,400	33,600
Bronze	EA	78,000	86,900	77,900	85,300	93,500	105,200	98,500	89,600
Stainless steel, satin finish	EA	60,000	64,200	58,400	63,000	70,100	78,900	82,300	67,200
Stainless steel, mirror finish	EA	80,000	86,900	77,900	85,300	93,500	105,200	98,500	89,600
12 mm glass									
Manual type:									
Anodized aluminum	EA	36,000	35,100	31,100	35,100	36,800	41,400	42,500	39,200
Bronze	EA	81,500	89,900	81,800	84,300	98,100	110,500	85,100	95,200
Stainless steel, satin finish	EA	63,500	68,600	62,600	70,900	73,600	82,800	86,300	78,400
Stainless steel, mirror finish	EA	83,500	91,300	75,400	85,300	94,300	110,500	100,800	98,600
Accessories									
Operating:									
Power assistance	EA	8,000	9,200	8,200	9,000	9,900	11,200	11,600	11,200
Finishes:									
Tinted glass	EA	900.00	970.00	940.00	1,030	995.00	1,120	1,160	1,120
Glass ceiling	EA	3,000	3,650	3,525	3,875	3,675	4,125	4,325	3,925
Up to 400 mm fascia panels	EA	1,850	1,860	1,850	1,990	1,930	2,175	2,250	2,250

08500 Metal Windows

Item	UNITS	St. Johns	Halifax	Montreal	Ottawa	Toronto	Winnipeg	Calgary	Vancouver
08510 STEEL WINDOWS									
Industrial type (glazing not included)									
Light size 500 mm x 400 mm:									
Prime coat	m²	75.00	74.00	68.00	77.00	71.00	81.00	80.00	70.00
Baked enamel finish	m²	92.00	93.00	86.00	97.00	88.00	101.00	100.00	87.00
Ventilating sash (additional):									
Average cost	EA	100.00	89.00	82.00	92.00	85.00	97.00	96.00	82.00
08520 ALUMINUM WINDOWS									
Tubular type, thermally broken (glazing not included)									
Punched openings (fixed):									
Baked enamel finish	m²	110.00	124.00	113.00	124.00	105.00	120.00	123.00	108.00
Colour anodized finish	m²	120.00	140.00	128.00	140.00	119.00	136.00	138.00	122.00
Ribbon type (fixed)									
Baked enamel finish	m²	105.00	120.00	110.00	120.00	101.00	116.00	119.00	104.00
Colour anodized finish	m²	115.00	140.00	128.00	140.00	119.00	136.00	138.00	122.00
Ventilating sash:									
Average cost	EA	250.00	315.00	285.00	310.00	260.00	300.00	305.00	275.00
Units for single glazing									
Framing member for fixed units:									
Clear anodized finish	m	36.00	39.00	35.75	39.00	33.00	38.00	38.75	34.00
Baked enamel finish	m	37.00	40.25	37.00	40.50	34.25	39.25	40.00	35.25
Colour anodized finish	m	40.00	44.25	40.75	44.25	37.75	43.00	44.00	38.75
Ventilating units (add to cost of fixed units):									
Clear anodized finish	EA	160.00	184.00	169.00	184.00	157.00	179.00	182.00	161.00
Baked enamel finish	EA	185.00	210.00	195.00	210.00	180.00	205.00	210.00	185.00
Colour anodized finish	EA	195.00	215.00	200.00	220.00	187.00	215.00	220.00	192.00
Units for double glazing thermally broken									
Framing member for fixed units:									
Clear anodized finish	m	40.00	44.25	40.75	44.25	37.75	43.00	44.00	38.75
Baked enamel finish	m	42.00	47.00	43.00	47.00	40.00	45.75	46.50	41.00
Colour anodized finish	m	50.00	55.00	51.00	56.00	47.00	54.00	55.00	48.25
Ventilating units (add to cost of fixed units):									
Clear anodized finish	EA	215.00	250.00	225.00	245.00	210.00	240.00	245.00	215.00
Baked enamel finish	EA	235.00	270.00	245.00	270.00	230.00	260.00	265.00	235.00
Colour anodized finish	EA	245.00	275.00	250.00	280.00	235.00	270.00	275.00	240.00

METRIC CURRENT MARKET PRICES — Doors and Windows DIV 8

Item	UNITS	St. Johns	Halifax	Montreal	Ottawa	Toronto	Winnipeg	Calgary	Vancouver
08600 Wood and Plastic Windows									
08610 WOOD WINDOWS (glazing not included)									
Fixed units									
Prime coat only:									
Pine	m^2	120.00	121.00	99.00	107.00	107.00	123.00	98.00	104.00
Cedar	m^2	135.00	133.00	109.00	119.00	118.00	136.00	108.00	115.00
Redwood	m^2	155.00	149.00	122.00	132.00	132.00	152.00	120.00	129.00
Aluminum covered wood	m^2	150.00	143.00	117.00	127.00	126.00	146.00	116.00	124.00
Plastic covered wood	m^2	130.00	143.00	117.00	127.00	126.00	146.00	116.00	124.00
Ventilating units:									
Average cost	EA	100.00	105.00	89.00	97.00	93.00	107.00	87.00	95.00
08700 Hardware and Specialties									
08710 FINISH HARDWARE									
Door hardware (allowance factor only)									
Locksets:									
Hotels	EA	200.00	170.00	184.00	215.00	205.00	215.00	245.00	199.00
Retail stores	EA	125.00	160.00	109.00	128.00	133.00	129.00	160.00	118.00
Apartment buildings	EA	100.00	106.00	94.00	110.00	106.00	110.00	127.00	101.00
Office buildings	EA	175.00	178.00	158.00	185.00	183.00	186.00	220.00	170.00
Hospitals	EA	155.00	156.00	138.00	162.00	165.00	162.00	198.00	149.00
Schools	EA	155.00	132.00	138.00	162.00	152.00	162.00	165.00	149.00
Butts:									
Hotels	EA	30.00	33.75	30.00	35.25	33.25	35.50	31.50	32.50
Retail stores	EA	30.00	33.75	30.00	35.25	33.25	35.50	31.50	32.50
Apartment buildings	EA	15.00	18.45	16.30	19.10	18.05	19.15	19.00	17.60
Office buildings	EA	30.00	33.75	30.00	35.25	33.25	35.50	31.50	32.50
Hospitals	EA	30.00	33.75	30.00	35.25	33.25	35.50	31.50	32.50
Schools	EA	30.00	33.75	30.00	35.25	33.25	35.50	31.50	32.50
Pulls:									
Hotels	EA	30.00	34.50	30.75	36.00	34.00	36.25	35.00	33.00
Retail stores	EA	30.00	34.50	30.75	36.00	34.00	36.25	35.00	33.00
Apartment buildings	EA	20.00	19.10	16.90	19.85	18.70	19.90	20.00	18.25
Office buildings	EA	30.00	34.50	30.75	36.00	34.00	36.25	35.00	33.00
Hospitals	EA	30.00	34.50	30.75	36.00	34.00	36.25	35.00	33.00
Schools	EA	30.00	34.50	30.75	36.00	34.00	36.25	35.00	33.00
Push plates:									
Hotels	EA	12.00	11.30	10.00	11.75	11.15	11.80	11.50	10.80
Retail stores	EA	12.00	11.30	10.00	11.75	11.15	11.80	11.50	10.80
Apartment buildings	EA	12.00	11.30	10.00	11.75	11.15	11.80	11.50	10.80
Office buildings	EA	12.00	11.30	10.00	11.75	11.15	11.80	11.50	10.80
Hospitals	EA	12.00	11.30	10.00	11.75	11.15	11.80	11.50	10.80
Schools	EA	12.00	11.30	10.00	11.75	11.15	11.80	11.50	10.80
Closers:									
Office buildings	EA	140.00	171.00	127.00	137.00	154.00	137.00	132.00	130.00
Hospitals	EA	140.00	171.00	127.00	137.00	154.00	137.00	132.00	130.00
Schools	EA	140.00	171.00	127.00	137.00	154.00	137.00	132.00	130.00
08800 Glazing									
08810 GLASS (installed in prepared frames)									
Sheet Glass									
A quality:									
2 mm thick	m^2	60.00	56.00	54.00	50.00	58.00	59.00	61.00	53.00
3 mm thick	m^2	68.00	62.00	59.00	55.00	64.00	65.00	67.00	56.00
Float glass									
Clear glass									
4 mm thick	m^2	73.00	67.00	65.00	60.00	69.00	70.00	73.00	60.00
5 mm thick	m^2	85.00	77.00	75.00	69.00	81.00	83.00	84.00	72.00
6 mm thick	m^2	100.00	91.00	88.00	81.00	94.00	96.00	99.00	87.00
8 mm thick	m^2	139.00	127.00	123.00	113.00	131.00	135.00	137.00	122.00
10 mm thick	m^2	160.00	146.00	141.00	130.00	151.00	154.00	158.00	139.00
12 mm thick	m^2	200.00	189.00	183.00	169.00	197.00	200.00	205.00	185.00
Tinted glass:									
6 mm thick	m^2	112.00	103.00	99.00	92.00	107.00	109.00	111.00	99.00
8 mm thick	m^2	160.00	146.00	141.00	130.00	151.00	154.00	158.00	139.00
10 mm thick	m^2	190.00	175.00	169.00	156.00	181.00	186.00	190.00	171.00
12 mm thick	m^2	235.00	210.00	205.00	189.00	215.00	225.00	230.00	205.00
Heat strengthened glass									
Clear:									
Add to cost of float glass	m^2	90.00	83.00	80.00	74.00	85.00	90.00	89.00	75.00
Tinted									
Add to cost of float glass	m^2	103.00	88.00	90.00	84.00	96.00	101.00	102.00	87.00
Wired glass									
Transparent glass (polished):									
6 mm thick	m^2	164.00	186.00	150.00	139.00	159.00	167.00	168.00	139.00
Translucent glass (cast):									
6 mm thick	m^2	100.00	109.00	88.00	81.00	93.00	98.00	99.00	88.00

Instructions for use, page 4. Main index, page 7.

DIV 8 Doors and Windows — METRIC CURRENT MARKET PRICES

Item	UNITS	St. Johns	Halifax	Montreal	Ottawa	Toronto	Winnipeg	Calgary	Vancouver
Double glass installation:									
Silver	m²	275.00	250.00	245.00	225.00	260.00	270.00	275.00	230.00
Gold	m²	295.00	270.00	260.00	235.00	270.00	285.00	290.00	245.00
Spandrel glass:									
6 mm black	m²	176.00	197.00	155.00	143.00	164.00	172.00	174.00	157.00
6 mm silver	m²	255.00	240.00	230.00	215.00	245.00	260.00	260.00	240.00
6 mm gold	m²	330.00	365.00	300.00	280.00	320.00	330.00	335.00	300.00

High security laminated glass

Item	UNITS	St. Johns	Halifax	Montreal	Ottawa	Toronto	Winnipeg	Calgary	Vancouver
Single lamination									
2 x 3 mm plus vinyl	m²	250.00	275.00	225.00	205.00	235.00	250.00	250.00	215.00

Insulating glass (based on 2.5 m² per unit)

Item	UNITS	St. Johns	Halifax	Montreal	Ottawa	Toronto	Winnipeg	Calgary	Vancouver
Clear glass:									
Two panes of 3 mm glass	m²	157.00	143.00	144.00	128.00	147.00	154.00	155.00	133.00
Two panes of 4 mm glass	m²	160.00	146.00	146.00	130.00	150.00	157.00	158.00	137.00
Two panes of 5 mm glass	m²	176.00	160.00	161.00	143.00	164.00	172.00	174.00	146.00
Two panes of 6 mm glass	m²	190.00	175.00	176.00	156.00	179.00	189.00	190.00	162.00
Per 0.5 m² reduction of unit size, add	%	28%	26%	22%	27%	25%	28%	29%	25%
Tinted glass (one pane only):									
Two panes of 3 mm glass	m²	177.00	170.00	162.00	147.00	166.00	174.00	176.00	150.00
Two panes of 5 mm glass	m²	184.00	168.00	169.00	149.00	173.00	182.00	183.00	158.00
Two panes of 6 mm glass	m²	199.00	183.00	184.00	163.00	188.00	197.00	199.00	171.00
Per 0.5 m² reduction of unit size, add	%	29%	25%	25%	26%	26%	23%	26%	23%
Reflective glass (one pane only):									
Standard specification	m²	295.00	270.00	265.00	235.00	270.00	285.00	290.00	250.00
High quality specification	m²	430.00	400.00	395.00	355.00	410.00	430.00	430.00	380.00
Custom specification	m²	510.00	530.00	465.00	440.00	480.00	505.00	510.00	455.00

Insulated glass for slope glazing

Item	UNITS	St. Johns	Halifax	Montreal	Ottawa	Toronto	Winnipeg	Calgary	Vancouver
Tempered exterior laminated interior:									
Clear glass	m²	345.00	300.00	310.00	280.00	325.00	340.00	345.00	290.00
Tinted glass (one pane only)	m²	345.00	300.00	315.00	285.00	325.00	340.00	345.00	300.00

Mirrored Glass

Opaque mirrors

Item	UNITS	St. Johns	Halifax	Montreal	Ottawa	Toronto	Winnipeg	Calgary	Vancouver
Unframed mirrors:									
6 mm thick (smooth edges)	m²	131.00	132.00	117.00	118.00	123.00	125.00	125.00	116.00
Framed (tamperproof) mirrors:									
6 mm thick (stainless steel frame)	m²	230.00	230.00	205.00	205.00	215.00	220.00	220.00	197.00

08840 GLAZING PLASTICS

Item	UNITS	St. Johns	Halifax	Montreal	Ottawa	Toronto	Winnipeg	Calgary	Vancouver
Flat sheets (Installed in prepared frames)									
Clear polycarbonate:									
0.8 mm (1/32") thick	m²	76.00	75.00	69.00	82.00	77.00	77.00	69.00	74.00
1.2 mm (3/64") thick	m²	82.00	84.00	77.00	89.00	85.00	86.00	77.00	82.00
1.6 mm (1/16") thick	m²	86.00	86.00	79.00	92.00	87.00	88.00	79.00	84.00
2.0 mm (5/64") thick	m²	102.00	105.00	97.00	116.00	107.00	107.00	98.00	104.00
2.4 mm (3/32") thick	m²	112.00	113.00	104.00	121.00	113.00	115.00	104.00	111.00
3.0 mm (1/8") thick	m²	122.00	122.00	113.00	131.00	123.00	124.00	113.00	121.00
5.0 mm (3/16") thick	m²	158.00	157.00	144.00	168.00	156.00	159.00	145.00	155.00
6.0 mm (1/4") thick	m²	199.00	184.00	169.00	210.00	188.00	187.00	170.00	181.00
10.0 mm (3/8") thick	m²	325.00	335.00	310.00	355.00	330.00	340.00	310.00	330.00
12.0 mm (1/2") thick	m²	425.00	410.00	375.00	425.00	400.00	415.00	375.00	400.00
Tinted polycarbonate (bronze or green):									
3.0 mm (1/8") thick	m²	147.00	141.00	127.00	147.00	138.00	141.00	128.00	136.00
5.0 mm (3/16") thick	m²	188.00	184.00	166.00	189.00	179.00	184.00	166.00	178.00
6.0 mm (1/4") thick	m²	230.00	235.00	210.00	235.00	225.00	230.00	210.00	225.00
Clear cast acrylic:									
1.6 mm (1/16") thick	m²	86.00	84.00	77.00	95.00	86.00	85.00	77.00	82.00
3.0 mm (1/8") thick	m²	85.00	78.00	72.00	95.00	80.00	80.00	72.00	77.00
5.0 mm (3/16") thick	m²	103.00	95.00	88.00	100.00	96.00	97.00	88.00	94.00
6.0 mm (1/4") thick	m²	119.00	109.00	100.00	116.00	112.00	111.00	101.00	107.00
10.0 mm (3/8") thick	m²	188.00	177.00	163.00	184.00	177.00	180.00	163.00	174.00
12.0 mm (1/2") thick	m²	250.00	240.00	220.00	250.00	235.00	245.00	225.00	235.00
White cast acrylic:									
3.0 mm (1/8") thick	m²	90.00	84.00	77.00	84.00	85.00	85.00	77.00	82.00
5.0 mm (3/16") thick	m²	108.00	99.00	91.00	105.00	101.00	100.00	92.00	97.00
6.0 mm (1/4") thick	m²	118.00	109.00	100.00	118.00	111.00	111.00	101.00	107.00
Colour cast acrylic:									
3.0 mm (1/8") thick	m²	102.00	95.00	88.00	102.00	96.00	97.00	88.00	94.00
5.0 mm (3/16") thick	m²	113.00	105.00	97.00	113.00	107.00	107.00	98.00	104.00
6.0 mm (1/4") thick	m²	128.00	119.00	110.00	131.00	120.00	121.00	110.00	117.00

08900 Window Walls/Curtain Walls

FRAMING SYSTEMS FOR SINGLE GLAZING
(Glazing not included)
3000-3600 mm spans (floor to floor)

Item	UNITS	St. Johns	Halifax	Montreal	Ottawa	Toronto	Winnipeg	Calgary	Vancouver
750 mm modules (mullion spacing)									
Clear anodized finish	m²	270.00	230.00	230.00	255.00	240.00	260.00	270.00	240.00
Baked enamel finish	m²	285.00	240.00	240.00	275.00	250.00	275.00	280.00	250.00
Colour anodized finish	m²	290.00	245.00	245.00	280.00	255.00	275.00	285.00	260.00

METRIC CURRENT MARKET PRICES — Finishes DIV 9

Item	UNITS	St. Johns	Halifax	Montreal	Ottawa	Toronto	Winnipeg	Calgary	Vancouver
1200 mm modules (mullion spacing)									
Clear anodized finish	m²	250.00	210.00	215.00	240.00	225.00	245.00	255.00	225.00
Baked enamel finish	m²	260.00	225.00	225.00	255.00	235.00	255.00	265.00	235.00
Colour anodized finish	m²	290.00	245.00	245.00	280.00	255.00	275.00	285.00	260.00
1500 mm modules (mullion spacing)									
Clear anodized finish	m²	240.00	200.00	205.00	230.00	215.00	235.00	240.00	215.00
Baked enamel finish	m²	245.00	210.00	210.00	240.00	220.00	240.00	250.00	220.00
Colour anodized finish	m²	250.00	210.00	215.00	240.00	225.00	245.00	255.00	225.00
FRAMING SYSTEMS FOR DOUBLE GLAZING									
(Thermally broken. Glazing not included)									
3000-3600 mm spans (floor to floor)									
750 mm modules (mullion spacing)									
Clear anodized finish	m²	335.00	305.00	285.00	325.00	300.00	340.00	340.00	300.00
Baked enamel finish	m²	355.00	320.00	295.00	335.00	320.00	355.00	350.00	310.00
Colour anodized finish	m²	365.00	330.00	305.00	340.00	330.00	365.00	360.00	320.00
1200 mm modules (mullion spacing)									
Clear anodized finish	m²	320.00	290.00	270.00	310.00	285.00	325.00	320.00	285.00
Baked enamel finish	m²	330.00	300.00	280.00	320.00	295.00	340.00	335.00	295.00
Colour anodized finish	m²	340.00	315.00	290.00	325.00	310.00	345.00	345.00	305.00
1500 mm modules (mullion spacing)									
Clear anodized finish	m²	300.00	270.00	250.00	285.00	265.00	300.00	295.00	265.00
Baked enamel finish	m²	315.00	285.00	265.00	300.00	280.00	315.00	310.00	280.00
Colour anodized finish	m²	315.00	285.00	270.00	305.00	280.00	320.00	315.00	285.00
08960 SLOPE GLAZING SYSTEM									
Sealed glazing units, tempered outer pane, laminated inner pane:									
Not exceeding 45 m² (500 sf)									
Clear anodized finish	m²	780.00	825.00	770.00	700.00	775.00	830.00	900.00	660.00
Baked enamel finish	m²	940.00	900.00	835.00	730.00	840.00	905.00	980.00	715.00
Colour anodized finish	m²	1,130	1,080	1,010	875.00	1,010	1,090	1,180	860.00
Over 45 m2 (500 sf)									
Clear anodized finish	m²	760.00	630.00	675.00	640.00	675.00	730.00	790.00	580.00
Baked enamel finish	m²	830.00	690.00	735.00	650.00	740.00	795.00	865.00	635.00
Colour anodized finish	m²	860.00	715.00	765.00	720.00	770.00	825.00	895.00	655.00

09: FINISHES
09200 Lath and Plaster

09205 FURRING AND LATHING
(for steel studs see Item 05410; for wood furring see Item 06110; for suspension systems see 09540)

Item	UNITS	St. Johns	Halifax	Montreal	Ottawa	Toronto	Winnipeg	Calgary	Vancouver
Steel channel furring									
Tied to steel:									
19 mm (3/4")	m	2.50	2.52	2.58	2.55	2.18	2.55	2.50	2.55
38 mm (1 1/2")	m	3.65	3.67	3.76	3.72	3.18	3.72	3.65	3.72
Lath (supply only)									
Gypsum lath:									
10 mm (3/8") plain	m²	2.25	2.40	2.46	2.44	2.08	2.44	2.39	2.44
10 mm (3/8") perforated	m²	3.50	3.37	3.46	3.42	2.92	3.42	3.35	3.42
10 mm (3/8") foilback	m²	3.50	3.52	3.61	3.57	3.05	3.57	3.50	3.57
Metal lath; diamond type:									
Painted									
1.36 kg/m2 (2.5 lbs/sy)	m²	2.40	2.43	2.49	2.47	2.11	2.47	2.42	2.47
1.63 kg/m2 (3.0 lbs/sy)	m²	3.00	3.02	3.02	3.07	2.62	3.07	3.01	3.07
1.84 kg/m2 (3.4 lbs/sy)	m²	6.50	5.50	5.05	6.30	5.65	5.45	5.70	5.50
Galvanized									
1.36 kg/m2 (2.5 lbs/sy)	m²	2.80	2.87	2.95	2.92	2.49	2.92	2.86	2.92
1.63 kg/m2 (3.0 lbs/sy)	m²	3.50	3.65	3.61	3.70	3.16	3.70	3.63	3.70
1.84 kg/m2 (3.4 lbs/sy)	m²	3.70	3.74	3.85	3.79	3.24	3.79	3.72	3.79
Metal lath, 3 mm (1/8") flat rib:									
Painted									
1.49 kg/m2 (2.75 lbs/sy)	m²	4.30	4.33	4.29	4.41	3.76	4.41	4.32	4.41
1.63 kg/m2 (3.0 lbs/sy)	m²	5.20	5.25	5.20	5.30	4.53	5.30	5.20	5.30
1.90 kg/m2 (3.5 lbs/sy)	m²	5.35	4.94	4.90	5.05	4.46	5.05	4.93	5.05
Galvanized									
1.49 kg/m2 (2.75 lbs/sy)	m²	4.50	4.17	4.23	4.23	3.75	4.23	4.15	4.23
1.63 kg/m2 (3.0 lbs/sy)	m²	4.90	5.00	5.05	5.10	4.34	5.10	4.99	5.10
1.90 kg/m2 (3.5 lbs/sy)	m²	5.70	5.80	5.85	5.90	5.05	5.90	5.80	5.90
Metal lath, 19 mm (3/4") high rib:									
Stucco mesh, galvanised									
50 mm x 50 mm (2" x 2"), 1.626 mm thick (16 gauge)	m²	3.25	3.23	3.09	3.28	2.80	3.28	3.22	3.26
25 mm (1") hexagonal	m²	3.00	2.89	2.97	2.94	2.51	2.94	2.88	2.94
K lath (with perforated absorbant paper)									
Regular	m²	2.20	2.19	2.25	2.22	1.90	2.22	2.18	2.22
Regular, firerated	m²	3.50	3.28	3.15	3.33	2.92	3.33	3.26	3.33
Heavy duty	m²	3.50	3.36	3.15	3.41	3.13	3.41	3.34	3.37
Heavy duty, firerated	m²	3.75	3.36	3.23	3.41	3.13	3.41	3.34	3.41
Lath (installation only)									
On wood framing to:									
Walls	m²	6.35	5.50	4.83	6.10	5.50	4.98	5.60	6.05
Ceilings and exterior soffits	m²	7.80	6.95	6.15	7.75	7.00	6.30	7.10	7.70
Beams, columns and bulkheads	m²	7.95	7.00	6.20	7.80	7.05	6.30	7.10	7.75

Instructions for use, page 4. Main index, page 7.

DIV 9 Finishes — METRIC CURRENT MARKET PRICES

Item	UNITS	St. Johns	Halifax	Montreal	Ottawa	Toronto	Winnipeg	Calgary	Vancouver
On steel framing to:									
Walls	m²	10.00	11.15	9.90	12.35	11.30	10.10	11.40	12.35
Ceilings and exterior soffits	m²	12.40	14.10	12.35	15.60	14.10	12.75	14.35	15.60
Beams, columns and bulkheads	m²	14.00	15.75	13.85	17.45	15.80	14.30	16.05	17.40

09210 PLASTER
(Lath or other base not included)
Gypsum plaster, trowelled finish to

Item	UNITS	St. Johns	Halifax	Montreal	Ottawa	Toronto	Winnipeg	Calgary	Vancouver
Walls:									
2 coats on gypsum lath	m²	56.00	56.00	58.00	57.00	48.25	54.00	52.00	54.00
3 coats on metal lath	m²	81.00	76.00	83.00	83.00	71.00	80.00	76.00	80.00
3 coats on rigid insulation	m²	74.00	69.00	76.00	75.00	64.00	72.00	69.00	71.00
3 coats on masonry	m²	71.00	67.00	73.00	72.00	62.00	69.00	66.00	69.00
3 coats on concrete	m²	74.00	69.00	76.00	75.00	64.00	72.00	69.00	71.00
Ceilings:									
2 coats on gypsum lath	m²	55.00	55.00	57.00	56.00	48.00	55.00	51.00	56.00
3 coats on metal lath	m²	84.00	78.00	87.00	86.00	73.00	84.00	79.00	86.00
3 coats on rigid insulation	m²	77.00	73.00	79.00	79.00	67.00	77.00	72.00	79.00
3 coats on concrete	m²	77.00	73.00	79.00	79.00	67.00	77.00	72.00	79.00
Columns, beams and bulkheads:									
2 coats on gypsum lath	m²	70.00	66.00	72.00	71.00	61.00	69.00	64.00	71.00
3 coats on metal lath	m²	101.00	97.00	104.00	103.00	88.00	101.00	94.00	103.00
3 coats on rigid insulation	m²	90.00	83.00	93.00	92.00	79.00	90.00	84.00	92.00
3 coats on masonry	m²	87.00	80.00	90.00	89.00	76.00	88.00	82.00	89.00
3 coats on concrete	m²	90.00	83.00	93.00	92.00	79.00	90.00	84.00	92.00

Acoustical plaster to

Item	UNITS	St. Johns	Halifax	Montreal	Ottawa	Toronto	Winnipeg	Calgary	Vancouver
Walls:									
2 coats to gypsum lath	m²	25.00	22.75	24.50	24.50	24.75	23.00	21.50	23.50
2 coats to metal lath	m²	30.00	28.50	30.75	30.25	31.00	28.75	26.75	29.25
2 coats to masonry	m²	30.00	26.25	28.00	28.00	28.00	26.50	24.75	27.00
2 coats to concrete	m²	30.00	27.25	29.00	29.00	30.00	27.25	25.50	27.75
3 coats to metal lath	m²	44.00	35.00	37.25	37.25	38.25	35.25	32.75	35.75
Ceilings:									
2 coats to gypsum lath	m²	28.00	23.75	25.50	25.25	26.00	24.00	22.25	24.50
2 coats to metal lath	m²	33.00	28.50	30.75	30.25	31.00	28.75	26.75	29.25
2 coats to concrete	m²	30.50	27.75	29.50	29.50	26.50	27.75	26.00	28.25
3 coats to metal lath	m²	45.50	35.25	37.75	37.75	39.50	35.75	33.25	36.25
Columns, beams and bulkheads:									
2 coats to gypsum lath	m²	30.00	28.50	30.75	30.25	31.00	28.75	26.75	29.25
2 coats to metal lath	m²	35.00	35.25	37.75	37.75	38.50	35.75	33.25	36.25
2 coats to concrete	m²	35.00	34.50	37.00	36.75	37.50	34.75	32.25	35.25
3 coats to metal lath	m²	52.00	45.00	48.50	48.25	49.75	45.50	42.25	46.25

09215 VENEER PLASTER

Item	UNITS	St. Johns	Halifax	Montreal	Ottawa	Toronto	Winnipeg	Calgary	Vancouver
1 coat on gypsum board (board not included) to:									
Walls	m²	15.00	16.15	16.60	16.45	16.75	15.55	14.50	16.20
Ceilings	m²	16.00	17.75	18.25	18.10	18.35	17.10	15.95	17.85
Columns, beams and bulkheads	m²	21.50	23.50	24.00	24.00	24.25	22.50	21.00	23.50
Sprayed plaster									
1 coat, textured, to:									
Concrete	m²	14.00	15.50	15.90	15.95	16.10	14.95	13.95	16.10
Gypsum board	m²	22.00	19.75	24.00	24.00	22.00	22.50	21.00	19.90

09250 Gypsum Wallboard - SUPPLY

Standard sheets 1200 mm (48") wide

Item	UNITS	St. Johns	Halifax	Montreal	Ottawa	Toronto	Winnipeg	Calgary	Vancouver
Regular gypsum wallboard:									
10 mm (3/8") thick	m²	2.68	2.04	2.23	2.91	2.55	2.08	2.14	2.21
12 mm (1/2") thick	m²	2.70	2.14	2.23	3.03	2.67	2.18	2.25	2.39
16 mm (5/8") thick	m²	3.70	2.83	2.91	3.34	2.99	2.40	3.08	2.54
Fire resistant gypsum wallboard:									
12 mm (1/2") thick	m²	3.90	3.09	3.00	3.68	3.26	3.06	3.15	3.24
16 mm (5/8") thick	m²	3.90	3.09	3.22	3.57	3.33	3.15	3.24	3.34
Foilback gypsum wallboard:									
10 mm (3/8") thick	m²	4.85	3.97	3.97	5.10	4.96	4.05	4.17	5.25
12 mm (1/2") thick	m²	4.85	4.08	4.08	5.15	5.10	4.16	4.28	5.60
16 mm (5/8") thick	m²	6.00	4.34	4.34	6.15	5.40	4.43	4.56	6.30
Water resistant gypsum wallboard:									
12 mm (1/2") thick	m²	4.60	4.51	4.51	5.65	5.65	4.60	4.74	4.87
16 mm (5/8") thick	m²	8.00	5.35	5.35	6.70	6.70	5.45	5.60	5.80
Predecorated gypsum panels									
Standard panels, vinyl face on:									
12 mm (1/2") plain core	m²	14.00	7.80	8.85	9.15	9.75	8.55	9.55	9.20
Custom gypsum panels, vinyl face on:									
12 mm (1/2") plain core	m²	14.00	10.45	12.10	12.25	12.30	10.90	12.90	11.30
16 mm (5/8") plain core	m²	14.50	10.45	12.10	12.20	12.30	10.90	12.90	11.30
16 mm (5/8") fire resistant core	m²	15.00	10.50	12.20	12.30	12.50	11.00	13.20	11.35
Core boards and backing boards									
Gypsum (Shaftliner) coreboard 600mm wide:									
25 mm (1") thick	m²	6.25	6.90	5.80	7.25	6.50	5.20	6.90	6.00
150 mm and 200 mm (prescored 6" and 8")	m²	N/A	7.05	5.75	7.40	6.60	5.30	5.50	6.35
Gypsum backing boards:									
10 mm (3/8") thick	m²	2.68	2.99	3.19	3.92	3.35	3.75	3.79	3.88

METRIC CURRENT MARKET PRICES — Finishes DIV 9

Item	UNITS	St. Johns	Halifax	Montreal	Ottawa	Toronto	Winnipeg	Calgary	Vancouver
12 mm (1/2") thick	m²	2.70	2.99	3.19	3.92	3.35	3.75	3.79	4.01
16 mm (5/8") thick	m²	3.90	3.49	4.16	4.95	4.36	4.79	4.90	4.40
Fire coded gypsum backing boards:									
10 mm (3/8") thick	m²	3.95	4.09	4.20	5.15	4.82	4.58	4.63	4.40
12 mm (1/2") thick	m²	3.95	4.68	4.68	5.40	4.93	5.10	5.25	5.05
16 mm (5/8") thick	m²	4.76	4.76	4.76	5.60	5.60	5.20	5.40	5.15
Foilbacked gypsum backing boards:									
10 mm (3/8") thick	m²	4.85	4.73	4.73	5.10	5.90	5.15	4.95	5.25
12 mm (1/2") thick	m²	4.85	4.76	4.76	5.15	5.95	5.30	4.98	5.60
16 mm (5/8") thick	m²	6.00	4.95	5.15	6.25	6.20	5.05	5.60	6.35
Exterior soffit boards:									
12 mm (1/2") thick	m²	4.55	5.30	5.40	6.80	5.70	5.40	5.70	5.70

09250 Gypsum Wallboard -

INSTALLATION ONLY

Related waste factors included. Standard backing and soffit boards

Item	UNITS	St. Johns	Halifax	Montreal	Ottawa	Toronto	Winnipeg	Calgary	Vancouver
10 mm or 12 mm (3/8" or 1/2") thick:									
To walls, ceilings or soffits	m²	2.60	4.93	6.85	5.90	5.90	5.55	5.15	6.40
To walls (laminated to solid backing)	m²	2.70	6.20	6.40	5.35	5.50	5.00	4.77	5.75
To beams, columns or bulkheads	m²	4.50	8.25	8.85	7.45	8.20	6.95	7.05	8.00
16 mm (5/8") thick:									
To walls, ceilings or soffits	m²	3.20	6.05	7.40	6.30	6.60	6.15	6.30	6.75
To walls (laminated to solid backing)	m²	3.10	7.45	6.75	5.65	6.20	5.60	5.70	6.05
To beams, columns or bulkheads	m²	5.00	8.50	9.40	8.20	7.90	7.65	7.00	8.80
Coreboards									
25 mm (1") thick									
Per 25 mm (1") laminate	m²	6.00	7.45	7.65	7.40	6.75	6.95	5.70	7.60
Taping joints and finishing									
To walls and soffits	m²	3.00	4.48	4.61	4.61	3.86	4.57	3.44	3.38

09300 Tile

09310 CERAMIC TILE

Glazed wall tile 6 mm (1/4") thick

Item	UNITS	St. Johns	Halifax	Montreal	Ottawa	Toronto	Winnipeg	Calgary	Vancouver
Mortar bed:									
100 mm x 100 mm (4" x 4")	m²	90.00	91.00	99.00	95.00	98.00	94.00	98.00	102.00
150 mm x 150 mm (6" x 6")	m²	90.00	91.00	99.00	95.00	98.00	94.00	95.00	102.00
Thinset:									
100 mm x 100 mm (4" x 4")	m²	70.00	65.00	71.00	68.00	70.00	66.00	63.00	75.00
150 mm x 150 mm (6" x 6")	m²	70.00	64.00	69.00	66.00	70.00	64.00	63.00	74.00

09310 CERAMIC MOSAICS

Unglazed floor tile 6 mm (1/4") thick

Item	UNITS	St. Johns	Halifax	Montreal	Ottawa	Toronto	Winnipeg	Calgary	Vancouver
Mortar bed:									
25 mm x 25 mm (1" x 1"), one colour	m²	80.00	88.00	79.00	74.00	83.00	72.00	100.00	84.00
Thinset:									
25 mm x 25 mm (1" x 1"), one colour	m²	70.00	64.00	71.00	67.00	75.00	65.00	71.00	75.00
Base Trim									
Ceramic mosaic base:									
100 mm (4") high, one colour	m	23.00	22.00	26.50	23.75	25.00	26.75	25.25	27.75

09330 QUARRY TILE

12.5 mm (1/2") thick terracotta

To walls

Item	UNITS	St. Johns	Halifax	Montreal	Ottawa	Toronto	Winnipeg	Calgary	Vancouver
Mortar bed:									
150 mm x 150 mm (6" x 6"), one colour	m²	110.00	104.00	108.00	100.00	114.00	99.00	107.00	101.00
Thinset:									
150 mm x 150 mm (6" x 6"), one colour	m²	100.00	92.00	104.00	97.00	90.00	103.00	81.00	81.00
To floors									
Mortar bed:									
150 mm x 150 mm (6" x 6"), one colour	m²	105.00	103.00	112.00	97.00	111.00	103.00	107.00	100.00
Thinset:									
150 mm x 150 mm (6" x 6"), one colour	m²	95.00	86.00	94.00	82.00	91.00	96.00	81.00	80.00
To stairs									
Nosing only:									
Non slip	m	45.00	48.50	46.75	48.25	55.00	47.75	66.00	47.75
Base Trim									
Quarry tile base:									
150 mm (6") high, terracotta	m	27.00	27.00	29.75	25.75	28.00	30.00	29.00	27.75

09380 MARBLE

To floors

Item	UNITS	St. Johns	Halifax	Montreal	Ottawa	Toronto	Winnipeg	Calgary	Vancouver
Panels:									
19 mm (3/4") travertine	m²	375.00	380.00	360.00	370.00	425.00	365.00	425.00	390.00
To walls									
Panels:									
19 mm (3/4") travertine	m²	450.00	475.00	385.00	395.00	450.00	395.00	475.00	390.00

Instructions for use, page 4. Main index, page 7.

DIV 9 Finishes — METRIC CURRENT MARKET PRICES

Item	UNITS	St. Johns	Halifax	Montreal	Ottawa	Toronto	Winnipeg	Calgary	Vancouver
09400 Terrazzo									
09410 PORTLAND CEMENT TERRAZZO									
To floors with 3 mm (1/8") zinc strip									
Sand cushion type:									
762 mm x 762 mm (30" x 30") grid	m²	140.00	123.00	121.00	124.00	140.00	131.00	16.00	150.00
Bonded to concrete:									
762 mm x 762 mm (30" x 30") grid	m²	130.00	123.00	119.00	123.00	140.00	121.00	162.00	131.00
Thinset:									
762 mm x 762 mm (30" x 30") grid	m²	125.00	123.00	119.00	123.00	140.00	121.00	136.00	122.00
09420 PRECAST TERRAZZO									
To stairs									
Treads:									
To steel stairs	m	160.00	132.00	128.00	132.00	150.00	131.00	179.00	131.00
09430 CONDUCTIVE TERRAZZO									
Epoxy type									
6 mm (1/4") thick	m²	130.00	119.00	116.00	134.00	136.00	131.00	162.00	125.00
10 mm (3/8") thick	m²	140.00	128.00	124.00	146.00	145.00	140.00	174.00	147.00
09440 PLASTIC MATRIX TERRAZZO									
Epoxy type									
6 mm (1/4") thick	m²	130.00	124.00	120.00	142.00	140.00	121.00	150.00	157.00
10 mm (3/8") thick	m²	140.00	133.00	129.00	151.00	151.00	131.00	168.00	161.00
Latex Type									
6 mm (1/4") thick	m²	110.00	96.00	93.00	110.00	111.00	95.00	133.00	102.00
10 mm (3/8") thick	m²	120.00	106.00	103.00	122.00	121.00	105.00	144.00	111.00
TRIM AND ACCESSORIES									
Base trim									
Cove base, standard:									
100 mm (4") high	m	35.00	36.25	34.50	34.00	40.75	34.75	49.00	39.75
150 mm (6") high	m	38.00	37.50	35.50	35.00	41.50	35.75	49.75	43.00
09500 Acoustical Treatment									
09510 SUSPENDED CEILINGS									
COMPLETE, FIXED TO SOFFIT OF HOLLOW METAL OR WOOD WOOD DECK OR TO FIXINGS PROVIDED IN SOFFIT.									
Exposed suspension system									
Mineral fibre panel 600 mm x 1200 mm:									
16 mm thick standard	m²	18.00	20.25	16.95	18.95	18.90	16.45	16.00	15.40
16 mm thick fire-rated	m²	20.00	22.00	18.30	20.50	21.25	17.80	17.00	17.55
Glass fibre 600 mm x 1200 mm:									
Vinyl faced									
16 mm thick	m²	19.00	23.75	22.50	24.50	22.50	22.00	19.00	20.25
20 mm thick	m²	21.75	28.25	28.25	29.00	26.25	28.75	25.50	23.50
Glass faced									
20 mm thick	m²	24.75	19.90	19.90	20.50	24.75	20.25	27.00	22.25
Glass fibre panel 1200 mm x 1200 mm:									
Vinyl faced									
25 mm thick	m²	36.00	39.75	33.75	37.75	33.25	34.50	33.75	39.50
Glass faced									
25 mm thick	m²	40.75	43.50	39.50	44.25	37.00	38.50	34.00	42.75
Mineral fibre damage resistive panel 600 mm x 1200 mm:									
5 mm thick standard	m²	38.00	38.00	36.50	41.00	34.25	35.50	32.00	30.25
Semi-concealed suspension system									
Mineral fibre panel 600 mm x 1200 mm:									
16 mm thick standard	m²	23.75	23.25	19.75	22.25	23.75	19.20	19.00	24.75
16 mm thick fire-rated	m²	25.25	24.25	20.50	23.00	25.00	20.00	25.50	27.25
Glass fibre 600 mm x 1200 mm:									
Vinyl faced									
16 mm thick	m²	22.50	21.50	18.30	20.50	N/A	18.00	19.00	24.25
20 mm thick	m²	23.50	22.50	19.00	21.00	N/A	18.60	24.75	25.25
Glass faced									
20 mm thick	m²	30.00	28.25	24.00	26.75	N/A	23.50	30.00	32.00
Glass fibre panel 1200 mm x 1200 mm:									
Vinyl faced									
25 mm thick	m²	29.00	25.75	22.50	24.50	N/A	23.00	30.50	27.25
Concealed suspension system									
Mineral fibre panel 300 mm x 600 mm:									
20 mm thick standard	m²	54.00	51.00	52.00	59.00	N/A	51.00	50.00	51.00
20 mm thick fire-rated	m²	58.00	53.00	54.00	60.00	N/A	53.00	52.00	54.00
Mineral fibre panel 300 mm x 300 mm:									
20 mm thick standard	m²	55.00	53.00	54.00	60.00	51.00	53.00	50.00	51.00
20 mm thick fire-rated	m²	59.00	55.00	55.00	62.00	55.00	54.00	52.00	54.00
Suspended ceiling sundries									
Extra over cost of suspended ceiling for drilling and bolting to soffit	m²	9.50	7.90	8.05	9.00	9.00	7.90	7.50	7.90
Mineral wool sound absorption blanket	m²	9.50	8.40	8.10	9.00	9.00	7.90	7.65	7.90

METRIC CURRENT MARKET PRICES — Finishes DIV 9

Item	UNITS	St. Johns	Halifax	Montreal	Ottawa	Toronto	Winnipeg	Calgary	Vancouver
09550 Wood Flooring									
09560 WOOD STRIP FLOORING									
Hardwood (finished)									
57 mm (2 1/4") wide x 21 mm (3/4") thick strips:									
Birch or maple									
Second grade or better	m²	72.00	84.00	70.00	77.00	84.00	77.00	68.00	89.00
Oak, plain white									
Stain grade	m²	77.00	99.00	98.00	99.00	96.00	107.00	88.00	115.00
Finish grade	m²	83.00	100.00	100.00	102.00	103.00	109.00	90.00	124.00
09570 PARQUET FLOORING									
Prefinished									
8 mm (5/16") thick:									
Maple, select	m²	56.00	67.00	67.00	50.00	63.00	72.00	62.00	75.00
Oak, select	m²	58.00	71.00	70.00	51.00	63.00	76.00	64.00	76.00
09590 RESILIENT WOOD FLOORING SYSTEMS									
On sleepers and subfloor									
Wood subfloor and sleepers:									
Industrial grade	m²	110.00	111.00	109.00	118.00	113.00	113.00	99.00	122.00
First grade	m²	115.00	113.00	110.00	117.00	109.00	114.00	100.00	117.00
Second grade	m²	100.00	112.00	109.00	114.00	107.00	114.00	99.00	114.00
Subfloor on steel springs and sleepers									
Industrial grade	m²	135.00	130.00	127.00	136.00	127.00	133.00	115.00	117.00
First grade	m²	150.00	134.00	131.00	140.00	143.00	137.00	119.00	144.00
Second grade	m²	125.00	133.00	130.00	136.00	138.00	135.00	117.00	141.00
09650 Resilient Flooring									
09660 RESILIENT TILE FLOORING									
Rubber tile									
3 mm (1/8") thick:									
Average cost	m²	60.00	69.00	61.00	68.00	70.00	77.00	59.00	75.00
Vinyl tile									
3 mm (1/8") thick									
Marbleized	m²	48.00	55.00	49.75	59.00	54.00	62.00	59.00	59.00
Solid colours	m²	51.00	59.00	53.00	62.00	55.00	66.00	63.00	60.00
Vinyl-composite tile									
1.5 mm (1/16") thick:									
Average cost	m²	10.00	14.45	13.10	14.00	N/A	16.15	13.65	14.45
2 mm (.080") thick:									
Average cost	m²	12.00	15.15	13.75	16.00	N/A	17.05	13.65	15.50
3 mm (1/8") thick:									
Average cost	m²	15.00	17.15	15.50	18.00	17.75	19.25	14.40	17.75
09665 RESILIENT FLOORING									
Linoleum									
2.3 mm (0.090") thick:									
Embossed patterns	m²	28.00	33.00	28.25	35.00	35.00	35.50	31.75	34.50
3 mm (1/8") thick:									
Solid colours	m²	30.00	35.00	29.50	36.50	36.75	37.00	33.75	35.50
Polyvinylchloride (vinyl)									
Inlaid pattern:									
1.7 mm (0.065") thick									
Mini chips	m²	18.00	23.25	20.00	24.75	22.50	25.00	22.25	25.50
Mini chips with embossed pattern	m²	19.00	24.50	21.25	26.25	23.75	26.50	23.50	27.00
Irregular chips	m²	20.00	27.00	23.50	29.00	25.00	29.25	26.00	29.75
Square chips	m²	21.00	28.25	24.75	30.50	26.25	30.75	26.75	31.25
Surface treated	m²	22.00	28.00	24.50	30.25	27.50	30.25	25.75	31.00
1.9 mm (0.075") thick									
With embossed pattern	m²	32.00	43.75	38.25	47.50	40.00	47.75	42.00	48.00
2.3 mm (0.090") thick									
Square chips	m²	30.00	27.00	23.50	29.00	29.25	29.25	26.25	29.75
Irregular chips	m²	32.00	39.25	34.25	42.25	40.00	42.50	38.00	43.25
With embossed pattern	m²	35.00	45.00	39.50	49.00	43.00	49.25	43.25	50.00
Inlaid pattern with cushion backing									
2.7 mm (0.108") thick	m²	32.00	39.25	34.25	42.25	40.00	42.50	36.75	43.25
Printed pattern with cushion backing:									
1.9 mm (0.076") thick	m²	25.00	28.25	25.00	30.50	31.25	30.75	27.25	31.25
2.5 mm (0.100") thick	m²	30.00	32.25	28.00	34.25	35.00	34.50	30.75	35.25
09670 FLUID APPLIED RESILIENT FLOORING									
Urethane liquid pour laid on prepared concrete or asphalt including game or lane lines									
Indoor:									
6 mm thick	m²	110.00	105.00	86.00	101.00	95.00	105.00	95.00	114.00
9 mm thick	m²	125.00	117.00	96.00	112.00	106.00	117.00	106.00	128.00
Outdoor with textured surface									
12 mm thick	m²	140.00	138.00	120.00	139.00	135.00	146.00	131.00	158.00

Instructions for use, page 4. Main index, page 7.

DIV 9 Finishes — METRIC CURRENT MARKET PRICES

Item	UNITS	St. Johns	Halifax	Montreal	Ottawa	Toronto	Winnipeg	Calgary	Vancouver
09680 Carpeting									
09685 CARPET									
Nylon:									
Anti-static									
Light duty 680 g/m2 (20 oz/sy)	m²	20.00	25.75	23.50	25.50	25.00	29.00	23.75	28.50
Medium duty 950 g/m2 (28 oz/sy)	m²	25.00	32.25	29.50	32.00	31.25	36.50	30.50	36.00
Cut pile									
Heavy duty 1530 g/m2 (45 oz/sy)	m²	35.00	40.75	37.00	40.00	43.75	45.75	42.00	45.25
Acrylic:									
Tufted									
Light duty 1080 g/m2 (32 oz/sy)	m²	22.00	27.50	24.75	26.75	27.50	29.75	N/A	30.00
Woven									
Medium duty 1360 g/m2 (40 oz/sy)	m²	30.00	34.75	31.00	33.25	37.50	37.50	38.75	37.50
Heavy duty 1700 g/m2 (50 oz/sy)	m²	38.00	43.00	39.25	42.00	47.50	47.25	49.50	47.50
Polypropylene:									
Light duty 680 g/m2 (20 oz/sy)	m²	15.00	19.15	17.45	18.75	18.75	21.00	18.05	21.25
Medium duty 850 g/m2 (25 oz/sy)	m²	20.00	24.00	21.75	23.25	25.00	26.25	22.00	26.25
Heavy duty 1020 g/m2 (30 oz/sy)	m²	26.00	32.25	29.75	32.00	32.50	36.00	30.50	36.00
Wool (including underpadding):									
Light duty 920 g/m2 (27 oz/sy)	m²	38.00	37.75	35.00	37.25	43.75	41.75	42.25	43.25
Medium duty 1190 g/m2 (35 oz/sy)	m²	45.50	44.25	41.00	43.50	51.00	48.75	49.25	50.00
Heavy duty 1420 g/m2 (42 oz/sy)	m²	57.00	54.00	50.00	52.00	63.00	58.00	64.00	60.00
09800 Special Coatings									
09835 PLASTIC PAINT TO INTERIOR WALLS									
3 coats:									
Concrete blockwork	m²	11.40	14.15	13.05	13.45	13.00	15.10	12.50	14.60
Concrete	m²	11.25	13.60	12.50	12.90	12.75	14.50	11.95	13.75
Drywall	m²	10.20	12.45	11.95	12.30	11.90	13.80	11.45	13.25
09900 Painting									
09910 EXTERIOR WORK, STANDARD PAINT									
General									
3 coats, brush applied:									
Wood or metal windows	m²	9.00	11.75	9.30	9.70	10.50	9.80	9.80	11.00
Wooden doors	EA	50.00	52.00	39.75	39.75	46.75	40.50	43.75	43.50
Metal doors	EA	45.00	36.25	33.75	33.00	39.75	34.50	37.25	40.25
Wooden frames	EA	22.50	21.75	21.25	22.25	26.50	22.50	21.50	23.00
Metal door frames	EA	20.00	18.50	18.90	19.05	23.00	19.45	19.20	19.45
Metal flashing	m²	11.00	11.75	8.90	8.90	10.50	9.10	9.80	10.70
Handrails, railing etc.	m	2.00	2.14	1.83	1.92	1.92	1.93	1.86	2.03
Pipes not exceeding 150 mm dia.	m	2.00	2.14	1.83	1.92	1.92	1.93	1.86	2.03
Soffits, fascias	m²	11.00	11.75	12.25	12.85	11.50	12.95	12.50	13.40
Flagpoles (before erection)	m²	7.80	8.20	6.25	6.25	7.35	6.40	6.90	7.60
Lamp standard (before erection)	m²	7.30	7.60	5.95	6.25	6.80	6.25	6.40	7.15
09920 INTERIOR WORK, STANDARD PAINT									
Ceilings									
2 coats, rolled									
Concrete, wood, plaster or drywall	m²	4.75	5.05	5.40	5.70	4.94	5.80	5.10	5.80
Acoustic tile (concealed grid)	m²	4.50	4.31	3.71	3.93	3.88	4.27	4.65	4.46
Acoustic tile (exposed grid)	m²	5.50	6.10	5.90	6.25	5.90	6.80	7.10	6.80
Steel deck (measure surface area)	m²	5.00	4.55	3.83	4.05	4.17	4.41	4.53	4.67
Surfaces associated with ceilings									
2 coats at same time as ceiling:									
OWSJ (measure twice height)	m²	4.75	4.79	3.71	3.93	4.23	4.75	3.95	4.80
Duct work	m²	4.50	4.79	3.83	4.05	4.23	4.90	4.01	4.95
2 coats separate from ceiling:									
OWSJ (measure twice height)	m²	7.50	8.15	7.65	8.10	7.15	7.85	8.05	8.35
Structural steelwork (exposed area)	m²	5.75	6.10	5.90	6.15	5.35	6.00	6.15	6.25
Duct work	m²	7.80	8.40	7.80	8.25	7.35	7.95	8.20	8.60
Pipes over 50 mm (2") dia. surface area	m²	7.80	8.40	7.55	8.00	7.35	7.75	8.20	8.60
Pipes not exceeding 50 mm (2") dia.	m²	6.80	6.10	5.90	6.25	6.85	6.00	8.20	7.60
3 coats, rolled:									
Concrete, wood, plaster, or drywall	m²	6.20	6.65	5.90	6.25	5.80	6.00	6.50	6.60
Walls									
2 coats, rolled:									
Concrete, plywood, plaster, or drywall	m²	4.50	5.75	5.55	5.80	4.94	5.70	5.65	5.90
Concrete block, acoustic board or panel	m²	5.00	7.20	6.40	6.75	6.15	6.55	7.10	7.40
Plywood and paneling	m²	4.75	6.05	5.55	5.90	5.25	5.70	5.85	6.15
Steel and wood sashes	m²	6.75	7.25	6.65	7.05	6.35	6.85	7.00	7.40
Structural steel, exposed surfaces	m²	6.00	6.65	5.90	6.25	5.80	6.00	6.15	6.60
3 coats, rolled:									
Concrete, plywood, plaster, or drywall	m²	6.00	6.60	6.00	6.35	5.65	6.10	5.50	6.80
Concrete block, tile, acoustic board or panel	m²	7.00	8.40	6.90	7.30	7.20	7.10	6.90	8.60
Steel and wood sashes	m²	8.50	9.00	8.80	9.30	7.90	9.00	9.20	9.25
Structural steel, exposed surfaces	m²	10.00	10.55	10.10	10.70	9.25	10.35	10.60	10.85
Baseboards not exceeding 100 mm (4") high	m	0.70	0.81	0.66	0.68	0.71	0.66	0.68	0.83

METRIC CURRENT MARKET PRICES — Finishes DIV 9

Item	UNITS	St. Johns	Halifax	Montreal	Ottawa	Toronto	Winnipeg	Calgary	Vancouver
Miscellaneous interior painting									
2 coats (brush applied) on:									
Stair treads	m^2	8.00	8.20	8.35	8.70	8.00	8.80	8.55	9.30
Hollow metal screens	m^2	8.50	8.80	8.35	8.70	8.10	8.80	8.55	9.30
Handrails, balustrades etc.	m	1.85	1.89	1.83	1.90	2.13	1.93	2.55	2.32
Metal doors	EA	35.75	35.75	28.75	29.75	31.25	30.25	29.25	36.25
Metal door frames	EA	20.75	23.00	17.20	17.85	19.95	18.15	18.65	21.75
3 coats (brush applied) on:									
Wooden doors	EA	40.00	38.75	30.50	32.00	38.00	34.75	31.25	39.25
Wooden door frames	EA	24.00	22.00	19.30	20.25	24.00	21.75	20.50	24.75
Edges of plastic faced doors	EA	12.50	14.55	13.30	13.95	14.50	15.05	13.70	17.05
Shelving	m^2	11.00	13.05	10.65	11.20	11.50	12.05	10.95	13.45
Millwork (surface area)	m^2	14.00	15.05	11.15	11.55	13.10	12.45	12.25	14.15

09950 Wall Covering

09955 VINYL-COATED FABRIC WALL COVERING
(based on supply price of $8.60/$m^2$ ($0.80/SF))
Plain patterns (double rolls)

Item	UNITS	St. Johns	Halifax	Montreal	Ottawa	Toronto	Winnipeg	Calgary	Vancouver
Untrimmed:									
To drywall	m^2	18.00	21.75	17.30	18.70	20.75	19.05	17.80	22.25
To plaster	m^2	18.00	20.00	16.65	17.10	20.75	17.50	17.80	21.25
Pretrimmed:									
To drywall	m^2	16.50	19.00	15.80	17.10	18.05	17.50	17.80	19.50
To plaster	m^2	16.50	17.00	14.55	14.55	18.05	14.45	17.80	17.50
Decorative patterns (double rolls)									
Untrimmed:									
To drywall	m^2	19.50	22.50	17.95	19.45	21.25	19.90	19.20	20.75
To plaster	m^2	19.50	21.25	17.10	17.10	21.25	17.50	19.20	18.70
Pretrimmed:									
To drywall	m^2	17.00	20.50	16.55	17.90	19.80	18.25	19.20	19.25
To plaster	m^2	17.00	19.95	16.00	16.00	19.80	15.85	19.20	17.70

09960 VINYL WALL COVERINGS
(15% material waste included)
1370 mm (54") wide, plain or decorated

Item	UNITS	St. Johns	Halifax	Montreal	Ottawa	Toronto	Winnipeg	Calgary	Vancouver
To walls:									
340 g/m (15 oz per lin. yd)	m^2	23.00	26.50	22.25	24.00	25.25	24.50	24.00	27.00
430 g/m (19 oz per lin. yd)	m^2	27.00	30.00	26.50	28.75	29.75	29.50	28.25	31.50
770 g/m (34 oz per lin. yd)	m^2	30.00	36.25	29.75	32.50	34.75	33.25	31.75	37.00

09970 WALLPAPER
(Based on supply price of $8.00/$m^2$)
Plain patterns (double rolls)

Item	UNITS	St. Johns	Halifax	Montreal	Ottawa	Toronto	Winnipeg	Calgary	Vancouver
Untrimmed:									
To drywall	m^2	16.50	18.55	15.20	16.50	17.75	16.85	16.25	17.00
To plaster	m^2	16.50	18.00	14.75	15.95	17.75	16.25	16.25	16.85
Pretrimmed:									
To drywall	m^2	15.00	17.95	14.85	16.05	17.15	16.40	16.00	16.65
To plaster	m^2	15.00	17.05	14.00	15.15	17.15	15.50	16.00	16.35
Decorative patterns (double rolls)									
Untrimmed:									
To drywall	m^2	18.00	18.50	15.80	17.10	17.70	17.50	17.25	17.70
To plaster	m^2	18.00	18.50	15.30	16.60	17.70	16.95	17.25	17.45
Pretrimmed:									
To drywall	m^2	16.00	17.35	15.20	16.50	16.60	16.85	17.25	17.45
To plaster	m^2	16.00	17.35	14.75	15.95	16.60	16.25	17.25	17.70

10: SPECIALTIES
10100 Chalkboards and Tackboards

10110 CHALKBOARDS, WALL MOUNTED
Fixed (includes installation cost of trim)

Item	UNITS	St. Johns	Halifax	Montreal	Ottawa	Toronto	Winnipeg	Calgary	Vancouver
Impregnated fibreboard 12 mm thick:									
Steel sheet, baked on acrylic finish	m^2	92.00	83.00	84.00	83.00	80.00	90.00	92.00	85.00
Steel sheet, porcelain enamel finish	m^2	89.00	78.00	80.00	80.00	77.00	86.00	88.00	81.00
Tempered hardboard 6 mm:									
Baked on acrylic finish	m^2	44.25	42.25	43.25	43.00	38.50	45.25	42.25	43.25

10130 TACKBOARDS, WALL MOUNTED
Fixed (includes installation cost of trim)

Item	UNITS	St. Johns	Halifax	Montreal	Ottawa	Toronto	Winnipeg	Calgary	Vancouver
Cork, natural:									
6 mm (1/4") thick	m^2	49.50	44.75	45.25	45.00	43.00	48.75	49.50	45.50
12 mm (1/2") thick	m^2	61.00	56.00	57.00	57.00	53.00	60.00	62.00	56.00
Cork, vinyl coated:									
6 mm (1/4") thick	m^2	70.00	64.00	64.00	64.00	61.00	68.00	70.00	64.00
12 mm (1/2") thick	m^2	84.00	76.00	77.00	77.00	73.00	83.00	84.00	78.00
Cork, covered with 50 g vinyl fabric:									
6 mm (1/4") thick	m^2	63.00	57.00	58.00	58.00	55.00	62.00	63.00	58.00
12 mm (1/2") thick	m^2	74.00	67.00	68.00	68.00	65.00	73.00	74.00	68.00
Cork, covered with nylon fabric:									
12 mm (1/2") thick	m^2	87.00	79.00	80.00	80.00	76.00	86.00	87.00	81.00

Instructions for use, page 4. Main index, page 7.

DIV 10 Specialties — METRIC CURRENT MARKET PRICES

Item	UNITS	St. Johns	Halifax	Montreal	Ottawa	Toronto	Winnipeg	Calgary	Vancouver
10145 ALUMINUM TRIM									
(Standard products - supply only)									
Edge trim and divider bars									
6 mm (1/4") exposed face:									
Clear anodized finish	m	3.79	3.57	3.47	3.31	3.30	3.42	3.40	3.16
Baked enamel finish	m	4.18	4.08	3.87	3.68	3.64	3.81	3.80	3.52
Colour anodized finish	m	4.38	4.18	4.01	3.71	3.81	3.95	3.93	3.65
18 mm (3/4") exposed face:									
Clear anodized finish	m	3.79	3.57	3.47	3.31	3.30	3.42	3.40	3.16
Baked enamel finish	m	4.24	4.08	3.87	3.68	3.69	3.81	3.80	3.52
Colour anodized finish	m	4.38	4.18	4.01	3.82	3.81	3.95	3.93	3.65
44 mm (1-3/4") exposed face:									
Clear anodized finish	m	7.95	7.95	7.10	6.75	6.90	7.00	6.95	6.45
Baked enamel finish	m	11.50	11.50	10.15	9.65	10.00	10.00	9.95	9.25
Colour anodized finish	m	11.50	11.50	10.15	9.65	10.00	10.00	9.95	9.25
Chalk rails									
Single web:									
Clear anodized finish	m	9.70	9.70	8.80	8.40	8.45	8.65	8.65	8.00
Baked enamel finish	m	10.35	10.35	9.50	9.00	9.00	9.35	9.30	8.60
Colour anodized finish	m	11.55	11.55	10.70	10.15	10.05	10.50	10.50	9.75
Boxed type:									
Clear anodized finish	m	16.65	16.65	14.95	14.25	14.50	14.75	14.65	13.60
Baked enamel finish	m	17.35	17.35	15.90	15.10	15.10	15.65	15.60	14.50
Colour anodized finish	m	17.25	17.25	15.65	14.90	15.00	15.40	15.60	14.25
Map rails									
Mounted on wall, cork inset:									
25 mm (1") wide	m	6.60	6.60	5.90	5.60	5.75	5.75	5.75	5.35
50 mm (2") wide	m	7.80	7.80	7.10	6.75	6.80	7.00	6.95	6.45
Mounted on board or wall, 50 mm (2") h-type:									
Clear anodized finish	m	7.80	7.80	7.10	6.75	6.80	7.00	6.95	6.45
Baked enamel finish	m	8.60	8.60	7.75	7.35	7.50	7.65	7.60	7.05
Colour anodized finish	m	8.65	8.65	8.55	8.15	8.25	8.40	8.40	7.80
10150 Compartments and Cubicles									
10160 TOILET AND SHOWER PARTITIONS									
Metal toilet partitions									
Floor mounted, overhead braced:									
Standard cubicle	EA	535.00	460.00	460.00	490.00	510.00	580.00	535.00	505.00
Alcove type	EA	475.00	440.00	435.00	470.00	490.00	550.00	515.00	480.00
Floor mounted, pilaster type:									
Standard cubicle	EA	555.00	515.00	510.00	540.00	565.00	650.00	590.00	560.00
Alcove type	EA	530.00	490.00	485.00	520.00	540.00	615.00	565.00	530.00
Ceiling hung:									
Standard cubicle	EA	605.00	560.00	560.00	595.00	630.00	710.00	535.00	610.00
Alcove type	EA	580.00	725.00	525.00	570.00	605.00	680.00	690.00	585.00
10260 Wall and Corner Guards									
10262 CORNER GUARDS									
Vinyl acrylic with aluminum retainers, 75 mm (3") legs									
Flush mounted:									
L-type 6 mm (1/4") radius	m	60.00	50.00	54.00	50.00	52.00	56.00	60.00	58.00
L-type 30 mm (1 1/4") radius	m	60.00	50.00	54.00	50.00	52.00	56.00	60.00	58.00
U-type 100 mm (4") wall	m	71.00	75.00	67.00	70.00	62.00	70.00	65.00	73.00
U-type 150 mm (6") wall	m	95.00	91.00	96.00	91.00	97.00	102.00	109.00	105.00
U-type 200 mm (8") wall	m	106.00	99.00	104.00	99.00	98.00	110.00	113.00	114.00
Surface mounted:									
L-type 6 mm (1/4") radius	m	45.00	35.00	36.75	34.75	37.50	40.75	41.50	40.00
L-type 30 mm (1 1/4") radius	m	45.00	35.00	36.75	34.75	37.50	40.75	41.50	40.00
U-type 100 mm (4") wall	m	80.00	68.00	71.00	67.00	70.00	80.00	79.00	78.00
U-type 150 mm (6") wall	m	85.00	74.00	77.00	73.00	74.00	86.00	84.00	85.00
U-type 200 mm (8") wall	m	96.00	82.00	86.00	81.00	84.00	95.00	92.00	94.00
Stainless steel									
Standard sections:									
Built-in	m	60.00	58.00	48.25	45.50	52.00	58.00	50.00	54.00
Fixed to wall surface with adhesive	m	35.00	32.50	25.00	23.75	29.25	30.25	26.00	28.00
10270 Access Flooring									
10273 STRINGER SYSTEMS, REMOVEABLE STRINGERS									
600 mm x 600 mm panels (based on 300 mm height)									
Steel clad wood floor panels:									
With plastic laminated floor finish	m²	215.00	163.00	160.00	165.00	179.00	167.00	162.00	165.00
With vinyl floor finish	m²	215.00	176.00	172.00	191.00	183.00	220.00	199.00	179.00
Steel floor panels:									
With plastic laminated floor finish	m²	260.00	205.00	199.00	215.00	215.00	250.00	230.00	205.00
With vinyl floor finish	m²	260.00	215.00	210.00	230.00	225.00	270.00	245.00	220.00
10274 STRINGERLESS SYSTEMS									
600 mm x 600 mm panels (based on 300 mm height)									
Steel-clad wood floor finish:									
With plastic laminated finish	m²	190.00	160.00	148.00	164.00	158.00	171.00	172.00	154.00

METRIC CURRENT MARKET PRICES — Specialties DIV 10

Item	UNITS	St. Johns	Halifax	Montreal	Ottawa	Toronto	Winnipeg	Calgary	Vancouver
With vinyl floor finish	m²	190.00	173.00	162.00	175.00	158.00	176.00	187.00	167.00
Steel - clad concrete panel									
With plastic laminated finish	m²	225.00	185.00	175.00	183.00	188.00	210.00	191.00	170.00
Steel floor panels:									
With plastic laminated finish	m²	240.00	190.00	177.00	196.00	200.00	225.00	205.00	185.00
With vinyl floor finish	m²	240.00	205.00	191.00	205.00	210.00	240.00	220.00	198.00
Aluminum floor panels:									
With plastic laminated finish	m²	325.00	290.00	275.00	330.00	335.00	340.00	315.00	285.00
With vinyl floor finish	m²	325.00	305.00	285.00	340.00	355.00	355.00	330.00	295.00

10276 STRINGER SYSTEM, RIGID GRID

600 mm x 600 mm panels (based on 300 mm height)

Item	UNITS	St. Johns	Halifax	Montreal	Ottawa	Toronto	Winnipeg	Calgary	Vancouver
Steel-clad wood floor panel:									
With plastic laminated finish	m²	200.00	166.00	156.00	171.00	167.00	176.00	167.00	161.00
With vinyl floor finish	m²	200.00	185.00	172.00	190.00	170.00	166.00	155.00	179.00
Steel floor panels:									
With plastic laminated finish	m²	250.00	215.00	199.00	220.00	210.00	250.00	230.00	205.00
With vinyl floor finish	m²	250.00	225.00	210.00	230.00	215.00	210.00	195.00	220.00

10350 Flagpoles

(erected complete)

10352 GROUND SET

Stationary (including metal base and base cover and supply and installation of anchor bolts in prepared base)

Item	UNITS	St. Johns	Halifax	Montreal	Ottawa	Toronto	Winnipeg	Calgary	Vancouver
Tapered cone, external rope:									
11 m (35'), painted steel	EA	2,000	1,860	1,770	1,730	1,980	1,880	2,300	1,830
11 m (35'), satin aluminum	EA	2,200	1,790	1,710	1,670	1,910	1,820	1,860	1,750
11 m (35'), clear anodized aluminum	EA	2,350	2,100	2,000	1,830	2,050	2,125	2,200	2,050
11 m (35'), colour anodized aluminum	EA	2,525	2,225	2,125	1,950	2,200	2,250	2,500	2,200
Sectional, standard external rope:									
11 m (35'), clear anodized aluminum	EA	1,470	1,350	1,290	1,190	1,280	1,380	1,450	1,340
11 m (35'), baked enamel aluminum	EA	2,025	1,860	1,770	1,630	1,760	1,880	1,960	1,830
Tilting (concrete not included)									
Tapered cone, external rope:									
11 m (35'), painted steel	EA	2,100	2,225	2,175	2,175	2,375	2,250	2,575	2,200
11 m (35'), satin aluminum	EA	2,300	1,920	1,890	1,910	2,050	1,950	2,000	1,890
11 m (35'), clear anodized aluminum	EA	2,600	2,225	2,175	2,225	2,375	2,250	2,475	2,200
11 m (35'), colour anodized aluminum	EA	2,850	2,450	2,425	2,300	2,625	2,475	2,950	2,400
Sectional, standard, external rope:									
11 m (35'), clear anodized aluminum	EA	1,870	1,520	1,500	1,650	1,620	1,540	1,710	1,500
11 m (35'), baked enamel aluminum	EA	2,200	1,980	1,950	2,050	2,125	2,000	2,075	1,950

10354 WALL SET (wall bracket included)

Vertical Type

Item	UNITS	St. Johns	Halifax	Montreal	Ottawa	Toronto	Winnipeg	Calgary	Vancouver
Tapered cone:									
6 m (20'), satin aluminum	EA	1,840	1,430	1,560	1,400	1,600	1,610	1,690	1,580
6 m (20'), clear anodized aluminum	EA	2,075	1,610	1,750	1,570	1,800	1,820	1,930	1,770
6 m (20'), colour anodized aluminum	EA	2,175	1,700	1,860	1,660	1,900	1,910	2,050	1,880
Sectional, standard:									
6 m (20'), clear anodized aluminum	EA	1,500	1,170	1,270	1,130	1,300	1,310	1,500	1,290
6 m (20'), colour anodized aluminum	EA	1,700	1,610	1,750	1,570	1,800	1,820	2,100	1,770

10500 Lockers

10505 STANDARD LOCKERS, BAKED ENAMEL

1.8 m (72") high
Single tier

Item	UNITS	St. Johns	Halifax	Montreal	Ottawa	Toronto	Winnipeg	Calgary	Vancouver
300 mm (12") wide:									
400 mm (15") deep	EA	147.00	131.00	124.00	100.00	125.00	124.00	120.00	114.00
450 mm (18") deep	EA	156.00	138.00	131.00	110.00	136.00	131.00	126.00	119.00
400 mm (15") wide:									
400 mm (15") deep	EA	169.00	151.00	151.00	120.00	147.00	144.00	136.00	132.00
450 mm (18") deep	EA	178.00	156.00	156.00	130.00	155.00	148.00	141.00	136.00
Two tier									
300 mm (12") wide:									
400 mm (15") deep	EA	160.00	177.00	147.00	118.00	148.00	168.00	169.00	162.00
450 mm (18") deep	EA	175.00	200.00	166.00	134.00	168.00	190.00	200.00	174.00
Six tier									
300 mm (12") wide:									
400 mm (15") deep	EA	225.00	210.00	205.00	220.00	190.00	225.00	220.00	215.00
450 mm (18") deep	EA	235.00	215.00	210.00	225.00	198.00	235.00	230.00	225.00
Accessories									
Bases, baked enamel:									
Per locker	EA	15.30	18.40	17.10	18.30	18.00	19.60	20.00	17.95

10515 COIN OPERATED, BAKED ENAMEL

1.8 m (72") high
Single tier

Item	UNITS	St. Johns	Halifax	Montreal	Ottawa	Toronto	Winnipeg	Calgary	Vancouver
300 mm (12") wide:									
300 mm (12") deep	EA	655.00	670.00	620.00	460.00	575.00	680.00	535.00	690.00
400 mm (15") deep	EA	660.00	685.00	625.00	465.00	580.00	680.00	540.00	695.00

Instructions for use, page 4. Main index, page 7.

DIV 10 Specialties — METRIC CURRENT MARKET PRICES

Item	UNITS	St. Johns	Halifax	Montreal	Ottawa	Toronto	Winnipeg	Calgary	Vancouver
450 mm (18") deep (standard)	EA	625.00	640.00	595.00	435.00	545.00	655.00	565.00	655.00
550 mm (21") deep	EA	700.00	690.00	635.00	465.00	585.00	665.00	570.00	700.00
Two tier									
300 mm (12") wide:									
300 mm (12") deep	EA	670.00	695.00	640.00	510.00	635.00	710.00	610.00	705.00
400 mm (15") deep	EA	680.00	700.00	645.00	520.00	650.00	715.00	620.00	715.00
450 mm (18") deep (standard)	EA	640.00	660.00	610.00	480.00	600.00	680.00	625.00	675.00
550 mm (21") deep	EA	795.00	705.00	650.00	530.00	660.00	720.00	650.00	720.00
Accessories									
Bases, baked enamel									
Per locker	EA	32.00	36.25	30.25	34.00	31.00	36.25	35.50	33.50
Sloping tops, baked enamel									
To suit 450 mm (18") wide tiers	m	140.00	143.00	119.00	134.00	122.00	143.00	133.00	131.00

10550 Postal Specialties

10552 MAIL BOXES

Item	UNITS	St. Johns	Halifax	Montreal	Ottawa	Toronto	Winnipeg	Calgary	Vancouver
Apartment type:									
Back loading	EA	81.00	78.00	70.00	78.00	70.00	79.00	82.00	74.00
Front loading	EA	95.00	90.00	83.00	92.00	82.00	92.00	94.00	87.00
Post office type:									
Type c	EA	167.00	154.00	142.00	158.00	145.00	156.00	167.00	148.00

10554 COLLECTION BOXES

Item	UNITS	St. Johns	Halifax	Montreal	Ottawa	Toronto	Winnipeg	Calgary	Vancouver
Aluminum	EA	2,950	2,800	2,575	2,975	2,550	2,875	2,750	2,675
Bronze or stainless steel	EA	3,225	3,100	2,825	3,125	2,825	3,150	2,975	2,950

10600 Partitions

10615 DEMOUNTABLE PARTITIONS, 2.74 m (9') height

Gypsum partitions STC 35

Item	UNITS	St. Johns	Halifax	Montreal	Ottawa	Toronto	Winnipeg	Calgary	Vancouver
Plain drywall:									
Painted	m	138.00	153.00	160.00	160.00	163.00	166.00	166.00	164.00
Vinyl covered	m	149.00	164.00	169.00	170.00	173.00	176.00	177.00	175.00
Drywall with sound absorption STC 45									
Painted	m	200.00	165.00	170.00	171.00	174.00	177.00	178.00	176.00
Vinyl covered	m	215.00	174.00	181.00	181.00	185.00	189.00	188.00	187.00
Steel partitions									
Baked enamel finish	m	305.00	275.00	285.00	285.00	290.00	295.00	295.00	290.00

10652 FOLDING PARTITIONS, 2.74 m (9') height

Item	UNITS	St. Johns	Halifax	Montreal	Ottawa	Toronto	Winnipeg	Calgary	Vancouver
Manually operated partitions									
Vinyl faced gypsum panes	m	430.00	510.00	540.00	465.00	455.00	530.00	525.00	525.00
Sound absorbing	m	500.00	625.00	665.00	575.00	560.00	655.00	645.00	645.00
Electrically operated panels									
Steel gymnasium pattern	m	530.00	675.00	540.00	490.00	565.00	530.00	645.00	525.00

10653 BIFOLD PARTITIONS

Item	UNITS	St. Johns	Halifax	Montreal	Ottawa	Toronto	Winnipeg	Calgary	Vancouver
Wood:									
Gymnasium type	m	325.00	450.00	430.00	420.00	375.00	425.00	N/A	415.00

10655 ACCORDION FOLDING PARTITIONS, 2.44 m (8') height

Item	UNITS	St. Johns	Halifax	Montreal	Ottawa	Toronto	Winnipeg	Calgary	Vancouver
Wood:									
Room divider type	m	240.00	315.00	305.00	295.00	280.00	295.00	320.00	290.00
Classroom type	m	405.00	570.00	560.00	525.00	475.00	550.00	545.00	535.00

10800 Toilet and Bath Accessories

10810/20 DISPENSING UNITS

(Based on chrome unless noted)

Item	UNITS	St. Johns	Halifax	Montreal	Ottawa	Toronto	Winnipeg	Calgary	Vancouver
Toilet tissue, roll type									
Flush mounted, single	EA	25.00	21.75	22.00	21.75	22.00	23.00	23.50	20.50
Flush mounted, double	EA	33.00	29.00	29.25	29.00	29.00	30.25	31.25	27.00
Toilet tissue, leaf type									
Single (900 sheets)	EA	28.50	22.75	23.00	22.75	24.75	24.00	24.50	21.50
Double (1800 sheets)	EA	36.00	29.00	29.25	29.00	31.25	30.25	31.50	27.00
Toilet seat covers:									
For unfolded covers	EA	48.00	41.25	41.75	41.25	41.75	43.25	44.50	38.75
For folded covers	EA	59.00	51.00	52.00	51.00	52.00	54.00	55.00	48.25
Sanitary napkins:									
Surface mounted, single	EA	280.00	215.00	215.00	215.00	240.00	225.00	230.00	210.00
Surface mounted, double	EA	390.00	305.00	310.00	305.00	345.00	320.00	330.00	300.00
Recessed, single	EA	380.00	305.00	310.00	305.00	345.00	320.00	330.00	300.00
Recessed, double	EA	490.00	415.00	415.00	415.00	465.00	435.00	445.00	405.00
Paper towels, roll type									
Surface mounted, standard roll	EA	75.00	60.00	60.00	60.00	67.00	62.00	64.00	58.00
Surface mounted, jumbo roll	EA	90.00	72.00	73.00	72.00	79.00	77.00	78.00	68.00
Paper towel leaf type									
Surface mounted horizontal	EA	67.00	54.00	54.00	54.00	58.00	56.00	58.00	50.00
Surface mounted vertical	EA	71.00	57.00	58.00	57.00	62.00	60.00	62.00	54.00
Recessed horizontal	EA	63.00	59.00	59.00	59.00	55.00	61.00	63.00	55.00
Paper towel, universal:									
Surface mounted, 400 mm (15") high	EA	74.00	59.00	60.00	59.00	64.00	62.00	74.00	55.00
Recessed, 660 mm (26") high, stainless	EA	300.00	270.00	275.00	270.00	270.00	285.00	290.00	255.00

METRIC CURRENT MARKET PRICES — Equipment DIV 11

Item	UNITS	St. Johns	Halifax	Montreal	Ottawa	Toronto	Winnipeg	Calgary	Vancouver
Facial tissue:									
Surface mounted	EA	35.00	27.00	27.50	27.00	30.50	28.50	29.25	26.50
Recessed	EA	35.25	28.00	28.50	28.25	30.50	29.50	30.50	26.50
Soap products									
Soap bars:									
Soap dish	EA	19.35	15.50	15.65	15.50	16.80	16.25	16.70	14.60
Powdered soap									
450 ml (16 oz) capacity	EA	42.00	38.75	39.00	38.75	36.50	40.50	41.75	36.50
Liquid soap, individual tank:									
Wall type, surface mounted, 450 ml	EA	84.00	78.00	78.00	78.00	73.00	82.00	84.00	72.00
Wall type, surface mounted, 500 ml	EA	96.00	88.00	90.00	88.00	84.00	93.00	96.00	84.00
Wall type, surface mounted, 1100 ml	EA	118.00	109.00	110.00	109.00	103.00	114.00	117.00	102.00
Wall type, surface mounted, 1700 ml	EA	129.00	119.00	119.00	119.00	112.00	124.00	127.00	111.00
Wall type, recessed, 450 ml	EA	185.00	170.00	172.00	171.00	161.00	179.00	184.00	160.00
Lavatory mounted, 450 ml	EA	121.00	111.00	113.00	111.00	105.00	117.00	120.00	105.00
Liquid soap, central tank:									
(piping not included) wall type valve	EA	66.00	61.00	61.00	61.00	57.00	63.00	65.00	57.00
Wall type valve, vandal-proof	EA	162.00	149.00	151.00	149.00	141.00	156.00	161.00	140.00
Lavatory type valve	EA	148.00	135.00	137.00	135.00	128.00	142.00	146.00	128.00
Exposed tanks, 4.5 l (1 gal.)	EA	88.00	81.00	81.00	81.00	76.00	85.00	87.00	75.00
Exposed tanks, 9.1 l (2 gal.)	EA	148.00	135.00	137.00	135.00	128.00	142.00	146.00	128.00
Exposed tanks, 23 l (5 gal.)	EA	300.00	280.00	280.00	280.00	265.00	290.00	300.00	260.00
Pressure reducing tank, 23 l (5 gal.)	EA	535.00	490.00	495.00	495.00	465.00	515.00	530.00	460.00
Storage tank, 230 l (50 gal.)	EA	1,640	1,500	1,520	1,510	1,420	1,580	1,620	1,420
10810/20 DISPOSAL UNITS									
Sanitary napkin units									
Wall mounted:									
Surface mounted	EA	103.00	134.00	136.00	111.00	121.00	141.00	139.00	126.00
Recessed	EA	119.00	155.00	157.00	141.00	140.00	163.00	161.00	147.00
Waste receptacles									
Free standing baked enamel:									
400 mm x 400 mm x 900 mm	EA	154.00	127.00	129.00	151.00	134.00	134.00	138.00	120.00
300 mm x 300 mm x 1100 mm	EA	147.00	119.00	119.00	154.00	129.00	124.00	127.00	111.00
Wall mounted:									
Surface mounted, 300 mm x 1100 mm	EA	340.00	325.00	330.00	325.00	295.00	340.00	340.00	305.00
Semi-recessed, 300 mm x 1100 mm	EA	350.00	335.00	340.00	335.00	305.00	355.00	350.00	315.00
Recessed, 300 mm x 1100 mm	EA	285.00	280.00	280.00	280.00	250.00	290.00	285.00	260.00
Recessed, exposed door only	EA	56.00	54.00	54.00	54.00	48.25	56.00	56.00	50.00
Ash trays									
Surface mounted:									
Circular, 200 mm (8") dia.	EA	134.00	119.00	119.00	119.00	116.00	124.00	127.00	111.00
Semi-circular, 330 mm (13") dia.	EA	106.00	88.00	90.00	88.00	92.00	93.00	96.00	84.00
Rectangular, 200 mm (8") long	EA	119.00	102.00	103.00	102.00	103.00	107.00	110.00	96.00
Rectangular, 300 mm (12") long	EA	146.00	127.00	129.00	128.00	127.00	134.00	138.00	120.00
Recessed:									
200 mm (8") long	EA	163.00	158.00	159.00	158.00	141.00	165.00	163.00	148.00
300 mm (12") long	EA	245.00	235.00	235.00	235.00	210.00	245.00	245.00	220.00
10810/20 COMBINATION UNITS									
Towel/waste receptacles (all units based on stainless steel)									
Surface mounted:									
350 mm x 1500 mm (14" x 60")	EA	530.00	520.00	495.00	495.00	460.00	515.00	530.00	465.00
Semi-recessed:									
350 mm x 1500 mm (14" x 60")	EA	510.00	500.00	475.00	475.00	440.00	495.00	505.00	445.00
Recessed:									
350 mm x 1500 mm (14" x 60")	EA	430.00	420.00	400.00	400.00	375.00	415.00	425.00	370.00

11: EQUIPMENT

11010 Built-in Maintenance Equipment

11014 POWERED WINDOW WASHING EQUIPMENT

Item	UNITS	St. Johns	Halifax	Montreal	Ottawa	Toronto	Winnipeg	Calgary	Vancouver
Equipment									
Stage 6 m (20') long (with support arms):									
2 point suspension, drop not exceeding 90 m	EA	57,500	55,000	55,700	51,500	50,000	57,200	53,000	51,800
4 point suspension, drop over 90 m	EA	74,800	71,500	72,400	67,000	65,000	74,400	71,500	67,300
Tracks									
Steel	m	340.00	340.00	275.00	365.00	310.00	360.00	310.00	350.00

11160 Loading Dock Equipment

11161 DOCK LEVELLERS

Item	UNITS	St. Johns	Halifax	Montreal	Ottawa	Toronto	Winnipeg	Calgary	Vancouver
Platform levellers									
Mechanical:									
Size 1800 mm x 1800 mm (6'x 6')	EA	3,000	2,800	2,975	4,000	3,325	3,425	3,250	2,950
Size 1800 mm x 2400 mm (6'x 8')	EA	3,300	3,125	3,325	4,400	3,675	3,825	3,625	3,800
Hydraulic:									
Size 1800 mm x 1800 mm (6'x 6')	EA	4,600	4,125	4,400	6,000	5,000	5,000	4,800	4,575
Size 1800 mm x 2400 mm (6'x 8')	EA	4,800	4,475	4,750	6,500	5,400	5,500	5,200	5,200

Instructions for use, page 4. Main index, page 7.

DIV 14 Conveying Systems — METRIC CURRENT MARKET PRICES

Item	UNITS	St. Johns	Halifax	Montreal	Ottawa	Toronto	Winnipeg	Calgary	Vancouver
11163 TRUCK DOOR SEALS, NORMAL DUTY									
For docks 2400 mm (8'-0") wide									
With fixed head and double neoprene seal:									
2400 mm (8'-0") high	EA	1,000	865.00	925.00	920.00	930.00	1,060	1,000	895.00
3000 mm (10'-0") high	EA	1,100	955.00	1,010	1,010	995.00	1,160	1,100	980.00
Additional costs:									
Extra for heavy duty door seals	EA	500.00	350.00	370.00	370.00	415.00	425.00	405.00	360.00
11164 RAIL DOCK SHELTERS, NORMAL DUTY									
Not exceeding 1500 mm (60") projection									
3 sides:									
Not exceeding 10 m² (100 sf)	EA	1,650	1,400	1,420	1,430	1,550	1,570	1,560	1,410
Over 10 m² (100 sf) not exceeding 14 m² (150 sf)	EA	1,800	1,610	1,640	1,640	1,630	1,820	1,790	1,630
4 sides:									
Not exceeding 10 m² (100 sf)	EA	1,700	1,520	1,530	1,550	1,700	1,700	1,690	1,520
Over 10 m² (100 sf) not exceeding 14 m² (150 sf)	EA	2,100	1,890	1,920	1,930	1,850	2,125	2,100	1,910
11165 PROTECTIVE BUMPERS									
INCLUDING FIXED BOLTS									
100 mm (4") projection, horizontal 250 mm (10") high:									
355 mm (14") wide	EA	90.00	79.00	81.00	81.00	80.00	93.00	88.00	81.00
610 mm (24") wide	EA	100.00	91.00	92.00	93.00	103.00	106.00	101.00	93.00
910 mm (36") wide	EA	135.00	111.00	112.00	113.00	125.00	130.00	123.00	114.00
100 mm (4") projection, vertical 510 mm (20") high:									
280 mm (11") wide	EA	110.00	92.00	93.00	95.00	104.00	107.00	102.00	94.00
140 mm (5 1/2") projection for use with door seals									
Vertical 510 mm (20") high:									
280 mm (11") wide	EA	130.00	111.00	112.00	113.00	110.00	130.00	123.00	114.00

11600 Laboratory Equipment

Item	UNITS	St. Johns	Halifax	Montreal	Ottawa	Toronto	Winnipeg	Calgary	Vancouver
11610 LABORATORY FURNITURE									
Tables or counters 600 mm (24") wide									
Plastic	m	1,130	940.00	990.00	1,240	1,030	1,080	1,110	1,040
Resin impregnated limestone	m	1,330	1,100	1,170	1,470	1,230	1,260	1,310	1,340
Stainless steel	m	1,550	1,420	1,340	1,580	1,320	1,380	1,510	1,240
Solid front storage units 2.1 m (7') high									
Plastic or wood	m	1,030	805.00	860.00	905.00	970.00	925.00	900.00	775.00
Stainless steel	m	1,530	1,210	1,290	1,160	1,450	1,390	1,250	1,240
Solid front wall storage units									
Plastic or wood	m	575.00	475.00	495.00	465.00	500.00	450.00	560.00	450.00
Stainless steel	m	755.00	690.00	750.00	780.00	700.00	770.00	560.00	755.00
Laboratory stools 760 mm (30") high									
Any type	EA	280.00	230.00	255.00	295.00	285.00	265.00	270.00	260.00
11620 LABORATORY EQUIPMENT									
Fume hoods including 1500 mm hood, base cabinet, counter top and basic fittings (motor and blower not included)									
Steel cabinet	m	5,800	4,525	5,100	4,375	5,000	5,500	5,300	5,600

14: CONVEYING SYSTEMS
14200 Elevators

Item	UNITS	St. Johns	Halifax	Montreal	Ottawa	Toronto	Winnipeg	Calgary	Vancouver
14210 GEARED ELEVATOR EQUIPMENT									
(cars and entrances included, new building, front opening only)									
Passenger elevator, maximum speed 100 m/min (350 fpm), capacity 1140 kg (2,500 lbs), stainless steel doors, machine overhead side mounted, basic cost for average commercial building									
Single door from one side									
8 floors	PR	280,000	259,800	275,000	290,000	300,000	287,100	280,000	279,500
Centre biparting									
8 floors	PR	290,000	268,400	284,000	310,000	320,000	296,500	289,200	288,900
14240 HYDRAULIC ELEVATOR EQUIPMENT									
(cars and entrances included, new building, front opening only)									
Passenger elevator, Class A, maximum speed 50 m/min (150 fpm) 5 floors capacity 900 kg (2,000 lbs), basic cost for average commercial building									
Single door from one side	EA	90,000	92,900	79,200	60,000	75,000	102,200	40,000	108,000
Centre biparting									
Basic prime coat finish	EA	95,000	95,200	81,100	68,000	78,000	104,800	45,000	110,600
Stainless steel	EA	100,000	97,500	83,300	70,000	81,000	107,300	50,000	113,400
Freight elevator, Class C, maximum speed 15 m/min (50 fpm),									
3 floors, capacity 4,500 kg (10,000 lbs), average cost	EA	128,000	123,800	110,000	75,000	150,000	136,300	100,000	144,000

14300 Moving Stairs and Walks

Item	UNITS	St. Johns	Halifax	Montreal	Ottawa	Toronto	Winnipeg	Calgary	Vancouver
14310 ESCALATORS									
1200 mm (48") wide (tread width)									
4.6 m (15') rise:									
Inclined stainless steel balustrade	EA	175,000	169,300	179,200	135,000	145,000	187,200	153,500	203,600
Inclined glass balustrade	EA	170,000	162,000	171,400	130,000	130,000	179,000	144,700	197,900
14320 MOVING WALKS									
Horizontal type (based on 2 walks, minimum length of 30 m)									

METRIC CURRENT MARKET PRICES — Mechanical DIV 15

Item	UNITS	St. Johns	Halifax	Montreal	Ottawa	Toronto	Winnipeg	Calgary	Vancouver
900 mm (36") wide:									
Stainless steel balustrade	m	7,500	7,100	7,700	8,200	10,000	8,100	7,400	8,200
Standard glass balustrade	m	8,000	8,500	9,200	8,900	9,000	9,600	8,800	9,700
Inclined type, 4.9 (16') rise									
Glass or stainless steel panels:									
900 mm (36") wide	PR	850,000	905,600	953,700	853,000	850,000	996,000	916,100	992,200

14500 Material Handling Systems
14560 CHUTES (for mail chutes see item 10550)
Linen or garbage chutes
Aluminized steel:

Item	UNITS	St. Johns	Halifax	Montreal	Ottawa	Toronto	Winnipeg	Calgary	Vancouver
600 mm (24") dia., 1.219 mm (0.048") thick	m	400.00	350.00	365.00	375.00	265.00	385.00	350.00	400.00
Stainless steel:									
600 mm (24") dia., 1.219 mm (0.048") thick	m	615.00	565.00	595.00	615.00	N/A	620.00	570.00	625.00
Chute accessories									
Sanitizer	EA	170.00	150.00	158.00	163.00	180.00	165.00	152.00	176.00

14580 PNEUMATIC TUBE SYSTEM
Price per station (average 91m (300') apart), 2 zones and up
FULLY AUTOMATIC SYSTEM CONTROLLED

Item	UNITS	St. Johns	Halifax	Montreal	Ottawa	Toronto	Winnipeg	Calgary	Vancouver
100 mm (4") dia.	EA	21,300	28,800	21,300	22,400	25,000	21,700	21,600	26,000
150 mm (6") dia.	EA	28,000	34,500	27,200	30,500	30,000	28,600	29,400	32,800

15: MECHANICAL
Basic Materials And Methods
15060 PIPE AND PIPE FITTINGS
Copper pressure piping, based on 3 m of pipe, including one tee, one 90-degree elbow, one pipe support, and solder

Item	UNITS	St. Johns	Halifax	Montreal	Ottawa	Toronto	Winnipeg	Calgary	Vancouver
Type m:									
12 mm (1/2")	m	26.25	24.50	23.75	24.00	23.25	24.00	24.25	25.00
20 mm (3/4")	m	30.50	28.75	27.75	28.00	27.25	28.00	28.50	29.25
25 mm (1")	m	37.00	34.75	33.75	34.00	33.00	34.00	34.50	35.50
32 mm (1 1/4")	m	48.50	45.50	44.25	44.50	43.25	44.50	45.00	46.25
38 mm (1 1/2")	m	56.00	53.00	51.00	52.00	50.00	52.00	52.00	54.00
50 mm (2")	m	75.00	71.00	69.00	69.00	67.00	69.00	70.00	72.00
65 mm (2 1/2")	m	100.00	94.00	91.00	92.00	89.00	92.00	93.00	95.00
75 mm (3")	m	121.00	114.00	110.00	111.00	108.00	111.00	112.00	116.00
Type l:									
12 mm (1/2")	m	27.00	25.25	24.75	24.75	24.25	24.75	25.00	25.75
20 mm (3/4")	m	31.75	29.75	29.00	29.25	28.25	29.25	29.50	30.25
25 mm (1")	m	39.00	36.75	35.50	36.00	35.00	36.00	36.25	37.25
32 mm (1 1/4")	m	49.75	46.50	45.25	45.75	44.25	45.75	46.25	47.50
38 mm (1 1/2")	m	58.00	54.00	52.00	53.00	51.00	53.00	54.00	55.00
50 mm (2")	m	80.00	75.00	73.00	74.00	71.00	74.00	74.00	76.00
65 mm (2 1/2")	m	108.00	101.00	99.00	99.00	97.00	99.00	100.00	103.00
75 mm (3")	m	135.00	127.00	123.00	124.00	121.00	124.00	126.00	129.00
Type k:									
12 mm (1/2")	m	28.50	26.75	26.00	26.25	25.50	26.25	26.50	27.25
20 mm (3/4")	m	34.75	32.50	31.50	32.00	31.00	32.00	32.25	33.25
25 mm (1")	m	42.75	40.00	38.75	39.25	38.00	39.25	39.50	40.75
32 mm (1 1/4")	m	53.00	50.00	48.50	49.00	47.50	49.00	49.50	51.00
38 mm (1 1/2")	m	62.00	58.00	57.00	57.00	56.00	57.00	58.00	60.00
50 mm (2")	m	85.00	79.00	77.00	78.00	76.00	78.00	79.00	81.00
65 mm (2 1/2")	m	114.00	107.00	104.00	105.00	102.00	105.00	106.00	109.00
75 mm (3")	m	145.00	136.00	132.00	133.00	129.00	133.00	134.00	138.00

Galvanized steel pressure piping, based on 3 m of pipe for screwed piping and 6 m of pipe for flanged piping, including one tee, one 90-degree elbow, one pipe support, and jointing material

Item	UNITS	St. Johns	Halifax	Montreal	Ottawa	Toronto	Winnipeg	Calgary	Vancouver
Schedule 40, screwed:									
12 mm (1/2")	m	62.00	57.00	54.00	55.00	54.00	55.00	55.00	58.00
20 mm (3/4")	m	68.00	63.00	60.00	60.00	59.00	61.00	60.00	64.00
25 mm (1")	m	76.00	70.00	67.00	68.00	66.00	68.00	68.00	72.00
32 mm (1 1/4")	m	92.00	84.00	80.00	81.00	80.00	82.00	81.00	86.00
38 mm (1 1/2")	m	104.00	95.00	91.00	92.00	90.00	93.00	92.00	97.00
50 mm (2")	m	125.00	115.00	110.00	111.00	109.00	112.00	111.00	117.00
Schedule 40, flanged:									
65 mm (2 1/2")	m	220.00	205.00	194.00	196.00	193.00	198.00	196.00	210.00
75 mm (3")	m	260.00	240.00	230.00	230.00	230.00	235.00	230.00	245.00
90 mm (3 1/2")	m	350.00	325.00	310.00	310.00	305.00	315.00	310.00	330.00
100 mm (4")	m	385.00	355.00	340.00	345.00	335.00	345.00	345.00	365.00
150 mm (6")	m	625.00	575.00	550.00	555.00	545.00	560.00	555.00	585.00

Black steel pressure piping, based on 3 m for screwed piping and 6 m of pipe for welded piping including one tee, one 90-degree elbow, one pipe support, and jointing material

Item	UNITS	St. Johns	Halifax	Montreal	Ottawa	Toronto	Winnipeg	Calgary	Vancouver
Schedule 40, screwed:									
12 mm (1/2")	m	54.00	51.00	49.50	50.00	48.50	50.00	51.00	53.00
20 mm (3/4")	m	61.00	57.00	55.00	56.00	54.00	56.00	56.00	58.00
25 mm (1")	m	65.00	61.00	59.00	60.00	58.00	60.00	61.00	63.00
32 mm (1 1/4")	m	75.00	70.00	68.00	69.00	67.00	69.00	69.00	72.00

Instructions for use, page 4. Main index, page 7.

DIV 15 Mechanical — METRIC CURRENT MARKET PRICES

Item	UNITS	St. Johns	Halifax	Montreal	Ottawa	Toronto	Winnipeg	Calgary	Vancouver
38 mm (1 1/2")	m	83.00	78.00	75.00	76.00	74.00	76.00	77.00	80.00
50 mm (2")	m	98.00	92.00	89.00	90.00	87.00	90.00	91.00	94.00
Schedule 40, welded:									
65 mm (2 1/2")	m	154.00	144.00	140.00	141.00	137.00	141.00	143.00	148.00
75 mm (3")	m	188.00	176.00	171.00	172.00	167.00	172.00	174.00	181.00
90 mm (3 1/2")	m	235.00	220.00	210.00	215.00	210.00	215.00	215.00	225.00
100 mm (4")	m	255.00	240.00	235.00	235.00	230.00	235.00	240.00	245.00
150 mm (6")	m	435.00	410.00	400.00	400.00	390.00	400.00	405.00	420.00
200 mm (8")	m	635.00	595.00	580.00	585.00	565.00	585.00	590.00	610.00
Copper drainage piping, based on 3 m of pipe, including one tee, one 90-degree elbow, one support, and solder									
Drainage waste and vent:									
32 mm (1 1/4")	m	45.75	43.00	41.75	42.25	41.00	42.25	42.50	43.75
38 mm (1 1/2")	m	54.00	50.00	48.75	49.25	47.75	49.25	49.75	51.00
50 mm (2")	m	68.00	64.00	62.00	63.00	61.00	63.00	63.00	65.00
75 mm (3")	m	100.00	94.00	91.00	92.00	89.00	92.00	93.00	95.00
Cast iron drainage piping, based on 30 m of pipe, including, two y's, four 1/8 bends, and jointing material									
Hub and spigot:									
75 mm (3")	m	55.00	53.00	50.00	51.00	49.75	51.00	51.00	54.00
100 mm (4")	m	73.00	69.00	66.00	67.00	65.00	67.00	67.00	71.00
150 mm (6")	m	118.00	113.00	108.00	109.00	107.00	109.00	110.00	116.00
200 mm (8")	m	176.00	168.00	160.00	161.00	158.00	162.00	163.00	172.00
250 mm (10")	m	260.00	245.00	235.00	235.00	230.00	240.00	240.00	255.00
300 mm (12")	m	350.00	335.00	320.00	325.00	315.00	325.00	325.00	345.00
375 mm (15")	m	520.00	500.00	475.00	480.00	470.00	480.00	485.00	510.00
Mechanical joint:									
75 mm (3")	m	46.25	44.25	42.00	42.50	41.75	42.75	43.00	45.50
100 mm (4")	m	60.00	57.00	54.00	55.00	54.00	55.00	55.00	59.00
150 mm (6")	m	104.00	100.00	95.00	96.00	94.00	96.00	97.00	102.00
200 mm (8")	m	169.00	161.00	153.00	155.00	152.00	156.00	156.00	166.00
250 mm (10")	m	245.00	235.00	225.00	225.00	220.00	225.00	230.00	240.00
Plastic drainage piping, based on 3 m of pipe, including one y, one 1/8 bend, two pipe supports, and jointing material									
ABS drainage waste and vent:									
32 mm (1 1/4")	m	29.50	28.00	27.25	27.25	26.75	27.75	27.50	29.25
38 mm (1 1/2")	m	33.75	32.25	31.25	31.25	30.75	31.75	31.50	33.50
50 mm (2")	m	39.25	37.50	36.50	36.50	35.75	37.25	36.75	39.00
75 mm (3")	m	53.00	50.00	48.75	48.75	48.00	49.75	49.25	52.00
Glass drainage piping, based on 3 m of pipe, including one y, one 1/8 bend, two pipe supports and jointing material									
Glass pipe:									
38 mm (1 1/2")	m	179.00	167.00	160.00	162.00	159.00	163.00	162.00	173.00
50 mm (2")	m	230.00	215.00	205.00	210.00	205.00	210.00	210.00	225.00
75 mm (3")	m	320.00	295.00	285.00	290.00	285.00	290.00	290.00	310.00
100 mm (4")	m	500.00	465.00	445.00	450.00	445.00	455.00	450.00	485.00
150 mm (6")	m	1,010	940.00	905.00	915.00	895.00	925.00	915.00	975.00
15100 VALVES AND COCKS (manual)									
Gate valves									
Bronze 1380 kPa (200 psi) water or 860 kPa (125 psi) steam pressure, screwed or soldered:									
12 mm (1/2")	EA	50.00	47.75	46.25	46.25	45.50	46.25	46.75	49.00
20 mm (3/4")	EA	56.00	54.00	52.00	52.00	51.00	52.00	53.00	55.00
25 mm (1")	EA	66.00	63.00	61.00	61.00	60.00	61.00	62.00	65.00
32 mm (1 1/4")	EA	85.00	81.00	79.00	79.00	78.00	79.00	80.00	84.00
38 mm (1 1/2")	EA	105.00	101.00	98.00	98.00	96.00	98.00	99.00	104.00
50 mm (2")	EA	141.00	135.00	131.00	131.00	129.00	131.00	132.00	139.00
I.b.b.m. Outside screw and yoke:									
1380 kPa water or 860 kPa steam pressure, flanged:									
65 mm (2 1/2")	EA	340.00	325.00	315.00	315.00	310.00	315.00	320.00	335.00
75 mm (3")	EA	410.00	390.00	380.00	380.00	370.00	380.00	385.00	400.00
100 mm (4")	EA	605.00	580.00	560.00	560.00	550.00	560.00	565.00	595.00
150 mm (6")	EA	905.00	860.00	840.00	840.00	820.00	840.00	845.00	885.00
200 mm (8")	EA	1,530	1,460	1,410	1,410	1,390	1,410	1,430	1,500
Globe valves									
Bronze 2070 kPa (300 psi) water or 1035 kPa (150 psi) steam pressure, screwed or soldered:									
12 mm (1/2")	EA	67.00	64.00	62.00	62.00	61.00	62.00	63.00	66.00
20 mm (3/4")	EA	86.00	82.00	80.00	80.00	79.00	80.00	81.00	85.00
25 mm (1")	EA	114.00	109.00	106.00	106.00	104.00	106.00	107.00	112.00
32 mm (1 1/4")	EA	148.00	141.00	137.00	137.00	135.00	137.00	139.00	145.00
38 mm (1 1/2")	EA	180.00	171.00	166.00	166.00	163.00	166.00	168.00	176.00
50 mm (2")	EA	280.00	270.00	260.00	260.00	255.00	260.00	265.00	275.00
I.b.b.m. Outside screw and yoke:									
1380 kPa water or 860 kPa steam pressure, flanged:									
65 mm (2 1/2")	EA	555.00	530.00	515.00	515.00	505.00	515.00	520.00	545.00
75 mm (3")	EA	645.00	615.00	600.00	600.00	585.00	600.00	605.00	635.00
100 mm (4")	EA	950.00	905.00	880.00	880.00	860.00	880.00	890.00	930.00
150 mm (6")	EA	1,650	1,570	1,530	1,530	1,500	1,530	1,540	1,620
200 mm (8")	EA	2,675	2,550	2,475	2,475	2,425	2,475	2,500	2,625

METRIC CURRENT MARKET PRICES — Mechanical DIV 15

Item	UNITS	St. Johns	Halifax	Montreal	Ottawa	Toronto	Winnipeg	Calgary	Vancouver
Swing check valves									
Bronze 2070 kPa (300 psi) water or 1035 kPa (150 psi) steam pressure, screwed or soldered:									
12 mm (1/2")	EA	53.00	51.00	49.25	49.25	48.25	49.25	49.75	52.00
20 mm (3/4")	EA	59.00	57.00	55.00	55.00	54.00	55.00	56.00	58.00
25 mm (1")	EA	76.00	73.00	71.00	71.00	69.00	71.00	71.00	75.00
32 mm (1 1/4")	EA	90.00	86.00	83.00	83.00	82.00	83.00	84.00	88.00
38 mm (1 1/2")	EA	110.00	105.00	102.00	102.00	100.00	102.00	103.00	108.00
50 mm (2")	EA	157.00	150.00	146.00	146.00	143.00	146.00	147.00	154.00
I.b.b.m. 1380 kPa water or 860 kPa steam pressure, flanged:									
65 mm (2 1/2")	EA	265.00	250.00	245.00	245.00	240.00	245.00	245.00	260.00
75 mm (3")	EA	320.00	305.00	295.00	295.00	290.00	295.00	300.00	315.00
100 mm (4")	EA	495.00	470.00	460.00	460.00	450.00	460.00	460.00	485.00
150 mm (6")	EA	785.00	750.00	730.00	730.00	715.00	730.00	735.00	770.00
200 mm (8")	EA	1,630	1,550	1,510	1,510	1,480	1,510	1,520	1,600
15160 PUMPS									
In-line circulators									
Bronze body:									
20 mm to 38 mm (3/4" to 1 1/2")	EA	605.00	570.00	545.00	550.00	540.00	550.00	555.00	595.00
Iron body:									
20 mm to 38 mm (3/4" to 1 1/2")	EA	410.00	385.00	370.00	375.00	365.00	375.00	375.00	400.00
50 mm (2")	EA	665.00	620.00	600.00	605.00	590.00	605.00	610.00	650.00
65 mm (2 1/2")	EA	750.00	705.00	675.00	685.00	670.00	685.00	690.00	735.00
75 mm (3")	EA	1,000	935.00	900.00	910.00	890.00	910.00	920.00	980.00
Base mounted, ball bearing type									
Iron body:									
0.75 kW (1 hp)	EA	1,550	1,450	1,390	1,410	1,380	1,410	1,420	1,520
2.24 kW (3 hp)	EA	1,940	1,820	1,750	1,770	1,730	1,770	1,780	1,900
3.73 kW (5 hp)	EA	2,200	2,075	1,990	2,000	1,970	2,000	2,025	2,175
5.59 kW (7.5hp)	EA	3,500	3,275	3,150	3,175	3,125	3,175	3,200	3,425
7.46 kW (10 hp)	EA	4,125	3,875	3,725	3,750	3,675	3,750	3,800	4,050

15250 Insulation
15260 PIPE INSULATION

Item	UNITS	St. Johns	Halifax	Montreal	Ottawa	Toronto	Winnipeg	Calgary	Vancouver
Glass fibre, factory jacket									
12 mm (1/2") thick:									
12 mm (1/2")	m	13.50	12.55	12.05	12.20	11.95	12.30	12.30	13.00
20 mm (3/4")	m	14.60	13.55	13.05	13.20	12.95	13.30	13.30	14.10
25 mm (1")	m	15.20	14.10	13.60	13.70	13.45	13.85	13.85	14.65
32 mm (1 1/4")	m	17.40	16.15	15.55	15.70	15.40	15.85	15.85	16.80
38 mm (1 1/2")	m	18.00	16.70	16.05	16.25	15.90	16.40	16.40	17.35
50 mm (2")	m	19.10	17.75	17.05	17.25	16.90	17.40	17.40	18.40
65 mm (2 1/2")	m	20.25	18.80	18.10	18.30	17.90	18.45	18.45	19.55
75 mm (3")	m	23.00	21.50	20.50	20.75	20.50	21.00	21.00	22.25
100 mm (4")	m	27.75	25.75	24.75	25.00	24.50	25.25	25.25	26.75
125 mm (5")	m	32.25	30.00	28.75	29.25	28.50	29.50	29.50	31.25
150 mm (6")	m	36.00	33.50	32.25	32.50	32.00	33.00	33.00	34.75
25 mm (1") thick:									
12 mm (1/2")	m	15.75	14.65	14.10	14.25	13.95	14.40	14.40	15.20
20 mm (3/4")	m	16.90	15.70	15.10	15.25	14.95	15.40	15.40	16.30
25 mm (1")	m	18.00	16.70	16.05	16.25	15.90	16.40	16.40	17.35
32 mm (1 1/4")	m	19.65	18.30	17.60	17.75	17.40	17.95	17.95	18.95
38 mm (1 1/2")	m	20.75	19.30	18.55	18.75	18.40	18.95	18.95	20.00
50 mm (2")	m	22.00	20.25	19.55	19.75	19.35	19.95	19.95	21.00
65 mm (2 1/2")	m	23.00	21.50	20.50	20.75	20.50	21.00	21.00	22.25
75 mm (3")	m	26.50	24.50	23.75	24.00	23.50	24.25	24.25	25.50
100 mm (4")	m	32.25	30.00	28.75	29.25	28.50	29.50	29.50	31.25
125 mm (5")	m	37.50	35.00	33.50	34.00	33.25	34.25	34.25	36.25
150 mm (6")	m	39.25	36.50	35.00	35.50	34.75	35.75	35.75	38.00
200 mm (8")	m	47.50	44.00	42.50	42.75	42.00	43.25	43.25	45.75
250 mm (10")	m	53.00	49.00	47.00	47.50	46.50	48.00	48.00	51.00
300 mm (12")	m	69.00	64.00	61.00	62.00	61.00	63.00	63.00	66.00

15260 COVER FOR PIPE INSULATION

Item	UNITS	St. Johns	Halifax	Montreal	Ottawa	Toronto	Winnipeg	Calgary	Vancouver
200 g/m² (6 oz.) canvas									
12 mm (1/2")	m	12.55	11.70	11.25	11.35	11.10	11.45	11.45	12.15
20 mm (3/4")	m	12.80	11.90	11.45	11.55	11.35	11.65	11.65	12.35
25 mm (1")	m	13.00	12.05	11.60	11.70	11.50	11.85	11.85	12.50
32 mm (1 1/4")	m	13.15	12.20	11.75	11.85	11.65	12.00	12.00	12.70
38 mm (1 1/2")	m	13.40	12.45	11.95	12.10	11.85	12.20	12.20	12.90
50 mm (2")	m	14.00	13.05	12.55	12.65	12.40	12.80	12.80	13.55
65 mm (2 1/2")	m	14.70	13.70	13.15	13.30	13.05	13.40	13.40	14.20
75 mm (3")	m	15.55	14.45	13.90	14.05	13.75	14.15	14.15	15.00
100 mm (4")	m	16.35	15.20	14.60	14.75	14.45	14.90	14.90	15.75
125 mm (5")	m	17.50	16.30	15.65	15.80	15.50	15.95	15.95	16.90
150 mm (6")	m	19.85	18.45	17.75	17.90	17.55	18.10	18.10	19.15
200 mm (8")	m	21.50	20.00	19.30	19.50	19.10	19.70	19.70	20.75
250 mm (10")	m	24.50	22.75	21.75	22.00	21.75	22.25	22.25	23.50
300 mm (12")	m	25.50	23.75	23.00	23.00	22.75	23.25	23.25	24.75

Instructions for use, page 4. Main index, page 7.

DIV 15 Mechanical — METRIC CURRENT MARKET PRICES

Item	UNITS	St. Johns	Halifax	Montreal	Ottawa	Toronto	Winnipeg	Calgary	Vancouver
15290 DUCTWORK INSULATION									
Internal									
Glass fibre acoustic lining:									
12 mm (1/2")	m²	37.00	34.25	33.00	33.25	32.75	33.75	33.75	35.75
25 mm (1")	m²	38.75	36.00	34.50	35.00	34.25	35.25	35.25	37.25
External									
Glass fibre thermal flexible:									
25 mm (1")	m²	31.25	29.00	27.75	28.00	27.50	28.50	28.50	30.00
50 mm (2")	m²	37.00	34.25	33.00	33.25	32.75	33.75	33.75	35.75
Glass fibre thermal rigid:									
25 mm (1")	m²	77.00	71.00	69.00	69.00	68.00	70.00	70.00	74.00
50 mm (2")	m²	95.00	89.00	85.00	86.00	84.00	87.00	87.00	92.00

15300 Fire Protection

Item	UNITS	St. Johns	Halifax	Montreal	Ottawa	Toronto	Winnipeg	Calgary	Vancouver
15330 SPRINKLERS									
Systems priced per head including all required piping, accessories and equipment for a complete system									
Sprinkler heads 1 per 9.3 m² (100 sf)	EA	158.00	148.00	142.00	145.00	141.00	144.00	144.00	155.00
Sprinkler heads 1 per 13.9 m² (150 sf)	EA	171.00	160.00	154.00	157.00	152.00	155.00	155.00	167.00
15360 CARBON DIOXIDE EQUIPMENT									
Extinguishing systems									
Kitchen hood extinguishing system including carbon dioxide cylinder, distribution piping and 2 heads	EA	4,225	3,975	3,825	3,900	3,775	3,850	3,850	4,150
Extinguishers									
5 kg (10 lbs) capacity with wall bracket	EA	345.00	325.00	315.00	320.00	310.00	315.00	315.00	340.00
15370 PRESSURIZED EXTINGUISHERS AND FIRE BLANKETS									
Pressurized extinguishers									
Water extinguisher, 1 l (2.5 gal) capacity with wall bracket	EA	165.00	154.00	148.00	151.00	147.00	150.00	150.00	162.00
Fire blankets									
Size 1830 mm x 1830 mm (72" x 72")	EA	159.00	149.00	143.00	146.00	142.00	145.00	145.00	156.00
15375 STANDPIPE AND FIRE HOSE EQUIPMENT									
Fire hose cabinet									
Steel painted, with 23 m (75') of hose and extinguisher	EA	980.00	920.00	885.00	905.00	875.00	895.00	895.00	965.00
Fire hose rack									
Steel painted, with 23 m (75') of hose	EA	510.00	480.00	460.00	470.00	455.00	465.00	465.00	500.00
Specialties									
Siamese pumper connection:									
100 mm x 65 mm (4" x 2 1/2")	EA	800.00	750.00	720.00	735.00	715.00	730.00	730.00	785.00
Check valve, 100 mm (4") dia.	EA	535.00	500.00	485.00	490.00	480.00	485.00	485.00	525.00
Double gate and check valves, assembly with bronze trimmings:									
1100 mm (4") dia.	EA	7,400	6,900	6,700	6,800	6,600	6,700	6,700	7,300

15400 Plumbing

Item	UNITS	St. Johns	Halifax	Montreal	Ottawa	Toronto	Winnipeg	Calgary	Vancouver
15430 PLUMBING SPECIALTIES									
Fixture chair carriers									
Lavatory	EA	205.00	191.00	184.00	186.00	182.00	187.00	187.00	198.00
Water closet	EA	340.00	315.00	305.00	310.00	300.00	310.00	310.00	330.00
Urinal	EA	175.00	164.00	158.00	159.00	156.00	161.00	161.00	170.00
Wall hydrants non-freeze type 20 mm dia., 300 mm wall including 4500 mm of connecting pipe									
Exposed	EA	465.00	435.00	420.00	425.00	415.00	430.00	430.00	455.00
Concealed	EA	565.00	530.00	510.00	515.00	505.00	520.00	520.00	550.00
Trap primer including 7.5 m type l, 12 mm copper pressure pipe									
Bronze, 12 mm dia.	EA	360.00	340.00	325.00	330.00	320.00	330.00	330.00	350.00
Floor drain including 3 m of connecting drainage pipe									
Cast iron body, nickle bronze top:									
50 mm (2")	EA	255.00	240.00	230.00	235.00	230.00	235.00	235.00	250.00
75 mm (3")	EA	255.00	240.00	230.00	235.00	230.00	235.00	235.00	250.00
100 mm (4")	EA	290.00	275.00	265.00	265.00	260.00	270.00	270.00	285.00
Funnel type, cast iron body, polished brass top:									
50 mm (2")	EA	360.00	340.00	325.00	330.00	320.00	330.00	330.00	350.00
75 mm (3")	EA	360.00	340.00	325.00	330.00	320.00	330.00	330.00	350.00
100 mm (4")	EA	390.00	365.00	350.00	355.00	350.00	360.00	360.00	380.00
Trench grating									
Medium duty golden duct alloy grate and frame:									
150 mm (6")	m	290.00	275.00	265.00	265.00	260.00	270.00	270.00	285.00
300 mm (12")	m	455.00	425.00	410.00	415.00	405.00	420.00	420.00	440.00
375 mm (15")	m	485.00	455.00	435.00	440.00	430.00	445.00	445.00	470.00
Heavy duty golden duct alloy grate and frame:									
300 mm (12")	m	505.00	475.00	455.00	460.00	450.00	465.00	465.00	495.00
Extra heavy duty golden duct alloy grate and frame:									
225 mm (9")	m	480.00	450.00	430.00	435.00	425.00	440.00	440.00	465.00
450 mm (18")	m	855.00	805.00	770.00	780.00	765.00	785.00	785.00	835.00
Roof drains including 3 m of connecting drainage pipe									
Cast iron body with underdeck clamp:									
50 mm (2")	EA	320.00	300.00	290.00	290.00	285.00	295.00	295.00	310.00

METRIC CURRENT MARKET PRICES — Mechanical DIV 15

Item	UNITS	St. Johns	Halifax	Montreal	Ottawa	Toronto	Winnipeg	Calgary	Vancouver
75 mm (3")	EA	320.00	300.00	290.00	290.00	285.00	295.00	295.00	310.00
100 mm (4")	EA	330.00	310.00	300.00	300.00	295.00	305.00	305.00	325.00
150 mm (6")	EA	450.00	420.00	405.00	410.00	400.00	410.00	410.00	435.00
Cast iron body meter flow with underdeck clamp:									
50 mm (2")	EA	420.00	395.00	380.00	380.00	375.00	385.00	385.00	410.00
75 mm (3")	EA	420.00	395.00	380.00	380.00	375.00	385.00	385.00	410.00
100 mm (4")	EA	455.00	425.00	410.00	415.00	405.00	420.00	420.00	440.00
150 mm (6")	EA	565.00	530.00	510.00	515.00	505.00	520.00	520.00	550.00
Cleanouts									
Goldenized with cut-off caulking, ferrule and nickle bronze cover:									
50 mm (2")	EA	179.00	168.00	162.00	163.00	160.00	165.00	165.00	175.00
75 mm (3")	EA	179.00	168.00	162.00	163.00	160.00	165.00	165.00	175.00
100 mm (4")	EA	179.00	168.00	162.00	163.00	160.00	165.00	165.00	175.00
150 mm (6")	EA	280.00	260.00	250.00	255.00	250.00	255.00	255.00	270.00
15440 PLUMBING FIXTURES									
Based on white fixture including plumbing brass and 4500 mm of connecting pipe for each service, carrier not included.									
Non-refrigerated drinking fountains									
Vitreous china:									
Wall hung 300 mm x 330 mm (12" x 13")	EA	1,040	990.00	955.00	955.00	935.00	965.00	975.00	1,020
Semi-recessed:									
380 mm x 673 mm (15" x 26.5")	EA	1,210	1,160	1,110	1,110	1,090	1,120	1,140	1,190
Fibreglass:									
Wall hung 360 mm x 250 mm (14" x 10")	EA	1,000	960.00	925.00	925.00	905.00	930.00	940.00	985.00
Semi-recessed:									
410 mm x 710 mm (16" x 28")	EA	1,130	1,070	1,030	1,030	1,010	1,040	1,050	1,110
Bathtubs									
Cast iron enamelled, recessed:									
1500 mm (5') long	EA	2,825	2,700	2,600	2,600	2,550	2,625	2,650	2,775
Steel enamelled, recessed:									
1500 mm (5') long	EA	1,880	1,800	1,730	1,730	1,700	1,750	1,760	1,850
Fibreglass, one piece with sidewalls:									
1500 mm (5') long	EA	2,625	2,500	2,425	2,425	2,375	2,425	2,450	2,575
Kitchen sinks									
Stainless steel:									
Single bowl, 510 mm x 520 mm x 180 mm	EA	975.00	930.00	895.00	895.00	880.00	905.00	915.00	960.00
Double bowl, 520 mm x 790 mm x 180 mm	EA	1,110	1,060	1,020	1,020	1,000	1,030	1,040	1,090
Laundry sinks and trays									
Steel enamelled sinks:									
Single bowl, 610 mm x 530 mm	EA	935.00	895.00	860.00	860.00	840.00	870.00	875.00	920.00
Double bowl, 810 mm x 530 mm	EA	1,060	1,010	975.00	975.00	955.00	985.00	995.00	1,040
Single compartment, 560 mm x 560 mm	EA	1,020	970.00	935.00	935.00	915.00	945.00	950.00	1,000
Double compartment, 1130 mm x 560 mm	EA	1,240	1,180	1,140	1,140	1,110	1,150	1,160	1,210
Lavatories									
Vitreous china:									
Wall hung, 510 mm x 460 mm	EA	1,050	1,000	965.00	965.00	945.00	975.00	985.00	1,030
Countertop, 530 mm x 480 mm	EA	1,050	1,000	965.00	965.00	945.00	975.00	985.00	1,030
Countertop, 480 mm x 410 mm, oval	EA	1,020	970.00	935.00	935.00	915.00	945.00	950.00	1,000
Cast iron enamelled:									
Wall hung, 480 mm x 430 mm	EA	1,180	1,120	1,080	1,080	1,060	1,090	1,100	1,160
Countertop, 530 mm x 430 mm	EA	1,130	1,080	1,040	1,040	1,020	1,050	1,060	1,110
Steel enamelled									
Countertop, 530 mm x 430 mm	EA	1,030	980.00	945.00	945.00	925.00	955.00	965.00	1,010
Countertop, 460 mm dia.	EA	1,030	980.00	945.00	945.00	925.00	955.00	965.00	1,010
Service sinks									
Cast iron enamelled:									
Wall hung, 560 mm x 460 mm	EA	2,375	2,250	2,175	2,175	2,125	2,200	2,225	2,325
Mop receptor, floor type:									
560 mm x 460 mm	EA	2,150	2,050	1,970	1,970	1,930	1,990	2,000	2,100
Vitreous china urinals									
Floor mounted:									
With tank	EA	1,650	1,580	1,520	1,520	1,490	1,530	1,550	1,620
With flush valve	EA	1,470	1,400	1,350	1,350	1,320	1,360	1,370	1,440
Wall mounted:									
With tank	EA	1,600	1,530	1,470	1,470	1,450	1,490	1,500	1,580
With flush valve	EA	1,430	1,370	1,320	1,320	1,290	1,330	1,340	1,410
Vitreous china water closets									
Floor mounted:									
One-piece closet, combination	EA	1,410	1,340	1,290	1,290	1,270	1,310	1,320	1,380
With tank, regular rim	EA	970.00	925.00	890.00	890.00	875.00	900.00	910.00	950.00
With tank, elongated rim	EA	1,020	970.00	935.00	935.00	915.00	945.00	950.00	1,000
With flush valve, elongated rim	EA	1,280	1,220	1,180	1,180	1,150	1,190	1,200	1,260
Wall mounted:									
With tank, regular rim	EA	1,140	1,090	1,050	1,050	1,030	1,060	1,070	1,120
With flush valve, elongated rim	EA	1,360	1,300	1,250	1,250	1,230	1,260	1,280	1,340
Shower mixing valves									
Thermostatic control	EA	255.00	245.00	235.00	235.00	230.00	235.00	240.00	250.00

Instructions for use, page 4. Main index, page 7.

DIV 15 Mechanical — METRIC CURRENT MARKET PRICES

Item	UNITS	St. Johns	Halifax	Montreal	Ottawa	Toronto	Winnipeg	Calgary	Vancouver
15450 PLUMBING EQUIPMENT									
Hot water storage heaters, no wiring or plumbing included.									
Gas fired:									
114 l (25.0 imp. gals.)	EA	510.00	485.00	475.00	480.00	465.00	475.00	475.00	505.00
151 l (33.3 imp. gals.)	EA	555.00	525.00	515.00	520.00	505.00	515.00	515.00	550.00
189 l (41.6 imp. gals.)	EA	725.00	685.00	670.00	680.00	660.00	670.00	670.00	715.00
Electric:									
55 l (12 imp. gals.)	EA	285.00	270.00	265.00	270.00	260.00	265.00	265.00	285.00
100 l (22.1 imp. gals.)	EA	360.00	340.00	335.00	335.00	325.00	335.00	335.00	355.00
136 l (30 imp. gals.)	EA	380.00	360.00	355.00	355.00	345.00	355.00	355.00	380.00
182 l (40 imp. gals.)	EA	395.00	370.00	365.00	370.00	355.00	365.00	365.00	390.00
273 l (60 imp.gals.)	EA	540.00	510.00	500.00	505.00	490.00	500.00	500.00	535.00
15450 WATER TREATMENT									
Water softeners (according to grain capacity)									
Semi-automatic									
20,000	EA	815.00	770.00	755.00	760.00	740.00	755.00	755.00	805.00
Fully automatic									
20,000	EA	950.00	895.00	880.00	890.00	860.00	880.00	880.00	940.00
30,000	EA	1,070	1,010	990.00	1,000	970.00	990.00	990.00	1,060
40,000	EA	1,300	1,230	1,210	1,220	1,180	1,210	1,210	1,290
60,000	EA	1,750	1,650	1,620	1,640	1,590	1,620	1,620	1,730
105,000	EA	2,400	2,275	2,225	2,250	2,200	2,225	2,225	2,400
15550 Power or Heat Generation									
15555 BOILERS									
Packaged steel boilers									
Oil fired, hot water:									
48 kW (5 hp)	EA	3,775	3,575	3,400	3,450	3,400	3,475	3,475	3,675
73 kW (7.5 hp)	EA	4,900	4,625	4,400	4,450	4,400	4,500	4,500	4,750
97 kW (10 hp)	EA	12,700	12,100	11,500	11,600	11,500	11,700	11,700	12,400
193 kW (20 hp)	EA	14,400	13,700	13,000	13,100	13,000	13,300	13,300	14,100
387 kW (40 hp)	EA	22,000	20,800	19,800	20,000	19,800	20,200	20,200	21,400
580 kW (60 hp)	EA	25,700	24,300	23,200	23,400	23,200	23,600	23,600	25,000
774 kW (80 hp)	EA	32,500	30,800	29,300	29,600	29,300	29,900	29,900	31,700
967 kW (100 hp)	EA	37,300	35,300	33,600	34,000	33,600	34,300	34,300	36,300
1210 kW (125 hp)	EA	40,400	38,200	36,400	36,800	36,400	37,100	37,100	39,300
Gas fired, hot water:									
48 kW (5 hp)	EA	3,575	3,400	3,225	3,250	3,225	3,300	3,300	3,475
73 kW (7.5 hp)	EA	4,550	4,300	4,100	4,150	4,100	4,175	4,175	4,425
97 kW (10 hp)	EA	14,700	13,900	13,200	13,400	13,200	13,500	13,500	14,300
193 kW (20 hp)	EA	16,600	15,700	15,000	15,100	15,000	15,300	15,300	16,200
387 kW (40 hp)	EA	24,500	23,100	22,000	22,300	22,000	22,500	22,500	23,800
580 kW (60 hp)	EA	28,900	27,300	26,000	26,300	26,000	26,600	26,600	28,100
774 kW (80 hp)	EA	34,900	33,000	31,500	31,800	31,500	32,100	32,100	34,000
967 kW (100 hp)	EA	41,100	38,900	37,000	37,400	37,000	37,700	37,700	40,000
1210 kW (125 hp)	EA	42,400	40,100	38,200	38,600	38,200	39,000	39,000	41,300
Sectional cast iron boilers									
Gas fired, steam, capacity net ibr:									
131.9 kW (450.1 mbh)	EA	13,300	12,600	12,000	12,100	12,000	12,200	12,200	13,000
263.8 kW (900.2 mbh)	EA	20,100	19,000	18,100	18,300	18,100	18,500	18,500	19,600
455.0 kW (1552.5 mbh)	EA	30,800	29,200	27,800	28,100	27,800	28,300	28,300	30,000
637.1 kW (2173.9 mbh)	EA	41,300	39,100	37,200	37,600	37,200	38,000	38,000	40,200
Gas fired, hot water, capacity net ibr:									
152.9 kW (521.7 mbh)	EA	13,100	12,400	11,800	11,900	11,800	12,000	12,000	12,700
305.8 kW (1043.5 mbh)	EA	22,000	20,800	19,800	20,000	19,800	20,200	20,200	21,400
509.7 kW (1739.1 mbh)	EA	30,400	28,700	27,400	27,600	27,400	27,900	27,900	29,600
713.6 kw (2434.8 mbh)	EA	41,000	38,700	36,900	37,300	36,900	37,600	37,600	39,900
15590 FUEL HANDLING EQUIPMENT									
Oil storage tanks									
Underground steel tank including hold-down straps, anchors, saddles excavation, bedding and backfilling									
Small/domestic									
1,100 l (250 gals.)	EA	2,525	2,400	2,300	2,300	2,300	2,350	2,350	2,475
2,200 l (500 gals.)	EA	3,775	3,600	3,425	3,475	3,425	3,525	3,525	3,700
Large/commercial									
4,400 l (1,000 gals.)	EA	5,500	5,300	5,000	5,100	5,000	5,200	5,200	5,400
10,000 l (2,200 gals.)	EA	8,700	8,300	7,900	8,000	7,900	8,100	8,100	8,500
25,000 l (5,500 gals.)	EA	24,400	23,300	22,200	22,400	22,200	22,800	22,800	23,900
50,000 l (11,000 gals.)	EA	40,600	38,800	36,900	37,300	36,900	38,000	38,000	39,900
910 mm access sleeve to grade with 610 mm manhole	EA	4,425	4,225	4,025	4,075	4,025	4,150	4,150	4,350
15750 Heat Transfer Equipment									
15830 TERMINAL HEAT TRANSFER UNITS									
(Not including piping or accessories)									
Unit heaters with diffusers									
Steam at 14 kPa (2 lbs) pressure:									
10.6 kW (35 mbh)	EA	945.00	890.00	860.00	865.00	850.00	865.00	865.00	920.00
18.5 kW (63 mbh)	EA	1,100	1,040	1,000	1,010	995.00	1,010	1,010	1,070
36.6 kW (125 mbh)	EA	1,490	1,410	1,350	1,370	1,340	1,370	1,370	1,450

METRIC CURRENT MARKET PRICES — Mechanical DIV 15

Item	UNITS	St. Johns	Halifax	Montreal	Ottawa	Toronto	Winnipeg	Calgary	Vancouver
52.8 kW (180 mbh)	EA	1,940	1,840	1,770	1,790	1,750	1,790	1,790	1,890
70.3 kW (240 mbh)	EA	2,425	2,300	2,200	2,225	2,200	2,225	2,225	2,375
103.2 kW (352 mbh)	EA	3,750	3,550	3,400	3,450	3,375	3,450	3,450	3,650
Hot water entering at 93 deg C (200 deg F)									
6.7 kW (23 mbh)	EA	970.00	920.00	885.00	895.00	875.00	895.00	895.00	945.00
11.7 kW (40 mbh)	EA	1,150	1,090	1,050	1,060	1,040	1,060	1,060	1,120
23.4 kW (80 mbh)	EA	1,540	1,460	1,400	1,420	1,390	1,420	1,420	1,500
33.7 kW (115 mbh)	EA	2,125	2,000	1,920	1,940	1,910	1,940	1,940	2,050
47.2 kW (161 mbh)	EA	2,600	2,450	2,375	2,400	2,350	2,400	2,400	2,525
73.3 kW (250 mbh)	EA	3,750	3,550	3,400	3,450	3,375	3,450	3,450	3,650
Natural gas fired, output capacity									
11.7 kW (40 mbh)	EA	1,580	1,490	1,440	1,450	1,420	1,450	1,450	1,540
23.4 kW (80 mbh)	EA	1,880	1,770	1,710	1,720	1,690	1,720	1,720	1,820
35.2 kW (120 mbh)	EA	2,475	2,350	2,275	2,275	2,250	2,275	2,275	2,425
46.9 kW (160 mbh)	EA	2,825	2,675	2,575	2,600	2,550	2,600	2,600	2,750
58.6 kW (200 mbh)	EA	3,150	2,975	2,850	2,900	2,825	2,900	2,900	3,050
93.8 kW (320 mbh)	EA	4,975	4,700	4,525	4,575	4,475	4,575	4,575	4,850
Force flow units									
Steam at 14 kPa pressure or hot water entering at 93 deg C									
surface or recess mounted including thermostat :									
4.9 kW steam or 2.8 kW hot water capacity	EA	1,970	1,860	1,790	1,810	1,770	1,810	1,810	1,910
10.1 kW steam or 7.6 kW hot water capacity	EA	2,275	2,175	2,075	2,100	2,050	2,100	2,100	2,225
14.7 kW steam or 10.4 kW hot water capacity	EA	2,800	2,650	2,550	2,575	2,525	2,575	2,575	2,725
26.0 kW steam or 19.0 kW hot water capacity	EA	3,775	3,575	3,425	3,475	3,400	3,475	3,475	3,675
Semi-recessed mounted, all sizes:									
Add	EA	410.00	390.00	375.00	380.00	370.00	380.00	380.00	400.00
Convectors and radiators									
Baseboard:									
Cast iron	m	360.00	340.00	330.00	330.00	325.00	330.00	330.00	350.00
Wall finned	m	106.00	101.00	97.00	98.00	96.00	98.00	98.00	103.00
Convectors-radiators, floor type:									
1.5 kW (5.0 mbh)	EA	545.00	515.00	495.00	500.00	490.00	500.00	500.00	530.00
3.0 kW (10.2 mbh)	EA	755.00	715.00	685.00	695.00	680.00	695.00	695.00	735.00
4.2 kW (14.4 mbh)	EA	855.00	810.00	780.00	790.00	775.00	790.00	790.00	835.00

15850 Air Distribution

15855 CENTRAL AIR HANDLING UNITS

Central station modular units, with insulated casing, fans motors and drives, heating and cooling coils, with filters, humidifier and mixing box. Automatic controls not included.

Item	UNITS	St. Johns	Halifax	Montreal	Ottawa	Toronto	Winnipeg	Calgary	Vancouver
Low pressure type:									
0.7 m^3/s (1,500 cfm)	EA	10,500	10,000	9,600	9,700	9,600	9,800	9,900	10,300
1.4 m^3/s (3,000 cfm)	EA	14,600	13,800	13,300	13,400	13,300	13,600	13,700	14,300
2.8 m^3/s (6,000 cfm)	EA	19,900	18,900	18,100	18,300	18,100	18,500	18,700	19,600
4.7 m^3/s (10,000 cfm)	EA	25,300	23,900	23,000	23,200	23,000	23,400	23,700	24,800
Medium pressure type:									
7.1 m^3/s (15,000 cfm)	EA	40,200	38,000	36,600	36,900	36,600	37,300	37,700	39,500
9.4 m^3/s (20,000 cfm)	EA	52,000	49,200	47,300	47,700	47,300	48,200	48,700	51,100
14.2 m^3/s (30,000 cfm)	EA	72,500	68,600	65,900	66,600	65,900	67,200	67,900	71,200

Multizone units, pre-assembled unit, with casing, fans, motors and drives, heating and cooling coils, mixing box with filter section, zone damper section, humidifier. Automatic controls are not included.

Item	UNITS	St. Johns	Halifax	Montreal	Ottawa	Toronto	Winnipeg	Calgary	Vancouver
Low pressure blow through unit:									
1.4 m^3/s (3,000 cfm), 8 zones	EA	12,600	11,900	11,400	11,500	11,400	11,700	11,800	12,300
2.8 m^3/s (6,000 cfm), 8 zones	EA	18,500	17,500	16,800	17,000	16,800	17,100	17,300	18,100
Medium pressure blow through unit:									
4.7 m^3/s (10,000 cfm), 12 zones	EA	25,900	24,500	23,600	23,800	23,600	24,100	24,300	25,500
7.1 m^3/s (15,000 cfm), 12 zones	EA	34,200	32,400	31,100	31,400	31,100	31,700	32,000	33,600

15860 FANS

Vane axial fans, for suspended mounting
Direct connected tubular belt driven fan class 1

Item	UNITS	St. Johns	Halifax	Montreal	Ottawa	Toronto	Winnipeg	Calgary	Vancouver
1.4 m^3/s (3,000 cfm)	EA	2,400	2,275	2,200	2,200	2,200	2,225	2,250	2,375
2.4 m^3/s (5,000 cfm)	EA	2,775	2,625	2,525	2,550	2,525	2,575	2,600	2,725
3.3 m^3/s (7,000 cfm)	EA	3,200	3,025	2,900	2,950	2,900	2,975	3,000	3,150
4.7 m^3/s (10,000 cfm)	EA	4,775	4,525	4,350	4,400	4,350	4,450	4,475	4,700
7.1 m^3/s (15,000 cfm)	EA	5,900	5,600	5,400	5,400	5,400	5,500	5,500	5,800
9.4 m^3/s (20,000 cfm)	EA	8,500	8,000	7,700	7,800	7,700	7,900	8,000	8,300

Propeller fans
Direct driven through the wall plate type, unit not including exhaust wall shutter:

Item	UNITS	St. Johns	Halifax	Montreal	Ottawa	Toronto	Winnipeg	Calgary	Vancouver
305 mm dia., 0.5 m^3/s (1,000 cfm)	EA	640.00	605.00	580.00	590.00	580.00	595.00	600.00	630.00
406 mm dia., 0.9 m^3/s (2,000 cfm)	EA	740.00	700.00	675.00	680.00	675.00	690.00	695.00	730.00
610 mm dia., 2.4 m^3/s (5,000 cfm)	EA	920.00	870.00	835.00	845.00	835.00	850.00	860.00	900.00
762 mm dia., 3.8 m^3/s (8,000 cfm)	EA	1,030	970.00	930.00	940.00	930.00	950.00	960.00	1,010
914 mm dia., 7.1 m^3/s (15,000 cfm)	EA	1,590	1,500	1,440	1,460	1,440	1,470	1,490	1,560
1067 mm dia., 9.4 m^3/s (20,000 cfm)	EA	2,900	2,725	2,625	2,650	2,625	2,675	2,700	2,825

Instructions for use, page 4. Main index, page 7.

DIV 15 Mechanical — METRIC CURRENT MARKET PRICES

Item	UNITS	St. Johns	Halifax	Montreal	Ottawa	Toronto	Winnipeg	Calgary	Vancouver
1219 mm dia., 14.2 m³/s (30,000 cfm)	EA	3,975	3,750	3,600	3,650	3,600	3,675	3,725	3,900
1372 mm dia., 18.9 m³/s (40,000 cfm)	EA	4,075	3,850	3,700	3,750	3,700	3,775	3,825	4,000
1524 mm dia., 23.6 m³/s (50,000 cfm)	EA	5,200	4,875	4,675	4,725	4,675	4,775	4,825	5,100
1829 mm dia., 28.3 m³/s (60,000 cfm)	EA	7,300	6,900	6,600	6,700	6,600	6,700	6,800	7,100
Roof exhaust fans, back draft damper, prefabricated curb and speed controller not included									
Centrifugal, aluminum, direct drive:									
0.1 m³/s (200 cfm)	EA	590.00	555.00	535.00	540.00	535.00	545.00	550.00	580.00
0.2 m³/s (420 cfm)	EA	615.00	585.00	560.00	565.00	560.00	575.00	580.00	605.00
0.3 m³/s (630 cfm)	EA	665.00	625.00	605.00	610.00	605.00	615.00	620.00	650.00
0.4 m³/s (850 cfm)	EA	730.00	690.00	665.00	670.00	665.00	680.00	685.00	715.00
0.7 m³/s (1,480 cfm)	EA	1,230	1,170	1,120	1,130	1,120	1,150	1,160	1,210
1.1 m³/s (2,330 cfm)	EA	1,550	1,470	1,410	1,430	1,410	1,440	1,450	1,520
Centrifugal, aluminum, belt driven:									
0.3 m³/s (630 cfm)	EA	1,370	1,300	1,250	1,260	1,250	1,270	1,280	1,350
0.6 m³/s (1,270 cfm)	EA	1,400	1,330	1,280	1,290	1,280	1,300	1,320	1,380
0.9 m³/s (1,910 cfm)	EA	1,840	1,740	1,670	1,690	1,670	1,700	1,720	1,800
2.0 m³/s (4,240 cfm)	EA	2,950	2,775	2,675	2,700	2,675	2,725	2,750	2,900
2.8 m³/s (6,000 cfm)	EA	3,400	3,225	3,100	3,125	3,100	3,150	3,175	3,325
4.5 m³/s (9,500 cfm)	EA	5,900	5,600	5,400	5,400	5,400	5,500	5,500	5,800
6.8 m³/s (14,400 cfm)	EA	6,000	5,700	5,500	5,500	5,500	5,600	5,600	5,900

15885 AIR FILTERS

Item	UNITS	St. Johns	Halifax	Montreal	Ottawa	Toronto	Winnipeg	Calgary	Vancouver
Renewable roll, automatic advance, one spare media									
Vertical type:									
914 mm x 1524 mm (3' x 5')	EA	4,300	4,075	3,925	3,950	3,925	4,000	4,025	4,225
914 mm x 1829 mm (3' x 6')	EA	4,400	4,150	4,000	4,025	4,000	4,075	4,100	4,300
914 mm x 2438 mm (3' x 8')	EA	4,475	4,225	4,075	4,100	4,075	4,150	4,200	4,400
914 mm x 3048 mm (3' x 10')	EA	4,550	4,300	4,150	4,175	4,150	4,225	4,275	4,475
914 mm x 3658 mm (3' x 12')	EA	4,650	4,400	4,225	4,275	4,225	4,300	4,350	4,550
Horizontal type:									
610 mm x 1524 mm (2' x 5')	EA	4,625	4,375	4,200	4,250	4,200	4,275	4,325	4,525
610 mm x 1829 mm (2' x 6')	EA	4,700	4,450	4,275	4,325	4,275	4,350	4,400	4,625
610 mm x 2438 mm (2' x 8')	EA	4,775	4,525	4,350	4,400	4,350	4,450	4,475	4,700
610 mm x 3048 mm (2' x 10')	EA	4,900	4,625	4,450	4,500	4,450	4,550	4,600	4,800
610 mm x 3658 mm (2' x 12')	EA	4,975	4,725	4,525	4,575	4,525	4,625	4,675	4,900
Permanent washable type, metal frame:									
50 mm (2") thick	m²	670.00	630.00	610.00	615.00	610.00	620.00	625.00	655.00
Electronic air cleaner									
Standard, residential type	EA	1,510	1,420	1,370	1,380	1,370	1,400	1,410	1,480
Glass fibre, throwaway type									
25 mm-508 mm x 508 mm (1"-20" x 20")	EA	3.49	3.30	3.18	3.21	3.18	3.24	3.27	3.43
50 mm-508 mm x 508 mm (2"-20" x 20")	EA	5.65	5.35	5.15	5.20	5.15	5.25	5.30	5.55

15890 DUCT WORK

Item	UNITS	St. Johns	Halifax	Montreal	Ottawa	Toronto	Winnipeg	Calgary	Vancouver
Rigid ducts, sheet metal including cleats and normal suspension									
Galvanized steel	kg	11.70	11.20	10.55	10.65	10.55	10.75	10.75	11.40
Aluminum	kg	35.75	34.25	32.25	32.50	32.25	33.00	33.00	34.75
Stainless steel	kg	29.25	27.75	26.25	26.50	26.25	26.75	26.75	28.25
Flexible ducts, aluminum, insulated									
102 mm (4") dia.	m	19.00	18.15	17.10	17.30	17.10	17.45	17.45	18.50
127 mm (5") dia.	m	19.95	19.05	18.00	18.15	18.00	18.35	18.35	19.45
152 mm (6") dia.	m	25.00	24.00	22.50	22.75	22.50	23.00	23.00	24.50
178 mm (7") dia.	m	29.50	28.00	26.50	26.75	26.50	27.00	27.00	28.75
203 mm (8") dia.	m	33.00	31.50	29.75	30.00	29.75	30.25	30.25	32.00
229 mm (9") dia.	m	36.25	34.75	32.75	33.00	32.75	33.50	33.50	35.50
254 mm (10") dia.	m	40.00	38.25	36.25	36.50	36.25	36.75	36.75	39.00
305 mm (12") dia.	m	46.25	44.00	41.50	42.00	41.50	42.50	42.50	45.00
356 mm (14") dia.	m	62.00	60.00	56.00	57.00	56.00	57.00	57.00	61.00
406 mm (16") dia.	m	77.00	74.00	70.00	70.00	70.00	71.00	71.00	75.00

15940 OUTLETS

Item	UNITS	St. Johns	Halifax	Montreal	Ottawa	Toronto	Winnipeg	Calgary	Vancouver
Louvers									
Fresh and exhaust air:									
Galvanized steel	m²	410.00	390.00	370.00	375.00	370.00	375.00	375.00	400.00
Aluminum	m²	490.00	470.00	440.00	445.00	440.00	450.00	450.00	475.00

METRIC CURRENT MARKET PRICES — Electrical DIV 16

16: ELECTRICAL
16050 Basic Materials and Methods
Material Price Carried At Trade
16110 RACEWAYS INSTALLED COMPLETE
Conduit

Item	UNITS	St. Johns	Halifax	Montreal	Ottawa	Toronto	Winnipeg	Calgary	Vancouver
Embedded in slab excluding elbows and pull boxes:									
Rigid galvanized steel									
12 mm (1/2")	m	13.60	13.00	11.90	12.20	12.15	12.20	12.15	13.40
20 mm (3/4")	m	16.15	15.45	14.15	14.50	14.40	14.50	14.40	15.85
25 mm (1")	m	22.25	21.25	19.50	20.00	19.90	20.00	19.90	22.00
32 mm (1 1/4")	m	28.75	27.50	25.00	25.75	25.75	25.75	25.75	28.25
38 mm (1 1/2")	m	35.75	34.25	31.25	32.00	32.00	32.00	32.00	35.00
50 mm (2")	m	45.25	43.25	39.75	40.75	40.50	40.75	40.50	44.50
E.M.T.									
12 mm (1/2")	m	8.45	8.05	7.40	7.60	7.55	7.60	7.55	8.30
20 mm (3/4")	m	11.40	10.90	10.00	10.25	10.20	10.25	10.20	11.20
25 mm (1")	m	15.40	14.75	13.50	13.85	13.75	13.85	13.75	15.15
32 mm (1 1/4")	m	22.25	21.25	19.55	20.00	19.95	20.00	19.95	22.00
38 mm (1 1/2")	m	25.50	24.50	22.50	23.00	22.75	23.00	22.75	25.25
50 mm (2")	m	32.25	31.00	28.25	29.00	29.00	29.00	29.00	31.75
Rigid pvc									
12 mm (1/2")	m	8.65	8.30	7.60	7.80	7.75	7.80	7.75	8.50
20 mm (3/4")	m	10.80	10.30	9.45	9.70	9.65	9.70	9.65	10.60
25 mm (1")	m	14.05	13.45	12.30	12.65	12.55	12.65	12.55	13.80
32 mm (1 1/4")	m	17.95	17.15	15.70	16.10	16.05	16.10	16.05	17.65
38 mm (1 1/2")	m	21.50	20.50	18.80	19.30	19.20	19.30	19.20	21.00
50 mm (2")	m	27.00	25.75	23.75	24.25	24.00	24.25	24.00	26.50
Surface mounted 2400 mm (8') average high one pull box, one elbow per 30 m (100 LF), and supports:									
Rigid galvanized steel									
12 mm (1/2")	m	15.70	15.00	13.75	14.10	14.00	14.10	14.00	15.40
20 mm (3/4")	m	18.55	17.75	16.25	16.65	16.60	16.65	16.60	18.25
25 mm (1")	m	27.00	25.75	23.75	24.25	24.00	24.25	24.00	26.50
32 mm (1 1/4")	m	35.50	33.75	31.00	31.75	31.75	31.75	31.75	34.75
38 mm (1 1/2")	m	44.25	42.25	38.75	39.75	39.50	39.75	39.50	43.50
50 mm (2")	m	54.00	52.00	47.25	48.50	48.25	48.50	48.25	53.00
65 mm (2 1/2")	m	93.00	89.00	82.00	84.00	83.00	84.00	83.00	92.00
75 mm (3")	m	125.00	119.00	109.00	112.00	112.00	112.00	112.00	123.00
90 mm (3 1/2")	m	156.00	149.00	137.00	140.00	140.00	140.00	140.00	154.00
100 mm (4")	m	189.00	181.00	165.00	170.00	169.00	170.00	169.00	186.00
125 mm (5")	m	365.00	350.00	320.00	330.00	325.00	330.00	325.00	360.00
150 mm (6")	m	450.00	430.00	395.00	405.00	400.00	405.00	400.00	440.00
E.M.T.									
12 mm (1/2")	m	11.35	10.85	9.95	10.20	10.15	10.20	10.15	11.15
20 mm (3/4")	m	14.85	14.20	13.00	13.35	13.25	13.35	13.25	14.60
25 mm (1")	m	18.40	17.60	16.10	16.50	16.45	16.50	16.45	18.05
32 mm (1 1/4")	m	27.25	26.00	24.00	24.50	24.25	24.50	24.25	26.75
38 mm (1 1/2")	m	32.75	31.25	28.50	29.25	29.25	29.25	29.25	32.00
50 mm (2")	m	38.75	37.00	34.00	34.75	34.75	34.75	34.75	38.25
65 mm (2 1/2")	m	73.00	70.00	64.00	66.00	65.00	66.00	65.00	72.00
75 mm (3")	m	92.00	88.00	81.00	83.00	82.00	83.00	82.00	91.00
100 mm (4")	m	140.00	133.00	122.00	125.00	125.00	125.00	125.00	137.00
Rigid pvc									
12 mm (1/2")	m	11.70	11.20	10.25	10.50	10.45	10.50	10.45	11.50
20 mm (3/4")	m	14.60	13.95	12.75	13.10	13.00	13.10	13.00	14.30
25 mm (1")	m	19.70	18.80	17.25	17.70	17.60	17.70	17.60	19.35
32 mm (1 1/4")	m	25.00	24.00	22.00	22.50	22.25	22.50	22.25	24.50
38 mm (1 1/2")	m	28.75	27.50	25.00	25.75	25.75	25.75	25.75	28.25
50 mm (2")	m	35.75	34.25	31.25	32.00	32.00	32.00	32.00	35.00
65 mm (2 1/2")	m	53.00	51.00	46.25	47.50	47.25	47.50	47.25	52.00
75 mm (3")	m	65.00	62.00	57.00	59.00	58.00	59.00	58.00	64.00
90 mm (3 1/2")	m	79.00	75.00	69.00	71.00	70.00	71.00	70.00	77.00
100 mm (4")	m	95.00	90.00	83.00	85.00	84.00	85.00	84.00	93.00
Rigid aluminum									
12 mm (1/2")	m	18.10	17.30	15.85	16.25	16.20	16.25	16.20	17.80
20 mm (3/4")	m	23.00	22.00	20.25	20.75	20.50	20.75	20.50	22.75
25 mm (1")	m	31.00	29.50	27.00	27.75	27.75	27.75	27.75	30.50
32 mm (1 1/4")	m	42.50	40.50	37.25	38.25	38.00	38.25	38.00	41.75
38 mm (1 1/2")	m	48.00	46.00	42.00	43.25	43.00	43.25	43.00	47.25
50 mm (2")	m	62.00	59.00	54.00	56.00	55.00	56.00	55.00	61.00
65 mm (2 1/2")	m	98.00	94.00	86.00	88.00	87.00	88.00	87.00	96.00
75 mm (3")	m	128.00	123.00	112.00	115.00	115.00	115.00	115.00	126.00
90 mm (3 1/2")	m	160.00	153.00	140.00	143.00	143.00	143.00	143.00	157.00
100 mm (4")	m	210.00	200.00	184.00	189.00	188.00	189.00	188.00	205.00
Elbows:									
Rigid galvanized steel including coupling and support									
32 mm (1 1/4")	EA	89.00	85.00	78.00	80.00	80.00	80.00	80.00	88.00
38 mm (1 1/2")	EA	105.00	101.00	92.00	94.00	94.00	94.00	94.00	103.00
50 mm (2")	EA	137.00	131.00	120.00	123.00	122.00	123.00	122.00	134.00

Instructions for use, page 4. Main index, page 7.

DIV 16 Electrical — METRIC CURRENT MARKET PRICES

Item	UNITS	St. Johns	Halifax	Montreal	Ottawa	Toronto	Winnipeg	Calgary	Vancouver
65 mm (2 1/2")	EA	230.00	220.00	205.00	210.00	205.00	210.00	205.00	230.00
75 mm (3")	EA	305.00	290.00	265.00	275.00	275.00	275.00	275.00	300.00
90 mm (3 1/2")	EA	390.00	375.00	340.00	350.00	350.00	350.00	350.00	385.00
100 mm (4")	EA	465.00	445.00	405.00	415.00	415.00	415.00	415.00	455.00
E.M.T. including coupling									
32 mm (1 1/4")	EA	47.25	45.00	41.25	42.50	42.25	42.50	42.25	46.50
38 mm (1 1/2")	EA	59.00	56.00	51.00	53.00	53.00	53.00	53.00	58.00
50 mm (2")	EA	77.00	73.00	67.00	69.00	69.00	69.00	69.00	76.00
65 mm (2 1/2")	EA	129.00	123.00	113.00	116.00	115.00	116.00	115.00	127.00
75 mm (3")	EA	166.00	159.00	146.00	149.00	148.00	149.00	148.00	163.00
100 mm (4")	EA	260.00	250.00	230.00	235.00	230.00	235.00	230.00	255.00
PVC including coupling									
12 mm (1/2")	EA	10.90	10.45	9.55	9.80	9.75	9.80	9.75	10.70
20 mm (3/4")	EA	20.25	19.35	17.70	18.15	18.10	18.15	18.10	19.90
25 mm (1")	EA	32.75	31.25	28.75	29.50	29.25	29.50	29.25	32.25
32 mm (1 1/4")	EA	45.25	43.25	39.50	40.50	40.50	40.50	40.50	44.50
38 mm (1 1/2")	EA	58.00	55.00	50.00	52.00	52.00	52.00	52.00	57.00
50 mm (2")	EA	72.00	69.00	63.00	65.00	65.00	65.00	65.00	71.00
65 mm (2 1/2")	EA	97.00	93.00	85.00	87.00	87.00	87.00	87.00	96.00
75 mm (3")	EA	129.00	123.00	113.00	116.00	115.00	116.00	115.00	127.00
90 mm (3 1/2")	EA	158.00	151.00	139.00	142.00	141.00	142.00	141.00	156.00
100 mm (4")	EA	184.00	176.00	161.00	165.00	165.00	165.00	165.00	181.00
Rigid aluminum including coupling and supports									
32 mm (1 1/4")	EA	79.00	76.00	69.00	71.00	71.00	71.00	71.00	78.00
38 mm (1 1/2")	EA	94.00	90.00	82.00	84.00	84.00	84.00	84.00	92.00
50 mm (2")	EA	131.00	125.00	115.00	118.00	117.00	118.00	117.00	129.00
65 mm (2 1/2")	EA	210.00	200.00	184.00	189.00	188.00	189.00	188.00	205.00
75 mm (3")	EA	285.00	270.00	245.00	255.00	255.00	255.00	255.00	280.00
90 mm (3 1/2")	EA	385.00	365.00	335.00	345.00	345.00	345.00	345.00	380.00
100 mm (4")	EA	465.00	445.00	405.00	415.00	415.00	415.00	415.00	455.00
Cable tray including fittings and supports									
Ventilated type:									
Galvanized steel									
150 mm (6") wide	m	115.00	110.00	101.00	104.00	103.00	104.00	103.00	113.00
300 mm (12") wide	m	124.00	119.00	109.00	112.00	111.00	112.00	111.00	122.00
450 mm (18") wide	m	157.00	150.00	137.00	141.00	140.00	141.00	140.00	154.00
600 mm (24") wide	m	178.00	170.00	156.00	160.00	159.00	160.00	159.00	175.00
Aluminum									
150 mm (6") wide	m	140.00	134.00	123.00	126.00	125.00	126.00	125.00	138.00
300 mm (12") wide	m	155.00	148.00	135.00	139.00	138.00	139.00	138.00	152.00
450 mm (18") wide	m	188.00	180.00	165.00	169.00	168.00	169.00	168.00	185.00
600 mm (24") wide	m	220.00	210.00	193.00	198.00	197.00	198.00	197.00	215.00
Ladder type:									
Galvanized steel									
150 mm (6") wide	m	109.00	104.00	95.00	97.00	97.00	97.00	97.00	107.00
300 mm (12") wide	m	118.00	112.00	103.00	106.00	105.00	106.00	105.00	116.00
450 mm (18") wide	m	141.00	135.00	123.00	127.00	126.00	127.00	126.00	139.00
600 mm (24") wide	m	164.00	156.00	143.00	147.00	146.00	147.00	146.00	161.00
Aluminum									
150 mm (6") wide	m	136.00	129.00	119.00	122.00	121.00	122.00	121.00	133.00
300 mm (12") wide	m	142.00	136.00	124.00	128.00	127.00	128.00	127.00	140.00
450 mm (18") wide	m	171.00	164.00	150.00	154.00	153.00	154.00	153.00	168.00
600 mm (24") wide	m	197.00	188.00	172.00	177.00	176.00	177.00	176.00	194.00
Wiring channels									
Square section, steel:									
65 mm (2 1/2") x 65 mm (2 1/2")	m	94.00	90.00	82.00	84.00	84.00	84.00	84.00	92.00
100 mm (4") x 100 mm (4")	m	131.00	125.00	115.00	118.00	117.00	118.00	117.00	129.00
150 mm (6") x 150 mm (6")	m	175.00	167.00	153.00	157.00	156.00	157.00	156.00	172.00
16110 UNDERGROUND SERVICES									
Concrete manholes									
1500 mm x 1500 mm (5' x 5') single	EA	4,225	4,050	3,700	3,800	3,775	3,800	3,775	4,150
1500 mm x 3000 mm (5' x 10') double	EA	7,800	7,400	6,800	7,000	6,900	7,000	6,900	7,600
Underground duct banks, 100 mm (4") pvc pipe ducts & fittings including all excavation, concrete and backfilling									
In soft earth with backfill:									
1 duct	m	136.00	130.00	119.00	122.00	122.00	122.00	122.00	134.00
2 ducts	m	182.00	174.00	159.00	164.00	163.00	164.00	163.00	179.00
3 ducts	m	205.00	197.00	180.00	185.00	184.00	185.00	184.00	200.00
4 ducts	m	305.00	290.00	270.00	275.00	275.00	275.00	275.00	300.00
5 ducts	m	340.00	325.00	300.00	305.00	305.00	305.00	305.00	335.00
6 ducts	m	360.00	345.00	315.00	320.00	320.00	320.00	320.00	350.00
7 ducts	m	425.00	405.00	370.00	380.00	380.00	380.00	380.00	415.00
8 ducts	m	460.00	440.00	400.00	410.00	410.00	410.00	410.00	450.00
9 ducts	m	515.00	495.00	455.00	465.00	460.00	465.00	460.00	510.00
10 ducts	m	580.00	555.00	510.00	520.00	520.00	520.00	520.00	570.00
11 ducts	m	610.00	585.00	535.00	550.00	545.00	550.00	545.00	600.00
12 ducts	m	640.00	610.00	560.00	575.00	570.00	575.00	570.00	630.00
13 ducts	m	725.00	690.00	635.00	650.00	645.00	650.00	645.00	710.00
14 ducts	m	755.00	720.00	660.00	675.00	670.00	675.00	670.00	740.00
15 ducts	m	800.00	765.00	700.00	720.00	715.00	720.00	715.00	785.00

METRIC CURRENT MARKET PRICES — Electrical DIV 16

Item	UNITS	St. Johns	Halifax	Montreal	Ottawa	Toronto	Winnipeg	Calgary	Vancouver
In soft earth with granular backfill:									
1 duct	m	180.00	172.00	157.00	161.00	161.00	161.00	161.00	177.00
2 ducts	m	235.00	225.00	205.00	210.00	210.00	210.00	210.00	230.00
3 ducts	m	270.00	260.00	235.00	245.00	240.00	245.00	240.00	265.00
4 ducts	m	395.00	375.00	345.00	355.00	350.00	355.00	350.00	385.00
5 ducts	m	435.00	415.00	380.00	390.00	390.00	390.00	390.00	425.00
6 ducts	m	465.00	445.00	405.00	415.00	415.00	415.00	415.00	455.00
7 ducts	m	565.00	540.00	495.00	505.00	505.00	505.00	505.00	555.00
8 ducts	m	605.00	580.00	530.00	545.00	540.00	545.00	540.00	595.00
9 ducts	m	655.00	625.00	570.00	585.00	585.00	585.00	585.00	640.00
10 ducts	m	745.00	715.00	655.00	670.00	665.00	670.00	665.00	735.00
11 ducts	m	775.00	740.00	680.00	695.00	695.00	695.00	695.00	760.00
12 ducts	m	825.00	785.00	720.00	740.00	735.00	740.00	735.00	810.00
13 ducts	m	930.00	890.00	815.00	835.00	830.00	835.00	830.00	910.00
14 ducts	m	975.00	935.00	855.00	875.00	870.00	875.00	870.00	960.00
15 ducts	m	1,030	985.00	900.00	925.00	920.00	925.00	920.00	1,010
In soft rock with granular backfill:									
1 duct	m	225.00	215.00	198.00	205.00	200.00	205.00	200.00	220.00
2 ducts	m	280.00	270.00	245.00	255.00	250.00	255.00	250.00	275.00
3 ducts	m	305.00	290.00	270.00	275.00	275.00	275.00	275.00	300.00
4 ducts	m	490.00	465.00	425.00	440.00	435.00	440.00	435.00	480.00
5 ducts	m	560.00	535.00	490.00	500.00	500.00	500.00	500.00	550.00
6 ducts	m	570.00	545.00	500.00	510.00	510.00	510.00	510.00	560.00
7 ducts	m	660.00	630.00	575.00	590.00	590.00	590.00	590.00	645.00
8 ducts	m	710.00	680.00	625.00	640.00	635.00	640.00	635.00	700.00
9 ducts	m	780.00	745.00	685.00	700.00	700.00	700.00	700.00	770.00
10 ducts	m	895.00	855.00	780.00	800.00	800.00	800.00	800.00	880.00
11 ducts	m	925.00	880.00	810.00	830.00	825.00	830.00	825.00	905.00
12 ducts	m	965.00	920.00	845.00	865.00	860.00	865.00	860.00	945.00
13 ducts	m	1,050	1,000	915.00	940.00	935.00	940.00	935.00	1,030
14 ducts	m	1,090	1,040	950.00	975.00	970.00	975.00	970.00	1,070
15 ducts	m	1,130	1,080	995.00	1,020	1,010	1,020	1,010	1,110

16110/20 FEEDER CIRCUIT

70-500 a (support and fittings included, exposed installation, copper conductors)

Item	UNITS	St. Johns	Halifax	Montreal	Ottawa	Toronto	Winnipeg	Calgary	Vancouver
Rigid galvanized conduit:									
70 A, 3 wire	m	40.25	38.50	35.25	36.25	36.00	36.25	36.00	39.50
70 A, 4 wire	m	53.00	50.00	46.00	47.25	47.00	47.25	47.00	52.00
105 A, 3 wire	m	59.00	57.00	52.00	53.00	53.00	53.00	53.00	58.00
105 A, 4 wire	m	72.00	68.00	63.00	64.00	64.00	64.00	64.00	70.00
155 A, 3 wire	m	94.00	90.00	82.00	84.00	84.00	84.00	84.00	92.00
155 A, 4 wire	m	106.00	102.00	93.00	95.00	95.00	95.00	95.00	105.00
210 A, 3 wire	m	112.00	107.00	98.00	101.00	100.00	101.00	100.00	110.00
210 A, 4 wire	m	168.00	161.00	147.00	151.00	150.00	151.00	150.00	165.00
300 A, 3 wire	m	183.00	174.00	160.00	164.00	163.00	164.00	163.00	179.00
300 A, 4 wire	m	240.00	230.00	210.00	215.00	215.00	215.00	215.00	235.00
405 A, 3 wire	m	260.00	245.00	225.00	230.00	230.00	230.00	230.00	255.00
405 A, 4 wire	m	340.00	325.00	300.00	305.00	305.00	305.00	305.00	335.00
500 A, 3 wire	m	365.00	350.00	320.00	325.00	325.00	325.00	325.00	360.00
500 A, 4 wire	m	645.00	615.00	565.00	580.00	575.00	580.00	575.00	635.00
E.M.T. conduit:									
70 A, 3 wire	m	28.00	26.75	24.50	25.25	25.00	25.25	25.00	27.50
70 A, 4 wire	m	37.50	35.75	32.75	33.75	33.50	33.75	33.50	36.75
105 A, 3 wire	m	40.50	38.75	35.50	36.50	36.25	36.50	36.25	40.00
105 A, 4 wire	m	52.00	49.50	45.25	46.50	46.25	46.50	46.25	51.00
155 A, 3 wire	m	63.00	60.00	55.00	56.00	56.00	56.00	56.00	62.00
155 A, 4 wire	m	75.00	72.00	66.00	67.00	67.00	67.00	67.00	74.00
210 A, 3 wire	m	83.00	79.00	73.00	74.00	74.00	74.00	74.00	81.00
210 A, 4 wire	m	124.00	119.00	109.00	112.00	111.00	112.00	111.00	122.00
300 A, 3 wire	m	142.00	136.00	124.00	128.00	127.00	128.00	127.00	140.00
300 A, 4 wire	m	177.00	169.00	155.00	159.00	158.00	159.00	158.00	174.00
405 A, 3 wire	m	194.00	185.00	170.00	174.00	173.00	174.00	173.00	190.00
405 A, 4 wire	m	310.00	295.00	270.00	275.00	275.00	275.00	275.00	305.00
500 A, 3 wire	m	340.00	325.00	300.00	305.00	305.00	305.00	305.00	335.00

16120 CONDUCTORS

Building wire installed in conduit

Item	UNITS	St. Johns	Halifax	Montreal	Ottawa	Toronto	Winnipeg	Calgary	Vancouver
Rw-90 copper:									
No. 14	hm	121.00	116.00	106.00	109.00	108.00	109.00	108.00	119.00
No. 12	hm	159.00	152.00	139.00	143.00	142.00	143.00	142.00	157.00
No. 10	hm	215.00	205.00	189.00	194.00	193.00	194.00	193.00	210.00
No. 8	hm	320.00	305.00	280.00	285.00	285.00	285.00	285.00	310.00
No. 6	hm	420.00	400.00	365.00	375.00	375.00	375.00	375.00	410.00
No. 4	hm	480.00	460.00	420.00	430.00	430.00	430.00	430.00	470.00
No. 3	hm	730.00	695.00	640.00	655.00	650.00	655.00	650.00	715.00
No. 2	hm	925.00	885.00	810.00	830.00	825.00	830.00	825.00	910.00
No. 1	hm	1,050	1,010	920.00	945.00	940.00	945.00	940.00	1,030
No. 1/0	hm	1,280	1,220	1,120	1,150	1,140	1,150	1,140	1,260

Instructions for use, page 4. Main index, page 7.

DIV 16 Electrical — METRIC CURRENT MARKET PRICES

Item	UNITS	St. Johns	Halifax	Montreal	Ottawa	Toronto	Winnipeg	Calgary	Vancouver
No. 2/0	hm	1,560	1,490	1,370	1,400	1,390	1,400	1,390	1,530
No. 3/0	hm	1,840	1,760	1,610	1,650	1,640	1,650	1,640	1,810
No. 4/0	hm	2,225	2,125	1,940	1,990	1,980	1,990	1,980	2,175
161 m² (250 mcm)	hm	2,625	2,500	2,300	2,350	2,350	2,350	2,350	2,575
194 m² (300 mcm)	hm	3,000	2,875	2,625	2,700	2,675	2,700	2,675	2,950
226 m² (350 mcm)	hm	3,425	3,275	3,000	3,075	3,050	3,075	3,050	3,375
258 m² (400 mcm)	hm	3,750	3,600	3,300	3,375	3,350	3,375	3,350	3,700
323 m² (500 mcm)	hm	4,450	4,250	3,900	4,000	3,975	4,000	3,975	4,375
387 m² (600 mcm)	hm	5,500	5,200	4,775	4,900	4,875	4,900	4,875	5,400
484 m² (750 mcm)	hm	6,700	6,400	5,900	6,000	6,000	6,000	6,000	6,600
645 m² (1000 mcm)	hm	8,500	8,100	7,400	7,600	7,600	7,600	7,600	8,300
Rw-90 aluminum:									
No. 1	hm	665.00	635.00	585.00	600.00	595.00	600.00	595.00	655.00
No. 1/0	hm	795.00	760.00	695.00	715.00	710.00	715.00	710.00	780.00
No. 2/0	hm	915.00	870.00	800.00	820.00	815.00	820.00	815.00	895.00
No. 3/0	hm	1,150	1,100	1,010	1,040	1,030	1,040	1,030	1,130
No. 4/0	hm	1,390	1,330	1,220	1,250	1,240	1,250	1,240	1,360
161 m² (250 mcm)	hm	1,580	1,510	1,380	1,420	1,410	1,420	1,410	1,550
194 m² (300 mcm)	hm	1,810	1,730	1,590	1,630	1,620	1,630	1,620	1,780
226 m² (350 mcm)	hm	2,150	2,050	1,880	1,930	1,920	1,930	1,920	2,100
258 m² (400 mcm)	hm	2,500	2,375	2,175	2,225	2,225	2,225	2,225	2,450
323 m² (500 mcm)	hm	2,775	2,650	2,425	2,475	2,475	2,475	2,475	2,725
387 m² (600 mcm)	hm	3,050	2,925	2,675	2,750	2,725	2,750	2,725	3,000
484 m² (750 mcm)	hm	3,775	3,600	3,300	3,400	3,375	3,400	3,375	3,725
645 m² (1000 mcm)	hm	5,200	5,000	4,575	4,700	4,675	4,700	4,675	5,100
Corflex, single copper conductor, low tension, 600 V pvc jacket:									
No. 1/0	m	16.20	15.45	14.15	14.50	14.45	14.50	14.45	15.90
No. 2/0	m	17.55	16.75	15.35	15.75	15.65	15.75	15.65	17.20
No. 3/0	m	18.85	18.05	16.50	16.95	16.85	16.95	16.85	18.55
No. 4/0	m	23.00	22.00	20.00	20.50	20.50	20.50	20.50	22.50
161 m² (250 mcm)	m	21.50	20.50	18.85	19.35	19.25	19.35	19.25	21.25
194 m² (300 mcm)	m	27.00	25.75	23.50	24.00	24.00	24.00	24.00	26.50
226 m² (350 mcm)	m	32.50	31.00	28.50	29.25	29.00	29.25	29.00	32.00
258 m² (400 mcm)	m	35.00	33.50	30.75	31.50	31.25	31.50	31.25	34.50
323 m² (500 mcm)	m	40.25	38.50	35.25	36.25	36.00	36.25	36.00	39.50
High tension, 5 kV single copper conductor, x-link shielded pvc:									
No. 8	m	11.85	11.35	10.40	10.65	10.60	10.65	10.60	11.65
No. 6	m	12.65	12.10	11.05	11.35	11.30	11.35	11.30	12.45
No. 4	m	14.65	14.00	12.85	13.15	13.10	13.15	13.10	14.40
No. 2	m	17.80	17.00	15.60	16.00	15.90	16.00	15.90	17.50
No. 1	m	19.25	18.40	16.85	17.30	17.20	17.30	17.20	18.90
No. 1/0	m	22.25	21.25	19.45	19.95	19.85	19.95	19.85	21.75
No. 2/0	m	26.50	25.50	23.25	23.75	23.75	23.75	23.75	26.25
No. 3/0	m	31.00	29.75	27.25	28.00	27.75	28.00	27.75	30.50
No. 4/0	m	35.75	34.25	31.25	32.25	32.00	32.25	32.00	35.25
161 m² (250 mcm)	m	38.25	36.75	33.50	34.50	34.25	34.50	34.25	37.75
194 m² (300 mcm)	m	41.50	39.50	36.25	37.25	37.00	37.25	37.00	40.75
226 m² (350 mcm)	m	44.50	42.50	39.00	40.00	39.75	40.00	39.75	43.75
258 m² (400 mcm)	m	51.00	48.50	44.25	45.50	45.25	45.50	45.25	49.75
323 m² (500 mcm)	m	60.00	58.00	53.00	54.00	54.00	54.00	54.00	59.00
484 m² (750 mcm)	m	69.00	66.00	61.00	62.00	62.00	62.00	62.00	68.00
High tension, 15kV single copper conductor, x-link shielded pvc:									
No. 1	m	26.50	25.50	23.25	23.75	23.75	23.75	23.75	26.25
No. 1/0	m	31.00	29.75	27.25	28.00	27.75	28.00	27.75	30.50
No. 2/0	m	34.25	32.75	30.00	30.75	30.50	30.75	30.50	33.50
No. 3/0	m	38.25	36.75	33.50	34.50	34.25	34.50	34.25	37.75
No. 4/0	m	46.00	43.75	40.25	41.25	41.00	41.25	41.00	45.00
161 m² (250 mcm)	m	47.50	45.50	41.75	42.75	42.50	42.75	42.50	46.75
194 m² (300 mcm)	m	51.00	48.50	44.25	45.50	45.25	45.50	45.25	49.75
226 m² (350 mcm)	m	58.00	56.00	51.00	52.00	52.00	52.00	52.00	57.00
258 m² (400 mcm)	m	63.00	60.00	55.00	56.00	56.00	56.00	56.00	62.00
323 m² (500 mcm)	m	69.00	66.00	61.00	62.00	62.00	62.00	62.00	68.00
484 m² (750 mcm)	m	82.00	78.00	72.00	73.00	73.00	73.00	73.00	80.00
High tension, 25 kV single copper conductor, x-link shielded pvc:									
No. 1	m	29.75	28.25	26.00	26.75	26.50	26.75	26.50	29.25
No. 1/0	m	34.25	32.75	30.00	30.75	30.50	30.75	30.50	33.50
No. 2/0	m	38.25	36.75	33.50	34.50	34.25	34.50	34.25	37.75
No. 4/0	m	47.50	45.50	41.75	42.75	42.50	42.75	42.50	46.75
161 m² (250 mcm)	m	52.00	49.50	45.25	46.50	46.25	46.50	46.25	51.00
194 m² (300 mcm)	m	58.00	56.00	51.00	52.00	52.00	52.00	52.00	57.00
226 m² (350 mcm)	m	63.00	60.00	55.00	56.00	56.00	56.00	56.00	62.00
258 m² (400 mcm)	m	68.00	65.00	60.00	61.00	61.00	61.00	61.00	67.00
323 m² (500 mcm)	m	77.00	74.00	68.00	69.00	69.00	69.00	69.00	76.00
484 m² (750 mcm)	m	94.00	90.00	82.00	84.00	84.00	84.00	84.00	92.00

METRIC CURRENT MARKET PRICES — Electrical DIV 16

Item	UNITS	St. Johns	Halifax	Montreal	Ottawa	Toronto	Winnipeg	Calgary	Vancouver
16130 BOXES AND CABINETS									
Wiring outlet boxes									
Ceiling type 100 mm x 100 mm :									
Surface	EA	19.90	19.00	17.40	17.85	17.75	17.85	17.75	19.55
Recessed	EA	14.80	14.10	12.95	13.25	13.20	13.25	13.20	14.50
Cast iron	EA	82.00	78.00	72.00	73.00	73.00	73.00	73.00	80.00
Switch type:									
Surface, 1 gang	EA	14.65	14.00	12.85	13.15	13.10	13.15	13.10	14.40
Surface, 2 gang	EA	21.00	20.25	18.45	18.95	18.85	18.95	18.85	20.75
Recessed, 1 gang	EA	16.60	15.85	14.50	14.85	14.80	14.85	14.80	16.30
Recessed, 2 gang	EA	31.75	30.25	27.75	28.50	28.25	28.50	28.25	31.00
Recessed, 3 gang	EA	51.00	49.00	44.75	46.00	45.75	46.00	45.75	50.00
Cast Iron, 1 gang	EA	48.50	46.25	42.50	43.50	43.25	43.50	43.25	47.50
Cast Iron, 2 gang	EA	54.00	52.00	47.50	48.75	48.50	48.75	48.50	53.00
Receptacle type:									
Surface, 1 gang	EA	14.90	14.25	13.05	13.35	13.30	13.35	13.30	14.65
Surface, 2 gang	EA	21.50	20.50	18.80	19.30	19.20	19.30	19.20	21.00
Recessed, 1 gang	EA	21.50	20.50	18.80	19.30	19.20	19.30	19.20	21.00
Recessed, 2 gang	EA	24.75	23.50	21.50	22.00	22.00	22.00	22.00	24.25
Cast Iron, 1 gang	EA	49.25	47.00	43.00	44.25	44.00	44.25	44.00	48.50
Cast Iron, 2 gang	EA	55.00	53.00	48.50	49.75	49.50	49.75	49.50	54.00
Cabinets									
Current transformer:									
500 mm x 500 mm x 250 mm	EA	255.00	245.00	225.00	230.00	230.00	230.00	230.00	250.00
500 mm x 750 mm x 250 mm	EA	290.00	280.00	255.00	260.00	260.00	260.00	260.00	285.00
750 mm x 750 mm x 250 mm	EA	370.00	355.00	325.00	335.00	330.00	335.00	330.00	365.00
910 mm x 910 mm x 250 mm	EA	505.00	480.00	440.00	450.00	450.00	450.00	450.00	495.00
910 mm x 910 mm x 300 mm	EA	610.00	585.00	535.00	550.00	545.00	550.00	545.00	600.00
1220 mm x 1220 mm x 300 mm	EA	880.00	840.00	770.00	790.00	785.00	790.00	785.00	865.00
16140 SWITCHES AND RECEPTACLE ON WIRED OUTLETS (bakelite cover included).									
Switches, 120-227 V									
Toggle switches, premium grade:									
Single pole	EA	20.75	19.75	18.10	18.55	18.45	18.55	18.45	20.25
Single pole with glow handle	EA	36.00	34.50	31.50	32.25	32.25	32.25	32.25	35.25
Double pole	EA	41.50	39.50	36.25	37.25	37.00	37.25	37.00	40.75
3-way	EA	28.75	27.50	25.25	26.00	25.75	26.00	25.75	28.25
4-way	EA	61.00	58.00	53.00	54.00	54.00	54.00	54.00	59.00
15 A receptacles									
Standard:									
Duplex u ground	EA	16.80	16.05	14.70	15.05	15.00	15.05	15.00	16.50
Duplex u ground, specification grade	EA	22.75	21.75	20.00	20.50	20.50	20.50	20.50	22.50
Weatherproof:									
Single	EA	39.75	38.00	34.75	35.50	35.50	35.50	35.50	39.00
Clock outlets:									
120 V	EA	26.00	24.75	22.75	23.25	23.25	23.25	23.25	25.50
20 A receptacles									
Standard:									
Duplex u ground	EA	33.50	32.00	29.25	30.00	29.75	30.00	29.75	32.75
30 A receptacles									
Range and dryer type:									
4 wire, 120/240 V	EA	66.00	63.00	58.00	59.00	59.00	59.00	59.00	65.00
50 A receptacles									
Range and dryer type:									
4 wire, 120/240 V	EA	97.00	93.00	85.00	87.00	87.00	87.00	87.00	95.00
16400 Service and Distribution									
16440 DISCONNECTS									
Switches, fusible type, without fuses (individual mounting)									
600 V									
30 A 2 poles 2 W	EA	194.00	185.00	170.00	174.00	173.00	174.00	173.00	190.00
30 A 3 poles 3 W	EA	200.00	193.00	176.00	181.00	180.00	181.00	180.00	198.00
30 A 3 poles 4 W	EA	220.00	210.00	191.00	196.00	195.00	196.00	195.00	215.00
60 A 2 poles 2 W	EA	225.00	215.00	196.00	200.00	200.00	200.00	200.00	220.00
60 A 3 poles 3 W	EA	240.00	230.00	210.00	215.00	215.00	215.00	215.00	235.00
60 A 3 poles 4 W	EA	265.00	250.00	230.00	235.00	235.00	235.00	235.00	260.00
100 A 2 poles 2 W	EA	380.00	365.00	335.00	340.00	340.00	340.00	340.00	375.00
100 A 3 poles 3 W	EA	400.00	380.00	350.00	355.00	355.00	355.00	355.00	390.00
100 A 3 poles 4 W	EA	425.00	405.00	370.00	380.00	380.00	380.00	380.00	420.00
200 A 2 poles 2 W	EA	615.00	590.00	540.00	555.00	550.00	555.00	550.00	605.00
200 A 3 poles 3 W	EA	635.00	605.00	555.00	570.00	565.00	570.00	565.00	620.00
200 A 3 poles 4 W	EA	690.00	660.00	605.00	620.00	615.00	620.00	615.00	675.00
400 A 2 poles 2 W	EA	1,490	1,420	1,300	1,340	1,330	1,340	1,330	1,460
400 A 3 poles 3 W	EA	1,530	1,470	1,340	1,380	1,370	1,380	1,370	1,510
400 A 3 poles 4 W	EA	1,660	1,580	1,450	1,490	1,480	1,490	1,480	1,630
600 A 2 poles 2 W	EA	1,980	1,890	1,730	1,780	1,770	1,780	1,770	1,950

Instructions for use, page 4. Main index, page 7.

DIV 16 Electrical — METRIC CURRENT MARKET PRICES

Item	UNITS	St. Johns	Halifax	Montreal	Ottawa	Toronto	Winnipeg	Calgary	Vancouver
600 A 3 poles 3 W	EA	2,025	1,930	1,760	1,810	1,800	1,810	1,800	1,980
600 A 3 poles 4 W	EA	2,150	2,050	1,870	1,920	1,910	1,920	1,910	2,100
800 A 2 poles 2 W	EA	3,525	3,375	3,075	3,175	3,150	3,175	3,150	3,475
800 A 3 poles 3 W	EA	3,525	3,375	3,075	3,175	3,150	3,175	3,150	3,475
800 A 3 poles 4 W	EA	3,825	3,675	3,350	3,450	3,425	3,450	3,425	3,775
1200 A 2 poles 2 W	EA	4,600	4,375	4,025	4,125	4,100	4,125	4,100	4,500
1200 A 3 poles 3 W	EA	4,600	4,375	4,025	4,125	4,100	4,125	4,100	4,500
1200 A 3 poles 4 W	EA	5,100	4,850	4,425	4,550	4,525	4,550	4,525	4,975
Switches, non fusible									
250 or 600 V:									
30 A 2 poles 2 W	EA	161.00	154.00	141.00	145.00	144.00	145.00	144.00	158.00
30 A 3 poles 3 W	EA	169.00	162.00	148.00	152.00	151.00	152.00	151.00	166.00
30 A 3 poles 4 W	EA	186.00	178.00	163.00	167.00	166.00	167.00	166.00	183.00
60 A 2 poles 2 W	EA	186.00	178.00	163.00	167.00	166.00	167.00	166.00	183.00
60 A 3 poles 3 W	EA	205.00	194.00	177.00	182.00	181.00	182.00	181.00	199.00
60 A 3 poles 4 W	EA	240.00	230.00	210.00	215.00	215.00	215.00	215.00	235.00
100 A 2 poles 2 W	EA	310.00	295.00	270.00	275.00	275.00	275.00	275.00	305.00
100 A 3 poles 3 W	EA	325.00	310.00	285.00	290.00	290.00	290.00	290.00	320.00
100 A 3 poles 4 W	EA	370.00	355.00	325.00	330.00	330.00	330.00	330.00	365.00
200 A 2 poles 2 W	EA	520.00	500.00	455.00	465.00	465.00	465.00	465.00	510.00
200 A 3 poles 3 W	EA	540.00	515.00	470.00	480.00	480.00	480.00	480.00	530.00
200 A 3 poles 4 W	EA	590.00	560.00	515.00	530.00	525.00	530.00	525.00	580.00
400 A 2 poles 2 W	EA	1,220	1,170	1,070	1,100	1,090	1,100	1,090	1,200
400 A 3 poles 3 W	EA	1,290	1,230	1,130	1,160	1,150	1,160	1,150	1,270
400 A 3 poles 4 W	EA	1,380	1,320	1,210	1,240	1,230	1,240	1,230	1,350
600 A 2 poles 2 W	EA	1,610	1,540	1,410	1,450	1,440	1,450	1,440	1,580
600 A 3 poles 3 W	EA	1,660	1,580	1,450	1,490	1,480	1,490	1,480	1,630
600 A 3 poles 4 W	EA	1,780	1,700	1,560	1,600	1,590	1,600	1,590	1,750
800 A 2 poles 2 W	EA	2,900	2,775	2,550	2,625	2,600	2,625	2,600	2,850
800 A 3 poles 3 W	EA	2,975	2,825	2,600	2,675	2,650	2,675	2,650	2,925
800 A 3 poles 4 W	EA	3,250	3,100	2,850	2,925	2,900	2,925	2,900	3,200
1200 A 2 poles 2 W	EA	3,875	3,700	3,375	3,475	3,450	3,475	3,450	3,800
1200 A 3 poles 3 W	EA	3,875	3,700	3,375	3,475	3,450	3,475	3,450	3,800
1200 A 3 poles 4 W	EA	4,150	3,950	3,625	3,725	3,700	3,725	3,700	4,075
Splitters troughs									
125 A:									
1000 mm (3') 3 poles	EA	170.00	162.00	149.00	153.00	152.00	153.00	152.00	167.00
1000 mm (3') 4 poles	EA	220.00	210.00	193.00	198.00	197.00	198.00	197.00	215.00
225 A:									
1000 mm (3') 3 poles	EA	270.00	260.00	235.00	240.00	240.00	240.00	240.00	265.00
1000 mm (3') 4 poles	EA	365.00	350.00	320.00	330.00	325.00	330.00	325.00	360.00
400 A:									
1000 mm (3') 3 poles	EA	495.00	475.00	435.00	445.00	440.00	445.00	440.00	485.00
1000 mm (3') 4 poles	EA	640.00	615.00	560.00	575.00	575.00	575.00	575.00	630.00
600 A:									
1000 mm (3') 3 poles	EA	845.00	805.00	740.00	760.00	755.00	760.00	755.00	830.00
1000 mm (3') 4 poles	EA	1,060	1,010	925.00	950.00	945.00	950.00	945.00	1,040
Splitter boxes									
125 A									
3 poles	EA	150.00	143.00	131.00	134.00	134.00	134.00	134.00	147.00
4 poles	EA	191.00	183.00	167.00	172.00	171.00	172.00	171.00	188.00
225 A									
3 poles	EA	230.00	220.00	200.00	205.00	205.00	205.00	205.00	225.00
4 poles	EA	295.00	285.00	260.00	265.00	265.00	265.00	265.00	290.00
16460 TRANSFORMERS									
Dry type non-ventilated									
Three phase 600 V / 120-208 V:									
3 KVA	EA	885.00	845.00	775.00	795.00	790.00	795.00	790.00	870.00
6 KVA	EA	1,100	1,050	965.00	990.00	985.00	990.00	985.00	1,080
9 KVA	EA	1,350	1,290	1,180	1,210	1,200	1,210	1,200	1,320
15 KVA	EA	1,690	1,620	1,480	1,520	1,510	1,520	1,510	1,660
30 KVA	EA	3,800	3,625	3,325	3,400	3,400	3,400	3,400	3,725
Ventilated type									
Three phase 600 V / 120-208 V:									
30 KVA	EA	2,425	2,325	2,125	2,175	2,175	2,175	2,175	2,375
45 KVA	EA	3,125	2,975	2,725	2,800	2,775	2,800	2,775	3,050
75 KVA	EA	4,600	4,400	4,025	4,125	4,100	4,125	4,100	4,525
112.5 KVA	EA	5,900	5,700	5,200	5,300	5,300	5,300	5,300	5,800
150 KVA	EA	7,200	6,900	6,300	6,500	6,400	6,500	6,400	7,100
225 KVA	EA	10,400	9,900	9,100	9,300	9,300	9,300	9,300	10,200
300 KVA	EA	13,700	13,100	12,000	12,300	12,200	12,300	12,200	13,500
450 KVA	EA	27,100	25,900	23,700	24,300	24,200	24,300	24,200	26,600
500 KVA	EA	28,700	27,400	25,100	25,700	25,600	25,700	25,600	28,200
600 KVA	EA	32,900	31,400	28,800	29,500	29,400	29,500	29,400	32,300
750 KVA	EA	37,900	36,200	33,200	34,000	33,900	34,000	33,900	37,300

METRIC CURRENT MARKET PRICES — Electrical DIV 16

Item	UNITS	St. Johns	Halifax	Montreal	Ottawa	Toronto	Winnipeg	Calgary	Vancouver
16465 BUS DUCT									
Copper low impedance ventilated including supports and fitting, excluding elbows									
Feeder type:									
600 V									
1000 A	m	690.00	660.00	605.00	620.00	615.00	620.00	615.00	675.00
1350 A	m	1,010	970.00	885.00	910.00	905.00	910.00	905.00	995.00
1600 A	m	1,270	1,210	1,110	1,140	1,130	1,140	1,130	1,240
2000 A	m	1,430	1,370	1,250	1,290	1,280	1,290	1,280	1,410
2500 A	m	1,720	1,650	1,510	1,550	1,540	1,550	1,540	1,690
3000 A	m	1,960	1,870	1,720	1,760	1,750	1,760	1,750	1,930
3500 A	m	2,100	2,000	1,840	1,890	1,880	1,890	1,880	2,075
4000 A	m	2,550	2,425	2,225	2,275	2,275	2,275	2,275	2,500
4500 A	m	3,700	3,525	3,225	3,325	3,300	3,325	3,300	3,625
5500 A	m	4,300	4,125	3,775	3,875	3,850	3,875	3,850	4,225
347/600 V									
1000 A	m	840.00	805.00	735.00	755.00	750.00	755.00	750.00	825.00
1350 A	m	1,050	1,010	920.00	945.00	940.00	945.00	940.00	1,030
1600 A	m	1,270	1,210	1,110	1,140	1,130	1,140	1,130	1,240
2000 A	m	1,560	1,490	1,360	1,400	1,390	1,400	1,390	1,530
2500 A	m	1,960	1,870	1,720	1,760	1,750	1,760	1,750	1,930
3000 A	m	2,350	2,250	2,050	2,100	2,100	2,100	2,100	2,300
3500 A	m	2,775	2,650	2,425	2,475	2,475	2,475	2,475	2,725
4000 A	m	3,300	3,150	2,900	2,975	2,950	2,975	2,950	3,250
4500 A	m	3,825	3,675	3,350	3,450	3,425	3,450	3,425	3,775
5500 A	m	4,300	4,125	3,775	3,875	3,850	3,875	3,850	4,225
Plug in type:									
600 V									
1000 A	m	720.00	690.00	630.00	650.00	645.00	650.00	645.00	710.00
1350 A	m	1,060	1,010	925.00	950.00	945.00	950.00	945.00	1,040
1600 A	m	1,340	1,280	1,180	1,210	1,200	1,210	1,200	1,320
2000 A	m	1,560	1,490	1,360	1,400	1,390	1,400	1,390	1,530
2500 A	m	1,760	1,680	1,540	1,580	1,570	1,580	1,570	1,730
3000 A	m	2,025	1,940	1,770	1,820	1,810	1,820	1,810	1,990
3500 A	m	2,150	2,050	1,880	1,930	1,920	1,930	1,920	2,100
4000 A	m	2,625	2,525	2,300	2,350	2,350	2,350	2,350	2,575
4500 A	m	3,700	3,525	3,225	3,325	3,300	3,325	3,300	3,625
347/600 V									
600 A	m	670.00	640.00	590.00	605.00	600.00	605.00	600.00	660.00
1000 A	m	880.00	840.00	770.00	790.00	785.00	790.00	785.00	865.00
1350 A	m	1,060	1,010	925.00	950.00	945.00	950.00	945.00	1,040
1600 A	m	1,390	1,330	1,220	1,250	1,240	1,250	1,240	1,360
2000 A	m	1,600	1,530	1,400	1,440	1,430	1,440	1,430	1,570
2500 A	m	1,940	1,850	1,700	1,740	1,730	1,740	1,730	1,900
3000 A	m	2,400	2,300	2,100	2,150	2,150	2,150	2,150	2,375
3500 A	m	2,775	2,650	2,425	2,475	2,475	2,475	2,475	2,725
4000 A	m	3,225	3,075	2,825	2,900	2,875	2,900	2,875	3,175
4500 A	m	3,825	3,675	3,350	3,450	3,425	3,450	3,425	3,775
Aluminum low impedance ventilated including supports and fitting, excluding elbows									
Feeder type:									
600 V									
600 A	m	430.00	410.00	375.00	385.00	385.00	385.00	385.00	425.00
1000 A	m	460.00	440.00	400.00	410.00	410.00	410.00	410.00	450.00
1350 A	m	555.00	530.00	485.00	495.00	495.00	495.00	495.00	545.00
1600 A	m	580.00	555.00	510.00	525.00	520.00	525.00	520.00	570.00
2000 A	m	735.00	700.00	640.00	660.00	655.00	660.00	655.00	720.00
2500 A	m	920.00	875.00	805.00	825.00	820.00	825.00	820.00	900.00
3000 A	m	1,290	1,230	1,130	1,160	1,150	1,160	1,150	1,270
3500 A	m	1,420	1,360	1,240	1,280	1,270	1,280	1,270	1,400
4000 A	m	1,550	1,480	1,350	1,390	1,380	1,390	1,380	1,520
4500 A	m	1,710	1,640	1,500	1,540	1,530	1,540	1,530	1,680
347/600 V									
600 A	m	540.00	515.00	470.00	480.00	480.00	480.00	480.00	530.00
1000 A	m	570.00	545.00	500.00	515.00	510.00	515.00	510.00	560.00
1350 A	m	655.00	625.00	575.00	590.00	585.00	590.00	585.00	645.00
1600 A	m	715.00	685.00	625.00	645.00	640.00	645.00	640.00	705.00
2000 A	m	920.00	875.00	805.00	825.00	820.00	825.00	820.00	900.00
2500 A	m	950.00	910.00	835.00	855.00	850.00	855.00	850.00	935.00
3000 A	m	1,380	1,320	1,210	1,240	1,230	1,240	1,230	1,350
3500 A	m	1,590	1,520	1,390	1,430	1,420	1,430	1,420	1,560
4000 A	m	1,710	1,640	1,500	1,540	1,530	1,540	1,530	1,680
4500 A	m	1,920	1,830	1,680	1,720	1,710	1,720	1,710	1,880
Plug in type:									
600 V									
600 A	m	440.00	425.00	385.00	395.00	395.00	395.00	395.00	435.00
1000 A	m	475.00	455.00	415.00	425.00	425.00	425.00	425.00	470.00
1350 A	m	570.00	545.00	500.00	515.00	510.00	515.00	510.00	560.00
1600 A	m	620.00	595.00	545.00	560.00	555.00	560.00	555.00	610.00

Instructions for use, page 4. Main index, page 7.

DIV 16 Electrical — METRIC CURRENT MARKET PRICES

Item	UNITS	St. Johns	Halifax	Montreal	Ottawa	Toronto	Winnipeg	Calgary	Vancouver
2000 A	m	780.00	745.00	680.00	700.00	695.00	700.00	695.00	765.00
2500 A	m	1,010	965.00	880.00	905.00	900.00	905.00	900.00	990.00
3000 A	m	1,130	1,080	990.00	1,020	1,010	1,020	1,010	1,110
3500 A	m	1,330	1,270	1,170	1,200	1,190	1,200	1,190	1,310
4000 A	m	1,710	1,640	1,500	1,540	1,530	1,540	1,530	1,680
347/600 V									
600 A	m	510.00	485.00	445.00	455.00	455.00	455.00	455.00	500.00
1000 A	m	540.00	515.00	470.00	480.00	480.00	480.00	480.00	530.00
1350 A	m	670.00	640.00	590.00	605.00	600.00	605.00	600.00	660.00
1600 A	m	715.00	685.00	625.00	645.00	640.00	645.00	640.00	705.00
2000 A	m	920.00	875.00	805.00	825.00	820.00	825.00	820.00	900.00
2500 A	m	1,090	1,040	950.00	975.00	970.00	975.00	970.00	1,070
3000 A	m	1,250	1,200	1,100	1,130	1,120	1,130	1,120	1,230
3500 A	m	1,590	1,520	1,390	1,430	1,420	1,430	1,420	1,560
4000 A	m	1,950	1,860	1,710	1,750	1,740	1,750	1,740	1,910
Bus duct plug in units									
Fusible units (excluding fuses):									
600 V									
30 A	EA	265.00	250.00	230.00	235.00	235.00	235.00	235.00	260.00
60 A	EA	315.00	300.00	275.00	280.00	280.00	280.00	280.00	310.00
100 A	EA	750.00	715.00	655.00	675.00	670.00	675.00	670.00	735.00
200 A	EA	1,040	990.00	905.00	930.00	925.00	930.00	925.00	1,020
400 A	EA	1,590	1,520	1,390	1,430	1,420	1,430	1,420	1,560
600 A	EA	2,025	1,930	1,760	1,810	1,800	1,810	1,800	1,980
800 A	EA	2,975	2,825	2,600	2,675	2,650	2,675	2,650	2,925
347/600V									
30 A	EA	285.00	275.00	250.00	255.00	255.00	255.00	255.00	280.00
60 A	EA	360.00	340.00	315.00	320.00	320.00	320.00	320.00	350.00
100 A	EA	855.00	820.00	750.00	770.00	765.00	770.00	765.00	840.00
200 A	EA	1,190	1,130	1,040	1,070	1,060	1,070	1,060	1,170
400 A	EA	1,760	1,680	1,540	1,580	1,570	1,580	1,570	1,730
600 A	EA	2,225	2,125	1,940	1,990	1,980	1,990	1,980	2,175
800 A	EA	3,300	3,150	2,900	2,975	2,950	2,975	2,950	3,250
Fittings for low impedence bus ducts									
3 poles, 600 V:									
Elbows									
600 A	EA	465.00	445.00	405.00	415.00	415.00	415.00	415.00	455.00
800 A	EA	545.00	520.00	475.00	485.00	485.00	485.00	485.00	535.00
1000 A	EA	610.00	585.00	535.00	550.00	545.00	550.00	545.00	600.00
1350 A	EA	705.00	675.00	615.00	635.00	630.00	635.00	630.00	695.00
1600 A	EA	795.00	760.00	695.00	715.00	710.00	715.00	710.00	780.00
2000 A	EA	935.00	895.00	820.00	840.00	835.00	840.00	835.00	920.00
2500 A	EA	1,060	1,020	930.00	955.00	950.00	955.00	950.00	1,050
3000 A	EA	1,230	1,180	1,080	1,110	1,100	1,110	1,100	1,210
3500 A	EA	1,400	1,340	1,230	1,260	1,250	1,260	1,250	1,380
4000 A	EA	1,570	1,500	1,370	1,410	1,400	1,410	1,400	1,540
Tees									
600 A	EA	670.00	640.00	590.00	605.00	600.00	605.00	600.00	660.00
800 A	EA	750.00	715.00	655.00	675.00	670.00	675.00	670.00	735.00
1000 A	EA	830.00	790.00	725.00	745.00	740.00	745.00	740.00	815.00
1350 A	EA	1,110	1,060	970.00	995.00	990.00	995.00	990.00	1,090
1600 A	EA	1,230	1,180	1,080	1,110	1,100	1,110	1,100	1,210
2000 A	EA	1,440	1,380	1,260	1,300	1,290	1,300	1,290	1,420
2500 A	EA	1,640	1,560	1,430	1,470	1,460	1,470	1,460	1,610
3000 A	EA	1,880	1,800	1,650	1,690	1,680	1,690	1,680	1,850
3500 A	EA	2,100	2,000	1,830	1,880	1,870	1,880	1,870	2,050
4000 A	EA	2,300	2,200	2,000	2,050	2,050	2,050	2,050	2,250
Wall flange									
600 A	EA	315.00	300.00	275.00	280.00	280.00	280.00	280.00	310.00
800 A	EA	315.00	300.00	275.00	280.00	280.00	280.00	280.00	310.00
1000 A	EA	315.00	300.00	275.00	280.00	280.00	280.00	280.00	310.00
1350 A	EA	315.00	300.00	275.00	280.00	280.00	280.00	280.00	310.00
1600 A	EA	315.00	300.00	275.00	280.00	280.00	280.00	280.00	310.00
2000 A	EA	315.00	300.00	275.00	280.00	280.00	280.00	280.00	310.00
2500 A	EA	315.00	300.00	275.00	280.00	280.00	280.00	280.00	310.00
3000 A	EA	315.00	300.00	275.00	280.00	280.00	280.00	280.00	310.00
3500 A	EA	390.00	375.00	345.00	350.00	350.00	350.00	350.00	385.00
4000 A	EA	390.00	375.00	345.00	350.00	350.00	350.00	350.00	385.00
Fire barrier									
600 A	EA	80.00	76.00	70.00	71.00	71.00	71.00	71.00	78.00
800 A	EA	80.00	76.00	70.00	71.00	71.00	71.00	71.00	78.00
1000 A	EA	80.00	76.00	70.00	71.00	71.00	71.00	71.00	78.00
1350 A	EA	80.00	76.00	70.00	71.00	71.00	71.00	71.00	78.00
1600 A	EA	80.00	76.00	70.00	71.00	71.00	71.00	71.00	78.00
2000 A	EA	80.00	76.00	70.00	71.00	71.00	71.00	71.00	78.00
2500 A	EA	80.00	76.00	70.00	71.00	71.00	71.00	71.00	78.00
3000 A	EA	80.00	76.00	70.00	71.00	71.00	71.00	71.00	78.00
3500 A	EA	122.00	117.00	107.00	110.00	109.00	110.00	109.00	120.00
4000 A	EA	122.00	117.00	107.00	110.00	109.00	110.00	109.00	120.00

METRIC CURRENT MARKET PRICES — Electrical DIV 16

Item	UNITS	St. Johns	Halifax	Montreal	Ottawa	Toronto	Winnipeg	Calgary	Vancouver
Transformer tap openings									
600 A	EA	1,190	1,130	1,040	1,070	1,060	1,070	1,060	1,170
800 A	EA	1,310	1,250	1,150	1,180	1,170	1,180	1,170	1,290
1000 A	EA	1,440	1,380	1,260	1,300	1,290	1,300	1,290	1,420
1350 A	EA	1,510	1,440	1,320	1,360	1,350	1,360	1,350	1,490
1600 A	EA	1,640	1,560	1,430	1,470	1,460	1,470	1,460	1,610
2000 A	EA	1,800	1,720	1,580	1,620	1,610	1,620	1,610	1,770
2500 A	EA	1,980	1,890	1,730	1,780	1,770	1,780	1,770	1,950
3000 A	EA	2,250	2,150	1,960	2,000	2,000	2,000	2,000	2,200
3500 A	EA	2,500	2,375	2,175	2,225	2,225	2,225	2,225	2,450
4000 A	EA	2,775	2,650	2,425	2,475	2,475	2,475	2,475	2,725
Full neutral 347/600 V:									
Elbows									
600 A	EA	560.00	535.00	490.00	505.00	500.00	505.00	500.00	550.00
800 A	EA	625.00	600.00	550.00	565.00	560.00	565.00	560.00	615.00
1000 A	EA	670.00	640.00	590.00	605.00	600.00	605.00	600.00	660.00
1350 A	EA	855.00	820.00	750.00	770.00	765.00	770.00	765.00	840.00
1600 A	EA	935.00	895.00	820.00	840.00	835.00	840.00	835.00	920.00
2000 A	EA	1,110	1,060	970.00	995.00	990.00	995.00	990.00	1,090
2500 A	EA	1,270	1,210	1,110	1,140	1,130	1,140	1,130	1,240
3000 A	EA	1,440	1,380	1,260	1,300	1,290	1,300	1,290	1,420
3500 A	EA	1,690	1,620	1,480	1,520	1,510	1,520	1,510	1,660
4000 A	EA	1,840	1,750	1,610	1,650	1,640	1,650	1,640	1,800
Tees									
600 A	EA	765.00	735.00	670.00	690.00	685.00	690.00	685.00	755.00
800 A	EA	855.00	820.00	750.00	770.00	765.00	770.00	765.00	840.00
1000 A	EA	1,040	990.00	905.00	930.00	925.00	930.00	925.00	1,020
1350 A	EA	1,270	1,210	1,110	1,140	1,130	1,140	1,130	1,240
1600 A	EA	1,360	1,290	1,190	1,220	1,210	1,220	1,210	1,330
2000 A	EA	1,570	1,500	1,370	1,410	1,400	1,410	1,400	1,540
2500 A	EA	1,800	1,720	1,580	1,620	1,610	1,620	1,610	1,770
3000 A	EA	2,050	1,960	1,790	1,840	1,830	1,840	1,830	2,025
3500 A	EA	2,350	2,250	2,050	2,100	2,100	2,100	2,100	2,300
4000 A	EA	2,500	2,375	2,175	2,225	2,225	2,225	2,225	2,450
Wall flange									
600 A	EA	315.00	300.00	275.00	280.00	280.00	280.00	280.00	310.00
800 A	EA	315.00	300.00	275.00	280.00	280.00	280.00	280.00	310.00
1000 A	EA	315.00	300.00	275.00	280.00	280.00	280.00	280.00	310.00
1350 A	EA	315.00	300.00	275.00	280.00	280.00	280.00	280.00	310.00
1600 A	EA	315.00	300.00	275.00	280.00	280.00	280.00	280.00	310.00
2000 A	EA	315.00	300.00	275.00	280.00	280.00	280.00	280.00	310.00
2500 A	EA	315.00	300.00	275.00	280.00	280.00	280.00	280.00	310.00
3000 A	EA	315.00	300.00	275.00	280.00	280.00	280.00	280.00	310.00
3500 A	EA	390.00	375.00	345.00	350.00	350.00	350.00	350.00	385.00
4000 A	EA	390.00	375.00	345.00	350.00	350.00	350.00	350.00	385.00
Fire barrier									
600 A	EA	80.00	76.00	70.00	71.00	71.00	71.00	71.00	78.00
800 A	EA	80.00	76.00	70.00	71.00	71.00	71.00	71.00	78.00
1000 A	EA	80.00	76.00	70.00	71.00	71.00	71.00	71.00	78.00
1350 A	EA	80.00	76.00	70.00	71.00	71.00	71.00	71.00	78.00
1600 A	EA	80.00	76.00	70.00	71.00	71.00	71.00	71.00	78.00
2000 A	EA	80.00	76.00	70.00	71.00	71.00	71.00	71.00	78.00
2500 A	EA	80.00	76.00	70.00	71.00	71.00	71.00	71.00	78.00
3000 A	EA	80.00	76.00	70.00	71.00	71.00	71.00	71.00	78.00
3500 A	EA	122.00	117.00	107.00	110.00	109.00	110.00	109.00	120.00
4000 A	EA	122.00	117.00	107.00	110.00	109.00	110.00	109.00	120.00
Transformer tap openings									
600 A	EA	1,270	1,210	1,110	1,140	1,130	1,140	1,130	1,240
800 A	EA	1,400	1,340	1,230	1,260	1,250	1,260	1,250	1,380
1000 A	EA	1,570	1,500	1,370	1,410	1,400	1,410	1,400	1,540
1350 A	EA	1,690	1,620	1,480	1,520	1,510	1,520	1,510	1,660
1600 A	EA	1,800	1,720	1,580	1,620	1,610	1,620	1,610	1,770
2000 A	EA	2,025	1,940	1,770	1,820	1,810	1,820	1,810	1,990
2500 A	EA	2,050	1,950	1,780	1,830	1,820	1,830	1,820	2,000
3000 A	EA	2,300	2,200	2,000	2,050	2,050	2,050	2,050	2,250
3500 A	EA	2,600	2,500	2,275	2,325	2,325	2,325	2,325	2,550
4000 A	EA	2,800	2,675	2,450	2,525	2,500	2,525	2,500	2,750
16470 PANELBOARDS									
Lighting panels quicklag breakers, bolt on									
120/200 V NBHA main lugs:									
100 A									
12 circuits, 15 A	EA	685.00	655.00	600.00	615.00	610.00	615.00	610.00	670.00
18 circuits, 15 A	EA	940.00	895.00	820.00	840.00	840.00	840.00	840.00	920.00
24 circuits, 15 A	EA	1,140	1,090	1,000	1,030	1,020	1,030	1,020	1,120
225 A									
12 circuits, 15 A	EA	685.00	655.00	600.00	615.00	610.00	615.00	610.00	670.00
18 circuits, 15 A	EA	940.00	895.00	820.00	840.00	840.00	840.00	840.00	920.00
24 circuits, 15 A	EA	1,140	1,090	1,000	1,030	1,020	1,030	1,020	1,120
30 circuits, 15 A	EA	1,380	1,320	1,210	1,240	1,230	1,240	1,230	1,360

Instructions for use, page 4. Main index, page 7.

DIV 16 Electrical — METRIC CURRENT MARKET PRICES

Item	UNITS	St. Johns	Halifax	Montreal	Ottawa	Toronto	Winnipeg	Calgary	Vancouver
36 circuits, 15 A	EA	1,630	1,560	1,430	1,460	1,450	1,460	1,450	1,600
42 circuits, 15 A	EA	1,820	1,740	1,590	1,630	1,630	1,630	1,630	1,790
Tub only with main lug:									
400 A									
30 spaces	EA	1,380	1,320	1,210	1,240	1,230	1,240	1,230	1,360
42 spaces	EA	1,540	1,470	1,350	1,380	1,370	1,380	1,370	1,510
600 A									
30 spaces	EA	1,580	1,510	1,390	1,420	1,410	1,420	1,410	1,560
42 spaces	EA	1,730	1,650	1,510	1,550	1,550	1,550	1,550	1,700
120/208 V NHBA main lugs:									
100 A									
12 circuits, 15 A	EA	730.00	695.00	640.00	655.00	650.00	655.00	650.00	715.00
18 circuits, 15 A	EA	940.00	895.00	820.00	840.00	840.00	840.00	840.00	920.00
24 circuits, 15 A	EA	1,190	1,130	1,040	1,070	1,060	1,070	1,060	1,170
225 A									
12 circuits, 15 A	EA	730.00	695.00	640.00	655.00	650.00	655.00	650.00	715.00
18 circuits, 15 A	EA	940.00	895.00	820.00	840.00	840.00	840.00	840.00	920.00
24 circuits, 15 A	EA	1,190	1,130	1,040	1,070	1,060	1,070	1,060	1,170
30 circuits, 15 A	EA	1,430	1,360	1,250	1,280	1,270	1,280	1,270	1,400
36 circuits, 15 A	EA	1,630	1,560	1,430	1,460	1,450	1,460	1,450	1,600
42 circuits, 15 A	EA	1,840	1,760	1,610	1,650	1,650	1,650	1,650	1,810
Tub only with main lug:									
400 A									
30 spaces	EA	1,380	1,320	1,210	1,240	1,230	1,240	1,230	1,360
42 spaces	EA	1,540	1,470	1,350	1,380	1,370	1,380	1,370	1,510
600 A									
30 spaces	EA	1,580	1,510	1,390	1,420	1,410	1,420	1,410	1,560
42 spaces	EA	1,730	1,650	1,510	1,550	1,550	1,550	1,550	1,700
120/200 V NBHA with main breaker:									
100 A									
12 circuits, 15 A	EA	985.00	940.00	860.00	885.00	880.00	885.00	880.00	965.00
24 circuits, 15 A	EA	1,370	1,310	1,200	1,230	1,220	1,230	1,220	1,340
36 circuits, 15 A	EA	1,890	1,800	1,650	1,700	1,690	1,700	1,690	1,860
42 circuits, 15 A	EA	2,125	2,025	1,850	1,900	1,890	1,900	1,890	2,075
225 A									
12 circuits, 15 A	EA	985.00	940.00	860.00	885.00	880.00	885.00	880.00	965.00
24 circuits, 15 A	EA	1,410	1,350	1,240	1,270	1,260	1,270	1,260	1,390
36 circuits, 15 A	EA	1,920	1,840	1,680	1,730	1,720	1,730	1,720	1,890
42 circuits, 15 A	EA	2,150	2,050	1,880	1,930	1,920	1,930	1,920	2,100
Tub only with main breaker:									
400 A									
30 spaces	EA	2,850	2,725	2,500	2,575	2,550	2,575	2,550	2,800
42 spaces	EA	3,175	3,025	2,775	2,850	2,825	2,850	2,825	3,100
600 A									
30 spaces	EA	4,125	3,950	3,625	3,700	3,675	3,700	3,675	4,050
42 spaces	EA	4,575	4,375	4,000	4,100	4,100	4,100	4,100	4,500
120/208 V NHBA with main breaker:									
100 A									
12 circuits, 15 A	EA	1,020	980.00	895.00	920.00	915.00	920.00	915.00	1,010
24 circuits, 15 A	EA	1,410	1,350	1,240	1,270	1,260	1,270	1,260	1,390
36 circuits, 15 A	EA	1,970	1,880	1,720	1,770	1,760	1,770	1,760	1,930
42 circuits, 15 A	EA	2,200	2,100	1,920	1,970	1,960	1,970	1,960	2,150
225 A									
12 circuits, 15 A	EA	1,290	1,230	1,130	1,160	1,150	1,160	1,150	1,270
24 circuits, 15 A	EA	1,710	1,630	1,490	1,530	1,530	1,530	1,530	1,680
36 circuits, 15 A	EA	2,225	2,125	1,950	2,000	1,990	2,000	1,990	2,200
42 circuits, 15 A	EA	2,450	2,350	2,150	2,200	2,200	2,200	2,200	2,425
Tub only with main breaker:									
400 A									
30 spaces	EA	3,175	3,025	2,775	2,850	2,825	2,850	2,825	3,100
42 spaces	EA	3,475	3,325	3,050	3,125	3,100	3,125	3,100	3,425
600 A									
30 spaces	EA	4,825	4,625	4,225	4,350	4,325	4,350	4,325	4,750
42 spaces	EA	5,300	5,100	4,625	4,750	4,725	4,750	4,725	5,200
347/600 V NBHA main lugs:									
100 A									
12 circuits, 15 A single pole 347 V	EA	1,240	1,190	1,090	1,120	1,110	1,120	1,110	1,220
18 circuits, 15 A single pole 347 V	EA	1,710	1,630	1,490	1,530	1,530	1,530	1,530	1,680
24 circuits, 15 A single pole 347 V	EA	2,450	2,350	2,150	2,200	2,200	2,200	2,200	2,425
225 A									
12 circuits, 15 A single pole 347 V	EA	1,290	1,230	1,130	1,160	1,150	1,160	1,150	1,270
18 circuits, 15 A single pole 347 V	EA	1,710	1,630	1,490	1,530	1,530	1,530	1,530	1,680
24 circuits, 15 A single pole 347 V	EA	2,450	2,350	2,150	2,200	2,200	2,200	2,200	2,425
30 circuits, 15 A single pole 347 V	EA	3,300	3,150	2,900	2,975	2,950	2,975	2,950	3,250
36 circuits, 15 A single pole 347 V	EA	3,750	3,600	3,300	3,375	3,350	3,375	3,350	3,700
42 circuits, 15 A single pole 347 V	EA	4,350	4,150	3,800	3,900	3,900	3,900	3,900	4,275
347/600 V NBHA main lugs:									
225 A, 42 spaces, 1 or 3 poles	EA	1,490	1,430	1,310	1,340	1,330	1,340	1,330	1,470

METRIC CURRENT MARKET PRICES — Electrical DIV 16

Item	UNITS	St. Johns	Halifax	Montreal	Ottawa	Toronto	Winnipeg	Calgary	Vancouver
347/600 V NFBA main breaker:									
225 A, 42 spaces, 1 or 3 poles	EA	1,560	1,490	1,370	1,400	1,390	1,400	1,390	1,530
16475 CIRCUIT BREAKERS									
Circuit breaker type CED:									
600 V									
15-50 A	EA	490.00	470.00	430.00	440.00	440.00	440.00	440.00	485.00
70-100 A	EA	655.00	625.00	575.00	590.00	585.00	590.00	585.00	645.00
347/600 V									
15-50 A	EA	570.00	545.00	500.00	515.00	510.00	515.00	510.00	560.00
70-100 A	EA	700.00	670.00	615.00	630.00	625.00	630.00	625.00	690.00
Circuit breaker type CFJ:									
600 V									
100-225 A	EA	1,060	1,020	930.00	955.00	950.00	955.00	950.00	1,040
347/600 V									
100-225 A	EA	1,180	1,120	1,030	1,060	1,050	1,060	1,050	1,160
Circuit breaker type CJJ:									
600 V									
225-400 A	EA	1,890	1,800	1,650	1,700	1,690	1,700	1,690	1,860
347/600 V									
225-400 A	EA	2,050	1,960	1,790	1,840	1,830	1,840	1,830	2,000
Circuit breaker type CKMA:									
600 V									
500-600 A	EA	2,575	2,450	2,250	2,300	2,300	2,300	2,300	2,525
700-800 A	EA	3,275	3,125	2,875	2,950	2,925	2,950	2,925	3,225
347/600 V									
500-600 A	EA	2,825	2,700	2,475	2,550	2,525	2,550	2,525	2,775
700-800 A	EA	3,600	3,425	3,150	3,225	3,200	3,225	3,200	3,525
Circuit Breakers NHBA:									
120 V, single pole									
15-60 A	EA	19.15	18.30	16.80	17.20	17.10	17.20	17.10	18.85
70 A	EA	53.00	51.00	46.50	47.75	47.50	47.75	47.50	52.00
240 V, 2 poles									
15-60 A	EA	37.00	35.50	32.50	33.25	33.00	33.25	33.00	36.50
70 A	EA	69.00	66.00	60.00	62.00	62.00	62.00	62.00	68.00
80 A	EA	87.00	83.00	76.00	78.00	78.00	78.00	78.00	86.00
100 A	EA	100.00	95.00	87.00	89.00	89.00	89.00	89.00	98.00
240 V, 3 poles									
15-60 A	EA	105.00	101.00	92.00	94.00	94.00	94.00	94.00	103.00
70 A	EA	152.00	145.00	133.00	136.00	135.00	136.00	135.00	149.00
80 A	EA	176.00	169.00	154.00	158.00	158.00	158.00	158.00	173.00
100 A	EA	192.00	184.00	168.00	173.00	172.00	173.00	172.00	189.00
Ground fault circuit breaker NBHA:									
120 V, single pole, 15-20 A	EA	169.00	161.00	147.00	151.00	150.00	151.00	150.00	166.00
NHBA:									
240 V, single pole, 15-20 A	EA	68.00	65.00	59.00	61.00	61.00	61.00	61.00	67.00
NFBA									
347/600 V									
15-60 A, single pole	EA	120.00	115.00	105.00	108.00	107.00	108.00	107.00	118.00
15-60 A, 2 poles	EA	270.00	260.00	240.00	245.00	240.00	245.00	240.00	265.00
15-60 A, 3 poles	EA	340.00	325.00	295.00	305.00	305.00	305.00	305.00	335.00
16475 OVERCURRENT PROTECTION DEVICES									
Distribution panel fusible type									
Base and main lugs 250 or 600 V:									
3 poles, 3 wires									
200 A	EA	990.00	945.00	865.00	890.00	885.00	890.00	885.00	970.00
400 A	EA	1,110	1,060	975.00	1,000	995.00	1,000	995.00	1,090
600 A	EA	1,230	1,180	1,080	1,110	1,100	1,110	1,100	1,210
800 A	EA	1,590	1,520	1,400	1,430	1,420	1,430	1,420	1,570
1200 A	EA	2,150	2,050	1,880	1,930	1,920	1,930	1,920	2,100
3 poles, 4 wires									
200 A	EA	1,270	1,210	1,110	1,140	1,130	1,140	1,130	1,240
400 A	EA	1,390	1,330	1,220	1,250	1,240	1,250	1,240	1,370
600 A	EA	1,520	1,450	1,330	1,360	1,350	1,360	1,350	1,490
800 A	EA	1,890	1,800	1,650	1,700	1,690	1,700	1,690	1,860
1200 A	EA	2,500	2,375	2,175	2,225	2,225	2,225	2,225	2,450
Door in trim	EA	345.00	330.00	300.00	310.00	310.00	310.00	310.00	340.00
Fusible units for distribution panel, fuses not included									
600 V:									
2 poles									
30 A	EA	172.00	164.00	150.00	154.00	154.00	154.00	154.00	169.00
60 A	EA	172.00	164.00	150.00	154.00	154.00	154.00	154.00	169.00
100 A	EA	290.00	275.00	250.00	260.00	260.00	260.00	260.00	285.00
200 A	EA	600.00	575.00	525.00	540.00	535.00	540.00	535.00	590.00
400 A	EA	1,590	1,520	1,400	1,430	1,420	1,430	1,420	1,570
600 A	EA	1,920	1,840	1,680	1,730	1,720	1,730	1,720	1,890
800 A	EA	2,925	2,775	2,550	2,625	2,600	2,625	2,600	2,850
1200 A	EA	6,400	6,200	5,600	5,800	5,800	5,800	5,800	6,300

Instructions for use, page 4. Main index, page 7.

DIV 16 Electrical — METRIC CURRENT MARKET PRICES

Item	UNITS	St. Johns	Halifax	Montreal	Ottawa	Toronto	Winnipeg	Calgary	Vancouver
3 poles									
30 A	EA	225.00	215.00	195.00	200.00	199.00	200.00	199.00	220.00
60 A	EA	225.00	215.00	195.00	200.00	199.00	200.00	199.00	220.00
100 A	EA	360.00	345.00	315.00	325.00	325.00	325.00	325.00	355.00
200 A	EA	750.00	720.00	660.00	675.00	670.00	675.00	670.00	740.00
400 A	EA	1,640	1,570	1,440	1,470	1,460	1,470	1,460	1,610
600 A	EA	2,025	1,930	1,770	1,820	1,810	1,820	1,810	1,990
800 A	EA	2,975	2,825	2,600	2,675	2,650	2,675	2,650	2,925
1200 A	EA	6,600	6,300	5,700	5,900	5,900	5,900	5,900	6,400
Space only									
30 A	EA	63.00	61.00	55.00	57.00	57.00	57.00	57.00	62.00
60 A	EA	63.00	61.00	55.00	57.00	57.00	57.00	57.00	62.00
100 A	EA	90.00	86.00	79.00	81.00	81.00	81.00	81.00	89.00
200 A	EA	132.00	126.00	116.00	119.00	118.00	119.00	118.00	130.00
400 A	EA	225.00	215.00	198.00	205.00	200.00	205.00	200.00	220.00
600 A	EA	250.00	240.00	220.00	225.00	220.00	225.00	220.00	245.00
800 A	EA	310.00	295.00	270.00	280.00	280.00	280.00	280.00	305.00
1200 A	EA	310.00	295.00	270.00	280.00	280.00	280.00	280.00	305.00
Distribution panel, breaker type base and main lugs									
250 or 600 V:									
3 poles, 3 wires									
250 A	EA	860.00	820.00	750.00	770.00	770.00	770.00	770.00	845.00
400 A	EA	990.00	945.00	865.00	890.00	885.00	890.00	885.00	970.00
600 A	EA	1,150	1,100	1,010	1,040	1,030	1,040	1,030	1,130
800 A	EA	1,450	1,380	1,270	1,300	1,290	1,300	1,290	1,420
1000 A	EA	2,025	1,930	1,770	1,820	1,810	1,820	1,810	1,990
1200 A	EA	2,225	2,125	1,950	2,000	1,990	2,000	1,990	2,200
3 poles, 4 wires									
250 A	EA	935.00	890.00	815.00	835.00	835.00	835.00	835.00	915.00
400 A	EA	1,070	1,020	935.00	960.00	955.00	960.00	955.00	1,050
600 A	EA	1,270	1,210	1,110	1,140	1,130	1,140	1,130	1,240
800 A	EA	1,920	1,840	1,680	1,730	1,720	1,730	1,720	1,890
1000 A	EA	2,225	2,125	1,950	2,000	1,990	2,000	1,990	2,200
1200 A	EA	2,425	2,325	2,125	2,175	2,175	2,175	2,175	2,400
Breaker units for distribution panel									
600 V:									
FB frame									
15 - 60 A, 1 pole	EA	138.00	132.00	121.00	124.00	123.00	124.00	123.00	136.00
15 - 60 A, 2 poles	EA	310.00	295.00	270.00	280.00	280.00	280.00	280.00	305.00
15 - 60 A, 3 poles	EA	395.00	380.00	345.00	355.00	355.00	355.00	355.00	390.00
70 - 100 A, 2 poles	EA	385.00	365.00	335.00	345.00	345.00	345.00	345.00	380.00
70 - 100 A, 3 poles	EA	460.00	440.00	400.00	410.00	410.00	410.00	410.00	450.00
125 - 150 A, 2 poles	EA	780.00	745.00	685.00	700.00	695.00	700.00	695.00	765.00
125 - 150 A, 3 poles	EA	975.00	930.00	850.00	875.00	870.00	875.00	870.00	955.00
KA frame:									
70 - 225 A, 2 poles	EA	915.00	875.00	800.00	820.00	820.00	820.00	820.00	900.00
70 - 225 A, 3 poles	EA	1,130	1,080	990.00	1,020	1,010	1,020	1,010	1,110
LB frame:									
70 - 400 A, 2 poles	EA	1,460	1,390	1,280	1,310	1,300	1,310	1,300	1,430
70 - 400 A, 3 poles	EA	1,810	1,730	1,580	1,620	1,620	1,620	1,620	1,780
250 - 600 A, 2 poles	EA	2,250	2,150	1,970	2,025	2,000	2,025	2,000	2,200
250 - 600 A, 3 poles	EA	2,825	2,700	2,475	2,550	2,525	2,550	2,525	2,775
MA frame:									
125 - 600 A, 2 poles	EA	2,450	2,350	2,150	2,200	2,200	2,200	2,200	2,425
125 - 600 A, 3 poles	EA	3,225	3,075	2,825	2,900	2,875	2,900	2,875	3,175
700 - 800 A, 2 poles	EA	3,075	2,950	2,700	2,775	2,750	2,775	2,750	3,025
700 - 800 A, 3 poles	EA	3,975	3,800	3,500	3,575	3,550	3,575	3,550	3,925
NB frame:									
900 - 1000 A, 2 poles	EA	5,500	5,300	4,850	4,975	4,950	4,975	4,950	5,400
900 - 1000 A, 3 poles	EA	6,000	5,700	5,200	5,400	5,400	5,400	5,400	5,900
1200 A, 2 poles	EA	6,800	6,500	5,900	6,100	6,100	6,100	6,100	6,700
1200 A, 3 poles	EA	8,800	8,400	7,700	7,900	7,900	7,900	7,900	8,700
600 V breakers, mark-75, in panelboard									
HFB frame:									
15 - 60 A, 2 poles	EA	415.00	395.00	360.00	370.00	370.00	370.00	370.00	405.00
15 - 60 A, 3 poles	EA	505.00	480.00	440.00	450.00	450.00	450.00	450.00	495.00
70 - 100 A, 2 poles	EA	485.00	465.00	425.00	435.00	435.00	435.00	435.00	480.00
70 - 100 A, 3 poles	EA	660.00	630.00	580.00	595.00	590.00	595.00	590.00	650.00
125 - 150 A, 2 poles	EA	1,090	1,040	955.00	980.00	975.00	980.00	975.00	1,070
125 - 150 A, 3 poles	EA	1,240	1,190	1,090	1,120	1,110	1,120	1,110	1,220
HKA frame:									
70 - 225 A, 2 poles	EA	1,610	1,530	1,410	1,440	1,430	1,440	1,430	1,580
70 - 225 A, 3 poles	EA	1,990	1,900	1,740	1,790	1,780	1,790	1,780	1,960
HLB-HLA frame:									
125 - 400 A, 2 poles	EA	2,175	2,075	1,910	1,960	1,950	1,960	1,950	2,150
125 - 400 A, 3 poles	EA	2,725	2,600	2,375	2,425	2,425	2,425	2,425	2,675
250 - 600 A, 2 poles	EA	2,825	2,700	2,475	2,550	2,525	2,550	2,525	2,775
250 - 600 A, 3 poles	EA	3,225	3,075	2,825	2,900	2,875	2,900	2,875	3,175

METRIC CURRENT MARKET PRICES — Electrical DIV 16

Item	UNITS	St. Johns	Halifax	Montreal	Ottawa	Toronto	Winnipeg	Calgary	Vancouver
HMA frame:									
600 A, 2 poles	EA	3,000	2,875	2,625	2,700	2,675	2,700	2,675	2,950
600 A, 3 poles	EA	3,675	3,500	3,225	3,300	3,275	3,300	3,275	3,600
700 A, 2 poles	EA	3,525	3,375	3,100	3,175	3,150	3,175	3,150	3,475
700 A, 3 poles	EA	4,125	3,950	3,625	3,700	3,675	3,700	3,675	4,050
600 V breaker, tri-pac, in panelboard									
FB frame:									
15 - 100 A, 2 poles	EA	1,130	1,080	990.00	1,020	1,010	1,020	1,010	1,110
15 - 100 A, 3 poles	EA	1,370	1,310	1,200	1,230	1,220	1,230	1,220	1,340
LA frame:									
70 - 225 A, 2 poles	EA	2,225	2,125	1,940	1,990	1,980	1,990	1,980	2,175
70 - 225 A, 3 poles	EA	3,525	3,375	3,100	3,175	3,150	3,175	3,150	3,475
250 - 400 A, 2 poles	EA	2,850	2,725	2,500	2,575	2,550	2,575	2,550	2,800
250 - 400 A, 3 poles	EA	3,975	3,800	3,500	3,575	3,550	3,575	3,550	3,925
16480 MOTORS									
3 phase, 208 V and 575 V, drip proof									
(squirrel induction, sliding base)									
7.5 kW (10 hp) motors:									
3600 rpm	EA	1,370	1,310	1,200	1,230	1,220	1,230	1,220	1,350
1800 rpm	EA	1,290	1,230	1,130	1,160	1,150	1,160	1,150	1,270
1200 rpm	EA	1,860	1,780	1,630	1,670	1,660	1,670	1,660	1,830
900 rpm	EA	2,825	2,700	2,475	2,525	2,525	2,525	2,525	2,775
11.2 kW (15 hp) motors:									
3600 rpm	EA	1,690	1,620	1,480	1,520	1,510	1,520	1,510	1,660
1800 rpm	EA	1,660	1,580	1,450	1,490	1,480	1,490	1,480	1,630
1200 rpm	EA	2,425	2,325	2,125	2,175	2,175	2,175	2,175	2,375
900 rpm	EA	3,625	3,475	3,175	3,250	3,250	3,250	3,250	3,550
18.6 kW (25 hp) motors:									
3600 rpm	EA	2,625	2,500	2,300	2,350	2,350	2,350	2,350	2,575
1800 rpm	EA	2,225	2,125	1,950	2,000	1,990	2,000	1,990	2,200
1200 rpm	EA	3,250	3,100	2,850	2,925	2,900	2,925	2,900	3,200
900 rpm	EA	5,100	4,875	4,475	4,575	4,575	4,575	4,575	5,000
37.5 kW (50 hp) motors:									
3600 rpm	EA	4,650	4,450	4,075	4,175	4,150	4,175	4,150	4,575
1800 rpm	EA	4,025	3,850	3,525	3,625	3,600	3,625	3,600	3,950
1200 rpm	EA	5,900	5,700	5,200	5,300	5,300	5,300	5,300	5,800
900 rpm	EA	11,200	10,700	9,800	10,000	10,000	10,000	10,000	11,000
56 kW (75 hp) motors:									
3600 rpm	EA	7,400	7,100	6,500	6,700	6,600	6,700	6,600	7,300
1800 rpm	EA	6,200	5,900	5,400	5,500	5,500	5,500	5,500	6,100
1200 rpm	EA	9,100	8,700	8,000	8,200	8,200	8,200	8,200	9,000
900 rpm	EA	16,000	15,300	14,000	14,400	14,300	14,400	14,300	15,700
75 kW (100 hp) motors:									
3600 rpm	EA	9,500	9,100	8,300	8,500	8,500	8,500	8,500	9,300
1800 rpm	EA	7,700	7,300	6,700	6,900	6,800	6,900	6,800	7,500
1200 rpm	EA	17,800	17,000	15,600	16,000	15,900	16,000	15,900	17,500
900 rpm	EA	20,000	19,100	17,500	17,900	17,900	17,900	17,900	19,600
16480 MOTOR STARTERS									
Magnetic starter (full voltage. non-reversible general purpose enclosure with overload relays)									
600 V 3 phase:									
Motors up to 1.5 kW (2 hp)	EA	370.00	355.00	325.00	335.00	330.00	335.00	330.00	365.00
Motors up to 3.7 kW (5 hp)	EA	495.00	475.00	435.00	445.00	445.00	445.00	445.00	490.00
Motors up to 7.5 kW (10 hp)	EA	615.00	590.00	540.00	555.00	550.00	555.00	550.00	605.00
Motors up to 18.6 kW (25 hp)	EA	1,000	955.00	875.00	895.00	895.00	895.00	895.00	980.00
Motors up to 37.5 kW (50 hp)	EA	1,550	1,480	1,360	1,390	1,390	1,390	1,390	1,530
Combination magnetic/fusible type (full voltage non-reversible general purpose enclosure with fuses and overload relays)									
600 V 3 phase:									
Motors up to 3.7 kW (5 hp)	EA	1,000	955.00	875.00	895.00	895.00	895.00	895.00	980.00
Motors up to 7.5 kW (10 hp)	EA	1,120	1,070	980.00	1,000	1,000	1,000	1,000	1,100
Motors up to 18.6 kW (25 hp)	EA	1,840	1,760	1,610	1,650	1,640	1,650	1,640	1,810
Motors up to 37.5 kW (50 hp)	EA	2,800	2,675	2,450	2,500	2,500	2,500	2,500	2,750

16500 Lighting

16510 INTERIOR LIGHTING FIXTURE WIRED ON EXISTING OUTLET

Item	UNITS	St. Johns	Halifax	Montreal	Ottawa	Toronto	Winnipeg	Calgary	Vancouver
Fluorescent, medium quality (lamps included)									
Surface mounted, strip fixture (no louvre or guard hpf-rs ballast included):									
610 mm (24"), 1 tube	EA	73.00	70.00	64.00	65.00	65.00	65.00	65.00	71.00
1220 mm (48"), 1 tube	EA	64.00	61.00	56.00	57.00	57.00	57.00	57.00	63.00
610 mm (24"), 2 tube	EA	78.00	75.00	69.00	70.00	70.00	70.00	70.00	77.00
1220 mm (48"), 2 tube	EA	68.00	65.00	60.00	61.00	61.00	61.00	61.00	67.00
1220 mm (48"), 4 tube	EA	118.00	113.00	103.00	106.00	106.00	106.00	106.00	116.00
Surface mounted, wrap-around lens:									
1220 mm (48"), 2 tube	EA	91.00	87.00	80.00	82.00	81.00	82.00	81.00	89.00
1220 mm (48"), 4 tube	EA	140.00	134.00	122.00	125.00	125.00	125.00	125.00	137.00

Instructions for use, page 4. Main index, page 7.

DIV 16 Electrical — METRIC CURRENT MARKET PRICES

Item	UNITS	St. Johns	Halifax	Montreal	Ottawa	Toronto	Winnipeg	Calgary	Vancouver
Surface mounted, lay-in lens:									
1220 mm (48"), 2 tube	EA	115.00	110.00	100.00	103.00	103.00	103.00	103.00	113.00
1220 mm (48"), 4 tube	EA	181.00	173.00	158.00	162.00	161.00	162.00	161.00	178.00
Surface mounted, damp locations:									
1220 mm (48"), 2 tube	EA	188.00	179.00	164.00	168.00	167.00	168.00	167.00	184.00
Suspended fixtures:									
1220 mm (48"), 2 tube	EA	117.00	112.00	102.00	105.00	105.00	105.00	105.00	115.00
1220 mm (48"), 4 tube	EA	117.00	112.00	102.00	105.00	105.00	105.00	105.00	115.00
2240 mm (96"), 2 tube high bay vho	EA	255.00	245.00	225.00	230.00	230.00	230.00	230.00	250.00
Recessed, lay-in acrylic lens:									
1220 mm (48"), 2 tube	EA	115.00	110.00	100.00	103.00	103.00	103.00	103.00	113.00
1220 mm (48"), 4 tube	EA	156.00	149.00	136.00	140.00	139.00	140.00	139.00	153.00
Recessed, hinge frame acrylic lens:									
1220 mm (48"), 2 tube	EA	134.00	128.00	117.00	120.00	120.00	120.00	120.00	132.00
1220 mm (48"), 4 tube	EA	158.00	151.00	138.00	142.00	141.00	142.00	141.00	155.00
Incandescent (lamps and stems included)									
Industrial type:									
RLM dome, 200 W	EA	63.00	60.00	55.00	56.00	56.00	56.00	56.00	61.00
RLM dome, 500 W	EA	72.00	68.00	63.00	64.00	64.00	64.00	64.00	70.00
Glass reflector, 200 W	EA	85.00	81.00	75.00	77.00	76.00	77.00	76.00	84.00
Glass reflector, 500 W	EA	135.00	129.00	118.00	121.00	121.00	121.00	121.00	133.00
Vaportight, 150 W	EA	100.00	96.00	88.00	90.00	89.00	90.00	89.00	98.00
Explosion proof, 150 W	EA	285.00	270.00	250.00	255.00	255.00	255.00	255.00	280.00
Outdoor bracket, 150 W	EA	150.00	143.00	131.00	135.00	134.00	135.00	134.00	147.00
Commercial type:									
Glass enclosed, 150 W	EA	106.00	101.00	93.00	95.00	94.00	95.00	94.00	104.00
Pot light, 150 W	EA	101.00	97.00	89.00	91.00	90.00	91.00	90.00	99.00
Wall-washer, 200 W	EA	106.00	101.00	93.00	95.00	94.00	95.00	94.00	104.00
Wash-basin, 60 W	EA	100.00	96.00	88.00	90.00	89.00	90.00	89.00	98.00
Exit lights:									
1 face (ceiling or wall), 50,000 hr	EA	168.00	161.00	147.00	151.00	150.00	151.00	150.00	165.00
Recessed, 25 W	EA	97.00	92.00	85.00	87.00	86.00	87.00	86.00	95.00
Surface mounted, 25 W	EA	101.00	97.00	89.00	91.00	90.00	91.00	90.00	99.00
Mercury (ballast, lamps etc. included)									
High bay type:									
400 W, single	EA	460.00	440.00	405.00	415.00	410.00	415.00	410.00	450.00
400 W, twin	EA	670.00	640.00	585.00	600.00	600.00	600.00	600.00	660.00
Low bay type:									
400 W, single	EA	460.00	440.00	405.00	415.00	410.00	415.00	410.00	450.00
400 W, twin	EA	660.00	630.00	575.00	590.00	590.00	590.00	590.00	650.00
Recessed type									
400 W, single	EA	505.00	485.00	445.00	455.00	450.00	455.00	450.00	495.00
400 W, twin	EA	555.00	530.00	485.00	500.00	495.00	500.00	495.00	545.00

16535 EMERGENCY LIGHT AND POWER

Item	UNITS	St. Johns	Halifax	Montreal	Ottawa	Toronto	Winnipeg	Calgary	Vancouver
Individual unit includes twin head and mounting brackets, 10 years maintenance free:									
6 V:									
100 W	EA	760.00	730.00	665.00	685.00	680.00	685.00	680.00	750.00
200 W	EA	1,030	990.00	905.00	930.00	925.00	930.00	925.00	1,020
12 V:									
200 W	EA	1,070	1,030	940.00	965.00	960.00	965.00	960.00	1,060
300 W	EA	1,350	1,290	1,180	1,210	1,210	1,210	1,210	1,330
400 W	EA	1,520	1,460	1,330	1,370	1,360	1,370	1,360	1,500
Central units (completely operative)									
24 and 32 V:									
500 W	EA	4,825	4,625	4,225	4,325	4,325	4,325	4,325	4,750
1000 W	EA	5,800	5,500	5,100	5,200	5,200	5,200	5,200	5,700
1500 W	EA	6,800	6,500	6,000	6,100	6,100	6,100	6,100	6,700
2000 W	EA	8,400	8,000	7,400	7,500	7,500	7,500	7,500	8,300
3000 W	EA	9,900	9,400	8,700	8,900	8,800	8,900	8,800	9,700
4000 W	EA	11,700	11,200	10,200	10,500	10,500	10,500	10,500	11,500
120 Vdc:									
2000 W	EA	11,800	11,300	10,300	10,600	10,600	10,600	10,600	11,600
5000 W	EA	15,500	14,800	13,500	13,900	13,800	13,900	13,800	15,200
10000 W	EA	21,100	20,200	18,500	19,000	18,900	19,000	18,900	20,800
20000 W	EA	27,700	26,500	24,300	24,900	24,800	24,900	24,800	27,200
120 Vac:									
500 W	EA	5,800	5,500	5,100	5,200	5,200	5,200	5,200	5,700
1000 W	EA	9,000	8,600	7,900	8,100	8,000	8,100	8,000	8,800
3000 W	EA	21,300	20,300	18,600	19,100	19,000	19,100	19,000	20,900
4500 W	EA	26,700	25,500	23,400	24,000	23,900	24,000	23,900	26,200
6000 W	EA	31,900	30,500	28,000	28,700	28,500	28,700	28,500	31,400
Heads operative average distance 6000 mm									
24 and 32 V	EA	118.00	113.00	103.00	106.00	106.00	106.00	106.00	116.00
120 Vdc	EA	118.00	113.00	103.00	106.00	106.00	106.00	106.00	116.00
120 Vac	EA	118.00	113.00	103.00	106.00	106.00	106.00	106.00	116.00

METRIC CURRENT MARKET PRICES — Electrical DIV 16

Item	UNITS	St. Johns	Halifax	Montreal	Ottawa	Toronto	Winnipeg	Calgary	Vancouver
16600 Power Generation									
16620 COMPLETE OPERATING SYSTEM									
347-600 V									
35 kW	EA	29,800	28,500	26,100	26,700	26,600	26,700	26,600	29,300
50 kW	EA	36,600	35,000	32,000	32,900	32,700	32,900	32,700	36,000
60 kW	EA	44,800	42,800	39,200	40,200	40,000	40,200	40,000	44,000
100 kW	EA	57,000	54,500	49,900	51,200	50,900	51,200	50,900	56,000
150 kW	EA	71,900	68,700	62,900	64,500	64,200	64,500	64,200	70,600
200 kW	EA	82,900	79,200	72,500	74,400	74,000	74,400	74,000	81,400
300 kW	EA	116,700	111,500	102,100	104,700	104,200	104,700	104,200	114,600
500 kW	EA	258,000	246,500	225,800	231,600	230,400	231,600	230,400	253,400
16700 Communications									
16720 ALARM AND DETECTION EQUIPMENT									
Fire alarm systems, not wired, price of components only									
1 stage, without smoke protection (batteries included):									
Control panel 4 zones	EA	2,525	2,425	2,200	2,275	2,250	2,275	2,250	2,475
Control panel 8 zones	EA	3,075	2,950	2,700	2,775	2,750	2,775	2,750	3,025
Control panel 12 zones	EA	3,950	3,775	3,450	3,525	3,525	3,525	3,525	3,875
Control panel 24 zones	EA	6,200	6,000	5,500	5,600	5,600	5,600	5,600	6,100
Annunciator 4 zones	EA	740.00	710.00	650.00	665.00	660.00	665.00	660.00	730.00
Annunciator 8 zones	EA	1,010	960.00	880.00	900.00	900.00	900.00	900.00	990.00
Annunciator 12 zones	EA	1,260	1,200	1,100	1,130	1,120	1,130	1,120	1,240
Annunciator 24 zones	EA	1,890	1,810	1,660	1,700	1,690	1,700	1,690	1,860
2 stage, without smoke detection (batteries included):									
Control panel 4 zones	EA	3,475	3,325	3,025	3,125	3,100	3,125	3,100	3,400
Control panel 8 zones	EA	4,225	4,050	3,700	3,800	3,775	3,800	3,775	4,150
Control panel 12 zones	EA	5,200	4,950	4,525	4,650	4,625	4,650	4,625	5,100
Control panel 24 zones	EA	7,200	6,900	6,300	6,400	6,400	6,400	6,400	7,000
2 stage, with smoke detection (batteries included):									
Control panel 4 zones	EA	3,950	3,775	3,450	3,525	3,525	3,525	3,525	3,875
Control panel 8 zones	EA	5,000	4,800	4,400	4,500	4,500	4,500	4,500	4,950
Control panel 12 zones	EA	6,200	6,000	5,500	5,600	5,600	5,600	5,600	6,100
Control panel 24 zones	EA	8,800	8,400	7,700	7,900	7,900	7,900	7,900	8,700
Components:									
Bells	EA	163.00	156.00	143.00	147.00	146.00	147.00	146.00	161.00
Manual station, 1 stage	EA	51.00	48.75	44.75	46.00	45.75	46.00	45.75	50.00
Manual station, 2 stage	EA	81.00	78.00	71.00	73.00	72.00	73.00	72.00	80.00
Fire detection	EA	53.00	50.00	46.00	47.25	47.00	47.25	47.00	52.00
Smoke detector, surface type	EA	225.00	215.00	197.00	200.00	200.00	200.00	200.00	220.00
Smoke detector, duct type	EA	665.00	635.00	580.00	595.00	595.00	595.00	595.00	655.00
Card Access & Alarm System									
Basic computer / processor unit, keyboard, printer, control terminal, cabinet and multiplexer panels, wiring and conduit with 15 card reading stations, 30 devices and 1000 photo access cards.									
Price per system	EA	148,300	141,700	129,800	133,100	132,400	133,100	132,400	145,600
Components									
Card readers	EA	595.00	565.00	520.00	535.00	530.00	535.00	530.00	585.00
Window alarms	EA	595.00	565.00	520.00	535.00	530.00	535.00	530.00	585.00
Door alarms	EA	370.00	355.00	325.00	330.00	330.00	330.00	330.00	365.00
Skylight alarms	EA	670.00	640.00	585.00	600.00	600.00	600.00	600.00	660.00
Infrared, microwave or ultrasonic detectors	EA	370.00	355.00	325.00	330.00	330.00	330.00	330.00	365.00
16850 Electrical Resistance Heating									
16856 ELECTRIC HEATERS PROPELLERS FAN TYPE									
Wall type force flow									
208 V, integrated thermostat:									
1500 W	EA	410.00	395.00	360.00	370.00	365.00	370.00	365.00	405.00
2000 W	EA	430.00	410.00	375.00	385.00	385.00	385.00	385.00	420.00
3000 W	EA	470.00	445.00	410.00	420.00	420.00	420.00	420.00	460.00
4000 W	EA	485.00	465.00	425.00	435.00	435.00	435.00	435.00	475.00

DIV 16 Electrical — METRIC CURRENT MARKET PRICES

Item	UNITS	St. Johns	Halifax	Montreal	Ottawa	Toronto	Winnipeg	Calgary	Vancouver
16880 ELECTRICAL BASEBOARD									
208 V, integrated thermostat									
Baked enamel finish (white):									
500 W	EA	166.00	158.00	145.00	149.00	148.00	149.00	148.00	163.00
750 W	EA	198.00	189.00	173.00	178.00	177.00	178.00	177.00	195.00
1000 W	EA	245.00	235.00	215.00	220.00	220.00	220.00	220.00	240.00
1250 W	EA	275.00	260.00	240.00	245.00	245.00	245.00	245.00	270.00
1500 W	EA	320.00	305.00	280.00	285.00	285.00	285.00	285.00	315.00
2000 W	EA	370.00	355.00	325.00	330.00	330.00	330.00	330.00	365.00
16890 PACKAGED ROOM AIR CONDITIONERS									
Window mounted									
120 V:									
5000 BTU, 185 cfm	EA	545.00	520.00	475.00	485.00	485.00	485.00	485.00	535.00
6000 BTU, 190 cfm	EA	660.00	630.00	580.00	595.00	590.00	595.00	590.00	650.00
8000 BTU, 300 cfm	EA	995.00	950.00	870.00	895.00	890.00	895.00	890.00	980.00
10,000 BTU, 265 cfm	EA	1,060	1,020	930.00	955.00	950.00	955.00	950.00	1,050
208 V:									
15,000 BTU, 370 cfm	EA	1,480	1,410	1,290	1,330	1,320	1,330	1,320	1,450
17,500 BTU, 400 cfm	EA	1,510	1,440	1,320	1,360	1,350	1,360	1,350	1,490
22,500 BTU, 630 cfm	EA	2,050	1,970	1,800	1,850	1,840	1,850	1,840	2,025

SECTION C — IMPERIAL CURRENT MARKET PRICES

Item	UNITS	St. Johns	Halifax	Montreal	Ottawa	Toronto	Winnipeg	Calgary	Vancouver
00: BIDDING REQUIREMENTS									
00600 Insurance and Bonds									
00610 PERFORMANCE BONDS									
Annually renewable:									
Value of contract									
50%	$/1000	4.25							
100%	$/1000	6.25							
Sliding Scale:									
50%, 2 years, contract value:									
Not exceeding $2.5M	$/1000	7.00							
Over $2.5M not exceeding $5.0M	$/1000	5.50							
Over $5.0M not exceeding $7.5M	$/1000	5.25							
Over $7.5M	$/1000	5.00							
100%, 2 years, contract value:									
Not exceeding $2.5M	$/1000	9.25							
Over $2.5M not exceeding $5.0M	$/1000	7.00							
Over $5.0M not exceeding $7.5M	$/1000	6.75							
Over $7.5M	$/1000	6.25							
00620 Payment Bonds									
Labour and materials (add to cost of performance bonds):									
Federal Government contracts, 50%	$/1000	5.25							
Federal Government contracts, 100%	$/1000	7.25							
All other contracts, 50%	$/1000	4.25							
All other contracts, 100%	$/1000	6.25							
01: GENERAL REQUIREMENTS									
01060 Permits and Taxes									
Building Permits									
Based on value									
Minimum Permit Fee	$	8.00	25.00	N/A	50.00	50.00	23.00	N/A	77.00
Basic Rates									
Not exceeding $50,000	$/1000	8.00	N/A	N/A	N/A	12.00	7.00	N/A	1.54
Over $50,000 not exceeding $200,000	$/1000	6.40	N/A	N/A	N/A	12.00	7.00	N/A	3.70
Over $200,000	$/1000	6.40	N/A	N/A	N/A	12.00	7.00	6.00	3.70
Not exceeding $5,000,000	$/1000	6.40	N/A	N/A	10.00	12.00	7.00	6.00	3.70
Over $5,000,000 not exceeding $10,000,000	$/1000	6.40	N/A	N/A	8.75	12.00	7.00	6.00	3.70
Over $10,000,000	$/1000	6.40	N/A	N/A	7.50	12.00	7.00	6.00	3.70
Taxes									
Sales tax on building materials:									
Provincial Sales Tax (P.S.T.)	%	N/A	N/A	N/A	*8.00	*8.00	*7.00	N/A	*7.00
Goods & Services Tax (G.S.T.)	%	N/A	N/A	7.00	7.00	7.00	7.00	7.00	7.00
Quebec Sales Tax (Q.S.T.)	%	N/A	N/A	7.50	N/A	N/A	N/A	N/A	N/A
Harmonized Sales Tax (H.S.T.)	%	15.00	15.00	N/A	N/A	N/A	N/A	N/A	N/A

The unit rates given include material, labour, overhead & profit
*P.S.T. on material has been included in Ottawa, Toronto, Winnipeg & Vancouver's unit rates
All unit rates exclude G.S.T., Q.S.T. & H.S.T.

For Calculation Purposes using the unit rates provided in this book:
St. Johns: 15% H.S.T. should be added to the unit rate
Halifax: 15% H.S.T. should be added to the unit rate
Montreal: 7.5% Q.S.T. should be added to the sum of the unit rate plus 7% G.S.T.
Ottawa: 7% G.S.T. should be added to the unit rate (8% P.S.T. on material is included in the unit rate)
Toronto: 7% G.S.T. should be added to the unit rate (8% P.S.T. on material is included in the unit rate)
Winnipeg: 7% G.S.T. should be added to the unit rate (7% P.S.T. on material is included in the unit rate)
Calgary: 7% G.S.T. should be added to the unit rate
Vancouver: 7% G.S.T. should be added to the unit rate (7% P.S.T. on material is included in the unit rate)

Method for calculating a unit rate from scratch
Assumptions:
Material (M) = $40.00
Labour (L) = $40.00
Overhead & Profit (O) = $20.00

	St. Johns		Halifax		Montreal		Ottawa		Toronto		Winnipeg		Calgary		Vancouver	
Material		40.00		40.00		40.00		40.00		40.00		40.00		40.00		40.00
Labour		40.00		40.00		40.00		40.00		40.00		40.00		40.00		40.00
OH&P		20.00		20.00		20.00		20.00		20.00		20.00		20.00		20.00
PST on (M)	N/A	—	N/A	—	N/A	—	8%	3.20	8%	3.20	7%	2.80	N/A	—	7%	2.80
GST on (M+L+O)	N/A	—	N/A	—	7%	7.00	7%	7.00	7%	7.00	7%	7.00	7%	7.00	7%	7.00
QST on sum of (M+L+O+GST)	N/A	—	N/A	—	7.5%	8.03	N/A	—	N/A	—	N/A	—	N/A	—	N/A	—
HST on (M+L+O)	15%	15.00	15%	15.00	N/A	—	N/A	—	N/A	—	N/A	—	N/A	—	N/A	—
TOTAL		115.00		115.00		115.03		110.20		110.20		109.80		107.00		109.80

Bonding rates reported are considered appropriate for most ICI construction. Actual rates vary depending on the qualifications of the contractor, duration of work, etc.

DIV 2 Site Work — IMPERIAL CURRENT MARKET PRICES

Item	UNITS	St. Johns	Halifax	Montreal	Ottawa	Toronto	Winnipeg	Calgary	Vancouver
02: SITE WORK									
02050 Demolition									
02060 BUILDING DEMOLITION									
No salvage or haulage included, based on building volume									
Low rise building, 10' floor to floor height,									
GFA of 40 ksf, average cost	CF	0.28	0.25	0.27	0.27	0.26	0.28	0.29	0.29
02070 SELECTIVE DEMOLITION									
Concrete									
Foundation Walls:									
Unreinforced	CF	2.69	3.06	3.09	3.51	3.12	3.27	3.45	3.47
Reinforced	CF	5.25	5.05	6.25	6.70	6.25	6.55	6.80	6.95
Slab-on grade:									
Unreinforced	SF	0.78	0.81	0.60	0.83	0.74	0.63	0.67	0.67
Reinforced	SF	1.18	1.23	0.91	1.26	1.12	0.96	1.01	1.01
Masonry									
Partitions:									
Average cost	SF	4.33	5.30	5.40	4.54	5.40	5.65	5.55	5.95
Exterior walls:									
Average cost	SF	6.05	6.20	7.55	8.40	7.55	7.95	8.45	8.55
02100 Clearing									
02115 TREE PRUNING AND REMOVAL									
Tree removal in restricted areas									
Complete removal:									
24" diameter	EA	525.00	645.00	540.00	630.00	630.00	550.00	610.00	600.00
02140 Site Drainage									
TEMPORARY CONSTRUCTION DEWATERING									
Pumping prices include attendance									
consumables and 10 m of discharge pipe									
Electrically powered:									
20 gpm 2 hp submersible	DAY	45.50	41.00	42.00	44.00	40.00	44.25	36.00	46.00
600 gpm 25 hp	DAY	155.00	141.00	145.00	152.00	140.00	152.00	124.00	158.00
Gas or Diesel powered:									
600 gpm 25 hp	DAY	220.00	210.00	215.00	225.00	210.00	230.00	187.00	235.00
Drainage trenches and pits									
Trenches 3' wide including backfill:									
2' deep by machine	LF	2.74	2.45	2.36	2.41	2.38	2.43	2.68	2.50
3' deep by machine	LF	3.57	3.20	3.08	3.12	3.11	3.17	2.80	3.25
4' deep by machine	LF	4.72	4.24	4.07	4.13	4.11	4.19	3.51	4.31
Well point system, single stage. Including all equipment									
rental and labour including 24 hour supervision, 2" dia.									
well points : 5' o.c., 6" dia. header:									
500' header - first month	MONTH	37,300	32,300	34,900	35,000	35,000	35,800	29,100	36,400
Add for each subsequent month	MONTH	17,500	15,100	16,400	16,400	17,100	16,800	13,700	17,100
1000' header - first month	MONTH	80,500	69,800	75,500	75,800	72,500	77,500	62,900	78,700
Add for each subsequent month	MONTH	34,800	30,200	32,700	32,700	32,000	33,500	27,200	34,100
02150 Shoring									
02151 PILING WITH INTERMEDIATE LAGGING, SOLDIER PILES AND RAKERS									
20' deep	SF	21.00	21.25	23.75	24.00	21.25	24.50	23.75	24.75
35' deep	SF	23.25	26.50	26.50	26.75	23.75	27.25	26.50	27.50
02152 SHEET PILING									
Steel									
Left in place:									
25' deep, 30 lbs/sf	SF	23.25	30.75	23.75	31.25	27.50	28.75	30.75	32.00
02153 UNDERPINNING									
Average Cost	CY	495.00	445.00	440.00	485.00	525.00	455.00	590.00	610.00
02200 Earthwork									
02210 SITE GRADING									
Rough Grading									
Strip and stockpile topsoil:									
Pull scraper not exceeding 500' haul	CY	1.90	1.74	1.72	1.54	1.58	1.77	1.44	1.77
Cut, fill and compact:									
Pull scraper not exceeding 700' haul	CY	N/A	1.90	1.85	1.65	1.73	1.92	1.79	1.92
Self propelled scraper not exceeding 1500' haul	CY	2.48	2.34	2.24	1.94	2.13	2.32	1.99	2.33
Cut and stockpile:									
Front end loader operation	CY	1.91	1.81	1.78	1.59	1.67	1.85	1.71	1.85
Scraper operation	CY	N/A	1.72	1.71	1.47	1.58	1.44	1.51	1.72

IMPERIAL CURRENT MARKET PRICES — Site Work DIV 2

Item	UNITS	St. Johns	Halifax	Montreal	Ottawa	Toronto	Winnipeg	Calgary	Vancouver
Fill and compact from stockpile:									
Pull scraper not exceeding 700' haul	CY	N/A	1.81	1.84	1.70	1.65	1.85	1.50	1.85
Self propelled scraper not exceeding 1500' haul	CY	N/A	2.31	2.27	1.94	2.10	2.25	1.83	2.26
Fill with imported granular material (not exceeding 10 mile haul):									
Machine operation	CY	13.75	17.20	17.20	15.20	15.60	17.15	13.85	17.10
Hand operation	CY	38.25	38.25	38.50	32.25	35.00	35.75	39.00	36.00
Finish grading									
By machine:									
Grader	SY	0.84	0.81	0.81	0.67	0.75	0.84	0.65	0.81
Roller	SY	0.46	0.43	0.42	0.35	0.40	0.44	0.34	0.42
By hand:									
To rough grades	SY	1.92	1.89	1.93	1.64	1.74	1.87	1.45	1.80
To finish grades	SY	2.76	2.76	2.80	2.33	2.53	2.61	2.23	2.63
02220 EXCAVATING AND BACKFILLING									
Machine excavation - building (excluding hauling cost)									
Bulk excavation medium soil, (including checker/labourer):									
Backhoe operation, 60 m3/hour	CY	2.22	1.77	1.80	2.33	2.03	1.78	1.99	1.68
Front end loader operation, 60 m3/hour	CY	1.57	1.52	1.55	1.64	1.43	1.50	1.60	1.40
Bulk excavation, rock:									
Ripping	CY	6.25	6.20	6.25	5.75	5.70	6.40	6.35	5.85
Trench and footing excavation medium soil									
For foundation walls									
Not exceeding 6' deep	CY	7.30	6.80	7.35	6.15	6.65	7.45	5.55	6.65
Over 6' not exceeding 12' deep	CY	4.51	4.51	4.56	4.09	4.13	4.61	3.43	4.13
For column footings									
Not exceeding 6' deep	CY	9.00	8.40	9.15	8.35	8.25	9.25	6.80	8.25
Over 6' not exceeding 12' deep	CY	5.30	5.30	5.35	5.60	4.86	5.45	4.02	4.95
Excavation below level of basement:									
For wall footings not exceeding 2' deep	CY	3.63	3.59	3.66	3.15	3.32	3.69	2.73	3.30
Trench and footing excavation, rock:									
For foundation walls not exceeding 12' deep	CY	99.00	88.00	100.00	104.00	92.00	102.00	87.00	101.00
For footings	CY	106.00	93.00	107.00	111.00	96.00	108.00	92.00	107.00
Hand excavation									
Not exceeding 6' deep:									
Normal soil	CY	49.75	46.75	50.00	43.25	45.75	48.75	47.50	43.00
Rock (hand-held compressor tool)	CY	210.00	235.00	245.00	255.00	215.00	250.00	199.00	240.00
Clean off rock face	SF	2.28	2.28	2.30	2.24	2.07	2.34	1.77	2.20
Bulk excavation, overburden (external), minimum volume 2000 CY									
Wide open areas	CY	15.30	15.20	15.30	14.15	12.90	15.45	11.50	13.85
Adjacent building 100' distant	CY	45.75	33.75	45.50	42.50	38.75	46.50	34.75	41.25
Trench excavation, overburden (external)									
Wide open areas	CY	30.50	28.00	36.00	33.75	30.25	36.50	28.50	32.75
Adjacent buildings 100' distant	CY	76.00	74.00	102.00	94.00	85.00	102.00	76.00	92.00
Backfill and compaction									
Excavated materials, place & compact for grading	CY	7.20	7.05	6.25	5.50	6.00	6.30	5.40	5.60
Pit run gravel not exceeding 10 mile haul	CY	14.55	14.55	14.65	13.80	13.75	15.00	11.00	13.45
Crushed stone to weeping tiles	CY	32.75	24.25	28.50	25.00	29.00	28.75	24.75	25.75
3/4" crushed stone to under side of slab-on-grade, not exceeding 10 mile haul	CY	24.25	21.25	24.50	21.75	23.00	25.00	18.35	22.25
Waste material disposal									
Hauling:									
1 hour return trip	CY	6.10	5.15	5.75	5.40	6.10	6.80	5.20	6.85

02350 Pile Foundations

02360 PILES

Item	UNITS	St. Johns	Halifax	Montreal	Ottawa	Toronto	Winnipeg	Calgary	Vancouver
Concrete piles									
Precast piles:									
12" x 12" square	LF	53.00	37.25	32.25	38.50	33.25	28.50	27.75	40.00
16" x 16" square	LF	69.00	39.00	33.50	39.25	34.50	29.50	30.50	41.50
Steel piles									
Steel H-piles:									
12", 53 lb/ft	LF	45.00	45.00	35.25	39.75	40.00	37.75	36.50	48.00
Steel pipe piles:									
10" dia., concrete filled	LF	36.50	36.50	32.00	32.00	32.25	34.25	33.50	38.75

02380 CAISSONS

Item	UNITS	St. Johns	Halifax	Montreal	Ottawa	Toronto	Winnipeg	Calgary	Vancouver
Drilled Caissons									
In normal soil									
No lining:									
24" dia.	LF	30.50	25.25	22.00	27.00	25.50	24.50	24.50	30.00
30" dia.	LF	45.75	43.25	37.75	45.50	40.50	42.00	36.50	48.50
36" dia.	LF	61.00	57.00	50.00	61.00	56.00	56.00	48.75	67.00
Lining removed:									
24" dia.	LF	38.00	31.75	27.75	34.00	31.75	31.00	30.50	38.00
30" dia.	LF	53.00	48.50	42.25	52.00	47.75	47.50	45.75	57.00
60" dia.	LF	152.00	146.00	126.00	155.00	158.00	143.00	146.00	189.00

Instructions for use, page 4. Main index, page 7.

DIV 2 Site Work — IMPERIAL CURRENT MARKET PRICES

Item	UNITS	St. Johns	Halifax	Montreal	Ottawa	Toronto	Winnipeg	Calgary	Vancouver
In wet soil, pumping included									
Lining removed:									
30" dia.	LF	61.00	48.50	42.25	52.00	51.00	47.50	53.00	60.00
Lining left in place:									
30" dia.	LF	122.00	108.00	94.00	115.00	114.00	105.00	122.00	137.00
In shale or soft rock									
No lining									
30" dia.	LF	137.00	126.00	113.00	98.00	118.00	127.00	94.00	142.00

02500 Paving and Surfacing

02510 PAVING, MINIMUM 10,000 S.F.

Item	UNITS	St. Johns	Halifax	Montreal	Ottawa	Toronto	Winnipeg	Calgary	Vancouver
Base courses									
Grading:									
Prepare sub-base	SY	0.90	0.90	0.69	0.77	0.79	0.69	0.69	0.69
Granular bases:									
Pit run gravel	CY	12.40	15.00	14.15	16.95	14.55	16.75	16.15	16.90
3/4" crushed stone	CY	22.00	22.00	26.00	30.50	25.75	30.75	22.75	30.25
Bituminous paving									
One layer:									
2"	SY	5.55	5.55	4.96	4.33	4.82	5.70	5.70	4.73
Two Layers:									
3"	SY	10.70	10.20	8.85	8.10	9.30	10.45	10.00	8.55

02525 CURBS AND GUTTERS

Item	UNITS	St. Johns	Halifax	Montreal	Ottawa	Toronto	Winnipeg	Calgary	Vancouver
Precast concrete curb									
8" x 6" x 8'0"	LF	8.25	6.80	6.40	6.05	7.55	6.60	6.10	8.20
Precast concrete pavers									
2" thick precast pavers complete, basic 4" x 8"	SF	6.15	5.10	4.55	4.74	5.50	4.88	4.40	5.85

02600 Mechanical Site Services

02660 WATER DISTRIBUTION

Cast iron pressure pipe based on 100' of pipe, one tee, two 90 degree elbows buried 5' deep, including excavation, bedding, anchoring and backfill.

Item	UNITS	St. Johns	Halifax	Montreal	Ottawa	Toronto	Winnipeg	Calgary	Vancouver
Class 2 titon cast iron pipe:									
4"	LF	45.00	42.75	43.75	42.75	48.00	44.00	44.00	45.75
6"	LF	52.00	49.25	50.00	49.25	55.00	51.00	51.00	53.00
8"	LF	62.00	59.00	60.00	59.00	66.00	61.00	61.00	63.00
10"	LF	80.00	76.00	78.00	76.00	85.00	78.00	78.00	81.00
12"	LF	93.00	89.00	91.00	89.00	99.00	91.00	91.00	95.00
14"	LF	113.00	108.00	110.00	108.00	121.00	111.00	111.00	115.00
16"	LF	131.00	125.00	128.00	125.00	140.00	129.00	129.00	134.00
18"	LF	151.00	144.00	147.00	144.00	162.00	149.00	149.00	154.00
20"	LF	175.00	166.00	170.00	166.00	186.00	171.00	171.00	178.00
24"	LF	225.00	215.00	220.00	215.00	240.00	220.00	220.00	230.00

Schedule 40 pvc pressure pipe with cast iron fittings based on 100' of pipe, one tee, two 90-degree elbows, buried 5' deep, including excavation, bedding, anchoring and backfill:

Item	UNITS	St. Johns	Halifax	Montreal	Ottawa	Toronto	Winnipeg	Calgary	Vancouver
C900 pvc pipe:									
4"	LF	35.25	34.25	34.25	33.50	37.00	34.50	34.50	36.25
6"	LF	37.75	36.75	36.75	36.00	39.75	37.25	37.25	39.00
8"	LF	49.50	48.25	48.25	47.25	52.00	48.75	48.75	51.00
10"	LF	61.00	59.00	59.00	58.00	64.00	60.00	60.00	62.00
12"	LF	73.00	71.00	71.00	70.00	77.00	72.00	72.00	76.00

Soft copper pressure pipe (in coil) based on 132' of pipe, one coupling, one adapter, buried 5' deep, including excavation, bedding and backfill.

Item	UNITS	St. Johns	Halifax	Montreal	Ottawa	Toronto	Winnipeg	Calgary	Vancouver
Soft copper pipe type k:									
1/2"	LF	45.50	43.75	43.75	43.50	48.25	44.25	44.75	47.00
3/4"	LF	47.50	45.50	45.50	45.00	50.00	45.75	46.25	48.50
1"	LF	51.00	49.25	49.25	48.75	54.00	49.50	50.00	53.00
1 1/4"	LF	56.00	53.00	53.00	53.00	59.00	54.00	55.00	57.00
1 1/2"	LF	58.00	55.00	55.00	55.00	61.00	56.00	56.00	59.00
Curb stop including box buried 5' deep									
Copper service pipe:									
1/2"	EA	205.00	197.00	197.00	195.00	215.00	199.00	200.00	210.00
3/4"	EA	235.00	225.00	225.00	220.00	245.00	225.00	230.00	240.00
1"	EA	285.00	275.00	275.00	275.00	305.00	280.00	280.00	295.00
1 1/4"	EA	450.00	435.00	435.00	430.00	475.00	440.00	440.00	465.00
1 1/2"	EA	525.00	505.00	505.00	500.00	555.00	510.00	515.00	540.00
Cast iron service pipe:									
4"	EA	690.00	655.00	660.00	650.00	720.00	670.00	670.00	705.00
6"	EA	935.00	890.00	900.00	880.00	980.00	905.00	905.00	960.00
8"	EA	1,380	1,310	1,320	1,300	1,440	1,340	1,340	1,410

IMPERIAL CURRENT MARKET PRICES — Site Work DIV 2

02665 SUPPLY & RETURN CHILLED WATER MAINS
including fittings, supports, guides and anchors, expansion joints and loops.
Schedule 40 A-53 pipe

Item	UNITS	St. Johns	Halifax	Montreal	Ottawa	Toronto	Winnipeg	Calgary	Vancouver
In tunnel with 2" glass fibre insulation:									
3" dia.	LF	116.00	113.00	114.00	110.00	124.00	114.00	113.00	119.00
4" dia.	LF	129.00	125.00	126.00	123.00	138.00	126.00	125.00	133.00
5" dia.	LF	153.00	149.00	151.00	146.00	164.00	151.00	149.00	158.00
6" dia.	LF	171.00	166.00	168.00	163.00	183.00	168.00	166.00	176.00
8" dia.	LF	210.00	205.00	205.00	199.00	225.00	205.00	205.00	215.00
10" dia.	LF	270.00	260.00	265.00	255.00	285.00	265.00	260.00	275.00
12" dia.	LF	345.00	335.00	335.00	325.00	365.00	335.00	335.00	355.00
14" dia.	LF	370.00	360.00	360.00	350.00	395.00	360.00	360.00	380.00
In steel conduit including excavation & backfilling, av. 6' deep:									
3" dia.	LF	170.00	165.00	167.00	162.00	181.00	167.00	165.00	175.00
4" dia.	LF	200.00	197.00	199.00	193.00	215.00	199.00	197.00	210.00
5" dia.	LF	265.00	260.00	260.00	255.00	285.00	260.00	260.00	275.00
6" dia.	LF	300.00	295.00	295.00	290.00	320.00	295.00	295.00	310.00
8" dia.	LF	365.00	355.00	360.00	350.00	390.00	360.00	355.00	375.00
10" dia.	LF	445.00	435.00	440.00	425.00	475.00	440.00	435.00	460.00
12" dia.	LF	640.00	620.00	630.00	610.00	680.00	630.00	620.00	660.00
14" dia.	LF	775.00	755.00	760.00	740.00	825.00	760.00	755.00	795.00
In insulating concrete including concrete base, excavation and backfilling, average 6' deep:									
3" dia.	LF	149.00	144.00	146.00	141.00	158.00	146.00	144.00	153.00
4" dia.	LF	157.00	152.00	154.00	149.00	167.00	154.00	152.00	161.00
5" dia.	LF	188.00	182.00	184.00	179.00	200.00	184.00	182.00	193.00
6" dia.	LF	225.00	220.00	220.00	215.00	240.00	220.00	220.00	230.00
8" dia.	LF	285.00	275.00	280.00	270.00	305.00	280.00	275.00	295.00
10" dia.	LF	345.00	335.00	340.00	330.00	370.00	340.00	335.00	355.00
12" dia.	LF	435.00	425.00	430.00	415.00	465.00	430.00	425.00	450.00
14" dia.	LF	495.00	480.00	485.00	470.00	525.00	485.00	480.00	505.00

02695 STEAM DISTRIBUTION SYSTEM
including fittings, supports, guides and anchors, expansion joints and loops.
Schedule 40 A-53 steam, schedule 80 seamless condensate.

Item	UNITS	St. Johns	Halifax	Montreal	Ottawa	Toronto	Winnipeg	Calgary	Vancouver
In tunnel with 2" calcium silicate insulation on steam and 1" glass fibre on condensate:									
3", 1 1/2"	LF	109.00	106.00	107.00	104.00	117.00	107.00	106.00	112.00
4", 2"	LF	116.00	113.00	114.00	110.00	124.00	114.00	113.00	119.00
5", 3"	LF	137.00	133.00	134.00	131.00	146.00	134.00	133.00	141.00
6", 3"	LF	157.00	152.00	154.00	149.00	167.00	154.00	152.00	161.00
8", 4"	LF	175.00	170.00	171.00	166.00	186.00	171.00	170.00	180.00
10", 5"	LF	245.00	235.00	240.00	230.00	260.00	240.00	235.00	250.00
12", 6"	LF	265.00	260.00	260.00	255.00	285.00	260.00	260.00	275.00
14", 6"	LF	340.00	330.00	335.00	325.00	360.00	335.00	330.00	350.00
In steel conduit including manhole, excavation and backfilling, average 6' deep:									
3", 1 1/2"	LF	193.00	187.00	189.00	183.00	205.00	189.00	187.00	198.00
4", 2"	LF	230.00	220.00	225.00	220.00	245.00	225.00	220.00	235.00
5", 3"	LF	255.00	250.00	250.00	245.00	275.00	250.00	250.00	265.00
6", 3"	LF	290.00	285.00	285.00	280.00	310.00	285.00	285.00	300.00
8", 4"	LF	355.00	340.00	345.00	335.00	375.00	345.00	340.00	365.00
10", 5"	LF	445.00	435.00	440.00	425.00	475.00	440.00	435.00	460.00
12", 6"	LF	590.00	575.00	580.00	565.00	630.00	580.00	575.00	610.00
14", 6"	LF	640.00	620.00	630.00	610.00	680.00	630.00	620.00	660.00
In insulating concrete including manhole, excavation and backfilling, average 6' deep:									
3", 1 1/2"	LF	152.00	147.00	149.00	145.00	162.00	149.00	147.00	156.00
4", 2"	LF	160.00	155.00	157.00	152.00	171.00	157.00	155.00	165.00
5", 3"	LF	188.00	182.00	184.00	179.00	200.00	184.00	182.00	193.00
6", 3"	LF	225.00	215.00	220.00	215.00	240.00	220.00	215.00	230.00
8", 4"	LF	285.00	275.00	280.00	270.00	305.00	280.00	275.00	295.00
10", 5"	LF	345.00	335.00	340.00	330.00	370.00	340.00	335.00	355.00
12", 6"	LF	400.00	390.00	395.00	380.00	430.00	395.00	390.00	415.00
14", 6"	LF	495.00	480.00	485.00	470.00	525.00	485.00	480.00	505.00

02700 Sewage and Drainage
02710 SUB-SURFACE DRAINAGE SYSTEMS

Item	UNITS	St. Johns	Halifax	Montreal	Ottawa	Toronto	Winnipeg	Calgary	Vancouver
PVC									
Perforated:									
4" dia.	LF	6.05	5.90	5.90	5.75	6.35	6.00	5.95	6.30
6" dia.	LF	8.80	8.55	8.55	8.40	9.25	8.75	8.65	9.15
Vitrified clay									
Farm tile, 1' length									
4" dia.	LF	7.90	7.70	7.70	7.55	8.30	7.85	7.75	8.20
6" dia.	LF	9.40	9.15	9.15	8.95	9.85	9.30	9.20	9.75

Instructions for use, page 4. Main index, page 7.

DIV 2 Site Work — IMPERIAL CURRENT MARKET PRICES

Item	UNITS	St. Johns	Halifax	Montreal	Ottawa	Toronto	Winnipeg	Calgary	Vancouver
02720/30 STORM/SANITARY SEWERAGE									
Concrete drainage piping based on 100' of pipe including jointing, buried 5' deep, including excavation, bedding and backfilling.									
Type C-76 class 3 concrete sewer pipe									
6"	LF	33.25	32.00	32.25	31.75	35.25	32.25	32.25	34.50
8"	LF	39.25	37.75	38.00	37.25	41.50	38.00	38.00	40.75
10"	LF	49.75	48.00	48.25	47.50	53.00	48.25	48.25	52.00
12"	LF	53.00	51.00	52.00	51.00	56.00	52.00	52.00	55.00
15"	LF	60.00	58.00	59.00	57.00	64.00	59.00	59.00	63.00
18"	LF	68.00	65.00	66.00	64.00	71.00	66.00	66.00	70.00
21"	LF	77.00	75.00	75.00	74.00	82.00	75.00	75.00	80.00
24"	LF	96.00	92.00	93.00	91.00	101.00	93.00	93.00	99.00
27"	LF	109.00	105.00	106.00	104.00	115.00	106.00	106.00	113.00
30"	LF	130.00	125.00	126.00	124.00	138.00	126.00	126.00	135.00
36"	LF	170.00	163.00	165.00	162.00	179.00	165.00	165.00	176.00
42"	LF	210.00	205.00	205.00	200.00	225.00	205.00	205.00	220.00
Catch Basins, excavation and backfill included with pipe									
Poured concrete:									
2' x 2' x 4' deep	EA	1,240	1,200	1,210	1,180	1,330	1,200	1,210	1,280
Add for each additional 1' in depth	EA	157.00	151.00	152.00	149.00	167.00	151.00	152.00	161.00
Precast concrete:									
2'0" dia. 4'0" deep	EA	1,020	985.00	995.00	975.00	1,090	985.00	995.00	1,050
Add for each additional 1' depth	EA	157.00	151.00	152.00	149.00	167.00	151.00	152.00	161.00
Manholes, excavation and backfill included with pipe									
Poured concrete:									
2'6" x 2'6" x 7'0" deep	EA	1,840	1,770	1,790	1,750	1,960	1,770	1,790	1,890
Add for each additional 1' depth	EA	184.00	177.00	179.00	175.00	196.00	177.00	179.00	189.00
Precast concrete:									
2'6" dia. x 7'0" deep	EA	1,570	1,510	1,520	1,490	1,670	1,510	1,520	1,610
Add for each additional 1' depth	EA	198.00	190.00	192.00	188.00	210.00	190.00	192.00	205.00
02740 SEPTIC TANK SYSTEMS									
including excavation, stone bedding and backfilling									
Septic Tank									
Steel horizontal:									
791 imp.gals.	EA	2,075	2,000	2,000	1,970	2,200	2,025	2,050	2,100
2,375 imp.gals.	EA	6,400	6,200	6,200	6,100	6,800	6,300	6,300	6,500
5,000 imp.gals.	EA	13,700	13,300	13,300	13,100	14,700	13,500	13,600	14,000
Disposal bed header pipes									
Cast Iron, mechanical joint:									
4"	LF	36.25	35.25	35.25	34.50	38.75	35.50	36.00	37.00
Plastic:									
4"	LF	26.00	25.25	25.25	24.75	27.75	25.50	25.75	26.50
Plastic perforated:									
4"	LF	16.25	15.75	15.75	15.45	17.30	15.95	16.10	16.55

02800 Site Improvements

Item	UNITS	St. Johns	Halifax	Montreal	Ottawa	Toronto	Winnipeg	Calgary	Vancouver
02830 FENCES AND GATES									
Chain link fence - galvanized steel									
6 gauge wire - 2" mesh:									
Penitentiary type:									
6' high	LF	18.60	18.30	17.05	19.15	16.15	18.85	15.25	18.60
8' high	LF	24.75	24.00	22.50	23.25	21.25	25.00	18.30	24.75
12' high	LF	31.00	30.75	29.00	27.75	26.75	31.75	22.75	31.00
9 gauge wire - 2" mesh:									
Standard type:									
6' high	LF	15.10	13.70	12.90	14.50	13.10	14.15	11.10	15.00
8' high	LF	18.60	17.05	15.85	19.15	16.15	17.90	13.70	18.60
12' high	LF	21.75	20.50	19.20	22.25	18.90	21.00	16.15	21.75
11 gauge wire - 2" mesh:									
Light commercial type:									
6' high	LF	12.20	10.05	9.20	9.75	10.90	10.35	9.20	10.65
8' high	LF	15.25	13.10	12.05	12.30	14.15	13.25	12.05	13.95
12' high	LF	19.20	18.00	16.45	17.25	16.45	18.50	14.10	19.20
Barbed wire top protection:									
3 strands	LF	1.52	1.72	1.58	1.90	1.60	1.79	1.65	1.83
Galvanized steel gates:									
2" mesh, 6' high	LF	42.25	34.25	31.50	39.00	37.00	35.50	32.50	36.25

02900 Landscaping

Item	UNITS	St. Johns	Halifax	Montreal	Ottawa	Toronto	Winnipeg	Calgary	Vancouver
02920 SOIL PREPARATION									
Spread and grade topsoil by machine									
From site stockpile	CY	6.10	5.70	5.95	6.15	5.45	6.00	4.43	6.10
Import (including cost of soil)	CY	23.00	16.80	16.45	20.75	19.85	16.55	16.05	20.75
Fine grade topsoil by hand									
To slopes, banks and the like	SY	2.93	2.13	2.38	2.61	2.44	2.25	2.50	2.55

IMPERIAL CURRENT MARKET PRICES — Site Work DIV 2

Item	UNITS	St. Johns	Halifax	Montreal	Ottawa	Toronto	Winnipeg	Calgary	Vancouver
02930 LAWNS									
Seeding, mechanical application assumes soil prepared and work carried out in best sowing periods									
Lawns (area not exceeding 10 000 sy)									
$2.00 per lb, 25 lb per msy	SY	0.69	0.63	0.60	0.65	0.57	0.62	0.46	0.52
Hydro seeding, over 12 000 sy									
Level areas (wood fibre mulch)	SY	0.84	0.46	0.52	0.53	0.52	0.53	0.42	0.47
Sloping areas (liquid plastic)	SY	1.05	0.54	0.57	0.66	0.63	0.62	0.50	0.52
Sodding									
1/4" to 3/4" thick cut nursery sod:									
No. 1 grade to level ground	SY	3.76	2.76	2.13	2.62	2.65	2.86	2.51	2.17
No. 1 grade to slopes	SY	4.18	3.36	2.63	3.44	3.16	3.07	3.16	2.53
02950 TREES, SHRUBS AND GROUND COVER									
All trees earth balled and burlapped. All plantings to be staked and guyed as necessary. Prices cover excavation and reinstatement and include maintenance and full guarantee. Planting assumed in normal season. All trees nursery grown.									
Trees, deciduous									
Sugar maple and linden and ash:									
10-12' high (1 1/2" caliper)	EA	200.00	215.00	181.00	170.00	193.00	169.00	160.00	190.00
2 - 2 1/2" caliper	EA	290.00	345.00	305.00	290.00	305.00	290.00	255.00	320.00
3 - 3 1/2" caliper	EA	550.00	650.00	590.00	435.00	540.00	550.00	500.00	620.00
Silver maple:									
10-12' high (1 1/2" caliper)	EA	200.00	159.00	181.00	170.00	191.00	174.00	160.00	198.00
2 - 2 1/2" caliper	EA	280.00	350.00	305.00	290.00	310.00	295.00	255.00	325.00
3 - 3 1/2" caliper	EA	500.00	645.00	580.00	545.00	600.00	555.00	500.00	640.00
Red maple and honey locust:									
10-12' high (1 1/2" caliper)	EA	220.00	265.00	245.00	230.00	235.00	230.00	196.00	255.00
2 - 2 1/2" caliper	EA	300.00	435.00	421.00	400.00	375.00	410.00	325.00	445.00
3 - 3 1/2" caliper	EA	550.00	780.00	780.00	760.00	690.00	755.00	580.00	795.00
Trees, evergreen									
Cedar:									
4-5' high	EA	140.00	97.00	75.00	77.00	94.00	104.00	101.00	77.00
5-6' high	EA	190.00	240.00	225.00	215.00	215.00	245.00	240.00	199.00
6-8' high	EA	320.00	380.00	370.00	360.00	335.00	390.00	380.00	330.00
Spruce:									
4-5' high	EA	200.00	180.00	170.00	157.00	167.00	153.00	155.00	136.00
5-6' high	EA	250.00	300.00	300.00	300.00	265.00	295.00	225.00	225.00
6-8' high	EA	375.00	435.00	435.00	455.00	390.00	445.00	330.00	330.00
Pine:									
4-5' high	EA	200.00	180.00	174.00	169.00	167.00	185.00	176.00	136.00
5-6' high	EA	250.00	335.00	310.00	300.00	295.00	345.00	310.00	250.00
6-8' high	EA	400.00	530.00	495.00	485.00	480.00	555.00	485.00	410.00
Shrubs									
Forsythia and honey suckle:									
3-4' high	EA	35.00	33.25	28.25	29.00	29.50	31.25	25.00	26.50
4-5' high	EA	45.00	40.75	33.00	34.00	37.50	36.25	35.00	30.75
Oleaster (Russian Olive):									
3-4' high	EA	35.00	34.50	28.25	29.00	30.50	31.25	25.50	26.50
4-5' high	EA	45.00	42.50	33.75	35.00	37.75	37.25	34.25	32.25
Flowering crab-tree:									
3-4' high	EA	70.00	56.00	45.25	46.75	53.00	50.00	49.50	42.00
4-5' high	EA	76.00	63.00	54.00	57.00	64.00	60.00	63.00	51.00
Beautybush:									
3-4' high	EA	40.00	44.25	39.25	36.50	39.25	39.00	38.00	33.50
4-5' high	EA	50.00	53.00	48.00	44.75	47.50	47.75	45.00	40.50
Spirea:									
2-4' high	EA	30.00	20.75	25.50	23.75	25.00	26.50	N/A	21.25
4-5' high	EA	42.00	36.00	36.50	34.00	34.25	37.50	N/A	27.50
Dogwood:									
3-4' high	EA	40.00	31.50	26.00	24.25	29.50	27.00	27.50	23.75
4-5' high	EA	52.00	52.00	44.50	41.50	46.00	46.25	38.50	39.00
Hedges									
Yews:									
30-36" high	LF	41.25	35.00	29.00	26.75	33.25	36.00	35.00	33.00
36-42" high	LF	61.00	61.00	50.00	46.75	56.00	63.00	61.00	67.00
Privet:									
3-4' high	LF	10.65	10.50	9.90	9.25	9.35	10.45	7.75	8.00
4-5' high	LF	13.55	12.25	11.80	11.05	11.30	12.50	9.05	9.55
Boxwood:									
10-12" high	LF	27.50	32.25	42.75	39.75	37.25	44.50	32.25	33.00
12-15" high	LF	33.50	39.00	51.00	47.75	44.50	53.00	39.00	39.75
Flowering currant (Alpine):									
18-24" high	LF	11.95	10.50	9.85	9.20	9.95	10.30	10.50	8.00
2-3' high	LF	14.00	14.00	13.55	12.65	12.45	14.15	10.35	10.55

Instructions for use, page 4. Main index, page 7.

DIV 3 Concrete — IMPERIAL CURRENT MARKET PRICES

03: CONCRETE
03100 Formwork for Concrete

03110 SUBSTRUCTURE

Item	UNITS	St. Johns	Halifax	Montreal	Ottawa	Toronto	Winnipeg	Calgary	Vancouver
Footings									
Strip (wall) footings:									
Level footings	SF	3.53	3.87	4.60	4.16	4.41	4.44	4.13	4.46
Stepped footings	SF	4.09	4.52	4.74	4.26	4.65	4.56	4.27	4.62
Spread (column) footings:									
Column footings	SF	3.72	4.18	4.60	4.16	4.46	4.44	4.13	4.48
Piles caps	SF	4.18	4.06	4.46	4.69	4.83	4.46	4.06	4.34
Raft foundations	SF	4.18	4.85	5.40	5.25	4.65	5.45	4.27	5.35
Foundations walls and grade beams									
Not exceeding 12' high:									
Concealed finish	SF	3.72	3.95	4.44	4.57	3.86	4.63	4.13	4.46
Exposed finish	SF	4.65	4.60	5.10	5.25	4.46	5.15	4.74	5.05

03110 STRUCTURE

Item	UNITS	St. Johns	Halifax	Montreal	Ottawa	Toronto	Winnipeg	Calgary	Vancouver
Multiple uses (minimum 4) 8 floors or more									
Flat plate slab concealed finish	SF	3.90	4.17	4.34	4.45	4.55	4.39	3.90	4.22
Exposed finish	SF	4.83	4.51	4.74	4.64	4.92	4.51	4.20	4.41
Flat slab, with drops:									
Concealed finish	SF	4.18	4.62	4.83	4.55	5.00	4.88	4.34	4.69
Exposed finish	SF	5.00	4.98	5.10	4.64	5.30	4.97	4.62	4.97
Steel beam slab:									
Concealed finish	SF	4.27	4.17	4.34	5.25	4.55	4.39	3.90	4.22
Exposed finish	SF	5.00	4.46	4.65	5.75	4.92	4.46	4.16	4.50
Concrete beam slab									
Concealed finish	SF	4.46	5.15	5.50	4.55	5.10	5.35	4.83	5.15
Exposed finish	SF	5.20	5.45	5.65	5.25	5.95	5.45	5.00	5.45
Walls									
Not exceeding 4' high									
Concealed finish	SF	3.53	3.94	4.06	4.16	4.18	4.05	3.60	3.89
Exposed finish	SF	4.27	4.62	4.74	4.26	4.46	4.61	4.20	4.55
Between 4' and 8'									
Concealed finish	SF	3.53	4.28	4.41	3.68	4.18	4.37	3.90	4.22
Exposed finish	SF	4.27	4.98	5.10	3.90	4.46	4.88	4.51	4.88
Between 8' and 12'									
Concealed finish	SF	4.18	4.62	4.74	3.78	4.27	4.73	4.20	4.55
Exposed finish	SF	4.65	5.05	5.20	4.00	4.55	5.25	4.83	5.15
Column (square or rectangular):									
Concealed finish	SF	4.83	6.05	6.20	5.45	6.05	6.25	5.55	6.00
Exposed finish	SF	5.55	6.15	6.30	5.75	6.50	6.15	5.55	6.10
Beams:									
Concealed finish	SF	5.75	5.90	6.05	5.25	5.95	5.85	5.40	5.80
Exposed finish	SF	5.55	6.25	6.40	5.75	6.50	6.15	5.75	6.20
Stairs (measure soffits only):									
Exposed finish	SF	13.95	17.10	16.70	17.20	16.25	16.70	14.85	16.05
Single use									
Flat plate slab:									
Concealed finish	SF	4.18	5.05	5.10	5.55	5.20	5.25	4.74	5.15
Exposed finish	SF	5.10	5.70	5.75	6.30	6.20	5.75	5.40	5.80
Flat slab, with drops:									
Concealed finish	SF	5.10	5.45	5.50	5.95	5.95	5.45	5.00	5.45
Exposed finish	SF	5.55	6.05	6.15	6.50	6.60	6.05	5.65	6.10
Steel beam slab:									
Concealed finish	SF	5.10	5.05	5.10	5.55	5.55	5.05	4.74	5.15
Exposed finish	SF	5.55	5.70	5.75	6.20	6.20	5.65	5.40	5.80
Concrete beam slab:									
Concealed finish	SF	5.10	5.70	5.85	6.20	6.20	5.75	5.40	5.80
Exposed finish	SF	5.55	6.25	6.40	6.80	6.80	6.25	5.85	6.30
Walls									
Not exceeding 4' high									
Concealed finish	SF	4.18	4.23	4.23	4.64	4.55	4.15	3.88	4.20
Exposed finish	SF	4.83	4.80	4.83	5.25	5.20	4.76	4.44	4.79
Between 4' and 8'									
Concealed finish	SF	4.27	4.53	4.53	4.64	4.92	4.44	4.16	4.48
Exposed finish	SF	5.00	5.15	5.10	5.25	5.65	4.97	4.74	5.05
Between 8' and 12'									
Concealed finish	SF	4.46	4.80	4.83	4.74	5.30	4.76	4.44	4.79
Exposed finish	SF	5.10	5.45	5.50	5.35	6.05	5.25	5.00	5.35
Columns (square or rectangular):									
Concealed finish	SF	5.00	6.25	6.20	5.15	6.05	6.25	5.65	6.10
Exposed finish	SF	5.75	6.90	6.85	5.65	6.95	6.65	6.20	6.75
Beams:									
Concealed finish	SF	4.92	6.35	6.30	6.20	6.15	6.15	5.50	6.30
Exposed finish	SF	5.55	6.95	6.95	6.70	6.95	6.75	6.05	6.85
Stairs (measure soffit only):									
Exposed finish	SF	14.85	19.00	17.85	21.00	17.55	20.00	15.50	17.65

IMPERIAL CURRENT MARKET PRICES — Concrete DIV 3

Item	UNITS	St. Johns	Halifax	Montreal	Ottawa	Toronto	Winnipeg	Calgary	Vancouver
03200 Concrete Reinforcement									
03210 STEEL BARS									
Deformed bars, 50,000 psi									
Light bars:									
To footings and slabs	LBS	0.57	0.52	0.47	0.60	0.57	0.63	0.49	0.60
To walls columns and beams	LBS	0.59	0.56	0.50	0.63	0.58	0.64	0.52	0.64
Heavy bars:									
To footings and slabs	LBS	0.54	0.47	0.44	0.54	0.54	0.58	0.46	0.50
To walls columns and beams	LBS	0.57	0.50	0.45	0.57	0.56	0.62	0.47	0.54
Deformed bars, 60,000 psi									
Light bars:									
To footings and slabs	LBS	0.57	0.52	0.47	0.60	0.58	0.65	0.49	0.63
To walls columns and beams	LBS	0.59	0.56	0.50	0.63	0.61	0.69	0.52	0.67
Heavy bars:									
To footings and slabs	LBS	0.54	0.47	0.44	0.54	0.55	0.58	0.47	0.54
To walls columns and beams	LBS	0.57	0.50	0.45	0.57	0.56	0.62	0.47	0.57
Add for epoxy coating									
Total load not exceeding 1 ton:									
Light bars	LBS	0.34	0.23	0.22	0.30	0.27	0.30	0.23	0.30
Heavy bars	LBS	0.27	0.16	0.15	0.22	0.19	0.21	0.16	0.21
Total load over 1 not exceeding 5 tons:									
Light bars	LBS	0.27	0.19	0.18	0.24	0.22	0.24	0.18	0.24
Heavy bars	LBS	0.20	0.12	0.12	0.17	0.15	0.16	0.13	0.17
Total load over 5 tons:									
Light bars	LBS	0.20	0.15	0.15	0.21	0.17	0.19	0.15	0.20
Heavy bars	LBS	0.16	0.10	0.13	0.14	0.13	0.13	0.10	0.14
03220 WELDED WIRE FABRICS									
In slabs:									
6"x6" mesh:									
6/6 gauge	SF	0.36	0.26	0.25	0.31	0.30	0.34	0.25	0.32
8/8 gauge	SF	0.30	0.22	0.21	0.26	0.25	0.29	0.22	0.25
10/10 gauge	SF	0.26	0.22	0.22	0.22	0.21	0.24	0.18	0.18
4"x4" mesh:									
8/8 gauge	SF	N/A	0.32	0.32	0.38	0.36	0.42	0.32	0.36
10/10 gauge	SF	N/A	0.22	0.21	0.26	0.25	0.29	0.22	0.25
03230 STRESSING TENDONS, i.e. to parking garage slab									
Wire or strands									
Ungrouted:									
250 ksi									
Not exceeding 100' long	LBS	2.72	2.36	2.02	2.48	2.29	2.74	2.21	2.73
Over 100' not exceeding 200' long	LBS	2.49	2.11	1.80	2.22	2.09	2.50	1.98	2.49
Bars									
Ungrouted									
150 ksi									
Not exceeding 100' long	LBS	2.95	2.36	2.12	2.57	2.46	2.90	2.22	2.91
Grouted									
150 ksi									
Not exceeding 100' long	LBS	6.10	5.05	4.58	5.45	5.25	6.15	5.85	6.30
03250 Expansion and Contraction Joints:									
PLAIN FILLER TYPES									
Asphalt and fiber types to exterior									
1/4" thick contraction joint, i.e. to sidewalks									
4" wide	LF	2.10	2.26	1.91	2.02	2.10	2.18	2.09	2.50
6" wide	LF	1.98	2.26	1.91	2.02	2.27	2.18	2.13	2.53
1/2" thick control joint, i.e. to facades									
4" wide	LF	2.59	3.22	2.73	2.89	2.91	3.10	3.05	3.44
6" wide	LF	2.74	3.32	2.82	2.98	3.02	3.20	3.15	3.58
1" thick expansion joint, i.e. between new & existing bldgs.									
6" wide	LF	3.96	4.28	3.64	3.85	3.83	4.13	4.07	4.52
8" wide	LF	4.27	4.94	4.19	4.43	4.65	4.75	4.68	5.55
12" wide	LF	4.88	5.45	4.63	4.52	5.15	5.25	5.15	6.10
03300 Cast-in-place Concrete									
03310 CONCRETE PLACING (supply excluded)									
By crane or hoist (major hoisting equipment not included)									
To foundation:									
Wall footings	CY	12.25	16.70	11.15	12.50	13.90	11.80	12.90	11.45
Column footings	CY	12.25	16.70	11.15	12.50	13.90	11.80	12.90	11.45
Raft foundations	CY	10.70	14.20	9.55	10.50	11.85	10.10	12.90	9.60
Pile caps	CY	13.00	17.05	11.95	12.50	14.20	12.65	12.90	11.45
Grade beams and foundation walls	CY	13.00	17.05	11.95	12.50	14.20	12.65	12.90	11.45
To column, walls etc.									
Columns	CY	19.05	23.75	15.90	20.00	19.80	17.60	17.80	18.15
Walls	CY	16.80	21.25	14.30	17.90	17.80	15.80	16.05	16.45

Instructions for use, page 4. Main index, page 7.

DIV 3 Concrete — IMPERIAL CURRENT MARKET PRICES

Item	UNITS	St. Johns	Halifax	Montreal	Ottawa	Toronto	Winnipeg	Calgary	Vancouver
To slabs, beams etc.									
Slab-on-grade	CY	11.45	13.00	9.15	11.50	10.85	10.10	10.25	10.50
Suspended slabs (flat slabs)	CY	12.25	13.75	9.90	12.50	11.45	10.90	11.15	11.45
Suspended slabs (pans or waffles)	CY	15.30	16.05	11.90	15.00	13.40	13.15	13.40	13.75
Suspended slabs (metal deck)	CY	13.75	16.05	12.70	15.95	13.75	14.05	14.30	14.65
Beams (integrated with slabs)	CY	13.75	13.00	9.90	12.50	11.45	10.90	11.15	11.45
Beams (isolated)	CY	13.00	13.75	9.90	12.50	11.45	11.00	11.15	11.45
To miscellaneous									
Stairs	CY	30.50	38.25	28.75	31.75	32.00	30.00	33.75	31.25
Floor toppings	CY	25.25	30.50	23.50	25.00	26.75	24.00	31.00	23.00

03310 HEAVYWEIGHT CONCRETE (supplied only)

Portland cement
Standard local aggregates:

Item	UNITS	St. Johns	Halifax	Montreal	Ottawa	Toronto	Winnipeg	Calgary	Vancouver
1,500 psi	CY	90.00	69.00	63.00	80.00	75.00	85.00	74.00	67.00
2,000 psi	CY	92.00	72.00	67.00	84.00	78.00	89.00	80.00	70.00
3,000 psi	CY	96.00	80.00	73.00	88.00	83.00	93.00	84.00	75.00
3,500 psi	CY	102.00	86.00	80.00	92.00	87.00	91.00	88.00	77.00
4,000 psi	CY	107.00	96.00	88.00	98.00	93.00	100.00	99.00	83.00

High-early cement, type 30
Standard aggregates:

Item	UNITS	St. Johns	Halifax	Montreal	Ottawa	Toronto	Winnipeg	Calgary	Vancouver
1,500 psi	CY	93.00	75.00	69.00	87.00	82.00	92.00	79.00	75.00
2,000 psi	CY	95.00	78.00	72.00	92.00	86.00	96.00	84.00	76.00
3,000 psi	CY	99.00	89.00	83.00	96.00	92.00	110.00	88.00	84.00
3,500 psi	CY	106.00	99.00	91.00	100.00	94.00	113.00	95.00	87.00
4,000 psi	CY	111.00	104.00	96.00	106.00	101.00	120.00	107.00	91.00

03345 CONCRETE FLOOR FINISHES

Standard Finishes
Concealed rough finishes:

Item	UNITS	St. Johns	Halifax	Montreal	Ottawa	Toronto	Winnipeg	Calgary	Vancouver
Screeding	SF	0.21	0.18	0.18	0.19	0.19	0.18	0.18	0.20
Wood float	SF	0.29	0.24	0.24	0.25	0.25	0.26	0.24	0.28
Concealed smooth finishes:									
Machine trowel	SF	0.42	0.42	0.47	0.41	0.40	0.42	0.41	0.47
Machine grinding	SF	1.97	1.69	2.01	1.66	1.72	1.74	1.66	1.93
Exposed finishes:									
Machine trowel	SF	0.44	0.39	0.47	0.38	0.39	0.41	0.38	0.44
Broom finish	SF	0.27	0.24	0.29	0.24	0.25	0.26	0.24	0.26
Acid etching	SF	0.19	0.15	0.18	0.16	0.17	0.15	0.15	0.17
Stair treads	SF	2.93	2.53	3.01	2.49	2.55	2.37	2.49	2.85

Heavy duty finishes
Standard hardener - non-metallic
(steel trowel finish and sealer not included):

Item	UNITS	St. Johns	Halifax	Montreal	Ottawa	Toronto	Winnipeg	Calgary	Vancouver
40 lbs/100sf	SF	0.29	0.16	0.16	0.14	0.18	0.15	0.15	0.18
60 lbs/100sf	SF	0.43	0.23	0.23	0.20	0.25	0.23	0.21	0.26

Coloured hardener - standard colours
(steel trowel finish and sealer not included):

Item	UNITS	St. Johns	Halifax	Montreal	Ottawa	Toronto	Winnipeg	Calgary	Vancouver
40 lbs/100sf	SF	0.34	0.75	0.76	0.66	0.70	0.72	0.68	0.84
60 lbs/100sf	SF	0.52	0.85	0.86	0.75	0.74	0.82	0.77	0.86

03350 SPECIALLY FINISHED CONCRETE
BUSHHAMMERED CONCRETE

Exterior walls/columns in open area, minumum 1000 sf :

Item	UNITS	St. Johns	Halifax	Montreal	Ottawa	Toronto	Winnipeg	Calgary	Vancouver
Heavy finish	SF	7.45	7.15	6.70	7.10	6.50	7.70	6.40	7.65

SANDBLASTED CONCRETE

Exterior walls/columns in open area, minumum 5000 sf :

Item	UNITS	St. Johns	Halifax	Montreal	Ottawa	Toronto	Winnipeg	Calgary	Vancouver
Light finish	SF	1.49	1.56	1.29	1.28	1.30	1.43	1.27	1.52
Medium finish	SF	1.86	1.91	1.59	1.58	1.62	1.84	1.56	1.90
Heavy finish	SF	2.60	2.56	2.11	2.08	2.32	2.46	2.07	2.53

03400 Precast Concrete
03410 PRECAST CONCRETE PANELS

Architectural wall panels
Solid, non load bearing:

Item	UNITS	St. Johns	Halifax	Montreal	Ottawa	Toronto	Winnipeg	Calgary	Vancouver
Plain grey, smooth finish	SF	16.05	15.85	14.05	16.25	16.25	14.85	14.90	16.40
Plain grey, textured finish	SF	17.30	17.00	14.30	16.55	17.20	17.45	17.95	17.65
Plain grey, exposed aggregate	SF	17.85	17.55	15.25	17.60	17.20	16.30	18.90	18.20
White, textured finish	SF	18.40	18.10	14.70	16.95	18.10	18.45	18.45	18.75
White, exposed aggregate	SF	20.50	20.25	20.50	18.10	18.10	20.50	21.50	20.75
Sandwich panels, non load panels:									
Plain grey, smooth finish	SF	21.25	18.20	17.00	19.60	17.85	18.15	16.90	21.25
Plain grey, textured finish	SF	22.25	19.20	17.85	20.50	18.60	18.90	17.65	22.25
Plain grey, exposed aggregate	SF	25.00	21.00	19.95	23.00	21.00	20.50	19.50	23.75
White, textured finish	SF	24.25	20.50	19.05	22.00	20.50	21.50	18.90	24.75
White, exposed aggregate	SF	32.00	25.25	23.75	26.75	28.00	33.75	24.75	29.00
Solid, load bearing:									
Plain grey, smooth finish	SF	21.00	19.65	18.30	21.00	19.95	17.95	17.75	20.25
White, textured finish	SF	22.25	21.50	19.95	22.50	21.00	19.50	19.20	22.25
Sandwich panels, load bearing:									
Plain grey, smooth finish	SF	23.75	21.50	20.50	23.50	21.75	20.00	20.00	23.25
White, textured finish	SF	24.50	23.00	21.75	25.00	22.75	24.75	21.50	24.75

IMPERIAL CURRENT MARKET PRICES — Masonry DIV 4

Item	UNITS	St. Johns	Halifax	Montreal	Ottawa	Toronto	Winnipeg	Calgary	Vancouver
03410 PRECAST STRUCTURAL CONCRETE									
Beams									
Standard I section:									
36" deep	LF	140.00	127.00	126.00	144.00	122.00	109.00	126.00	120.00
Columns									
Rectangular section:									
24" x 24" single storey	LF	152.00	123.00	113.00	107.00	127.00	109.00	109.00	115.00
24" x 24" multi storey	LF	137.00	161.00	146.00	187.00	157.00	141.00	141.00	154.00
03410 PRECAST PRESTRESSED CONCRETE									
Floor and roof slabs, 100 psf live load									
Hollow core slabs, 24' spans, min. 5000 SF									
8" hollow core	SF	N/A	7.35	7.45	7.55	6.30	6.65	6.55	7.10
12" hollow core	SF	N/A	8.75	8.85	8.60	7.35	8.60	7.80	8.35
Double tees, 9.2m (30') spans, min. 600 m² (6000 SF)									
24" deep	SF	11.60	9.55	9.55	10.80	9.70	8.20	8.50	9.20
03600 Grout									
Cement and sand									
Pressure grout curtain:									
Connection Charge, 1 per 10' depth	EA	325.00	295.00	320.00	320.00	285.00	335.00	290.00	335.00
Grouting material, average absorption rate 0.25 cf/lf of dept	CF	57.00	52.00	50.00	56.00	49.00	59.00	51.00	57.00
Filling voids:									
Average cost	CF	120.00	115.00	116.00	120.00	106.00	127.00	103.00	124.00
Epoxy									
100% solids injected to cracks:									
Slab on grade	LF	14.00	11.80	11.70	11.75	12.20	13.05	11.05	14.45
Soffits or walls	LF	20.50	16.80	16.65	16.65	17.70	18.55	16.45	20.75
Epoxy/sand 1:4 mortar:									
Patching to slab or deck									
1/4" thick	SF	21.25	18.10	18.30	17.60	18.60	20.00	16.70	22.00
1" thick	SF	35.75	30.50	30.50	29.75	31.00	33.75	28.25	36.25
Bulk grouting									
Filling to voids	CF	375.00	305.00	305.00	300.00	325.00	335.00	280.00	375.00
04: MASONRY									

04200 Unit Masonry

The following items cover simple walls and components. Prices for composite walls can be found in Section D, Division A3, Exterior Cladding and Division B1, Interior Partitions and Doors. Regional requirements vary for masonry walls and care should be taken when pricing an estimate to ensure the correct specification is used for the region. No allowance has been made in the prices for decorative or special bonding. As a rule of thumb for budgeting purposes, a wall with a decorative bond would cost approximately 10% more than a comparable wall in stretcher bond, but this differential can vary depending on the volume of work, the size and type of unit, and the specific bond. Where an unusual circumstance prevails, we recommend that the local masonry association be contacted. Before pricing a masonry takeoff, we recommend that a check be made of local availability of masonry material. No allowance has been made in the masonry prices for scaffolding or temporary work platforms. If these are required, a separate assessment should be made of the cost involved, based on the dimensions and nature of the anticipated work and the time requirement of the temporary platforms.

Item	UNITS	St. Johns	Halifax	Montreal	Ottawa	Toronto	Winnipeg	Calgary	Vancouver
04210 CLAY UNIT MASONRY - UNREINFORCED									
Face brick wall									
4" modular clay brick 7-5/8" x 3-5/8" x 2-5/16"									
Veneer	SF	10.40	9.30	9.55	9.05	9.65	10.95	9.30	11.25
Tied to solid backing	SF	10.70	9.55	9.95	9.35	9.95	11.15	9.55	11.65
4" utility clay brick 8-3/8" x 3-5/8" x 2-5/8"									
Veneer	SF	10.20	9.10	9.50	8.90	9.45	10.20	9.10	11.05
Tied to solid backing	SF	10.50	9.30	9.95	9.35	9.75	10.40	9.55	11.35
4" norman clay brick 11-5/8" x 3-5/8" x 2-5/16"									
Veneer	SF	10.20	9.55	9.95	9.35	9.40	10.70	9.55	10.95
Tied to solid backing	SF	10.50	9.95	10.20	9.65	9.65	11.05	9.85	11.25
4" jumbo clay brick 11-5/8 x 3-5/8" x 3-5/8"									
Veneer	SF	9.75	8.55	8.85	8.30	8.90	9.20	8.55	10.40
Tied to solid backing	SF	10.05	8.85	9.10	8.60	9.20	9.40	8.85	10.70
4" giant clay brick 15-5/8" x 3-5/8" x 7-5/8"									
Veneer	SF	7.45	5.95	5.95	5.75	7.15	8.60	5.75	7.65
Tied to solid backing	SF	7.45	6.15	6.05	5.95	7.30	8.80	5.85	8.05
04220 CONCRETE MASONRY - UNREINFORCED									
Plain (lightweight) concrete blocks									
Backup:									
4"	SF	4.37	4.51	5.65	5.25	5.45	4.46	5.55	6.10
6"	SF	4.65	4.92	6.40	5.55	5.80	5.20	6.15	6.65

Instructions for use, page 4. Main index, page 7.

DIV 4 Masonry — IMPERIAL CURRENT MARKET PRICES

Item	UNITS	St. Johns	Halifax	Montreal	Ottawa	Toronto	Winnipeg	Calgary	Vancouver
8"	SF	5.00	5.30	6.80	6.35	6.25	6.05	6.60	6.65
10"	SF	5.40	6.60	8.25	7.80	6.90	7.80	8.20	8.15
12"	SF	6.05	7.15	9.00	8.60	8.30	8.35	8.85	9.90
Freestanding jointed and pointed:									
4"	SF	4.55	4.58	5.65	5.25	5.65	4.83	5.65	6.25
6"	SF	4.83	5.00	6.40	5.55	6.05	5.55	6.20	6.85
8"	SF	5.20	5.35	6.80	6.35	6.50	6.30	6.60	6.95
10"	SF	5.55	6.70	8.25	7.80	7.20	8.25	8.20	8.65
12"	SF	6.20	7.25	9.00	8.60	8.60	8.90	8.85	10.30
Skin of cavity wall									
4"	SF	4.65	4.51	6.20	5.55	5.65	4.83	6.15	6.55
6"	SF	4.92	4.92	6.60	6.05	6.15	5.55	6.40	6.85
8"	SF	5.30	5.30	7.25	6.85	6.60	6.30	7.05	7.65
10"	SF	5.75	6.60	8.65	8.50	7.60	8.25	8.45	9.10
12"	SF	6.30	7.15	9.40	9.05	8.20	8.90	9.10	9.80
Architectural split faced concrete blocks									
Freestanding jointed and pointed:									
4"	SF	5.00	5.55	6.50	6.65	6.25	6.40	6.30	7.45
6"	SF	5.50	6.05	6.95	7.10	6.85	7.25	6.80	7.95
8"	SF	6.20	6.70	7.80	7.90	7.80	8.55	7.60	8.90
10"	SF	6.80	7.60	8.90	9.05	8.50	9.20	8.60	10.15
12"	SF	N/A	8.20	9.50	9.75	10.20	9.50	9.20	10.90
Skin of cavity wall:									
4"	SF	5.10	5.50	6.80	6.95	6.35	6.70	6.60	7.65
6"	SF	5.55	5.95	7.35	7.40	6.95	7.45	7.05	8.35
8"	SF	6.30	6.60	8.10	8.20	7.90	8.20	7.90	9.20
10"	SF	6.85	7.55	9.20	9.35	8.60	9.20	8.90	10.30
12"	SF	N/A	8.10	10.15	10.35	10.15	9.65	9.85	11.55
Integrally coloured architectural split faced concrete blocks									
Freestanding jointed and pointed:									
4"	SF	5.95	6.70	7.05	7.80	7.45	7.70	6.40	8.80
6"	SF	6.20	7.25	7.60	8.50	7.80	8.25	7.00	9.35
8"	SF	7.05	7.80	8.20	9.05	8.85	8.90	7.65	10.30
10"	SF	7.70	9.20	9.65	10.75	9.60	10.30	8.80	11.55
12"	SF	N/A	10.20	10.95	11.70	11.65	11.60	9.85	13.15
Skin of cavity wall:									
4"	SF	6.05	6.60	7.35	8.20	7.55	8.00	6.70	9.05
6"	SF	6.30	7.20	7.90	8.80	7.90	8.55	7.25	9.50
8"	SF	7.15	7.75	8.55	9.35	8.90	9.10	7.95	10.70
10"	SF	7.80	9.15	9.95	11.10	9.75	10.60	9.10	11.70
12"	SF	N/A	10.15	11.15	12.30	12.15	11.90	10.15	13.60
04230 REINFORCED UNIT MASONRY									
Face clay brick									
4" modular clay brick 7-5/8" x 3-5/8" x 2-5/16"									
Veneer	SF	11.15	9.85	9.10	9.55	10.35	10.55	9.75	12.05
Tied to solid backing	SF	11.45	10.30	9.50	9.95	10.60	11.00	10.20	12.50
4" utility clay brick 8-3/8" x 3-5/8" x 2-5/16"									
Veneer	SF	10.95	9.65	9.20	9.65	10.15	10.75	9.85	11.85
Tied to solid backing	SF	11.25	9.95	9.40	9.85	10.45	10.85	10.05	12.25
4" norman clay brick 11-5/8" x 3-5/8" x 2-5/16"									
Veneer	SF	10.95	9.85	9.10	9.55	10.05	10.55	9.75	11.75
Tied to solid backing	SF	11.25	10.50	9.65	10.15	10.35	11.20	10.30	12.05
4" jumbo clay brick 11-5/8" x 3-5/8" x 3-5/8"									
Veneer	SF	10.50	9.20	8.45	8.90	9.45	9.85	9.10	11.05
Tied to solid backing	SF	10.80	9.40	8.65	9.05	9.75	10.05	9.30	11.35
4" giant clay brick 15-5/8" x 3-5/8" x 7-5/8"									
Veneer	SF	8.20	6.20	5.85	6.15	7.10	6.75	6.20	7.95
Tied to solid backing	SF	8.35	6.40	6.15	6.45	7.35	6.85	6.40	8.15
Plain (lightweight) concrete blocks									
Backup:									
4"	SF	5.10	5.20	6.40	5.85	6.40	6.15	6.20	6.75
6"	SF	5.55	5.55	6.95	6.25	6.95	6.75	6.85	7.25
8"	SF	6.15	6.05	7.45	7.10	7.50	7.20	7.25	7.85
10"	SF	6.70	7.15	8.85	8.70	8.35	8.50	8.65	9.30
12"	SF	7.45	7.80	9.65	8.95	9.30	9.35	9.50	10.20
Freestanding jointed and pointed:									
4"	SF	5.30	5.30	6.40	5.85	6.60	6.15	6.30	6.95
6"	SF	5.75	5.65	6.95	6.25	7.05	6.75	6.85	7.55
8"	SF	6.30	6.10	7.45	7.10	7.60	7.20	7.35	8.05
10"	SF	6.85	7.25	8.85	8.70	8.60	8.50	8.65	9.60
12"	SF	7.60	7.90	9.65	8.95	9.50	9.35	9.50	10.50
Skin of cavity wall									
4"	SF	5.85	5.20	6.80	6.15	6.50	6.55	6.60	7.15
6"	SF	6.30	5.55	7.25	6.65	6.95	7.00	7.15	7.65
8"	SF	6.40	6.05	7.80	7.40	7.55	7.50	7.60	8.25
10"	SF	6.95	7.15	9.40	8.95	8.70	9.05	9.10	9.80
12"	SF	7.70	7.80	10.05	9.25	9.65	9.65	9.75	10.60

IMPERIAL CURRENT MARKET PRICES — Masonry DIV 4

Item	UNITS	St. Johns	Halifax	Montreal	Ottawa	Toronto	Winnipeg	Calgary	Vancouver
Architectural split faced concrete blocks									
Freestanding jointed and pointed:									
4"	SF	5.75	6.25	6.95	7.10	7.20	6.75	6.85	8.05
6"	SF	6.40	6.70	7.80	7.90	8.00	7.50	7.60	8.90
8"	SF	7.35	7.45	8.35	8.60	8.95	8.10	8.20	9.70
10"	SF	8.10	8.20	9.50	9.75	10.10	9.15	9.20	11.00
12"	SF	N/A	8.85	10.30	10.45	10.95	9.95	9.95	11.85
Skin of cavity wall:									
4"	SF	5.85	5.20	7.60	7.80	6.50	7.30	7.35	7.80
6"	SF	6.50	5.55	8.10	8.20	6.95	7.80	7.90	8.35
8"	SF	7.45	6.05	8.75	8.90	7.55	8.40	8.45	9.05
10"	SF	8.20	7.15	10.05	10.15	8.90	9.55	9.65	10.70
12"	SF	N/A	7.80	10.60	10.75	9.75	10.25	10.20	11.70
Integrally coloured architectural split faced concrete blocks									
Freestanding jointed and pointed:									
4"	SF	6.70	7.40	7.55	8.40	8.35	7.90	6.80	9.50
6"	SF	7.15	7.90	8.10	8.95	8.90	8.50	7.60	10.20
8"	SF	8.20	8.55	8.90	9.95	10.20	9.45	8.35	11.25
10"	SF	9.00	9.75	10.20	11.40	11.25	10.85	9.50	12.95
12"	SF	N/A	10.85	11.45	12.50	12.35	12.00	10.40	14.40
Skin of cavity wall:									
4"	SF	6.80	7.30	7.80	8.70	8.45	8.20	7.05	9.80
6"	SF	7.25	7.80	8.35	9.25	9.05	8.90	7.70	10.60
8"	SF	8.25	8.45	9.20	10.25	10.30	9.75	8.65	11.65
10"	SF	9.10	9.70	10.50	11.70	11.35	11.10	9.75	13.35
12"	SF	N/A	10.80	11.70	12.95	12.85	12.40	10.60	14.80
04270 GLASS UNIT MASONRY									
Glass block units in straight assembly, normal view,									
6" x 6"	SF	47.75	36.75	18.10	39.50	62.00	31.50	64.00	44.25
8" x 8"	SF	32.50	27.25	14.85	24.75	40.75	23.25	35.75	36.75
12" x 12"	SF	31.00	36.00	15.35	28.75	33.50	21.25	23.25	38.25

04400 Stone Walling

Including Necessary Anchor And Fixing Slots And Checks

04410 ROUGH STONE

Item	UNITS	St. Johns	Halifax	Montreal	Ottawa	Toronto	Winnipeg	Calgary	Vancouver
Fieldstone									
Split Field Stone									
Random pattern	SF	23.25	22.25	20.50	23.00	22.50	23.50	25.75	22.75
Limestone									
Split bed split face:									
Coursed Rubble	SF	13.95	12.10	11.05	12.35	13.75	12.75	17.35	12.40
3 5/8" sawn bed, split face:									
single coursing	SF	12.10	10.60	9.65	10.90	11.50	11.20	12.65	10.85
triple coursing	SF	13.00	11.25	10.30	11.60	11.95	11.85	13.45	11.35

04420 CUT STONE (edgework extra)

04455 Marble

Item	UNITS	St. Johns	Halifax	Montreal	Ottawa	Toronto	Winnipeg	Calgary	Vancouver
White, 3/4" thick									
Honed finish	SF	41.75	41.00	37.75	42.00	41.25	43.50	47.50	41.50
White, 1 1/2" thick									
Honed finish	SF	56.00	54.00	49.75	56.00	49.75	57.00	57.00	54.00

04460 Limestone

Item	UNITS	St. Johns	Halifax	Montreal	Ottawa	Toronto	Winnipeg	Calgary	Vancouver
Plain ashlar coursing:									
Dimensioned stone 3 5/8" on bed:									
Sawn finish	SF	27.75	27.00	24.50	27.75	25.25	28.25	29.25	26.75
Rubbed finish	SF	30.25	28.25	26.00	29.25	26.75	29.75	30.50	28.50

04465 Granite

Item	UNITS	St. Johns	Halifax	Montreal	Ottawa	Toronto	Winnipeg	Calgary	Vancouver
Grey, 1 1/2" thick:									
Flamed finish	SF	53.00	52.00	47.75	54.00	47.25	55.00	55.00	49.50
Honed finish	SF	56.00	54.00	49.75	56.00	49.25	56.00	56.00	51.00
Polished finish	SF	58.00	56.00	52.00	58.00	51.00	59.00	59.00	56.00
Grey, 4" thick									
Flamed finish	SF	65.00	63.00	58.00	65.00	57.00	66.00	66.00	60.00
Honed finish	SF	68.00	65.00	59.00	67.00	59.00	68.00	68.00	62.00
Polished finish	SF	70.00	67.00	62.00	69.00	61.00	70.00	70.00	67.00

04470 Sandstone

Item	UNITS	St. Johns	Halifax	Montreal	Ottawa	Toronto	Winnipeg	Calgary	Vancouver
Ashlar coursing:									
Standard grade	SF	21.00	18.60	17.20	19.15	18.20	19.60	21.00	18.55
Select grade	SF	25.50	23.25	21.25	24.00	21.25	24.50	24.50	23.25

Instructions for use, page 4. Main index, page 7.

DIV 5 Metals — IMPERIAL CURRENT MARKET PRICES

Item	UNITS	St. Johns	Halifax	Montreal	Ottawa	Toronto	Winnipeg	Calgary	Vancouver
05: METALS									
05100 Structural Metal Framing									
05120 STRUCTURAL STEEL									
(based on simple construction types) 44 ksi yield strength, including shop prime coat									
Beams:									
Light beams not exceeding 35 lbs/lf	TON	2,200	2,000	1,720	2,300	2,150	2,425	2,550	2,375
Wide flange beams between 35 lbs/lf and 160 lbs/lf	TON	1,840	1,780	1,440	1,950	1,800	2,025	2,125	2,150
Welded wide flange	TON	2,100	2,000	1,630	2,225	2,050	1,890	2,425	2,300
Plate girders:									
Average cost	TON	2,425	2,000	1,760	2,375	2,200	1,980	2,625	2,425
Columns:									
Light beam, not exceeding 35 lbs/lf	TON	2,175	2,000	1,650	2,250	2,025	1,980	2,425	2,300
Wide flange, over 35 lbs/lf not exceeding 190 lbs/lf	TON	2,000	1,780	1,440	1,950	1,800	1,710	2,100	2,050
Welded Wide Flange	TON	2,250	2,000	1,630	2,225	2,050	2,050	2,425	2,300
Hollow Structural Sections (HSS):									
All sizes	TON	2,400	2,450	1,880	2,550	2,200	2,150	2,625	2,650
Spandrels:									
Light beams not exceeding 35 lbs/lf	TON	2,275	2,325	1,840	2,575	2,200	2,050	2,525	2,500
Wide flange beams between 55 lbs/lf and 160 lbs/lf	TON	2,275	2,125	1,690	2,375	2,125	2,150	2,625	2,375
Welded wide flange beams	TON	2,200	2,275	1,780	2,475	2,150	1,980	2,425	2,425
Trusses:									
Double angle or tee	TON	2,600	2,550	1,960	2,500	2,450	2,475	3,050	2,600
Wide flange	TON	2,425	2,350	1,810	2,300	2,275	2,325	2,800	2,375
Welded wide flange	TON	2,600	2,550	1,930	2,500	2,425	2,475	2,900	2,600
Tubular sections	TON	2,950	2,850	2,100	2,800	2,625	2,900	3,150	2,900
Bracing:									
Angles	TON	2,425	2,250	1,840	2,500	2,300	2,250	2,725	2,600
Wide flange	TON	2,950	2,525	2,325	3,150	2,825	2,675	3,250	3,250
Purlins:									
Light beam	TON	2,200	1,910	1,650	2,250	2,075	2,050	2,525	2,300
Wide flange	TON	2,000	1,770	1,600	1,950	1,810	1,620	1,940	2,050
Girts:									
Hot rolled	TON	2,200	1,710	1,650	2,250	2,050	2,050	2,525	2,300
Cold formed	TON	3,475	3,400	2,725	3,675	3,375	3,925	4,150	3,775
Sag rods:									
Average cost	EA	24.00	21.75	17.20	22.25	21.50	20.75	25.25	23.75
Loose lintels (supply only):									
Average cost	TON	1,450	1,220	1,100	1,500	1,290	1,160	1,450	1,550
Base plates:									
Up to 8" thickness Canadian	TON	1,910	1,600	1,460	1,990	1,830	1,800	2,200	2,050
Over 8" thickness U.S.	TON	2,300	2,175	1,750	2,350	2,175	2,150	2,625	2,425
Stud shear connectors:									
Shop applied	EA	1.80	1.61	1.45	1.80	1.63	1.56	1.91	1.78
Field applied	EA	3.50	3.53	2.91	3.63	3.28	3.21	3.93	3.56
Ancillary steel:									
Average cost	TON	3,550	3,650	3,050	3,775	3,825	3,775	4,825	4,275
05200 Metal Joist									
05210 OPEN WEB STEEL JOISTS AND BRIDGING									
(based on simple construction types.) For bracing etc. see item 005120.									
55 ksi yield strength									
Prime coated	TON	2,150	2,075	1,630	2,325	2,050	1,980	2,475	2,200
05300 Metal Decking									
05310 ROOF DECKS - GALVANIZED									
1 1/2" deep, non cellular									
22 gauge:									
Standard, 0.25 oz coating	SF	1.35	1.35	1.01	1.44	1.23	1.15	1.34	1.34
Standard, 1.25 oz coating	SF	1.39	1.38	1.07	1.47	1.30	1.18	1.40	1.41
Acoustical, 0.25 oz coating	SF	1.61	1.66	1.24	1.78	1.51	1.42	1.51	1.64
Acoustical, 1.25 oz coating	SF	1.67	1.66	1.30	1.78	1.58	1.42	1.58	1.71
20 gauge:									
Standard, 0.25 oz coating	SF	1.47	1.47	1.13	1.58	1.38	1.26	1.55	1.50
Acoustical, 0.25 oz coating	SF	1.76	1.79	1.36	1.91	1.65	1.53	1.61	1.79
18 gauge:									
Standard, 0.25 oz coating	SF	1.74	1.72	1.34	1.84	1.63	1.47	1.83	1.78
16 gauge:									
Standard, 0.25 oz coating	SF	1.95	1.95	1.52	2.07	1.85	1.66	2.17	2.00
3" deep, non cellular									
22 gauge:									
Standard, 0.25 oz coating	SF	1.82	1.90	1.70	2.00	1.72	1.66	1.78	1.65
Standard, 1.25 oz coating	SF	2.04	2.00	1.75	2.15	1.92	1.71	1.84	1.75
Acoustical, 0.25 oz coating	SF	2.11	2.21	1.90	2.32	2.00	2.17	2.07	2.15
Acoustical, 1.25 oz coating	SF	2.20	2.30	1.95	2.41	2.07	2.22	2.15	2.24

IMPERIAL CURRENT MARKET PRICES — Metals DIV 5

Item	UNITS	St. Johns	Halifax	Montreal	Ottawa	Toronto	Winnipeg	Calgary	Vancouver
20 gauge:									
Standard, 0.25 oz coating	SF	2.04	2.14	1.85	2.24	1.92	1.84	2.00	1.85
Acoustical, 0.25 oz coating	SF	2.31	2.39	1.78	2.54	2.16	2.02	2.10	2.37
18 gauge:									
Standard, 0.25 oz coating	SF	2.31	2.42	1.83	2.54	2.16	2.10	2.19	2.34
16 gauge:									
Standard, 0.25 oz coating	SF	2.69	2.67	2.28	2.85	2.52	2.27	2.56	2.73
05310 FLOOR DECKS - GALVANIZED									
(based on composite decks)									
Flat (v-rib pans)									
28 gauge	SF	0.93	0.88	0.76	0.94	0.85	0.75	0.93	0.92
1 1/2" deep, non cellular									
22 gauge:									
With 0.25 oz coating	SF	1.63	1.66	1.24	1.78	1.53	1.42	1.79	1.66
With 1.25 oz coating	SF	1.70	1.79	1.34	1.86	1.60	1.53	1.70	1.74
20 gauge:									
With 0.25 oz coating	SF	1.82	1.85	1.57	1.98	1.72	1.58	1.85	2.00
18 gauge:									
With 0.25 oz coating	SF	2.04	2.09	1.80	2.24	2.02	1.79	2.17	2.37
16 gauge:									
With 0.25 oz coating	SF	2.40	2.39	2.00	2.54	2.28	2.02	2.68	2.68
1 1/2" deep, cellular (100% cellular)									
020/20 gauge combination:									
With 0.25 oz coating	SF	3.64	3.76	3.23	4.02	3.80	3.27	4.10	4.41
With 1.25 oz coating	SF	4.09	4.27	3.60	4.56	4.30	3.71	4.49	4.97
3" deep, non cellular									
22 gauge:									
With 0.25 oz coating	SF	2.29	2.39	1.78	2.51	2.16	2.02	2.24	2.51
With 1.25 oz coating	SF	2.33	2.44	1.83	2.56	2.21	2.10	2.34	2.56
20 gauge:									
With 0.25 oz coating	SF	2.53	2.60	1.95	2.78	2.38	2.22	2.44	2.78
18 gauge:									
With 0.25 oz coating	SF	2.75	2.81	2.28	3.02	2.60	2.41	2.68	3.02
16 gauge:									
With 0.25 oz coating	SF	3.07	3.16	2.37	3.37	2.88	2.71	2.93	3.37
3" deep, cellular (100% cellular)									
20/20 gauge combination:									
With 0.25 oz coating	SF	4.80	5.00	4.32	5.35	5.30	4.54	5.35	6.15
With 1.25 oz coating	SF	4.97	5.10	4.44	5.45	5.40	4.66	5.75	6.35

05400 Lightgauge Metal Framing

Item	UNITS	St. Johns	Halifax	Montreal	Ottawa	Toronto	Winnipeg	Calgary	Vancouver
05410 PARTITION FRAMING SYSTEMS									
Solid type, 25 gauge									
16" o.c.									
1 5/8" studs	SF	0.81	0.92	0.79	0.90	0.89	0.77	0.90	1.03
2 1/2" studs	SF	0.94	1.05	0.91	1.03	1.02	0.88	1.04	1.12
3 5/8" studs	SF	1.07	1.16	0.99	1.13	1.13	0.98	1.14	1.22
6" studs	SF	1.59	2.04	1.75	2.00	1.85	1.70	2.00	2.12

05500 Metal Fabrications

Item	UNITS	St. Johns	Halifax	Montreal	Ottawa	Toronto	Winnipeg	Calgary	Vancouver
05510 METAL STAIRS AND LADDERS									
Pan stairs with closed risers:									
10" treads and 8" risers									
36" wide (per tread)	EA	85.00	103.00	89.00	116.00	106.00	104.00	131.00	121.00
42" wide (per tread)	EA	100.00	115.00	100.00	129.00	125.00	114.00	144.00	134.00
48" wide (per tread)	EA	110.00	124.00	107.00	140.00	130.00	124.00	156.00	142.00
Landings:									
2" deep pan	SF	46.50	47.00	57.00	61.00	55.00	54.00	66.00	63.00
Circular stairs:									
Steel stairs:									
5' dia. (per tread)	EA	200.00	215.00	187.00	240.00	235.00	215.00	260.00	245.00
05515 LADDERS									
Open steel ladders:									
16" wide	LF	22.75	27.50	20.00	25.25	25.25	22.50	30.25	27.00
Steel ladders with safety loops:									
16" wide	LF	38.00	44.25	37.25	37.50	42.75	34.25	48.50	46.50
05520 HANDRAILS AND RAILINGS									
Handrails on wall brackets									
Steel:									
2" pipe rail	LF	12.20	12.25	9.05	11.30	11.30	9.60	13.50	12.30
Plastic covered steel:									
2" wide	LF	15.25	17.70	13.05	16.95	16.30	14.40	19.45	18.55
Railings									
Steel:									
2" pipe railing, 36" high	LF	30.50	33.25	30.25	38.50	35.25	32.75	42.25	41.00
1/2" tube pickets, 36" high	LF	45.75	46.75	41.50	53.00	49.00	45.75	59.00	56.00

Instructions for use, page 4. Main index, page 7.

DIV 6 Wood and Plastics — IMPERIAL CURRENT MARKET PRICES

Item	UNITS	St. Johns	Halifax	Montreal	Ottawa	Toronto	Winnipeg	Calgary	Vancouver
05530 GRATINGS									
Welded standard gratings									
Pedestrian traffic:									
3' span	SF	7.45	7.90	5.85	7.60	7.30	6.55	8.70	8.20
4' span	SF	8.35	8.10	6.70	8.80	8.35	7.50	10.00	9.35
6' span	SF	12.10	13.40	9.95	12.90	12.40	11.10	14.70	13.75
10' span	SF	20.50	21.75	16.15	21.00	20.00	18.25	24.00	22.50

06: WOOD AND PLASTICS
06100 Surface Carpentry
06110 FRAMING - SUPPLY, minimum 10,000 LF

Item	UNITS	St. Johns	Halifax	Montreal	Ottawa	Toronto	Winnipeg	Calgary	Vancouver
Boards and shiplap									
Construction grade softwood, spruce, 8 foot long pieces									
1" thick:									
2" wide	LF	0.10	0.09	0.06	0.06	0.07	0.08	0.08	0.06
3" wide	LF	0.13	0.12	0.12	0.10	0.13	0.12	0.13	0.11
4" wide	LF	0.16	0.16	0.16	0.19	0.20	0.23	0.24	0.17
6" wide	LF	0.25	0.34	0.30	0.25	0.31	0.34	0.35	0.29
8" wide	LF	0.33	0.45	0.37	0.30	0.38	0.40	0.41	0.30
10" wide	LF	0.38	0.53	0.49	0.39	0.47	0.53	0.54	0.40
12" wide	LF	0.64	0.63	0.61	0.49	0.61	0.65	0.67	0.49
Structural light framing - joists planks or studs (S4S) - dried									
Construction grade softwood, spruce, 8 foot long pieces									
2" thick:									
2" wide	LF	0.22	0.22	0.18	0.20	0.23	0.27	0.20	0.19
3" wide	LF	0.33	0.28	0.24	0.26	0.25	0.27	0.21	0.20
4" wide	LF	0.42	0.38	0.37	0.37	0.41	0.49	0.40	0.36
6" wide	LF	0.65	0.61	0.64	0.60	0.67	0.80	0.62	0.59
8" wide	LF	1.04	0.81	0.89	0.76	0.88	0.95	0.76	0.70
10" wide	LF	1.83	1.26	1.41	1.17	1.43	1.52	1.19	1.15
12" wide	LF	2.20	1.86	1.94	1.71	1.83	2.07	1.58	1.53
Western red cedar, 8 foot long pieces									
2" thick:									
3" wide	LF	0.69	0.64	0.54	0.49	0.60	0.65	0.50	0.48
4" wide	LF	0.76	0.68	0.65	0.52	0.64	0.69	0.53	0.51
6" wide	LF	1.37	1.31	1.25	1.03	1.23	1.34	1.02	0.98
8" wide	LF	1.82	1.62	1.54	1.37	1.52	1.65	1.26	1.22
10" wide	LF	2.41	2.13	2.03	1.71	2.01	2.18	2.24	1.61
12" wide	LF	3.35	2.85	2.00	2.29	2.50	2.46	2.22	2.14
Decking tongue and groove - dried									
Select spruce:									
2" thick									
6" wide	LF	0.98	0.80	0.82	0.84	0.88	0.89	0.86	0.74
8" wide	LF	0.96	0.95	0.92	0.99	0.87	0.79	0.75	0.72
3" thick									
6" wide	LF	1.37	1.28	1.21	1.26	1.33	1.43	1.36	1.11
4" thick									
6" wide	LF	1.83	1.79	2.09	2.26	1.97	2.24	2.30	1.66
Select fir or hemlock:									
2" thick									
6" wide	LF	1.02	1.12	0.90	0.78	0.93	1.04	1.07	0.76
8" wide	LF	1.55	1.71	1.16	1.19	1.43	1.59	1.63	1.17
3" thick									
6" wide	LF	1.68	1.78	1.54	1.46	1.48	1.59	1.55	1.21
4" thick									
6" wide	LF	2.74	2.98	2.58	2.15	2.49	2.69	2.40	2.04
Select cedar:									
2" thick									
6" wide	LF	2.18	2.21	1.59	1.66	1.91	2.13	1.71	2.10
8" wide	LF	2.87	2.95	2.07	2.18	2.48	2.69	2.35	2.68
3" thick									
6" wide	LF	3.35	3.34	3.01	2.54	2.91	3.33	3.12	3.08
4" thick									
6" wide	LF	4.57	4.64	4.42	3.53	4.04	4.74	4.53	4.27

06110 FRAMING - INSTALLATION

Item	UNITS	St. Johns	Halifax	Montreal	Ottawa	Toronto	Winnipeg	Calgary	Vancouver
(rough hardware included)									
Light framing, minumum 10,000 lf									
Wall framing cost:									
2" x 4"	SF	0.62	0.85	0.76	0.74	0.73	0.66	0.66	0.72
2" x 6"	SF	0.93	1.24	1.13	1.09	1.09	0.98	0.98	1.05
Joist or beams:									
2" x 10"	SF	1.02	1.16	1.03	1.01	1.00	0.91	0.89	0.95
2" x 12"	SF	1.14	1.42	1.25	1.26	1.24	1.11	1.11	1.15
Rafters or purlins:									
2" x 6"	SF	0.61	0.63	0.72	0.71	0.71	0.63	0.64	0.65
Suspended ceiling framing:									
1 1/2" x 2"	SF	0.88	0.88	0.87	1.01	1.03	1.21	0.92	0.93
Nailers, blocking etc.:									
2" x 2"	LF	0.88	1.02	1.05	1.03	1.02	1.20	0.91	0.95

IMPERIAL CURRENT MARKET PRICES — Wood and Plastics DIV 6

Item	UNITS	St. Johns	Halifax	Montreal	Ottawa	Toronto	Winnipeg	Calgary	Vancouver
Furring or strapping:									
1" thick									
2" wide	LF	0.34	0.45	0.39	0.39	0.39	0.37	0.35	0.34
3" wide	LF	0.40	0.39	0.45	0.45	0.46	0.41	0.41	0.42
4" wide	LF	0.40	0.53	0.47	0.46	0.46	0.42	0.42	0.43
2" thick									
2" wide	LF	0.46	0.61	0.54	0.53	0.53	0.50	0.48	0.49
3" wide	LF	0.43	0.59	0.51	0.50	0.51	0.47	0.45	0.47
4" wide	LF	0.52	0.69	0.61	0.60	0.60	0.57	0.54	0.53
6" wide	LF	0.53	0.70	0.65	0.63	0.61	0.54	0.57	0.53

06115 PLYWOOD SHEATHING - SUPPLY, minimum 50 ksf

Prices are based upon the standard imperial panel size which is 4' x 8', although 4' x 10' and 4' x 12' are available from most mills, at a premium.

Item	UNITS	St. Johns	Halifax	Montreal	Ottawa	Toronto	Winnipeg	Calgary	Vancouver
Unsanded fir plywood:									
1/2"	SF	0.78	0.59	0.63	0.53	0.66	0.53	0.65	0.53
5/8"	SF	1.00	0.80	0.89	0.97	0.87	0.70	0.81	0.69
3/4"	SF	1.16	0.94	1.06	1.09	0.99	0.80	0.98	0.79
Sanded fir plywood, G1S:									
3/8"	SF	0.97	0.93	0.80	0.78	0.88	0.80	0.82	0.83
1/2"	SF	1.14	1.01	0.92	0.96	1.01	0.81	0.97	0.84
5/8"	SF	1.37	1.25	1.05	1.27	1.31	1.09	1.16	1.07
3/4"	SF	1.59	1.40	1.25	1.34	1.44	1.26	1.28	1.26

06115 PLYWOOD SHEATHING - INSTALLATION

Item	UNITS	St. Johns	Halifax	Montreal	Ottawa	Toronto	Winnipeg	Calgary	Vancouver
Floors or flat roofs:									
1/2"	SF	0.43	0.41	0.48	0.49	0.42	0.50	0.38	0.46
5/8"	SF	0.46	0.46	0.54	0.55	0.48	0.56	0.43	0.51
3/4"	SF	0.51	0.50	0.58	0.59	0.51	0.60	0.45	0.55
1"	SF	0.56	0.53	0.62	0.63	0.54	0.62	0.49	0.55
Walls:									
3/8"	SF	0.48	0.48	0.56	0.57	0.49	0.56	0.44	0.50
1/2"	SF	0.51	0.51	0.59	0.60	0.52	0.60	0.47	0.50
5/8"	SF	0.56	0.56	0.65	0.67	0.58	0.66	0.51	0.53
3/4"	SF	0.59	0.59	0.70	0.71	0.61	0.70	0.54	0.55
1"	SF	0.63	0.62	0.73	0.74	0.64	0.75	0.57	0.55

06170 Prefabricated Structural Wood

06180 GLUED LAMINATED CONSTRUCTION

Structural units - SUPPLY ONLY (excluding hardware) based on actual net volumes, spruce

Item	UNITS	St. Johns	Halifax	Montreal	Ottawa	Toronto	Winnipeg	Calgary	Vancouver
Straight members 2" material:									
Interior work									
Industrial grade	MFBM	N/A	1,630	1,530	1,670	1,860	1,690	1,710	1,970
Commerical grade	MFBM	2,200	1,710	1,620	1,740	1,970	1,760	1,770	1,970
Quality grade	MFBM	N/A	1,790	1,710	1,780	2,075	1,800	1,810	2,175
Structural units (installation only)									
Less than 10,000 fbm:									
Members not exceeding 30' long	EA	168.00	132.00	124.00	137.00	151.00	144.00	140.00	171.00
Over 30', not exceeding 40'	EA	235.00	215.00	200.00	225.00	210.00	235.00	230.00	225.00
Over 40'	EA	460.00	420.00	390.00	435.00	415.00	460.00	445.00	355.00
Over 10,000 fbm:									
Members not exceeding 30' long	EA	93.00	85.00	80.00	88.00	84.00	93.00	90.00	95.00
Over 30', not exceeding 40'	EA	156.00	142.00	133.00	147.00	140.00	155.00	150.00	159.00
Over 40'	EA	295.00	275.00	255.00	280.00	265.00	295.00	285.00	265.00

06190 PREFABRICATED WOOD JOISTS & TRUSSES

Composite wood joist with parallel 2" x 3" top and bottom Micro-Lam flanges and 3/8" plywood web - SUPPLY ONLY (excluding hardware)

Item	UNITS	St. Johns	Halifax	Montreal	Ottawa	Toronto	Winnipeg	Calgary	Vancouver
11 1/8" deep	LF	1.98	3.25	2.44	3.14	2.19	2.71	2.26	3.23
14" deep	LF	3.81	3.75	2.59	3.29	2.29	2.90	2.36	3.46
16" deep	LF	5.05	4.31	2.71	3.43	2.39	2.93	2.56	3.63
18" deep	LF	5.50	4.98	2.82	3.66	2.48	3.05	N/A	3.99
20" deep	LF	5.80	5.75	2.97	3.90	2.59	3.26	N/A	4.33

06400 Architectural Woodwork

06420 PANELING

Veneered plywood panelling standard panels excluding finishing. For special selection or bookmatching, multiply prices by two.

Item	UNITS	St. Johns	Halifax	Montreal	Ottawa	Toronto	Winnipeg	Calgary	Vancouver
Fir: 1/4" G1S	SF	2.97	3.29	3.53	3.44	3.72	3.91	3.93	3.45
Birch: 1/4" G1S	SF	3.34	3.85	3.90	3.80	4.18	4.34	4.37	3.52
Oak: 1/4"	SF	3.78	5.10	5.00	4.88	4.72	5.60	5.65	4.24
Mahogany: 1/4"	SF	4.18	5.10	5.00	4.88	5.20	5.60	5.65	4.26
Walnut: 1/4"	SF	5.10	7.25	6.80	6.65	6.40	7.10	7.60	5.35
Teak: 1/4"	SF	6.05	7.60	7.05	6.95	7.50	7.85	7.90	6.10
Wood panelling T&G simple finish									
Knotty Pine: 1" x 6" D4S	SF	4.65	4.17	3.95	3.85	4.31	5.00	5.15	4.59
Cedar: 1" x 6" D4S	SF	7.35	8.40	6.50	6.35	7.00	5.60	5.95	7.50
Redwood: 1" x 6" D4S	SF	8.35	9.50	9.30	9.05	8.70	9.20	10.45	10.20

Instructions for use, page 4. Main index, page 7.

DIV 7 Thermal & Moisture Protection — IMPERIAL CURRENT MARKET PRICES

Item	UNITS	St. Johns	Halifax	Montreal	Ottawa	Toronto	Winnipeg	Calgary	Vancouver
Douglas Fir: 1" x 6" D4S	SF	6.05	8.65	6.05	5.85	7.30	6.75	6.95	7.05
Birch: 1" x 6" D4S	SF	6.50	7.50	6.30	6.15	7.45	6.55	6.95	7.35
Oak: 1" x 6" D4S	SF	9.95	9.50	8.75	8.50	8.55	8.25	8.80	10.10
Mahogany: 1" x 6" D4S	SF	11.80	11.45	11.25	10.95	10.10	8.90	9.15	12.10
07: THERMAL AND MOISTURE PROTECTION									
07100 Waterproofing									
PROTECTION BOARD									
Tar impregnated asbestos board									
1/8" thick:									
Laid horizontally	SF	0.63	0.65	0.61	0.58	0.61	0.69	0.56	0.67
Fixed vertically	SF	0.77	0.79	0.75	0.71	0.73	0.84	0.70	0.81
Hardboard									
1/4" thick:									
Laid horizontally	SF	0.42	0.42	0.40	0.38	0.40	0.45	0.35	0.44
Fixed vertically	SF	0.56	0.56	0.53	0.51	0.52	0.60	0.49	0.58
Plywood									
1/4" thick:									
Laid horizontally	SF	0.65	0.63	0.60	0.59	0.62	0.67	0.66	0.67
Fixed vertically	SF	0.79	0.78	0.74	0.72	0.74	0.83	0.70	0.82
07110 MEMBRANE WATERPROOFING									
Fabric membrane									
Glass fibre mesh (embedded):									
2-ply on horizontal surfaces	SF	1.30	1.21	1.17	1.15	1.33	1.41	1.20	1.35
2-ply on vertical surfaces	SF	1.58	1.44	1.38	1.36	1.58	1.68	1.34	1.60
3-ply on horizontal surfaces	SF	1.58	1.38	1.33	1.31	1.52	1.61	1.29	1.54
3-ply on vertical surfaces	SF	1.95	1.90	1.83	1.80	2.10	2.22	1.78	2.11
Flexible membrane									
1/8", polyethylene base sheet:									
On horizontal surfaces	SF	1.58	1.31	1.27	1.25	1.41	1.54	1.20	1.46
On vertical surfaces	SF	2.28	1.69	1.81	1.79	2.01	2.19	1.72	2.08
1/16", rubber based sheet:									
On horizontal surfaces	SF	2.42	2.14	2.28	2.25	2.61	2.76	2.33	2.63
On vertical surfaces	SF	3.97	3.97	4.30	4.24	4.88	5.15	4.23	4.93
07120 FLUID APPLIED WATERPROOFING									
Elastomeric (cold applied)									
2-part:									
On horizontal surfaces	SF	2.51	2.44	2.35	2.32	2.58	2.85	2.32	2.35
On vertical surfaces	SF	2.79	2.74	2.65	2.61	2.89	3.22	2.37	2.56
Rubberized asphalt (hot applied)									
Sheet reinforced:									
On horizontal surfaces	SF	1.41	1.22	1.18	1.16	1.29	1.43	1.21	1.12
On vertical surfaces	SF	2.05	1.84	1.78	1.75	1.94	2.17	1.69	1.72
Acrylic, epoxy or silanes									
On vertical surfaces:									
Low solid	SF	1.30	1.25	1.20	1.18	1.30	1.46	1.11	1.30
High solid	SF	1.95	1.80	1.74	1.71	1.86	2.10	1.63	1.85
07145 CEMENTITIOUS DAMPPROOFING									
Parging									
Exposed:									
1/2" thick (2 coats)	SF	1.86	1.71	1.73	1.60	1.95	1.90	1.58	1.70
Concealed:									
1/2" thick (2 coats)	SF	1.49	1.21	1.23	1.13	1.39	1.35	1.11	1.20
07150 Dampproofing									
07160 BITUMINOUS DAMPPROOFING									
Cutback asphalt									
Sprayed:									
1 coat	SF	0.33	0.32	0.32	0.30	0.34	0.37	0.27	0.29
2 coats	SF	0.46	0.55	0.46	0.44	0.49	0.54	0.39	0.43
07180 WATER REPELLENT COATING									
Silicone base									
Concrete and masonry walls:									
1 coat	SF	0.56	0.44	0.48	0.45	0.54	0.56	0.44	0.47
2 coats	SF	1.02	0.83	0.91	0.86	1.03	1.06	0.83	0.93
07200 Insulation									
07210 BUILDING INSULATION									
Loose fill insulation									
Fibrous:									
Glass fibre	CF	1.27	1.31	1.28	1.25	1.48	1.52	1.25	1.33

IMPERIAL CURRENT MARKET PRICES — Thermal & Moisture Protection DIV 7

Item	UNITS	St. Johns	Halifax	Montreal	Ottawa	Toronto	Winnipeg	Calgary	Vancouver
Pelletized:									
Vermicular or perlite	CF	1.70	1.95	1.90	1.85	2.12	2.26	1.95	1.96
Board or quilt insulation									
Glass fibre af-530:									
1"	SF	1.01	1.16	1.20	1.12	1.21	1.42	1.23	1.30
1 1/2"	SF	1.11	1.26	1.31	1.22	1.33	1.55	1.34	1.44
2"	SF	1.38	1.49	1.54	1.44	1.64	1.83	1.59	1.72
Expanded polystyrene:									
1"	SF	0.95	1.14	1.18	1.12	1.18	1.42	1.32	1.37
1 1/2"	SF	1.02	1.44	1.25	1.20	1.28	1.52	1.41	1.47
2"	SF	1.16	1.61	1.40	1.34	1.45	1.71	1.58	1.64
Urethane panels:									
1"	SF	1.39	1.88	1.65	1.65	1.74	2.00	1.85	1.97
1 1/2"	SF	1.58	2.25	1.97	1.99	1.97	2.37	2.23	2.37
2"	SF	1.77	2.49	2.16	2.18	2.21	2.63	2.44	2.61
Foamed-in-place (insulated in warm conditions)									
Polyurethane:									
Sprayed, 1 coat	SF	0.84	0.96	0.84	0.81	0.94	0.96	0.91	0.99
Poured into cavity average 1" wide including jigging walls	SF	1.67	1.93	1.68	1.63	1.88	1.92	1.82	1.97
Perimeter and Under-Slab Insulation									
Polystyrene									
Moulded panels:									
1"	SF	0.93	0.88	0.90	0.90	0.99	1.00	0.94	0.95
1 1/2"	SF	1.30	1.36	1.53	1.55	1.54	1.72	1.62	1.63
2"	SF	1.67	1.58	1.77	1.81	1.87	2.00	1.88	1.90
Polyurethane									
Rigid board:									
1"	SF	1.02	1.21	1.23	1.28	1.28	1.38	1.39	1.30
1 1/2"	SF	1.16	1.51	1.53	1.60	1.45	1.72	1.62	1.63
2"	SF	1.39	1.86	1.88	1.99	1.77	2.12	2.00	2.01

07220 ROOF AND DECK INSULATION

Item	UNITS	St. Johns	Halifax	Montreal	Ottawa	Toronto	Winnipeg	Calgary	Vancouver
Wood fibreboard									
Asphalt impregnated:									
1/2" board	SF	0.30	0.39	0.34	0.36	0.36	0.36	0.35	0.34
Glass fibreboard									
Rigid kraft faced insulation:									
3/4"	SF	0.54	0.56	0.50	0.52	0.57	0.52	0.52	0.51
1"	SF	0.72	0.80	0.71	0.74	0.80	0.74	0.72	0.72
2"	SF	1.18	1.33	1.17	1.23	1.35	1.23	1.21	1.20
3"	SF	1.68	1.94	1.69	1.78	1.97	1.79	1.75	1.74
4", two layers	SF	2.46	2.66	2.32	2.46	2.70	2.46	2.42	2.39
Expanded polystyrene panels									
1"	SF	0.60	0.76	0.72	0.67	0.67	0.72	0.74	0.72
1 1/2"	SF	0.79	0.99	0.93	0.89	0.88	0.94	0.97	0.94
2"	SF	0.98	1.30	1.21	1.15	1.14	1.22	1.26	1.23
Phenolic foam panels									
1"	SF	0.84	0.83	0.75	0.74	0.84	0.74	0.77	0.75
1 1/2"	SF	1.21	1.06	0.95	0.95	1.07	0.95	0.98	0.96
2"	SF	1.49	1.40	1.24	1.24	1.40	1.24	1.30	1.26

07250 FIRE-RESISTANT COATINGS

Item	UNITS	St. Johns	Halifax	Montreal	Ottawa	Toronto	Winnipeg	Calgary	Vancouver
Sprayed fireproofing 2 hour fire rating									
Structural steel members:									
Columns, small (measure girth)	SF	2.32	1.19	1.07	1.15	1.30	1.40	1.20	1.36
Columns, large (measure girth)	SF	1.86	0.74	0.66	0.72	0.81	0.88	0.75	0.84
OWSJ (twice depth plus width)	SF	2.32	1.19	1.07	1.15	1.30	1.40	1.20	1.36
Beams (measure girth)	SF	1.86	1.33	1.19	1.29	1.45	1.57	1.34	1.51
Floor decks (measure flat area):									
3" cellular	SF	1.39	0.96	0.86	0.93	1.05	1.13	0.97	1.09
3" fluted	SF	1.39	0.96	0.86	0.93	1.05	1.13	0.97	1.09
1 1/2" cellular	SF	1.39	0.89	0.80	0.87	0.98	1.06	0.90	1.02
1 1/2" fluted	SF	1.39	0.89	0.80	0.87	0.98	1.06	0.90	1.02

07270 FIRESTOPPING

Item	UNITS	St. Johns	Halifax	Montreal	Ottawa	Toronto	Winnipeg	Calgary	Vancouver
2 hour fire separation									
To edges or openings in slabs	LF	2.74	2.00	1.80	1.88	2.18	2.35	2.01	2.27

07300 Shingles and Roofing Tile

07310 SHINGLES

Item	UNITS	St. Johns	Halifax	Montreal	Ottawa	Toronto	Winnipeg	Calgary	Vancouver
Asphalt shingles, standard pitch									
Standard butt edge:									
2.1 lbs/sf	SF	1.11	1.09	1.03	1.07	1.04	1.10	0.93	0.93
Sealed butt edge:									
2.1 lbs/sf self sealing	SF	1.21	1.09	1.03	1.07	1.04	1.10	0.93	0.93
Slate shingles									
Vermont type:									
Weathering green	SF	10.20	8.55	9.95	9.30	9.15	8.10	7.60	7.75
Cedar shingles									
First grade, high pitch (4/12 min):									
18" shingle, 5 1/2" exposed	SF	3.90	3.81	3.25	3.78	3.48	4.10	2.88	2.94
24" shingle, 7 1/2" exposed	SF	4.16	3.93	3.58	4.07	3.71	4.37	3.11	3.22

Instructions for use, page 4. Main index, page 7.

DIV 7 Thermal & Moisture Protection — IMPERIAL CURRENT MARKET PRICES

Item	UNITS	St. Johns	Halifax	Montreal	Ottawa	Toronto	Winnipeg	Calgary	Vancouver
07400 Preformed Roofing and Siding									
07410 PREFORMED WALL AND ROOF PANELS									
1 1/2" profile									
Exposed fasteners:									
Single skin siding									
0.028" steel, baked enamel finish	SF	4.37	4.19	3.76	4.31	3.90	4.58	4.39	4.38
0.032" aluminum, baked enamel finish	SF	5.20	5.35	4.83	5.45	4.95	5.85	5.85	5.60
Single skin fascia panels									
0.028" steel, baked enamel finish	SF	7.45	7.75	6.95	7.95	7.15	8.10	7.30	7.85
0.032" aluminum baked enamel finish	SF	12.80	15.10	15.05	17.20	15.45	17.65	13.45	16.95
Hidden fasteners:									
Single skin siding									
0.028" steel, baked enamel finish	SF	6.50	6.50	6.50	7.35	6.65	7.60	6.85	7.30
0.032" aluminum, baked enamel finish	SF	7.25	7.25	7.35	8.35	7.50	8.60	7.80	8.25
Single skin fascia panels									
0.028" steel, baked enamel finish	SF	7.90	8.25	7.45	8.50	8.00	8.70	8.30	8.35
0.032" aluminum, baked enamel finish	SF	8.85	8.15	8.20	9.30	8.40	9.55	9.55	9.20
Factory sandwich panel 1" insulation									
0.028" steel, baked enamel finish	SF	9.30	9.20	8.25	9.45	8.50	9.65	9.95	9.30
0.032" aluminum, baked enamel finish	SF	10.20	10.25	9.20	10.55	9.45	10.85	11.10	10.40
07460 CLADDING/SIDING									
Wood siding									
Beveled select cedar (unfinished):									
1" x 8"	SF	5.55	6.40	6.85	7.10	6.90	7.50	6.65	6.10
1" x 10"	SF	5.10	5.85	6.05	6.10	5.95	6.85	5.15	5.05
Fibre-reinforced cement siding									
Flat panels:									
1/4" with textured finish	SF	10.20	10.55	8.55	10.05	9.45	9.45	9.05	9.30
Corrugated panels:									
1/4" with coloured finish	SF	9.40	9.20	7.25	8.80	8.20	8.10	7.80	7.95
Sandwich panels:									
1 1/2" with coloured finish	SF	13.75	12.80	10.80	12.90	12.15	11.80	11.30	11.60
07500 Membrane Roofing									
07510 BUILT-UP BITUMINOUS ROOFING									
Base treatment									
Base sheets (vapour barrier):									
Paper laminate	SF	0.23	0.22	0.18	0.20	0.22	0.22	0.19	0.19
40 lbs asphalt impregnated felt	SF	0.28	0.25	0.21	0.23	0.25	0.26	0.22	0.22
Membrane									
Asphalt impregnated felts:									
15 lbs felt (per ply)	SF	0.25	0.22	0.18	0.20	0.23	0.22	0.18	0.19
Bitumen:									
Roofing asphalt, standard	LBS	0.31	0.31	0.26	0.29	0.29	0.31	0.26	0.25
Protective surface									
Granular materials:									
3/8" roofing gravel	TON	66.00	66.00	54.00	55.00	58.00	63.00	59.00	61.00
White granite chips	TON	132.00	131.00	105.00	108.00	114.00	125.00	113.00	122.00
07540 FLUID APPLIED ROOFING									
Elastomeric (cold applied)									
On horizontal surfaces	SF	2.42	2.67	2.39	2.37	2.37	2.63	2.30	2.61
Rubberized asphalt (hot applied)									
Sheet reinforced:									
On horizontal surfaces	SF	2.18	2.42	2.14	2.16	2.16	2.37	2.09	2.39
07600 Flashing and Sheet Metal									
07610 SHEET METAL ROOFING									
Copper									
Standing seams:									
16 oz	SF	19.95	17.20	16.80	16.80	17.45	18.05	18.05	18.40
07620 SHEET METAL FLASHING AND TRIM									
Flashings									
Galvanized steel:									
26 gauge	SF	3.72	4.04	4.06	4.02	3.90	4.34	3.90	4.31
Aluminum:									
0.032"	SF	4.18	4.65	4.74	4.88	4.37	4.97	5.15	5.00
Stainless steel (eze-form)									
0.016"	SF	6.50	7.05	6.95	7.00	6.50	7.60	6.85	7.60
Copper:									
16 oz	SF	9.30	9.20	10.05	9.35	9.00	10.05	9.75	10.05
07650 FLEXIBLE FLASHING AND TRIM									
63 mil	SF	3.34	3.37	3.44	3.54	3.53	3.68	3.00	3.58
63 mil with galvanized fascia clip	SF	3.90	3.86	3.93	4.02	3.99	4.22	3.41	4.10

IMPERIAL CURRENT MARKET PRICES — Doors and Windows DIV 8

Item	UNITS	St. Johns	Halifax	Montreal	Ottawa	Toronto	Winnipeg	Calgary	Vancouver
07700 Roof Accessories									
07800 SKYLIGHTS (measure plan area)									
07810 Plastic skylights									
Single skin:									
Less than 10 sf plan area (ea)	SF	38.00	41.00	39.00	39.50	36.25	42.50	34.75	34.75
Double skin:									
Less than 10 sf plan area (ea)	SF	50.00	53.00	51.00	52.00	48.00	56.00	45.25	44.25
07820 METAL FRAMED SKYLIGHTS									
Aluminum, standard members									
Heat strengthened laminated glass:									
Not exceeding 500 sf									
Clear anodized finish	SF	56.00	54.00	54.00	57.00	54.00	60.00	56.00	47.50
Baked enamel finish	SF	58.00	58.00	55.00	58.00	55.00	61.00	58.00	48.00
Colour anodized finish	SF	70.00	71.00	68.00	67.00	68.00	75.00	71.00	57.00
Over 500 sf									
Clear anodized finish	SF	53.00	51.00	52.00	52.00	51.00	57.00	54.00	45.75
Baked enamel finish	SF	56.00	52.00	53.00	53.00	52.00	59.00	55.00	48.50
Colour anodized finish	SF	65.00	60.00	61.00	62.00	60.00	67.00	63.00	52.00
08: DOORS AND WINDOWS									
08100 Metal Doors and Frames									
08110 HOLLOW STEEL FULLY FINISHED									
Door frames based on 3' x 7' doors in walls 6" thick									
12 gauge	EA	260.00	285.00	285.00	300.00	260.00	275.00	235.00	240.00
14 gauge	EA	160.00	143.00	155.00	156.00	153.00	150.00	125.00	148.00
16 gauge	EA	135.00	124.00	135.00	135.00	133.00	130.00	109.00	127.00
18 gauge	EA	130.00	117.00	127.00	127.00	125.00	122.00	103.00	121.00
20 gauge	EA	125.00	101.00	109.00	109.00	123.00	105.00	100.00	107.00
Doors 1 3/4" thick without openings, based on 3'x7' prepared to receive but excluding hardware									
Honeycombed:									
16 gauge	EA	295.00	310.00	350.00	330.00	360.00	340.00	290.00	345.00
18 gauge	EA	235.00	240.00	270.00	240.00	270.00	265.00	220.00	265.00
20 gauge	EA	200.00	200.00	220.00	210.00	225.00	215.00	181.00	210.00
Stiffened									
16 gauge	EA	425.00	415.00	460.00	445.00	420.00	460.00	385.00	460.00
Sundries:									
Openings in door (excluding glazing)	EA	60.00	58.00	58.00	59.00	58.00	57.00	48.25	59.00
08120 ALUMINUM DOORS AND FRAMES									
Frames based on 3'x7' doors									
For single doors:									
Clear anodized finish	EA	300.00	270.00	290.00	285.00	285.00	275.00	320.00	260.00
Colour anodized finish	EA	330.00	305.00	325.00	320.00	365.00	310.00	360.00	310.00
Single door with 3' transom (excluding transom panel):									
Clear anodized finish	EA	400.00	365.00	390.00	390.00	410.00	370.00	435.00	355.00
Colour anodized finish	EA	450.00	405.00	435.00	430.00	435.00	415.00	485.00	390.00
Single door with sidelight and transom (excluding glazing):									
Clear anodized finish	EA	710.00	650.00	695.00	690.00	705.00	665.00	770.00	625.00
Colour anodized finish	EA	850.00	780.00	835.00	820.00	840.00	790.00	925.00	755.00
For pair of doors:									
Clear anodized finish	EA	340.00	315.00	335.00	330.00	340.00	315.00	370.00	300.00
Colour anodized finish	EA	400.00	385.00	410.00	405.00	410.00	395.00	460.00	375.00
Pair of doors with transom (excluding transom panel):									
Clear anodized finish	EA	530.00	495.00	530.00	520.00	530.00	505.00	585.00	475.00
Colour anodized finish	EA	675.00	630.00	675.00	665.00	670.00	645.00	750.00	610.00
Pair of doors with sidelights (excluding glazing):									
Clear anodized finish	EA	530.00	495.00	530.00	520.00	530.00	505.00	585.00	475.00
Colour anodized finish	EA	620.00	575.00	615.00	610.00	620.00	585.00	660.00	555.00
Pair of doors, sidelight and transom (excluding glazing):									
Clear anodized finish	EA	850.00	780.00	835.00	820.00	845.00	790.00	925.00	755.00
Colour anodized finish	EA	1,000	915.00	980.00	965.00	985.00	930.00	1,090	880.00
Doors based on 3' x 7' doors, excluding hardware and glazing									
1 3/4" doors									
1" stiles:									
Clear anodized finish	EA	750.00	685.00	795.00	790.00	800.00	760.00	885.00	720.00
Colour anodized finish	EA	800.00	760.00	795.00	790.00	810.00	760.00	885.00	720.00
2" stiles:									
Clear anodized finish	EA	500.00	475.00	500.00	495.00	500.00	475.00	555.00	450.00
Colour anodized finish	EA	575.00	545.00	570.00	565.00	580.00	545.00	635.00	520.00
3" to 4" stiles:									
Clear anodized finish	EA	700.00	665.00	695.00	690.00	695.00	665.00	770.00	625.00
Colour anodized finish	EA	840.00	795.00	835.00	820.00	840.00	790.00	925.00	755.00

Instructions for use, page 4. Main index, page 7.

DIV 8 Doors and Windows — IMPERIAL CURRENT MARKET PRICES

Item	UNITS	St. Johns	Halifax	Montreal	Ottawa	Toronto	Winnipeg	Calgary	Vancouver
5" stiles:									
Clear anodized finish	EA	800.00	760.00	830.00	790.00	800.00	760.00	885.00	720.00
Colour anodized finish	EA	840.00	795.00	865.00	820.00	840.00	790.00	925.00	755.00
2" doors									
2" stiles:									
Clear anodized finish	EA	650.00	615.00	670.00	635.00	645.00	610.00	715.00	580.00
Colour anodized finish	EA	700.00	655.00	715.00	675.00	695.00	655.00	765.00	620.00

08200 Wood and Plastic Doors

08210 INTERIOR WOOD FLUSH TYPE

Based on 1-3/4" door sizes 3'x7'. Prices include hanging the door and fixing the hardware, but exclude the supply of hardware, see 08700. Prices do not allow for painting, staining, or any other decorations, nor for any glass or glazing.

Item	UNITS	St. Johns	Halifax	Montreal	Ottawa	Toronto	Winnipeg	Calgary	Vancouver
Solid core									
Paint grade:									
Birch	EA	185.00	194.00	191.00	180.00	190.00	220.00	170.00	215.00
Stain grade:									
Birch, select white	EA	220.00	210.00	220.00	205.00	205.00	235.00	196.00	235.00
Mahogany, lauan	EA	220.00	230.00	240.00	285.00	245.00	275.00	215.00	285.00
Ash	EA	260.00	245.00	235.00	310.00	270.00	270.00	225.00	280.00
Red Oak, flat cut	EA	290.00	265.00	230.00	270.00	240.00	260.00	205.00	275.00
Walnut	EA	350.00	315.00	290.00	325.00	290.00	325.00	255.00	340.00
Teak	EA	375.00	335.00	325.00	325.00	330.00	365.00	290.00	380.00
Plastic Laminate 1/16" thick:									
Wood grain	EA	325.00	265.00	240.00	280.00	250.00	275.00	215.00	275.00
Textured	EA	330.00	270.00	245.00	290.00	260.00	280.00	220.00	285.00
Solid colours	EA	335.00	275.00	270.00	280.00	280.00	305.00	240.00	310.00
Hollow core, honeycomb fill									
Paint grade:									
Birch	EA	140.00	174.00	152.00	175.00	160.00	173.00	136.00	174.00
Stain grade:									
Birch, select white	EA	170.00	194.00	183.00	173.00	172.00	199.00	162.00	200.00
Mahogany, tiama	EA	170.00	210.00	189.00	235.00	205.00	215.00	170.00	220.00
Ash	EA	200.00	240.00	215.00	235.00	230.00	245.00	191.00	250.00
Red Oak, flat cut	EA	225.00	210.00	220.00	245.00	230.00	245.00	194.00	260.00
Walnut	EA	275.00	295.00	260.00	295.00	265.00	295.00	230.00	305.00
Teak	EA	325.00	315.00	275.00	275.00	280.00	310.00	245.00	325.00

08300 Special Doors

08330 ROLLING OVERHEAD DOORS (NON-INDUSTRIAL)

Item	UNITS	St. Johns	Halifax	Montreal	Ottawa	Toronto	Winnipeg	Calgary	Vancouver
Rolling overhead grilles									
Aluminum storefront types:									
Clear anodized finish	SF	57.00	45.00	48.25	42.50	48.75	57.00	41.00	47.75
Colour anodized finish	SF	65.00	52.00	54.00	53.00	54.00	63.00	46.00	54.00

08360 OVERHEAD DOORS

Manual, sectional overhead type, hardware and glazing included

Item	UNITS	St. Johns	Halifax	Montreal	Ottawa	Toronto	Winnipeg	Calgary	Vancouver
Wood doors:									
Panel type	SF	11.90	11.90	10.70	9.10	10.10	12.15	9.20	10.70
Flush type, non insulated	SF	13.95	14.05	12.00	11.65	12.90	14.60	11.35	12.05
Flush type, insulated	SF	16.25	16.35	14.05	13.95	15.50	16.95	13.55	14.05
Steel doors:									
Single skin, 20 ga									
Standard	SF	19.50	17.10	17.75	20.00	18.00	20.25	16.00	16.55
Reinforced	SF	21.25	19.05	19.50	22.00	18.95	22.75	17.65	18.30
Double skin, 20 ga									
Insulated	SF	24.50	23.25	23.75	27.25	23.00	27.50	21.25	22.50
Insulated and reinforced	SF	28.25	25.50	26.50	29.75	25.25	30.25	23.75	24.50
Flush type, heavy duty	SF	39.50	34.75	36.25	41.25	34.75	41.75	32.50	34.00

08370 ROLLING OVERHEAD DOORS (INDUSTRIAL)

Item	UNITS	St. Johns	Halifax	Montreal	Ottawa	Toronto	Winnipeg	Calgary	Vancouver
Industrial steel doors:									
Non-labelled service door									
20 ga steel	SF	22.25	19.50	19.50	22.50	20.00	22.75	16.55	18.75
18 ga steel	SF	24.25	21.25	21.25	24.50	22.00	24.75	18.00	20.50
Class A, 3 hour labelled									
20 ga, thick steel door	SF	40.50	35.25	35.25	40.75	35.25	41.25	30.25	34.00

08400 Entrances and Storefronts

08410 ALUMINUM FRAMING SYSTEMS

For single glazing (glazing not included)

Item	UNITS	St. Johns	Halifax	Montreal	Ottawa	Toronto	Winnipeg	Calgary	Vancouver
2" x 4" approx. Members:									
Clear anodized finish	LF	21.25	20.00	18.90	20.50	22.50	19.60	25.25	19.45
Colour anodized finish	LF	24.50	23.25	22.00	24.25	26.50	23.00	29.75	22.50
2 1/2" x 6" approx. Members:									
Clear anodized finish	LF	33.50	31.25	29.50	32.75	35.50	30.75	40.00	30.50
Colour anodized finish	LF	38.00	36.50	34.50	38.00	41.75	36.00	46.50	35.50

IMPERIAL CURRENT MARKET PRICES — Doors and Windows DIV 8

Item	UNITS	St. Johns	Halifax	Montreal	Ottawa	Toronto	Winnipeg	Calgary	Vancouver
For double glazing, thermally broken									
2" x 4" approx. Members:									
Clear anodized finish	LF	23.25	23.25	22.00	24.25	26.50	23.00	29.75	22.50
Colour anodized finish	LF	36.75	36.50	34.50	38.00	41.75	36.00	46.50	35.50
2 1/2" x 6" approx. Members:									
Clear anodized finish	LF	35.00	35.00	33.00	36.25	39.75	34.25	44.50	34.00
Colour anodized finish	LF	38.00	36.50	34.50	38.00	41.75	36.00	46.50	35.50
Reinforcement for aluminum framing									
Average cost	LF	7.60	8.40	7.90	8.70	9.55	8.25	10.70	8.15
08460 AUTOMATIC ENTRANCE DOORS									
Power operated doors									
Swing doors:									
Overhead mounted, single door	EA	3,300	3,900	3,450	3,650	3,275	3,725	3,825	3,775
Overhead mounted, pair of doors	EA	5,700	6,700	6,000	6,300	5,600	6,400	6,600	6,500
Mounted in floor, single door	EA	3,800	4,500	4,025	4,250	3,775	4,325	4,425	4,375
Mounted in floor, pair of doors	EA	6,500	7,600	6,800	7,200	6,400	7,300	7,500	7,400
Sliding doors, doors included, glazing not included:									
12' opening, biparting	EA	9,500	9,400	10,300	10,900	9,400	10,800	11,000	10,900
08470 REVOLVING DOORS									
Based on standard dimensions: diameter 6'6" approx., height 84", fascia panel 3".									
1/4" glass									
Manual type:									
Anodized aluminum	EA	37,500	33,400	29,600	33,500	35,100	39,500	40,400	33,600
Bronze	EA	78,000	86,900	77,900	85,300	93,500	105,200	98,500	89,600
Stainless steel, satin finish	EA	60,000	64,200	58,400	63,000	70,100	78,900	82,300	67,200
Stainless steel, mirror finish	EA	80,000	86,900	77,900	85,300	93,500	105,200	98,500	89,600
1/2" glass									
Manual type:									
Anodized aluminum	EA	36,000	35,100	31,100	35,100	36,800	41,400	42,500	39,200
Bronze	EA	81,500	89,900	81,800	84,300	98,100	110,500	85,100	95,200
Stainless steel, satin finish	EA	63,500	68,600	62,600	70,900	73,600	82,800	86,300	78,400
Stainless steel, mirror finish	EA	83,500	91,300	75,400	85,300	94,300	110,500	100,800	98,600
Accessories									
Operating:									
Power assistance	EA	8,000	9,200	8,200	9,000	9,900	11,200	11,600	11,200
Finishes:									
Tinted glass	EA	900.00	970.00	940.00	1,030	995.00	1,120	1,160	1,120
Glass ceiling	EA	3,000	3,650	3,525	3,875	3,675	4,125	4,325	3,925
Up to 15" fascia panels	EA	1,850	1,860	1,850	1,990	1,930	2,175	2,250	2,250

08500 Metal Windows

Item	UNITS	St. Johns	Halifax	Montreal	Ottawa	Toronto	Winnipeg	Calgary	Vancouver
08510 STEEL WINDOWS									
Industrial type (glazing not included)									
Light size 20" x 16":									
Prime coat	SF	6.95	6.90	6.30	7.10	6.55	7.50	7.40	6.50
Baked enamel finish	SF	8.55	8.65	8.00	8.95	8.20	9.40	9.25	8.05
Ventilating sash (additional):									
Average cost	EA	100.00	89.00	82.00	92.00	85.00	97.00	96.00	82.00
08520 ALUMINUM WINDOWS									
Tubular type, thermally broken (glazing not included)									
Punched openings (fixed):									
Baked enamel finish	SF	10.20	11.50	10.50	11.50	9.70	11.20	11.40	10.05
Colour anodized finish	SF	11.15	13.00	11.90	12.95	11.05	12.60	12.85	11.30
Ribbon type (fixed)									
Baked enamel finish	SF	9.75	11.15	10.20	11.10	9.45	10.80	11.00	9.65
Colour anodized finish	SF	10.70	13.00	11.90	12.95	11.05	12.60	12.85	11.30
Ventilating sash:									
Average cost	EA	250.00	315.00	285.00	310.00	260.00	300.00	305.00	275.00
Units for single glazing									
Framing member for fixed units:									
Clear anodized finish	LF	10.95	11.85	10.90	11.90	10.10	11.60	11.80	10.35
Baked enamel finish	LF	11.30	12.30	11.30	12.30	10.45	11.95	12.20	10.75
Colour anodized finish	LF	12.20	13.50	12.40	13.50	11.50	13.15	13.40	11.75
Ventilating units (add to cost of fixed units):									
Clear anodized finish	EA	160.00	184.00	169.00	184.00	157.00	179.00	182.00	161.00
Baked enamel finish	EA	185.00	210.00	195.00	210.00	180.00	205.00	210.00	185.00
Colour anodized finish	EA	195.00	215.00	200.00	220.00	187.00	215.00	220.00	192.00
Units for double glazing thermally broken									
Framing member for fixed units:									
Clear anodized finish	LF	12.20	13.50	12.40	13.50	11.50	13.15	13.40	11.75
Baked enamel finish	LF	12.80	14.30	13.10	14.30	12.20	13.90	14.20	12.50

Instructions for use, page 4. Main index, page 7.

DIV 8 Doors and Windows — IMPERIAL CURRENT MARKET PRICES

Item	UNITS	St. Johns	Halifax	Montreal	Ottawa	Toronto	Winnipeg	Calgary	Vancouver
Colour anodized finish	LF	15.25	16.80	15.55	16.95	14.30	16.50	16.80	14.70
Ventilating units (add to cost of fixed units):									
Clear anodized finish	EA	215.00	250.00	225.00	245.00	210.00	240.00	245.00	215.00
Baked enamel finish	EA	235.00	270.00	245.00	270.00	230.00	260.00	265.00	235.00
Colour anodized finish	EA	245.00	275.00	250.00	280.00	235.00	270.00	275.00	240.00

08600 Wood and Plastic Windows
08610 WOOD WINDOWS (glazing not included)
Fixed units

Item	UNITS	St. Johns	Halifax	Montreal	Ottawa	Toronto	Winnipeg	Calgary	Vancouver
Prime coat only:									
Pine	SF	11.15	11.25	9.20	9.95	9.95	11.45	9.05	9.60
Cedar	SF	12.55	12.35	10.15	11.00	11.00	12.60	10.05	10.65
Redwood	SF	14.40	13.85	11.35	12.30	12.20	14.10	11.10	12.00
Aluminum covered wood	SF	13.95	13.30	10.85	11.80	11.75	13.55	10.75	11.50
Plastic covered wood	SF	12.10	13.30	10.85	11.80	11.75	13.55	10.75	11.50
Ventilating units:									
Average cost	EA	100.00	105.00	89.00	97.00	93.00	107.00	87.00	95.00

08700 Hardware and Specialties
08710 FINISH HARDWARE

Item	UNITS	St. Johns	Halifax	Montreal	Ottawa	Toronto	Winnipeg	Calgary	Vancouver
Door hardware (allowance factor only)									
Locksets:									
Hotels	EA	200.00	170.00	184.00	215.00	205.00	215.00	245.00	199.00
Retail stores	EA	125.00	160.00	109.00	128.00	133.00	129.00	160.00	118.00
Apartment buildings	EA	100.00	106.00	94.00	110.00	106.00	110.00	127.00	101.00
Office buildings	EA	175.00	178.00	158.00	185.00	183.00	186.00	220.00	170.00
Hospitals	EA	155.00	156.00	138.00	162.00	165.00	162.00	198.00	149.00
Schools	EA	155.00	132.00	138.00	162.00	152.00	162.00	165.00	149.00
Butts:									
Hotels	EA	30.00	33.75	30.00	35.25	33.25	35.50	31.50	32.50
Retail stores	EA	30.00	33.75	30.00	35.25	33.25	35.50	31.50	32.50
Apartment buildings	EA	15.00	18.45	16.30	19.10	18.05	19.15	19.00	17.60
Office buildings	EA	30.00	33.75	30.00	35.25	33.25	35.50	31.50	32.50
Hospitals	EA	30.00	33.75	30.00	35.25	33.25	35.50	31.50	32.50
Schools	EA	30.00	33.75	30.00	35.25	33.25	35.50	31.50	32.50
Pulls:									
Hotels	EA	30.00	34.50	30.75	36.00	34.00	36.25	35.00	33.00
Retail stores	EA	30.00	34.50	30.75	36.00	34.00	36.25	35.00	33.00
Apartment buildings	EA	20.00	19.10	16.90	19.85	18.70	19.90	20.00	18.25
Office buildings	EA	30.00	34.50	30.75	36.00	34.00	36.25	35.00	33.00
Hospitals	EA	30.00	34.50	30.75	36.00	34.00	36.25	35.00	33.00
Schools	EA	30.00	34.50	30.75	36.00	34.00	36.25	35.00	33.00
Push plates:									
Hotels	EA	12.00	11.30	10.00	11.75	11.15	11.80	11.50	10.80
Retail stores	EA	12.00	11.30	10.00	11.75	11.15	11.80	11.50	10.80
Apartment buildings	EA	12.00	11.30	10.00	11.75	11.15	11.80	11.50	10.80
Office buildings	EA	12.00	11.30	10.00	11.75	11.15	11.80	11.50	10.80
Hospitals	EA	12.00	11.30	10.00	11.75	11.15	11.80	11.50	10.80
Schools	EA	12.00	11.30	10.00	11.75	11.15	11.80	11.50	10.80
Closers:									
Office buildings	EA	140.00	171.00	127.00	137.00	154.00	137.00	132.00	130.00
Hospitals	EA	140.00	171.00	127.00	137.00	154.00	137.00	132.00	130.00
Schools	EA	140.00	171.00	127.00	137.00	154.00	137.00	132.00	130.00

08800 Glazing
08810 GLASS (installed in prepared frames)
Sheet Glass

Item	UNITS	St. Johns	Halifax	Montreal	Ottawa	Toronto	Winnipeg	Calgary	Vancouver
A quality:									
5/64" (2 mm) thick	SF	5.55	5.20	5.00	4.66	5.40	5.50	5.70	4.88
1/8" (3 mm) thick	SF	6.30	5.70	5.50	5.05	5.95	6.05	6.20	5.15

Float glass

Item	UNITS	St. Johns	Halifax	Montreal	Ottawa	Toronto	Winnipeg	Calgary	Vancouver
Clear glass									
5/32" (4 mm) thick	SF	6.80	6.25	6.05	5.55	6.45	6.55	6.75	5.55
3/16" (5 mm) thick	SF	7.85	7.20	6.95	6.45	7.50	7.70	7.85	6.70
1/4" (6 mm) thick	SF	9.25	8.45	8.20	7.50	8.75	8.90	9.20	8.05
5/16" (8 mm) thick	SF	12.90	11.75	11.45	10.55	12.20	12.50	12.75	11.30
3/8" (10 mm) thick	SF	14.80	13.55	13.10	12.10	14.05	14.30	14.70	12.90
1/2" (12 mm) thick	SF	18.80	17.60	17.00	15.70	18.25	18.65	19.15	17.20
Tinted glass:									
1/4" (6 mm) thick	SF	10.40	9.55	9.20	8.60	9.90	10.15	10.35	9.20
5/16" (8 mm) thick	SF	14.80	13.55	13.10	12.10	14.05	14.30	14.70	12.90
3/8" (10 mm) thick	SF	17.65	16.25	15.70	14.55	16.85	17.25	17.70	15.90
1/2" (12 mm) thick	SF	21.50	19.55	19.05	17.55	20.25	20.75	21.25	18.85

IMPERIAL CURRENT MARKET PRICES — Doors and Windows DIV 8

Item	UNITS	St. Johns	Halifax	Montreal	Ottawa	Toronto	Winnipeg	Calgary	Vancouver
Heat strengthened glass									
Clear:									
Add to cost of float glass	SF	8.40	7.70	7.45	6.85	7.90	8.35	8.30	7.00
Tinted									
Add to cost of float glass	SF	9.50	8.20	8.35	7.80	8.95	9.40	9.45	8.05
Wired glass									
Transparent glass (polished):									
1/4" thick	SF	15.20	17.25	13.95	12.90	14.75	15.55	15.65	12.90
Translucent glass (cast):									
1/4" thick	SF	9.25	10.10	8.20	7.50	8.65	9.10	9.20	8.15
Double glass installation:									
Silver	SF	25.50	23.50	22.75	21.00	24.25	25.00	25.50	21.50
Gold	SF	27.25	25.00	24.25	22.00	25.25	26.50	27.00	23.00
Spandrel glass:									
1/4" black	SF	16.30	18.25	14.40	13.25	15.25	16.00	16.15	14.55
1/4" silver	SF	23.75	22.25	21.25	20.00	22.75	24.25	24.25	22.50
1/4" gold	SF	30.75	33.75	27.75	25.75	29.50	30.75	31.00	27.75
High security laminated glass									
Single lamination									
5/64" x 1/8" (2 mm x 3 mm) plus vinyl	SF	23.25	25.50	21.00	19.00	22.00	23.25	23.25	20.00
Insulating glass (based on 25 sf per unit)									
Clear glass:									
Two panes of 1/8" glass	SF	14.55	13.30	13.40	11.90	13.60	14.30	14.40	12.35
Two panes of 5/32" glass	SF	14.80	13.55	13.55	12.10	13.90	14.60	14.70	12.75
Two panes of 3/16" glass	SF	16.30	14.90	14.95	13.25	15.25	16.00	16.15	13.60
Two panes of 1/4" glass	SF	17.65	16.25	16.35	14.55	16.65	17.55	17.70	15.00
Per 5 sf reduction of unit size, add	%	28%	26%	22%	27%	25%	28%	29%	25%
Tinted glass (one pane only):									
Two panes of 1/8" glass	SF	16.40	15.80	15.05	13.65	15.45	16.20	16.35	13.95
Two panes of 3/16" glass	SF	17.10	15.60	15.70	13.85	16.10	16.85	17.00	14.65
Two panes of 1/4" glass	SF	18.50	16.95	17.10	15.10	17.45	18.30	18.45	15.90
Per 5 sf reduction of unit size, add	%	29%	25%	25%	26%	26%	23%	26%	23%
Reflective glass (one pane only):									
Standard specification	SF	27.25	25.00	24.50	22.00	25.25	26.50	27.00	23.50
High quality specification	SF	40.25	37.00	36.75	33.25	38.00	39.75	40.00	35.50
Custom specification	SF	47.25	49.50	43.25	41.00	44.75	47.00	47.25	42.00
Insulated glass for slope glazing									
Tempered exterior laminated interior:									
Clear glass	SF	32.25	28.00	28.75	25.75	30.00	31.75	32.00	26.75
Tinted glass (one pane only)	SF	32.25	28.00	29.25	26.25	30.00	31.75	32.00	27.75
Mirrored Glass									
Opaque mirrors									
Unframed mirrors:									
1/4" thick (smooth edges)	SF	12.15	12.30	10.85	10.95	11.45	11.65	11.60	10.80
Framed (tamperproof) mirrors:									
1/4" thick (stainless steel frame)	SF	21.25	21.25	19.05	19.20	20.00	20.25	20.25	18.30
08840 GLAZING PLASTICS									
Flat sheets (Installed in prepared frames)									
Clear polycarbonate:									
1/32" thick	SF	7.05	6.95	6.40	7.60	7.15	7.10	6.40	6.90
3/64" thick	SF	7.60	7.80	7.15	8.30	7.90	7.95	7.15	7.65
1/16" thick	SF	8.05	8.00	7.35	8.60	8.10	8.15	7.35	7.85
5/64" thick	SF	9.45	9.80	9.00	10.75	9.90	9.95	9.10	9.65
3/32" thick	SF	10.40	10.50	9.65	11.20	10.45	10.70	9.65	10.35
1/8" thick	SF	11.30	11.35	10.50	12.20	11.45	11.55	10.55	11.20
3/16" thick	SF	14.65	14.55	13.40	15.60	14.45	14.80	13.45	14.35
1/4" thick	SF	18.50	17.05	15.70	19.50	17.45	17.35	15.75	16.85
3/8" thick	SF	30.00	31.25	28.75	33.25	30.50	31.75	29.00	30.50
1/2" thick	SF	39.75	38.00	34.75	39.50	37.25	38.50	34.75	37.25
Tinted polycarbonate (bronze or green)									
1/8" thick	SF	13.65	13.10	11.80	13.65	12.85	13.10	11.90	12.65
3/16" thick	SF	17.45	17.05	15.40	17.55	16.65	17.05	15.45	16.55
1/4" thick	SF	21.25	21.75	19.50	22.00	21.00	21.25	19.30	21.00
Clear cast acrylic:									
1/16" thick	SF	8.05	7.80	7.15	8.80	8.00	7.85	7.15	7.65
1/8" thick	SF	7.95	7.30	6.70	8.80	7.45	7.40	6.65	7.20
3/16" thick	SF	9.60	8.85	8.20	9.25	8.95	9.00	8.20	8.70
1/4" thick	SF	11.00	10.10	9.30	10.75	10.40	10.35	9.35	9.95
3/8" thick	SF	17.45	16.45	15.15	17.05	16.45	16.70	15.15	16.15
1/2" thick	SF	23.25	22.25	20.50	23.50	22.00	22.75	20.75	22.00

DIV 9 Finishes — IMPERIAL CURRENT MARKET PRICES

Item	UNITS	St. Johns	Halifax	Montreal	Ottawa	Toronto	Winnipeg	Calgary	Vancouver
White cast acrylic:									
1/8" thick	SF	8.40	7.80	7.15	7.80	7.90	7.85	7.15	7.65
3/16" thick	SF	10.05	9.15	8.45	9.75	9.45	9.30	8.50	9.00
1/4" thick	SF	10.95	10.10	9.30	10.95	10.30	10.35	9.35	9.95
Colour cast acrylic:									
1/8" thick	SF	9.45	8.85	8.20	9.45	8.95	9.00	8.20	8.70
3/16" thick	SF	10.50	9.80	9.00	10.55	9.90	9.95	9.10	9.65
1/4" thick	SF	11.90	11.05	10.20	12.20	11.15	11.30	10.25	10.90

08900 Window Walls/Curtain Walls

FRAMING SYSTEMS FOR SINGLE GLAZING
(Glazing not included)

Item	UNITS	St. Johns	Halifax	Montreal	Ottawa	Toronto	Winnipeg	Calgary	Vancouver
10'-12' spans (floor to floor)									
2'6" modules (mullion spacing)									
Clear anodized finish	SF	25.00	21.25	21.25	24.00	22.50	24.25	25.00	22.50
Baked enamel finish	SF	26.50	22.25	22.25	25.25	23.25	25.50	26.00	23.50
Colour anodized finish	SF	27.00	22.75	22.75	25.75	23.75	25.50	26.50	24.00
4' modules (mullion spacing)									
Clear anodized finish	SF	23.25	19.70	19.95	22.50	21.00	22.75	23.75	21.00
Baked enamel finish	SF	24.25	20.75	21.00	24.00	22.00	23.75	24.75	22.00
Colour anodized finish	SF	27.00	22.75	22.75	25.75	23.75	25.50	26.50	24.00
5' modules (mullion spacing)									
Clear anodized finish	SF	22.25	18.80	19.05	21.50	20.00	21.75	22.25	20.00
Baked enamel finish	SF	22.75	19.50	19.50	22.50	20.50	22.25	23.25	20.50
Colour anodized finish	SF	23.25	19.70	19.95	22.50	21.00	22.75	23.75	21.00

FRAMING SYSTEMS FOR DOUBLE GLAZING
(Thermally broken. Glazing not included)

Item	UNITS	St. Johns	Halifax	Montreal	Ottawa	Toronto	Winnipeg	Calgary	Vancouver
10'-12' spans (floor to floor)									
2'6" modules (mullion spacing)									
Clear anodized finish	SF	31.00	28.50	26.50	30.25	28.00	31.75	31.50	27.75
Baked enamel finish	SF	33.00	29.50	27.50	31.25	29.50	33.25	32.25	28.75
Colour anodized finish	SF	34.00	30.50	28.25	31.75	30.50	34.00	33.25	29.75
4' modules (mullion spacing)									
Clear anodized finish	SF	29.75	27.00	25.00	28.75	26.75	30.25	30.00	26.25
Baked enamel finish	SF	30.75	28.00	26.00	29.75	27.50	31.75	31.00	27.25
Colour anodized finish	SF	31.50	29.00	27.00	30.25	28.50	32.25	32.00	28.25
5' modules (mullion spacing)									
Clear anodized finish	SF	27.75	25.00	23.25	26.25	24.75	28.00	27.50	24.50
Baked enamel finish	SF	29.25	26.50	24.50	27.75	26.25	29.50	29.00	25.75
Colour anodized finish	SF	29.25	26.50	25.00	28.25	26.25	29.75	29.50	26.25

08960 SLOPE GLAZING SYSTEM
Sealed glazing units, tempered outer pane, laminated inner pane:

Item	UNITS	St. Johns	Halifax	Montreal	Ottawa	Toronto	Winnipeg	Calgary	Vancouver
Not exceeding 500 sf									
Clear anodized finish	SF	72.00	77.00	72.00	65.00	72.00	77.00	84.00	61.00
Baked enamel finish	SF	87.00	84.00	78.00	68.00	78.00	84.00	91.00	67.00
Colour anodized finish	SF	105.00	100.00	94.00	81.00	94.00	101.00	109.00	80.00
Over 500 sf									
Clear anodized finish	SF	71.00	59.00	63.00	60.00	63.00	68.00	73.00	54.00
Baked enamel finish	SF	77.00	64.00	68.00	60.00	69.00	74.00	80.00	59.00
Colour anodized finish	SF	80.00	66.00	71.00	67.00	71.00	77.00	83.00	61.00

09: FINISHES
09200 Lath and Plaster

09205 FURRING AND LATHING
(for steel studs see Item 05410; for wood furring see Item 06110; for suspension systems see 09510)

Item	UNITS	St. Johns	Halifax	Montreal	Ottawa	Toronto	Winnipeg	Calgary	Vancouver
Steel channel furring									
Tied to steel:									
3/4"	LF	0.76	0.77	0.78	0.78	0.66	0.78	0.76	0.78
1 1/2"	LF	1.11	1.12	1.15	1.13	0.97	1.13	1.11	1.13
Lath (supply only)									
Gypsum lath:									
3/8" plain	SY	1.88	2.01	2.06	2.04	1.74	2.04	2.00	2.04
3/8" perforated	SY	2.93	2.82	2.89	2.86	2.44	2.86	2.80	2.86
3/8" foilback	SY	2.93	2.94	3.02	2.98	2.55	2.98	2.93	2.98
Metal lath; diamond type:									
Painted									
2.5 lbs/sy	SY	2.01	2.03	2.08	2.06	1.76	2.06	2.02	2.06
3.0 lbs/sy	SY	2.51	2.52	2.52	2.57	2.19	2.57	2.52	2.57
3.4 lbs/sy	SY	5.45	4.60	4.23	5.30	4.72	4.56	4.77	4.61
Galvanized									
2.5 lbs/sy	SY	2.34	2.40	2.46	2.44	2.08	2.44	2.39	2.44
3.0 lbs/sy	SY	2.93	3.05	3.02	3.10	2.65	3.10	3.04	3.10
3.4 lbs/sy	SY	3.09	3.13	3.22	3.17	2.71	3.17	3.11	3.17
Metal lath, 1/8" flat rib:									
Painted									
2.75 lbs/sy	SY	3.60	3.62	3.59	3.68	3.14	3.68	3.61	3.68

IMPERIAL CURRENT MARKET PRICES — Finishes DIV 9

Item	UNITS	St. Johns	Halifax	Montreal	Ottawa	Toronto	Winnipeg	Calgary	Vancouver
3.0 lbs/sy	SY	4.35	4.39	4.35	4.43	3.79	4.43	4.35	4.43
3.4 lbs/sy	SY	4.47	4.13	4.10	4.20	3.73	4.20	4.12	4.20
Galvanized									
2.75 lbs/sy	SY	3.76	3.48	3.53	3.54	3.14	3.54	3.47	3.54
3.0 lbs/sy	SY	4.10	4.18	4.23	4.26	3.63	4.26	4.17	4.26
3.4 lbs/sy	SY	4.77	4.85	4.91	4.95	4.22	4.95	4.85	4.95
Metal lath, 3/4" high rib:									
Stucco mesh, galvanized									
2" x 2", 16 gauge	SY	2.72	2.70	2.58	2.75	2.34	2.75	2.69	2.73
1" hexagonal	SY	2.51	2.42	2.48	2.46	2.10	2.46	2.41	2.46
K lath (with perforated absorbent paper)									
Regular	SY	1.84	1.83	1.88	1.86	1.59	1.86	1.82	1.86
Regular, fire rated	SY	2.93	2.74	2.64	2.78	2.44	2.78	2.73	2.78
Heavy duty	SY	2.93	2.81	2.64	2.85	2.62	2.85	2.79	2.81
Heavy duty, fire rated	SY	3.14	2.81	2.70	2.85	2.62	2.85	2.79	2.85
Lath (installation only)									
On wood framing to:									
Walls	SY	5.30	4.60	4.04	5.10	4.60	4.16	4.68	5.05
Ceilings and exterior soffits	SY	6.50	5.80	5.10	6.50	5.85	5.30	5.95	6.45
Beams, columns and bulkheads	SY	6.65	5.85	5.15	6.50	5.90	5.30	5.95	6.50
On steel framing to:									
Walls	SY	8.35	9.30	8.25	10.30	9.45	8.45	9.55	10.30
Ceilings and exterior soffits	SY	10.35	11.80	10.35	13.05	11.80	10.65	12.00	13.05
Beams, columns and bulkheads	SY	11.70	13.15	11.60	14.60	13.20	11.95	13.40	14.55

09210 PLASTER

(Lath or other base not included)

Gypsum plaster, trowelled finish to

Item	UNITS	St. Johns	Halifax	Montreal	Ottawa	Toronto	Winnipeg	Calgary	Vancouver
Walls:									
2 coats on gypsum lath	SY	46.75	46.75	48.25	47.75	40.25	45.25	43.50	45.25
3 coats on metal lath	SY	68.00	64.00	70.00	69.00	59.00	67.00	64.00	67.00
3 coats on rigid insulation	SY	62.00	58.00	64.00	63.00	54.00	61.00	58.00	60.00
3 coats on masonry	SY	59.00	56.00	61.00	61.00	52.00	58.00	55.00	58.00
3 coats on concrete	SY	62.00	58.00	64.00	63.00	54.00	61.00	58.00	60.00
Ceilings:									
2 coats on gypsum lath	SY	46.00	46.00	47.25	47.00	40.25	46.00	42.75	47.00
3 coats on metal lath	SY	70.00	65.00	72.00	72.00	61.00	70.00	66.00	72.00
3 coats on rigid insulation	SY	64.00	61.00	66.00	66.00	56.00	64.00	60.00	66.00
3 coats on concrete	SY	64.00	61.00	66.00	66.00	56.00	64.00	60.00	66.00
Columns, beams and bulkheads:									
2 coats on gypsum lath	SY	59.00	55.00	60.00	60.00	51.00	58.00	54.00	60.00
3 coats on metal lath	SY	84.00	81.00	87.00	86.00	74.00	84.00	79.00	86.00
3 coats on rigid insulation	SY	75.00	69.00	78.00	77.00	66.00	75.00	70.00	77.00
3 coats on masonry	SY	73.00	67.00	75.00	74.00	64.00	73.00	69.00	74.00
3 coats on concrete	SY	75.00	69.00	78.00	77.00	66.00	75.00	70.00	77.00

Acoustical plaster to

Item	UNITS	St. Johns	Halifax	Montreal	Ottawa	Toronto	Winnipeg	Calgary	Vancouver
Walls:									
2 coats to gypsum lath	SY	21.00	19.00	20.50	20.50	20.75	19.20	18.00	19.60
2 coats to metal lath	SY	25.00	23.75	25.50	25.25	26.00	24.00	22.25	24.50
2 coats to masonry	SY	25.00	22.00	23.50	23.50	23.50	22.25	20.75	22.50
2 coats to concrete	SY	25.00	22.75	24.25	24.25	25.00	22.75	21.25	23.25
3 coats to metal lath	SY	36.75	29.25	31.25	31.25	32.00	29.50	27.50	29.75
Ceilings:									
2 coats to gypsum lath	SY	23.50	19.85	21.25	21.00	21.75	20.00	18.60	20.50
2 coats to metal lath	SY	27.50	23.75	25.50	25.25	26.00	24.00	22.25	24.50
2 coats to concrete	SY	25.50	23.25	24.75	24.75	22.25	23.25	21.75	23.75
3 coats to metal lath	SY	38.00	29.50	31.75	31.50	33.00	29.75	27.75	30.25
Columns, beams and bulkheads:									
2 coats to gypsum lath	SY	25.00	23.75	25.50	25.25	26.00	24.00	22.25	24.50
2 coats to metal lath	SY	29.25	29.50	31.75	31.50	32.25	29.75	27.75	30.25
2 coats to concrete	SY	29.25	28.75	31.00	30.75	31.25	29.00	27.00	29.50
3 coats to metal lath	SY	43.50	37.75	40.50	40.25	41.50	38.00	35.25	38.50

09215 VENEER PLASTER

1 coat on gypsum board (board not included) to:

Item	UNITS	St. Johns	Halifax	Montreal	Ottawa	Toronto	Winnipeg	Calgary	Vancouver
Walls	SY	12.55	13.50	13.85	13.75	14.00	13.00	12.10	13.55
Ceilings	SY	13.40	14.85	15.25	15.15	15.35	14.30	13.35	14.90
Columns, beams and bulkheads	SY	18.00	19.65	20.00	20.00	20.25	18.75	17.55	19.60
Sprayed plaster									
1 coat, textured, to:									
Concrete	SY	11.70	12.95	13.30	13.35	13.45	12.50	11.65	13.50
Gypsum board, (2 coats)	SY	18.40	16.50	20.00	20.00	18.40	18.75	17.55	16.65

09250 Gypsum Wallboard - SUPPLY

Standard sheets 48" wide

Item	UNITS	St. Johns	Halifax	Montreal	Ottawa	Toronto	Winnipeg	Calgary	Vancouver
Regular gypsum wallboard:									
3/8" thick	SF	0.25	0.19	0.21	0.27	0.24	0.19	0.20	0.21
1/2" thick	SF	0.25	0.20	0.21	0.28	0.25	0.20	0.21	0.22
5/8" thick	SF	0.34	0.26	0.27	0.31	0.28	0.22	0.29	0.24
Fire resistant gypsum wallboard:									
1/2" thick	SF	0.36	0.29	0.28	0.34	0.30	0.28	0.29	0.30
5/8" thick	SF	0.36	0.29	0.30	0.33	0.31	0.29	0.30	0.31

Instructions for use, page 4. Main index, page 7.

DIV 9 Finishes — IMPERIAL CURRENT MARKET PRICES

Item	UNITS	St. Johns	Halifax	Montreal	Ottawa	Toronto	Winnipeg	Calgary	Vancouver
Foil-back gypsum wallboard:									
3/8" thick	SF	0.45	0.37	0.37	0.48	0.46	0.38	0.39	0.49
1/2" thick	SF	0.45	0.38	0.38	0.48	0.47	0.39	0.40	0.52
5/8" thick	SF	0.56	0.40	0.40	0.57	0.50	0.41	0.42	0.59
Water resistant gypsum wallboard:									
1/2" thick	SF	0.43	0.42	0.42	0.53	0.52	0.43	0.44	0.45
5/8" thick	SF	0.74	0.50	0.50	0.62	0.62	0.51	0.52	0.54
Predecorated gypsum panels									
Standard panels, vinyl face on:									
1/2" plain core	SF	1.30	0.72	0.82	0.85	0.91	0.80	0.89	0.85
Custom gypsum panels, vinyl face on:									
1/2" plain core	SF	1.30	0.97	1.12	1.14	1.14	1.01	1.20	1.05
5/8" plain core	SF	1.35	0.97	1.12	1.13	1.14	1.01	1.20	1.05
5/8" fire resistant core	SF	1.39	0.98	1.13	1.14	1.16	1.02	1.22	1.05
Core boards and backing boards									
Gypsum coreboard 15" wide:									
1" thick	SF	0.58	0.64	0.54	0.67	0.60	0.48	0.64	0.56
6" and 8"	SF	N/A	0.65	0.53	0.69	0.62	0.49	0.51	0.59
Gypsum backing boards:									
3/8" thick	SF	0.25	0.28	0.30	0.36	0.31	0.35	0.35	0.36
1/2" thick	SF	0.25	0.28	0.30	0.36	0.31	0.35	0.35	0.37
5/8" thick	SF	0.36	0.32	0.39	0.46	0.41	0.45	0.46	0.41
Fire coded gypsum backing boards:									
3/8" thick	SF	0.37	0.38	0.39	0.48	0.45	0.43	0.43	0.41
1/2" thick	SF	0.37	0.43	0.43	0.50	0.46	0.47	0.49	0.47
5/8" thick	SF	0.44	0.44	0.44	0.52	0.52	0.48	0.50	0.48
Foil-backed gypsum backing boards:									
3/8" thick	SF	0.45	0.44	0.44	0.48	0.55	0.48	0.46	0.49
1/2" thick	SF	0.45	0.44	0.44	0.48	0.55	0.49	0.46	0.52
5/8" thick	SF	0.56	0.46	0.48	0.58	0.57	0.47	0.52	0.59
Exterior soffit boards:									
1/2" thick	SF	0.42	0.49	0.50	0.63	0.53	0.50	0.53	0.53

09250 Gypsum Wallboard -

INSTALLATION

Related waste factors included. Standard backing and soffit boards

Item	UNITS	St. Johns	Halifax	Montreal	Ottawa	Toronto	Winnipeg	Calgary	Vancouver
3/8" or 1/2" thick:									
To walls, ceilings or soffits	SF	0.24	0.46	0.64	0.55	0.55	0.52	0.48	0.59
To walls (laminated to solid backing)	SF	0.25	0.58	0.59	0.50	0.51	0.47	0.44	0.54
To beams, columns or bulkheads	SF	0.42	0.77	0.82	0.69	0.76	0.64	0.66	0.74
5/8" thick:									
To walls, ceilings or soffits	SF	0.30	0.56	0.69	0.58	0.61	0.57	0.58	0.63
To walls (laminated to solid backing)	SF	0.29	0.69	0.63	0.53	0.58	0.52	0.53	0.56
To beams, columns or bulkheads	SF	0.46	0.79	0.88	0.76	0.73	0.71	0.65	0.82
Coreboards									
1" thick									
Per 1" laminate	SF	0.56	0.69	0.71	0.69	0.63	0.64	0.53	0.71
Taping joints and finishing									
To walls and soffits	SF	0.28	0.42	0.43	0.43	0.36	0.42	0.32	0.31

09300 Tile

09310 CERAMIC TILE

Glazed wall tile 1/4" thick

Item	UNITS	St. Johns	Halifax	Montreal	Ottawa	Toronto	Winnipeg	Calgary	Vancouver
Mortar bed:									
4" x 4"	SF	8.35	8.45	9.20	8.80	9.10	8.70	9.05	9.50
6" x 6"	SF	8.35	8.45	9.20	8.80	9.10	8.70	8.80	9.50
Thinset:									
4" x 4"	SF	6.50	6.05	6.60	6.30	6.50	6.15	5.85	7.00
6" x 6"	SF	6.50	5.95	6.40	6.10	6.50	5.95	5.85	6.90

09310 CERAMIC MOSAICS

Unglassed floor tile 1/4" thick

Item	UNITS	St. Johns	Halifax	Montreal	Ottawa	Toronto	Winnipeg	Calgary	Vancouver
Mortar bed:									
1" x 1", one colour	SF	7.45	8.20	7.35	6.90	7.70	6.75	9.25	7.75
Thinset:									
1" x 1", one colour	SF	6.50	5.95	6.60	6.20	6.95	6.05	6.65	7.00
Base Trim									
Ceramic mosaic base:									
4" high, one colour	LF	7.00	6.70	8.10	7.20	7.60	8.15	7.70	8.45

09330 QUARRY TILE

1/2" thick terra cotta
To walls

Item	UNITS	St. Johns	Halifax	Montreal	Ottawa	Toronto	Winnipeg	Calgary	Vancouver
Mortar bed:									
6" x 6", one colour	SF	10.20	9.65	10.05	9.30	10.60	9.20	9.95	9.40
Thinset:									
6" x 6", one colour	SF	9.30	8.55	9.65	9.00	8.35	9.55	7.50	7.50

IMPERIAL CURRENT MARKET PRICES — Finishes DIV 9

Item	UNITS	St. Johns	Halifax	Montreal	Ottawa	Toronto	Winnipeg	Calgary	Vancouver
To floors									
Mortar bed:									
6" x 6", one colour	SF	9.75	9.55	10.40	9.00	10.30	9.55	9.95	9.30
Thinset:									
6" x 6", one colour	SF	8.85	8.00	8.75	7.65	8.45	8.90	7.50	7.40
To stairs									
Nosing only:									
Non slip	LF	13.70	14.80	14.25	14.70	16.75	14.55	20.00	14.55
Base Trim									
Quarry tile base:									
4" high, terracotta	LF	8.25	8.25	9.05	7.85	8.55	9.15	8.80	8.45

09380 MARBLE
To floors									
Panels:									
3/4" travertine	SF	34.75	35.25	33.50	34.50	39.50	34.00	39.25	36.00
To walls									
Panels:									
3/4" travertine	SF	41.75	44.25	35.75	36.75	41.75	36.50	44.00	36.00

09400 Terrazzo

09410 PORTLAND CEMENT TERRAZZO
To floors with 1/8" zinc strip

Item	UNITS	St. Johns	Halifax	Montreal	Ottawa	Toronto	Winnipeg	Calgary	Vancouver
Sand cushion type:									
30" x 30" grid	SF	13.00	11.45	11.25	11.50	13.00	12.15	15.00	13.95
Bonded to concrete:									
30" x 30" grid	SF	12.10	11.45	11.05	11.40	13.00	11.30	15.00	12.15
Thinset:									
30" x 30" grid	SF	11.60	11.45	11.05	11.40	13.00	11.30	12.65	11.35

09420 PRECAST TERRAZZO
To stairs

Item	UNITS	St. Johns	Halifax	Montreal	Ottawa	Toronto	Winnipeg	Calgary	Vancouver
Treads:									
To steel stairs	LF	48.75	40.25	39.00	40.25	45.75	39.75	55.00	39.75

09430 CONDUCTIVE TERRAZZO
Epoxy type

Item	UNITS	St. Johns	Halifax	Montreal	Ottawa	Toronto	Winnipeg	Calgary	Vancouver
1/4" thick	SF	12.10	11.05	10.80	12.45	12.65	12.15	15.00	11.60
3/8" thick	SF	13.00	11.90	11.50	13.60	13.45	13.00	16.15	13.70

09440 PLASTIC MATRIX TERRAZZO
Epoxy type

Item	UNITS	St. Johns	Halifax	Montreal	Ottawa	Toronto	Winnipeg	Calgary	Vancouver
1/4" thick	SF	12.10	11.50	11.15	13.20	13.00	11.30	13.90	14.55
3/8" thick	SF	13.00	12.35	12.00	14.05	14.05	12.15	15.65	14.95
Latex Type									
1/4" thick	SF	10.20	8.90	8.65	10.25	10.30	8.80	12.35	9.45
3/8" thick	SF	11.15	9.85	9.55	11.30	11.25	9.75	13.40	10.35
TRIM AND ACCESSORIES									
Base trim									
Cove base, standard:									
4" high	LF	10.65	11.05	10.50	10.35	12.45	10.55	14.90	12.10
6" high	LF	11.60	11.45	10.80	10.65	12.65	10.90	15.15	13.10

09500 Acoustical Treatment

09510 SUSPENDED CEILINGS
COMPLETE, FIXED TO SOFFIT OF HOLLOW METAL OR WOOD, WOOD DECK OR TO FIXINGS PROVIDED IN SOFFIT.

Item	UNITS	St. Johns	Halifax	Montreal	Ottawa	Toronto	Winnipeg	Calgary	Vancouver
Exposed suspension system									
Mineral fibre panel 24" x 48":									
5/8" thick standard	SF	1.67	1.88	1.57	1.76	1.75	1.53	1.49	1.43
5/8" thick fire-rated	SF	1.86	2.04	1.70	1.90	1.97	1.65	1.58	1.63
Glass fibre 24" x 48":									
Vinyl faced									
1" thick	SF	1.77	2.21	2.09	2.27	2.08	2.04	1.77	1.88
1 1/2" thick	SF	2.03	2.62	2.62	2.70	2.43	2.68	2.37	2.19
Glass faced									
3/4" thick	SF	2.29	1.85	1.85	1.90	2.30	1.89	2.51	2.07
Glass fibre panel 48" x 48":									
Vinyl faced									
1 1/2" thick	SF	3.35	3.69	3.14	3.52	3.08	3.20	3.14	3.67
Glass faced									
1 1/2" thick	SF	3.80	4.04	3.67	4.11	3.44	3.58	3.16	3.98
Mineral fibre damage resistive panel 24" x 48":									
3/16" thick standard	SF	3.53	3.53	3.39	3.80	3.18	3.29	2.97	2.81
Semi-concealed suspension system									
Mineral fibre panel 24" x 48":									
5/8" thick standard	SF	2.21	2.16	1.83	2.06	2.21	1.78	1.77	2.31
5/8" thick fire-rated	SF	2.35	2.25	1.90	2.13	2.32	1.86	2.37	2.52
Glass fibre 24" x 48":									
Vinyl faced									
5/8" thick	SF	2.10	2.00	1.70	1.90	N/A	1.67	1.77	2.26

Instructions for use, page 4. Main index, page 7.

DIV 9 Finishes — IMPERIAL CURRENT MARKET PRICES

Item	UNITS	St. Johns	Halifax	Montreal	Ottawa	Toronto	Winnipeg	Calgary	Vancouver
3/4" thick	SF	2.18	2.09	1.77	1.96	N/A	1.73	2.30	2.36
Glass faced									
3/4" thick	SF	2.79	2.62	2.23	2.49	N/A	2.18	2.79	2.98
Glass fibre panel 48" x 48":									
Vinyl faced									
1" thick	SF	2.69	2.39	2.09	2.27	N/A	2.13	2.83	2.52
Concealed suspension system									
Mineral fibre panel 12" x 24":									
3/4" thick standard	SF	5.05	4.74	4.83	5.45	N/A	4.74	4.65	4.71
3/4" thick fire-rated	SF	5.40	4.92	5.00	5.55	N/A	4.93	4.83	5.05
Mineral fibre panel 12" x 12":									
3/4" thick standard	SF	5.10	4.92	5.00	5.55	4.70	4.93	4.65	4.71
3/4" thick fire-rated	SF	5.45	5.10	5.10	5.75	5.10	5.00	4.83	5.05
Suspended ceiling sundries									
Extra over cost of suspended ceiling									
for drilling and bolting to soffit	SF	0.88	0.73	0.75	0.84	0.84	0.73	0.70	0.73
Mineral wool sound absorption blanket	SF	0.88	0.78	0.75	0.84	0.84	0.73	0.71	0.73

09550 Wood Flooring

09560 WOOD STRIP FLOORING

Hardwood (finished)
2 1/4" wide x 25/32" thick strips:

Item	UNITS	St. Johns	Halifax	Montreal	Ottawa	Toronto	Winnipeg	Calgary	Vancouver
Birch or maple									
Second grade or better	SF	6.70	7.80	6.50	7.20	7.75	7.10	6.30	8.30
Oak, plain white									
stain grade	SF	7.15	9.20	9.10	9.20	8.90	9.95	8.20	10.70
finish grade	SF	7.70	9.30	9.30	9.45	9.60	10.15	8.35	11.50

09570 PARQUET FLOORING

Prefinished
5/16" thick:

Item	UNITS	St. Johns	Halifax	Montreal	Ottawa	Toronto	Winnipeg	Calgary	Vancouver
Maple, select	SF	5.20	6.20	6.20	4.65	5.80	6.75	5.75	6.95
Oak, select	SF	5.40	6.60	6.50	4.71	5.90	7.05	5.95	7.05

09590 RESILIENT WOOD FLOORING SYSTEMS

On sleepers and subfloor
Wood subfloor and sleepers:

Item	UNITS	St. Johns	Halifax	Montreal	Ottawa	Toronto	Winnipeg	Calgary	Vancouver
Industrial grade	SF	10.20	10.30	10.15	11.00	10.55	10.50	9.20	11.35
First grade	SF	10.70	10.50	10.20	10.90	10.10	10.60	9.30	10.85
Second grade	SF	9.30	10.40	10.15	10.60	9.90	10.60	9.20	10.55
Subfloor on steel springs and sleepers									
Industrial grade	SF	12.55	12.10	11.80	12.65	11.75	12.30	10.70	10.85
First grade	SF	13.95	12.45	12.15	13.00	13.30	12.70	11.05	13.35
Second grade	SF	11.60	12.35	12.10	12.65	12.75	12.50	10.85	13.15

09650 Resilient Flooring

09660 RESILIENT TILE FLOORING

Rubber tile
1/8" thick:

Item	UNITS	St. Johns	Halifax	Montreal	Ottawa	Toronto	Winnipeg	Calgary	Vancouver
Average cost	SF	5.55	6.40	5.65	6.30	6.50	7.10	5.50	7.00
Vinyl tile									
1/8" thick									
Marbleized	SF	4.46	5.10	4.62	5.50	5.00	5.80	5.50	5.50
Solid colours	SF	4.69	5.50	4.92	5.75	5.15	6.15	5.85	5.60
Vinyl composite tile									
1/16" thick									
Average cost	SF	0.93	1.34	1.22	1.30	N/A	1.50	1.27	1.34
.080" thick									
Average cost	SF	1.11	1.41	1.28	1.49	N/A	1.58	1.27	1.44
1/8" thick									
Average cost	SF	1.39	1.59	1.44	1.67	1.65	1.79	1.34	1.65

09665 RESILIENT FLOORING

Linoleum
0.090" thick:

Item	UNITS	St. Johns	Halifax	Montreal	Ottawa	Toronto	Winnipeg	Calgary	Vancouver
Embossed patterns	SF	2.60	3.07	2.62	3.25	3.25	3.29	2.95	3.20
1/8" thick:									
Solid colours	SF	2.79	3.25	2.74	3.39	3.43	3.44	3.14	3.29
Polyvinyl chloride (vinyl)									
Inlaid pattern:									
0.065" thick									
Mini chips	SF	1.67	2.16	1.86	2.30	2.09	2.32	2.07	2.37
Mini chips with embossed pattern	SF	1.77	2.28	1.97	2.44	2.21	2.46	2.18	2.51
Irregular chips	SF	1.86	2.51	2.18	2.69	2.32	2.72	2.42	2.77
Square chips	SF	1.95	2.62	2.30	2.83	2.44	2.87	2.49	2.91
Surface treated	SF	2.04	2.60	2.28	2.81	2.55	2.82	2.39	2.89
0.075" thick									
With embossed pattern	SF	2.97	4.06	3.55	4.41	3.72	4.43	3.90	4.46
0.090" thick									
Square chips	SF	2.79	2.51	2.18	2.69	2.73	2.72	2.44	2.77

IMPERIAL CURRENT MARKET PRICES — Finishes DIV 9

Item	UNITS	St. Johns	Halifax	Montreal	Ottawa	Toronto	Winnipeg	Calgary	Vancouver
Irregular chips	SF	2.97	3.65	3.18	3.93	3.72	3.96	3.53	4.03
With embossed pattern	SF	3.25	4.18	3.67	4.55	3.99	4.57	4.02	4.67
Inlaid pattern with cushion backing									
0.108" thick	SF	2.97	3.65	3.18	3.93	3.72	3.96	3.41	4.03
Printed pattern with cushion backing:									
0.076" thick	SF	2.32	2.62	2.32	2.83	2.90	2.87	2.53	2.91
0.100" thick	SF	2.79	3.00	2.60	3.18	3.25	3.20	2.86	3.27

09670 FLUID APPLIED RESILIENT FLOORING

Urethane liquid pour laid on prepared concrete or asphalt including game or lane lines

Indoor:

1/4" thick	SF	10.20	9.75	8.00	9.40	8.85	9.75	8.85	10.60
3/8" thick	SF	11.60	10.85	8.90	10.40	9.85	10.90	9.85	11.85
Outdoor with textured surface									
1/2" thick	SF	13.00	12.80	11.15	12.90	12.55	13.55	12.15	14.70

09680 Carpeting

09685 CARPET

Nylon:
Anti-static

Light duty 20 oz/sy	SF	1.86	2.39	2.18	2.37	2.32	2.70	2.21	2.65
Medium duty 28 oz/sy	SF	2.32	3.00	2.74	2.97	2.90	3.39	2.83	3.34
Cut pile									
Heavy duty 45 oz/sy	SF	3.25	3.79	3.44	3.72	4.06	4.24	3.90	4.19
Acrylic:									
Tufted									
Light duty 32 oz/sy	SF	2.04	2.55	2.30	2.49	2.55	2.77	N/A	2.80
Woven									
Medium duty 40 oz/sy	SF	2.79	3.23	2.88	3.09	3.48	3.48	3.60	3.48
Heavy duty 50 oz/sy	SF	3.53	3.99	3.65	3.90	4.41	4.38	4.60	4.41
Polypropylene:									
Light duty 20 oz/sy	SF	1.39	1.78	1.62	1.74	1.74	1.94	1.68	1.97
Medium duty 25 oz/sy	SF	1.86	2.23	2.02	2.16	2.32	2.44	2.04	2.44
Heavy duty 30 oz/sy	SF	2.42	3.00	2.76	2.97	3.02	3.34	2.83	3.34
Wool (including underpadding):									
Light duty 27 oz/sy	SF	3.53	3.51	3.25	3.46	4.06	3.89	3.93	4.03
Medium duty 35 oz/sy	SF	4.23	4.11	3.81	4.04	4.76	4.52	4.58	4.69
Heavy duty 42 oz/sy	SF	5.30	5.00	4.65	4.83	5.80	5.40	5.95	5.60

09800 Special Coatings

09835 PLASTIC PAINT TO INTERIOR WALLS

3 coats:

Concrete blockwork	SF	1.06	1.31	1.21	1.25	1.21	1.40	1.16	1.36
Concrete	SF	1.05	1.26	1.16	1.20	1.18	1.35	1.11	1.28
Drywall	SF	0.95	1.16	1.11	1.14	1.11	1.28	1.06	1.23

09900 Painting

09910 EXTERIOR WORK, STANDARD PAINT

General
3 coats, brush applied:

Wood or metal windows	SF	0.84	1.09	0.86	0.90	0.98	0.91	0.91	1.02
Wooden doors	EA	50.00	52.00	39.75	39.75	46.75	40.50	43.75	43.50
Metal doors	EA	45.00	36.25	33.75	33.00	39.75	34.50	37.25	40.25
Wooden frames	EA	22.50	21.75	21.25	22.25	26.50	22.50	21.50	23.00
Metal door frames	EA	20.00	18.50	18.90	19.05	23.00	19.45	19.20	19.45
Metal flashing	SF	1.02	1.09	0.83	0.83	0.98	0.84	0.91	0.99
Handrails, railing etc.	LF	0.61	0.65	0.56	0.59	0.59	0.59	0.57	0.62
Pipes not exceeding 6" dia.	LF	0.61	0.65	0.56	0.59	0.59	0.59	0.57	0.62
Soffits, fascias	SF	1.02	1.09	1.14	1.19	1.07	1.20	1.16	1.25
Flagpoles (before erection)	SF	0.72	0.76	0.58	0.58	0.68	0.59	0.64	0.71
Lamp standard (before erection)	SF	0.68	0.71	0.55	0.58	0.63	0.58	0.59	0.66

09920 INTERIOR WORK, STANDARD PAINT

Ceilings
2 coats, rolled

Concrete, wood, plaster or drywall	SF	0.44	0.47	0.50	0.53	0.46	0.54	0.47	0.54
Acoustic tile (concealed grid)	SF	0.42	0.40	0.34	0.36	0.36	0.40	0.43	0.41
Acoustic tile (exposed grid)	SF	0.51	0.57	0.55	0.58	0.55	0.63	0.66	0.63
Steel deck (measure surface area)	SF	0.46	0.42	0.36	0.38	0.39	0.41	0.42	0.43

Surfaces associated with ceilings
2 coats at same time as ceiling:

OWSJ (measure twice height)	SF	0.44	0.44	0.34	0.36	0.39	0.44	0.37	0.45
Duct work	SF	0.42	0.44	0.36	0.38	0.39	0.46	0.37	0.46

2 coats separate from ceiling:

OWSJ (measure twice height)	SF	0.70	0.76	0.71	0.75	0.66	0.73	0.75	0.78
Structural steel work (exposed area)	SF	0.53	0.57	0.55	0.57	0.50	0.56	0.57	0.58
Duct work	SF	0.72	0.78	0.72	0.77	0.68	0.74	0.76	0.80

Instructions for use, page 4. Main index, page 7.

DIV 9 Finishes — IMPERIAL CURRENT MARKET PRICES

Item	UNITS	St. Johns	Halifax	Montreal	Ottawa	Toronto	Winnipeg	Calgary	Vancouver
Pipes over 2" dia. surface area	SF	0.72	0.78	0.70	0.74	0.68	0.72	0.76	0.80
Pipes not exceeding 2" dia.	SF	0.63	0.57	0.55	0.58	0.63	0.56	0.76	0.71
3 coats, rolled:									
Concrete, wood, plaster, or drywall	SF	0.58	0.62	0.55	0.58	0.54	0.56	0.60	0.61
Walls									
2 coats, rolled:									
Concrete, plywood, plaster, or drywall	SF	0.42	0.53	0.52	0.54	0.46	0.53	0.53	0.55
Concrete block, acoustic board or panel	SF	0.46	0.67	0.59	0.63	0.57	0.61	0.66	0.69
Plywood and paneling	SF	0.44	0.56	0.52	0.55	0.49	0.53	0.54	0.57
Steel and wood sashes	SF	0.63	0.67	0.62	0.65	0.59	0.63	0.65	0.69
Structural steel, exposed surfaces	SF	0.56	0.62	0.55	0.58	0.54	0.56	0.57	0.61
3 coats, rolled:									
Concrete, plywood, plaster, or drywall	SF	0.56	0.61	0.56	0.59	0.53	0.57	0.51	0.63
Concrete block, tile, acoustic board or panel	SF	0.65	0.78	0.64	0.68	0.67	0.66	0.64	0.80
Steel and wood sashes	SF	0.79	0.84	0.82	0.86	0.73	0.83	0.85	0.86
Structural steel, exposed surfaces	SF	0.93	0.98	0.94	0.99	0.86	0.96	0.99	1.01
Baseboards not exceeding (4") high	LF	0.21	0.25	0.20	0.21	0.22	0.20	0.21	0.25
Miscellaneous interior painting									
2 coats (brush applied) on:									
Stair treads	SF	0.74	0.76	0.78	0.81	0.74	0.82	0.79	0.86
Hollow metal screens	SF	0.79	0.82	0.78	0.81	0.75	0.82	0.79	0.86
Handrails, balustrades etc.	LF	0.56	0.58	0.56	0.58	0.65	0.59	0.78	0.71
Metal doors	EA	35.75	35.75	28.75	29.75	31.25	30.25	29.25	36.25
Metal door frames	EA	20.75	23.00	17.20	17.85	19.95	18.15	18.65	21.75
3 coats (brush applied) on:									
Wooden doors	EA	40.00	38.75	30.50	32.00	38.00	34.75	31.25	39.25
Wooden door frames	EA	24.00	22.00	19.30	20.25	24.00	21.75	20.50	24.75
Edges of plastic faced doors	EA	12.50	14.55	13.30	13.95	14.50	15.05	13.70	17.05
Shelving	SF	1.02	1.21	0.99	1.04	1.07	1.12	1.02	1.25
Millwork (surface area)	SF	1.30	1.40	1.04	1.07	1.22	1.16	1.14	1.31

09950 Wall Covering

09955 VINYL-COATED FABRIC WALL COVERING
(based on supply price of $0.80/SF)

Item	UNITS	St. Johns	Halifax	Montreal	Ottawa	Toronto	Winnipeg	Calgary	Vancouver
Plain patterns (double rolls)									
Untrimmed:									
To drywall	SF	1.67	2.02	1.61	1.74	1.93	1.77	1.66	2.06
To plaster	SF	1.67	1.86	1.55	1.59	1.93	1.63	1.66	1.97
Pretrimmed:									
To drywall	SF	1.53	1.77	1.47	1.59	1.68	1.63	1.66	1.81
To plaster	SF	1.53	1.58	1.35	1.35	1.68	1.34	1.66	1.63
Decorative patterns (double rolls)									
Untrimmed:									
To drywall	SF	1.81	2.09	1.67	1.81	1.99	1.85	1.78	1.92
To plaster	SF	1.81	1.97	1.59	1.59	1.99	1.63	1.78	1.74
Pretrimmed:									
To drywall	SF	1.58	1.90	1.54	1.67	1.84	1.70	1.78	1.79
To plaster	SF	1.58	1.85	1.49	1.49	1.84	1.47	1.78	1.64

09960 VINYL WALL COVERINGS
(15% material waste included)
54" wide, plain or decorated

Item	UNITS	St. Johns	Halifax	Montreal	Ottawa	Toronto	Winnipeg	Calgary	Vancouver
To walls:									
15 oz per lin. yd	SF	2.14	2.46	2.06	2.22	2.35	2.27	2.22	2.51
19 oz per lin. yd	SF	2.51	2.79	2.46	2.68	2.76	2.75	2.63	2.94
34 oz per lin. yd	SF	2.79	3.37	2.78	3.01	3.22	3.08	2.94	3.44

09970 WALLPAPER
(Based on supply price of $0.75/SF)

Item	UNITS	St. Johns	Halifax	Montreal	Ottawa	Toronto	Winnipeg	Calgary	Vancouver
Plain patterns (double rolls)									
Untrimmed:									
To drywall	SF	1.53	1.72	1.41	1.53	1.65	1.56	1.51	1.58
To plaster	SF	1.53	1.67	1.37	1.48	1.65	1.51	1.51	1.56
Pretrimmed:									
To drywall	SF	1.39	1.67	1.38	1.49	1.59	1.53	1.49	1.54
To plaster	SF	1.39	1.58	1.30	1.41	1.59	1.44	1.49	1.52
Decorative patterns (double rolls)									
Untrimmed:									
To drywall	SF	1.67	1.72	1.47	1.59	1.65	1.63	1.60	1.64
To plaster	SF	1.67	1.72	1.42	1.54	1.65	1.57	1.60	1.62
Pretrimmed:									
To drywall	SF	1.49	1.61	1.41	1.53	1.54	1.56	1.60	1.62
To plaster	SF	1.49	1.61	1.37	1.48	1.54	1.51	1.60	1.64

IMPERIAL CURRENT MARKET PRICES — Specialties DIV 10

Item	UNITS	St. Johns	Halifax	Montreal	Ottawa	Toronto	Winnipeg	Calgary	Vancouver
10: SPECIALTIES									
10100 Chalkboards and Tackboards									
10110 CHALKBOARDS, WALL MOUNTED									
Fixed (includes installation cost of trim)									
Impregnated fibreboard 1/2" thick:									
Steel sheet, baked on acrylic finish	SF	8.55	7.65	7.80	7.75	7.45	8.35	8.55	7.85
Steel sheet, porcelain enamel finish	SF	8.25	7.25	7.40	7.45	7.15	7.95	8.20	7.50
Tempered hardboard 1/4":									
Baked on acrylic finish	SF	4.11	3.93	4.02	4.00	3.58	4.19	3.93	4.03
10130 TACKBOARDS, WALL MOUNTED									
Fixed (includes installation cost of trim)									
Cork, natural:									
1/4" thick	SF	4.60	4.16	4.19	4.19	3.99	4.52	4.60	4.22
1/2" thick	SF	5.65	5.20	5.25	5.25	4.92	5.60	5.75	5.20
Cork, vinyl coated:									
1/4" thick	SF	6.50	5.95	5.95	5.95	5.65	6.35	6.50	5.95
1/2" thick	SF	7.80	7.05	7.10	7.20	6.80	7.70	7.80	7.20
Cork, covered with 50 g vinyl fabric:									
1/4" thick	SF	5.85	5.30	5.35	5.35	5.10	5.80	5.85	5.40
1/2" thick	SF	6.85	6.25	6.35	6.30	6.05	6.80	6.85	6.35
Cork, covered with nylon fabric:									
1/2" thick	SF	8.10	7.35	7.40	7.45	7.05	7.95	8.10	7.50
10145 ALUMINUM TRIM									
(Standard products - supply only)									
Edge trim and divider bars									
1/4" exposed face:									
Clear anodized finish	LF	1.16	1.09	1.06	1.01	1.01	1.04	1.04	0.96
Baked enamel finish	LF	1.27	1.24	1.18	1.12	1.11	1.16	1.16	1.07
Colour anodized finish	LF	1.34	1.27	1.22	1.13	1.16	1.20	1.20	1.11
3/4" exposed face:									
Clear anodized finish	LF	1.16	1.09	1.06	1.01	1.01	1.04	1.04	0.96
Baked enamel finish	LF	1.29	1.24	1.18	1.12	1.12	1.16	1.16	1.07
Colour anodized finish	LF	1.34	1.27	1.22	1.16	1.16	1.20	1.20	1.11
1-3/4" exposed face:									
Clear anodized finish	LF	2.42	2.42	2.16	2.06	2.10	2.13	2.12	1.96
Baked enamel finish	LF	3.51	3.51	3.09	2.94	3.05	3.05	3.03	2.81
Colour anodized finish	LF	3.51	3.51	3.09	2.94	3.05	3.05	3.03	2.81
Chalk rails									
Single web:									
Clear anodized finish	LF	2.96	2.96	2.69	2.56	2.58	2.64	2.64	2.44
Baked enamel finish	LF	3.15	3.15	2.90	2.75	2.74	2.84	2.83	2.63
Colour anodized finish	LF	3.52	3.52	3.26	3.09	3.06	3.20	3.20	2.97
Boxed type:									
Clear anodized finish	LF	5.05	5.05	4.56	4.35	4.42	4.49	4.47	4.15
Baked enamel finish	LF	5.30	5.30	4.85	4.60	4.60	4.77	4.75	4.41
Colour anodized finish	LF	5.25	5.25	4.77	4.54	4.57	4.69	4.75	4.34
Map rails									
Mounted on wall, cork inset:									
1" wide	LF	2.01	2.01	1.79	1.71	1.75	1.76	1.75	1.63
2" wide	LF	2.38	2.38	2.16	2.06	2.07	2.13	2.12	1.96
Mounted on board or wall, 2" h-type:									
Clear anodized finish	LF	2.38	2.38	2.16	2.06	2.07	2.13	2.12	1.96
Baked enamel finish	LF	2.62	2.62	2.37	2.24	2.29	2.33	2.32	2.15
Colour anodized finish	LF	2.64	2.64	2.61	2.48	2.51	2.56	2.56	2.38
10150 Compartments and Cubicles									
10160 TOILET AND SHOWER PARTITIONS									
Metal toilet partitions									
Floor mounted, overhead braced:									
Standard cubicle	EA	535.00	460.00	460.00	490.00	510.00	580.00	535.00	505.00
Alcove type	EA	475.00	440.00	435.00	470.00	490.00	550.00	515.00	480.00
Floor mounted, pilaster type:									
Standard cubicle	EA	555.00	515.00	510.00	540.00	565.00	650.00	590.00	560.00
Alcove type	EA	530.00	490.00	485.00	520.00	540.00	615.00	565.00	530.00
Ceiling hung:									
Standard cubicle	EA	605.00	560.00	560.00	595.00	630.00	710.00	535.00	610.00
Alcove type	EA	580.00	725.00	525.00	570.00	605.00	680.00	690.00	585.00
10260 Wall and Corner Guards									
10262 CORNER GUARDS									
Vinyl acrylic with aluminum retainers, 3" legs									
Flush mounted:									
L-type 1/4" radius	LF	18.30	15.35	16.45	15.30	15.85	17.10	18.30	17.70
L-type 1 1/4" radius	LF	18.30	15.35	16.45	15.30	15.85	17.10	18.30	17.70
U-type 4" wall	LF	21.75	22.75	20.50	21.25	18.95	21.50	19.80	22.50

DIV 10 Specialties — IMPERIAL CURRENT MARKET PRICES

Item	UNITS	St. Johns	Halifax	Montreal	Ottawa	Toronto	Winnipeg	Calgary	Vancouver
U-type 6" wall	LF	29.00	27.75	29.25	27.75	29.50	31.00	33.25	32.00
U-type 8" wall	LF	32.25	30.00	31.75	30.25	29.75	33.50	34.50	34.75
Surface mounted:									
L-type 1/4" radius	LF	13.70	10.65	11.20	10.60	11.45	12.45	12.65	12.20
L-type 1 1/4" radius	LF	13.70	10.65	11.20	10.60	11.45	12.45	12.65	12.20
U-type 4" wall	LF	24.50	20.75	21.75	20.50	21.25	24.25	24.00	23.75
U-type 6" wall	LF	26.00	22.50	23.50	22.25	22.50	26.00	25.50	25.75
U-type 8" wall	LF	29.25	25.00	26.25	24.75	25.50	29.00	28.00	28.50
Stainless steel									
Standard sections:									
Built-in	LF	18.30	17.60	14.70	13.90	15.85	17.70	15.25	16.50
Fixed to wall surface with adhesive	LF	10.65	9.90	7.60	7.20	8.90	9.25	7.90	8.55

10270 Access Flooring

10273 STRINGER SYSTEM, REMOVEABLE STRINGERS

24" x 24" panels (based on 12" height)

Item	UNITS	St. Johns	Halifax	Montreal	Ottawa	Toronto	Winnipeg	Calgary	Vancouver
Steel clad wood floor panels									
With plastic laminated floor finish	SF	19.95	15.10	14.85	15.30	16.65	15.55	15.05	15.35
With vinyl floor finish	SF	19.95	16.40	16.00	17.70	17.00	20.25	18.50	16.60
Steel floor panels									
With plastic laminated floor finish	SF	24.25	18.90	18.45	20.00	20.25	23.25	21.25	18.95
With vinyl floor finish	SF	24.25	20.00	19.60	21.50	21.00	25.00	22.75	20.25

10274 STRINGERLESS SYSTEMS

24" x 24" panels (based on 12" height)

Item	UNITS	St. Johns	Halifax	Montreal	Ottawa	Toronto	Winnipeg	Calgary	Vancouver
Steel-clad wood floor finish:									
With plastic laminated finish	SF	17.65	14.80	13.80	15.20	14.70	15.90	16.00	14.30
With vinyl floor finish	SF	17.65	16.05	15.00	16.25	14.70	16.40	17.35	15.55
Steel - clad concrete panel									
With vinyl floor finish	SF	21.00	17.15	16.25	17.05	17.40	19.45	17.75	15.85
Steel floor panels:									
With plastic laminated finish	SF	22.25	17.70	16.45	18.20	18.60	20.75	19.05	17.15
With vinyl floor finish	SF	22.25	18.90	17.70	19.15	19.50	22.25	20.50	18.40
Aluminum floor panels:									
With plastic laminated finish	SF	30.25	27.00	25.25	30.50	31.00	31.75	29.25	26.50
With vinyl floor finish	SF	30.25	28.00	26.25	31.50	33.00	33.25	30.75	27.50

10276 STRINGER SYSTEM, RIGID GRID

24" x 24" panels (based on 12" height):

Item	UNITS	St. Johns	Halifax	Montreal	Ottawa	Toronto	Winnipeg	Calgary	Vancouver
Steel-clad wood floor panel:									
With plastic laminated finish	SF	18.60	15.45	14.45	15.90	15.50	16.40	15.50	14.95
With vinyl floor finish	SF	18.60	17.15	16.00	17.60	15.80	15.45	14.40	16.60
Steel floor panels:									
With plastic laminated finish	SF	23.25	19.85	18.45	20.50	19.35	23.25	21.25	18.95
With vinyl floor finish	SF	23.25	21.00	19.60	21.50	19.95	19.45	18.10	20.25

10350 Flagpoles

(erected complete)

10352 GROUND SET

Stationary (including metal base and base cover and supply and installation of anchor bolts in prepared base)

Item	UNITS	St. Johns	Halifax	Montreal	Ottawa	Toronto	Winnipeg	Calgary	Vancouver
Tapered cone, external rope:									
35', painted steel	EA	2,000	1,860	1,770	1,730	1,980	1,880	2,300	1,830
35', satin aluminum	EA	2,200	1,790	1,710	1,670	1,910	1,820	1,860	1,750
35', clear anodized aluminum	EA	2,350	2,100	2,000	1,830	2,050	2,125	2,200	2,050
35', colour anodized aluminum	EA	2,525	2,225	2,125	1,950	2,200	2,250	2,500	2,200
Sectional, standard external rope:									
35', clear anodized aluminum	EA	1,470	1,350	1,290	1,190	1,280	1,380	1,450	1,340
35', baked enamel aluminum	EA	2,025	1,860	1,770	1,630	1,760	1,880	1,960	1,830
Tilting (concrete not included)									
Tapered cone, external rope:									
35', painted steel	EA	2,100	2,225	2,175	2,175	2,375	2,250	2,575	2,200
35', satin aluminum	EA	2,300	1,920	1,890	1,910	2,050	1,950	2,000	1,890
35', clear anodized aluminum	EA	2,600	2,225	2,175	2,225	2,375	2,250	2,475	2,200
35', colour anodized aluminum	EA	2,850	2,450	2,425	2,300	2,625	2,475	2,950	2,400
Sectional, standard, external rope:									
35', clear anodized aluminum	EA	1,870	1,520	1,500	1,650	1,620	1,540	1,710	1,500
35', baked enamel aluminum	EA	2,200	1,980	1,950	2,050	2,125	2,000	2,075	1,950

10354 WALL SET (wall bracket included)

Vertical Type

Item	UNITS	St. Johns	Halifax	Montreal	Ottawa	Toronto	Winnipeg	Calgary	Vancouver
Tapered cone:									
20', stain aluminum	EA	1,840	1,430	1,560	1,400	1,600	1,610	1,690	1,580
20', clear anodized aluminum	EA	2,075	1,610	1,750	1,570	1,800	1,820	1,930	1,770
20', colour anodized aluminum	EA	2,175	1,700	1,860	1,660	1,900	1,910	2,050	1,880
Sectional, standard:									
20', clear anodized aluminum	EA	1,500	1,170	1,270	1,130	1,300	1,310	1,500	1,290
20', colour anodized aluminum	EA	1,700	1,610	1,750	1,570	1,800	1,820	2,100	1,770

IMPERIAL CURRENT MARKET PRICES — Specialties DIV 10

Item	UNITS	St. Johns	Halifax	Montreal	Ottawa	Toronto	Winnipeg	Calgary	Vancouver
10500 Lockers									
10505 STANDARD LOCKERS, BAKED ENAMEL									
72" high									
Single tier									
12" wide:									
15" deep	EA	147.00	131.00	124.00	100.00	125.00	124.00	120.00	114.00
18" deep	EA	156.00	138.00	131.00	110.00	136.00	131.00	126.00	119.00
15" wide:									
15" deep	EA	169.00	151.00	151.00	120.00	147.00	144.00	136.00	132.00
18" deep	EA	178.00	156.00	156.00	130.00	155.00	148.00	141.00	136.00
Two tier									
12" wide:									
15" deep	EA	160.00	177.00	147.00	118.00	148.00	168.00	169.00	162.00
18" deep	EA	175.00	200.00	166.00	134.00	168.00	190.00	200.00	174.00
Six tier									
12" wide:									
15" deep	EA	225.00	210.00	205.00	220.00	190.00	225.00	220.00	215.00
18" deep	EA	235.00	215.00	210.00	225.00	198.00	235.00	230.00	225.00
Accessories									
Bases, baked enamel:									
Per locker	EA	15.30	18.40	17.10	18.30	18.00	19.60	20.00	17.95
10515 COIN OPERATED, BAKED ENAMEL									
72" high									
Single tier									
12" wide:									
12" deep	EA	655.00	670.00	620.00	460.00	575.00	680.00	535.00	690.00
15" deep	EA	660.00	685.00	625.00	465.00	580.00	680.00	540.00	695.00
18" deep (standard)	EA	625.00	640.00	595.00	435.00	545.00	655.00	565.00	655.00
21" deep	EA	700.00	690.00	635.00	465.00	585.00	665.00	570.00	700.00
Two tier									
12" wide:									
12" deep	EA	670.00	695.00	640.00	510.00	635.00	710.00	610.00	705.00
15" deep	EA	680.00	700.00	645.00	520.00	650.00	715.00	620.00	715.00
18" deep (standard)	EA	640.00	660.00	610.00	480.00	600.00	680.00	625.00	675.00
21" deep	EA	795.00	705.00	650.00	530.00	660.00	720.00	650.00	720.00
Accessories									
Bases, baked enamel									
Per locker	EA	32.00	36.25	30.25	34.00	31.00	36.25	35.50	33.50
Sloping tops, baked enamel:									
To suit 18" wide tiers	LF	42.75	43.50	36.25	40.75	37.25	43.50	40.50	39.75
10550 Postal Specialties									
10552 MAIL BOXES									
Apartment type:									
Back loading	EA	81.00	78.00	70.00	78.00	70.00	79.00	82.00	74.00
Front loading	EA	95.00	90.00	83.00	92.00	82.00	92.00	94.00	87.00
Post office type:									
Type c	EA	167.00	154.00	142.00	158.00	145.00	156.00	167.00	148.00
10554 COLLECTION BOXES									
Aluminum	EA	2,950	2,800	2,575	2,975	2,550	2,875	2,750	2,675
Bronze or stainless steel	EA	3,225	3,100	2,825	3,125	2,825	3,150	2,975	2,950
10600 Partitions									
10615 DEMOUNTABLE PARTITIONS, 9' height									
Gypsum partitions STC 35									
Plain drywall:									
Painted	LF	42.00	46.75	48.75	48.75	49.75	51.00	51.00	50.00
Vinyl covered	LF	45.50	50.00	52.00	52.00	53.00	54.00	54.00	53.00
Drywall with sound absorption STC 35									
Painted	LF	61.00	50.00	52.00	52.00	53.00	54.00	54.00	54.00
Vinyl covered	LF	66.00	53.00	55.00	55.00	56.00	58.00	57.00	57.00
Steel partitions									
Baked enamel finish	LF	93.00	83.00	86.00	86.00	88.00	90.00	90.00	89.00
10652 FOLDING PARTITIONS, 9' height									
Manually operated partitions									
Vinyl faced gypsum panes	LF	131.00	155.00	165.00	141.00	139.00	162.00	160.00	160.00
Sound absorbing	LF	152.00	190.00	205.00	176.00	171.00	199.00	197.00	196.00
Electrically operated panels									
Steel gymnasium pattern	LF	162.00	205.00	165.00	149.00	172.00	162.00	197.00	160.00
10653 BIFOLD PARTITIONS									
Wood:									
Gymnasium type	LF	99.00	138.00	131.00	129.00	115.00	129.00	N/A	126.00
10655 ACCORDION FOLDING PARTITIONS, 8' height									
Wood:									
Room divider type	LF	73.00	96.00	93.00	89.00	85.00	90.00	98.00	89.00
Classroom type	LF	123.00	174.00	171.00	160.00	145.00	168.00	166.00	163.00

Instructions for use, page 4. Main index, page 7.

DIV 10 Specialties — IMPERIAL CURRENT MARKET PRICES

10800 Toilet and Bath Accessories

10810/20 DISPENSING UNITS
(based on chrome unless noted)

Item	UNITS	St. Johns	Halifax	Montreal	Ottawa	Toronto	Winnipeg	Calgary	Vancouver
Toilet tissue, roll type									
Flush mounted, single	EA	25.00	21.75	22.00	21.75	22.00	23.00	23.50	20.50
Flush mounted, double	EA	33.00	29.00	29.25	29.00	29.00	30.25	31.25	27.00
Toilet tissue, leaf type:									
Single (900 sheets)	EA	28.50	22.75	23.00	22.75	24.75	24.00	24.50	21.50
Double (1800 sheets)	EA	36.00	29.00	29.25	29.00	31.25	30.25	31.50	27.00
Toilet seat covers:									
For unfolded covers	EA	48.00	41.25	41.75	41.25	41.75	43.25	44.50	38.75
For folded covers	EA	59.00	51.00	52.00	51.00	52.00	54.00	55.00	48.25
Sanitary napkins:									
Surface mounted, single	EA	280.00	215.00	215.00	215.00	240.00	225.00	230.00	210.00
Surface mounted, double	EA	390.00	305.00	310.00	305.00	345.00	320.00	330.00	300.00
Recessed, single	EA	380.00	305.00	310.00	305.00	345.00	320.00	330.00	300.00
Recessed, double	EA	490.00	415.00	415.00	415.00	465.00	435.00	445.00	405.00
Paper towels, roll type									
Surface mounted, standard roll	EA	75.00	60.00	60.00	60.00	67.00	62.00	64.00	58.00
Surface mounted, jumbo roll	EA	90.00	72.00	73.00	72.00	79.00	77.00	78.00	68.00
Paper towel leaf type									
Surface mounted horizontal	EA	67.00	54.00	54.00	54.00	58.00	56.00	58.00	50.00
Surface mounted vertical	EA	71.00	57.00	58.00	57.00	62.00	60.00	62.00	54.00
Recessed horizontal	EA	63.00	59.00	59.00	59.00	55.00	61.00	63.00	55.00
Paper towel, universal:									
Surface mounted, 15" high	EA	74.00	59.00	60.00	59.00	64.00	62.00	74.00	55.00
Recessed, 26" high, stainless	EA	300.00	270.00	275.00	270.00	270.00	285.00	290.00	255.00
Facial tissue:									
Surface mounted	EA	35.00	27.00	27.50	27.00	30.50	28.50	29.25	26.50
Recessed	EA	35.25	28.00	28.50	28.25	30.50	29.50	30.50	26.50
Soap products									
Soap bars:									
Soap dish	EA	19.35	15.50	15.65	15.50	16.80	16.25	16.70	14.60
Powdered soap:									
16 oz capacity	EA	42.00	38.75	39.00	38.75	36.50	40.50	41.75	36.50
Liquid soap, individual tank:									
Wall type, surface mounted, 16 oz	EA	84.00	78.00	78.00	78.00	73.00	82.00	84.00	72.00
Wall type, surface mounted, 18 oz	EA	96.00	88.00	90.00	88.00	84.00	93.00	96.00	84.00
Wall type, surface mounted, 40 oz	EA	118.00	109.00	110.00	109.00	103.00	114.00	117.00	102.00
Wall type, surface mounted, 52 oz	EA	129.00	119.00	119.00	119.00	112.00	124.00	127.00	111.00
Wall type, recessed, 60 oz	EA	185.00	170.00	172.00	171.00	161.00	179.00	184.00	160.00
Lavatory mounted, 60 oz	EA	121.00	111.00	113.00	111.00	105.00	117.00	120.00	105.00
Liquid soap, central tank:									
(piping not included) wall type valve	EA	66.00	61.00	61.00	61.00	57.00	63.00	65.00	57.00
Wall type valve, vandal-proof	EA	162.00	149.00	151.00	149.00	141.00	156.00	161.00	140.00
Lavatory type valve	EA	148.00	135.00	137.00	135.00	128.00	142.00	146.00	128.00
Exposed tanks, 1 gal.	EA	88.00	81.00	81.00	81.00	76.00	85.00	87.00	75.00
Exposed tanks, 2 gal.	EA	148.00	135.00	137.00	135.00	128.00	142.00	146.00	128.00
Exposed tanks, 5 gal.	EA	300.00	280.00	280.00	280.00	265.00	290.00	300.00	260.00
Pressure reducing tank, 5 gal.	EA	535.00	490.00	495.00	495.00	465.00	515.00	530.00	460.00
Storage tank, 50 gal.	EA	1,640	1,500	1,520	1,510	1,420	1,580	1,620	1,420

10810/20 DISPOSAL UNITS

Sanitary napkin units

Item	UNITS	St. Johns	Halifax	Montreal	Ottawa	Toronto	Winnipeg	Calgary	Vancouver
Wall mounted:									
Surface mounted	EA	103.00	134.00	136.00	111.00	121.00	141.00	139.00	126.00
Recessed	EA	119.00	155.00	157.00	141.00	140.00	163.00	161.00	147.00
Waste receptacles									
Free standing baked enamel:									
16" x 16" x 36"	EA	154.00	127.00	129.00	151.00	134.00	134.00	138.00	120.00
12" x 12" x 42"	EA	147.00	119.00	119.00	154.00	129.00	124.00	127.00	111.00
Wall mounted:									
Surface mounted, 12" x 42"	EA	340.00	325.00	330.00	325.00	295.00	340.00	340.00	305.00
Semi-recessed, 12" x 42"	EA	350.00	335.00	340.00	335.00	305.00	355.00	350.00	315.00
Recessed, 12" x 42"	EA	285.00	280.00	280.00	280.00	250.00	290.00	285.00	260.00
Recessed, exposed door only	EA	56.00	54.00	54.00	54.00	48.25	56.00	56.00	50.00
Ash trays									
Surface mounted:									
Circular, 8" dia.	EA	134.00	119.00	119.00	119.00	116.00	124.00	127.00	111.00
Semi-circular, 13" dia.	EA	106.00	88.00	90.00	88.00	92.00	93.00	96.00	84.00
Rectangular, 8" long	EA	119.00	102.00	103.00	102.00	103.00	107.00	110.00	96.00
Rectangular, 12" long	EA	146.00	127.00	129.00	128.00	127.00	134.00	138.00	120.00
Recessed:									
8" long	EA	163.00	158.00	159.00	158.00	141.00	165.00	163.00	148.00
12" long	EA	245.00	235.00	235.00	235.00	210.00	245.00	245.00	220.00

IMPERIAL CURRENT MARKET PRICES — Equipment DIV 11

Item	UNITS	St. Johns	Halifax	Montreal	Ottawa	Toronto	Winnipeg	Calgary	Vancouver
10810/20 COMBINATION UNITS									
Towel/waste receptacles (all units based on stainless steel)									
Surface mounted:									
14" x 60"	EA	530.00	520.00	495.00	495.00	460.00	515.00	530.00	465.00
Semi-recessed:									
14" x 60"	EA	510.00	500.00	475.00	475.00	440.00	495.00	505.00	445.00
Recessed:									
14" x 60"	EA	430.00	420.00	400.00	400.00	375.00	415.00	425.00	370.00

11: EQUIPMENT
11010 Built-in Maintenance Equipment
11014 WINDOW WASHING EQUIPMENT

Item	UNITS	St. Johns	Halifax	Montreal	Ottawa	Toronto	Winnipeg	Calgary	Vancouver
Equipment									
Powered stage 20' long (with support arms):									
2 point suspension, drop not exceeding 300'	EA	57,500	55,000	55,700	51,500	50,000	57,200	53,000	51,800
4 point suspension, drop over 300'	EA	74,800	71,500	72,400	67,000	65,000	74,400	71,500	67,300
Tracks									
Steel	LF	104.00	104.00	83.00	111.00	94.00	110.00	94.00	107.00

11160 Loading Dock Equipment
11161 DOCK LEVELLERS

Item	UNITS	St. Johns	Halifax	Montreal	Ottawa	Toronto	Winnipeg	Calgary	Vancouver
Platform levellers									
Mechanical:									
Size 6'x 6'	EA	3,000	2,800	2,975	4,000	3,325	3,425	3,250	2,950
Size 6'x 8'	EA	3,300	3,125	3,325	4,400	3,675	3,825	3,625	3,800
Hydraulic:									
Size 6'x 6'	EA	4,600	4,125	4,400	6,000	5,000	5,000	4,800	4,575
Size 6'x 8'	EA	4,800	4,475	4,750	6,500	5,400	5,500	5,200	5,200

11163 TRUCK DOOR SEALS, NORMAL DUTY

Item	UNITS	St. Johns	Halifax	Montreal	Ottawa	Toronto	Winnipeg	Calgary	Vancouver
For docks 8' wide									
With fixed head and double neoprene seal:									
8' high	EA	1,000	865.00	925.00	920.00	930.00	1,060	1,000	895.00
10' high	EA	1,100	955.00	1,010	1,010	995.00	1,160	1,100	980.00
Additional costs:									
Extra for heavy duty door seals	EA	500.00	350.00	370.00	370.00	415.00	425.00	405.00	360.00

11164 RAIL DOCK SHELTERS, NORMAL DUTY

Item	UNITS	St. Johns	Halifax	Montreal	Ottawa	Toronto	Winnipeg	Calgary	Vancouver
Not exceeding 60" projection									
3 sides:									
Not exceeding 100 sf	EA	1,650	1,400	1,420	1,430	1,550	1,570	1,560	1,410
Over 100 sf not exceeding 150 sf	EA	1,800	1,610	1,640	1,640	1,630	1,820	1,790	1,630
4 sides:									
Not exceeding 100 sf	EA	1,700	1,520	1,530	1,550	1,700	1,700	1,690	1,520
Over 100 sf not exceeding 150 sf	EA	2,100	1,890	1,920	1,930	1,850	2,125	2,100	1,910

11165 PROTECTIVE BUMPERS

Item	UNITS	St. Johns	Halifax	Montreal	Ottawa	Toronto	Winnipeg	Calgary	Vancouver
INCLUDING FIXED BOLTS									
4" projection, horizontal 10" high:									
14" wide	EA	90.00	79.00	81.00	81.00	80.00	93.00	88.00	81.00
24" wide	EA	100.00	91.00	92.00	93.00	103.00	106.00	101.00	93.00
20" wide	EA	135.00	111.00	112.00	113.00	125.00	130.00	123.00	114.00
4" projection, vertical 20" high:									
11" wide	EA	110.00	92.00	93.00	95.00	104.00	107.00	102.00	94.00
5 1/2" projection for use with door seals									
Vertical 20" high:									
11" wide	EA	130.00	111.00	112.00	113.00	110.00	130.00	123.00	114.00

11600 Laboratory Equipment
11610 LABORATORY FURNITURE

Item	UNITS	St. Johns	Halifax	Montreal	Ottawa	Toronto	Winnipeg	Calgary	Vancouver
Tables or counters 24" wide									
Plastic	LF	345.00	285.00	300.00	375.00	315.00	330.00	340.00	315.00
Resin impregnated limestone	LF	405.00	335.00	355.00	450.00	375.00	385.00	400.00	410.00
Stainless steel	LF	470.00	435.00	410.00	480.00	400.00	420.00	460.00	375.00
Solid front storage units 7' high									
Plastic or wood	LF	315.00	245.00	260.00	275.00	295.00	280.00	275.00	235.00
Stainless steel	LF	465.00	370.00	390.00	355.00	445.00	425.00	380.00	375.00
Solid front wall storage units									
Plastic or wood	LF	175.00	145.00	151.00	141.00	152.00	137.00	171.00	138.00
Stainless steel	LF	230.00	210.00	230.00	235.00	215.00	235.00	171.00	230.00
Laboratory stools 30" high									
Any type	EA	280.00	230.00	255.00	295.00	285.00	265.00	270.00	260.00

11620 LABORATORY EQUIPMENT

Item	UNITS	St. Johns	Halifax	Montreal	Ottawa	Toronto	Winnipeg	Calgary	Vancouver
Fume hoods including 5' hood, base cabinet, counter top and basic fittings (motor and blower not included)									
Steel cabinet	LF	1,770	1,380	1,570	1,330	1,520	1,680	1,620	1,700

Instructions for use, page 4. Main index, page 7.

DIV 15 Mechanical — IMPERIAL CURRENT MARKET PRICES

Item	UNITS	St. Johns	Halifax	Montreal	Ottawa	Toronto	Winnipeg	Calgary	Vancouver
14: CONVEYING SYSTEMS									
14200 Elevators									
14210 GEARED ELEVATOR EQUIPMENT									
(cars and entrances included, new building, front opening only)									
Passenger elevator, maximum speed 350 fpm,									
capacity 2,500 lbs, stainless steel doors, machine									
overhead side mounted, basic cost for average commercial building									
Single door from one side									
8 floors	PR	280,000	259,800	275,000	290,000	300,000	287,100	280,000	279,500
Centre biparting									
8 floors	PR	290,000	268,400	284,000	310,000	320,000	296,500	289,200	288,900
14240 HYDRAULIC ELEVATOR EQUIPMENT									
(cars and entrances included, new building, front opening only)									
Passenger elevator, Class A, maximum speed 150 fpm 5 floors,									
capacity 2,000 lbs, basic cost for average commercial building									
Single door from one side	EA	90,000	92,900	79,200	60,000	75,000	102,200	40,000	108,000
Centre biparting									
Basic prime coat finish	EA	95,000	95,200	81,100	68,000	78,000	104,800	45,000	110,600
Stainless steel	EA	100,000	97,500	83,300	70,000	81,000	107,300	50,000	113,400
Freight elevator, Class C, maximum speed 50 fpm,									
3 floors, capacity 10,000 lbs, average cost	EA	128,000	123,800	110,000	75,000	150,000	136,300	100,000	144,000
14300 Moving Stairs and Walks									
14310 ESCALATORS									
32" wide (tread width)									
15' rise:									
Stainless steel balustrade	EA	175,000	169,300	179,200	135,000	145,000	187,200	153,500	203,600
Glass balustrade	EA	170,000	162,000	171,400	130,000	130,000	179,000	144,700	197,900
14320 MOVING WALKS									
Horizontal type based on walks (minimum length of 100')									
36" wide:									
Stainless steel balustrade	LF	2,275	2,175	2,350	2,500	3,050	2,450	2,250	2,500
Glass balustrade	LF	2,450	2,600	2,800	2,700	2,750	2,925	2,675	2,975
Inclined type, 16' rise									
Glass or stainless steel panels:									
36" wide	PR	850,000	905,600	953,700	853,000	850,000	996,000	916,100	992,200
14500 Material Handling Systems									
14560 CHUTES (for mail chutes see item 10550)									
Linen or garbage chutes									
Aluminized steel:									
24" dia., 0.048" thick (18 ga)	LF	122.00	107.00	111.00	115.00	81.00	117.00	107.00	122.00
Stainless steel:									
24" dia., 0.048" thick (18 ga)	LF	187.00	172.00	181.00	187.00	N/A	190.00	174.00	190.00
Chute accessories									
Sanitizer	EA	170.00	150.00	158.00	163.00	180.00	165.00	152.00	176.00
14580 PNEUMATIC TUBE SYSTEM									
Price per station (average 300' apart), 2 zones and up									
FULLY AUTOMATIC SYSTEM CONTROLLED									
4" dia.	EA	21,300	28,800	21,300	22,400	25,000	21,700	21,600	26,000
6" dia.	EA	28,000	34,500	27,200	30,500	30,000	28,600	29,400	32,800
15: MECHANICAL									
Basic Materials And Methods									
15060 PIPE AND PIPE FITTINGS									
Copper pressure piping, based on 10' of pipe, including one tee,									
one 90-degree elbow, one pipe support, and solder									
Type m:									
1/2"	LF	8.00	7.50	7.25	7.35	7.10	7.35	7.40	7.60
3/4"	LF	9.30	8.75	8.50	8.55	8.30	8.55	8.65	8.90
1"	LF	11.30	10.60	10.30	10.40	10.10	10.40	10.50	10.80
1 1/4"	LF	14.80	13.85	13.45	13.60	13.20	13.60	13.75	14.15
1 1/2"	LF	17.10	16.05	15.60	15.75	15.30	15.75	15.90	16.35
2"	LF	23.00	21.50	21.00	21.00	20.50	21.00	21.25	22.00
2 1/2"	LF	30.50	28.50	27.75	28.00	27.25	28.00	28.25	29.00
3"	LF	37.00	34.50	33.50	34.00	33.00	34.00	34.25	35.25
Type l:									
1/2"	LF	8.25	7.75	7.50	7.60	7.35	7.60	7.65	7.90
3/4"	LF	9.70	9.05	8.80	8.90	8.65	8.90	9.00	9.25
1"	LF	11.90	11.15	10.85	10.95	10.65	10.95	11.05	11.40
1 1/4"	LF	15.15	14.20	13.80	13.95	13.50	13.95	14.05	14.45
1 1/2"	LF	17.55	16.45	16.00	16.15	15.70	16.15	16.30	16.80
2"	LF	24.25	22.75	22.25	22.50	21.75	22.50	22.75	23.25

IMPERIAL CURRENT MARKET PRICES — Mechanical DIV 15

Item	UNITS	St. Johns	Halifax	Montreal	Ottawa	Toronto	Winnipeg	Calgary	Vancouver
2 1/2"	LF	33.00	31.00	30.00	30.25	29.50	30.25	30.50	31.50
3"	LF	41.25	38.75	37.50	38.00	36.75	38.00	38.25	39.50
Type k:									
1/2"	LF	8.70	8.15	7.90	8.00	7.75	8.00	8.05	8.30
3/4"	LF	10.55	9.90	9.65	9.70	9.45	9.70	9.80	10.10
1"	LF	13.00	12.20	11.85	11.95	11.60	11.95	12.05	12.40
1 1/4"	LF	16.20	15.20	14.75	14.90	14.50	14.90	15.05	15.50
1 1/2"	LF	19.00	17.80	17.30	17.45	16.95	17.45	17.65	18.15
2"	LF	25.75	24.25	23.50	23.75	23.00	23.75	24.00	24.75
2 1/2"	LF	34.75	32.50	31.75	32.00	31.00	32.00	32.25	33.25
3"	LF	44.00	41.25	40.25	40.50	39.25	40.50	41.00	42.00
Galvanized steel pressure piping, based on 10' of pipe for screwed piping and 20' of pipe for flanged piping, including on tee, one 90-degree elbow, one pipe support, and jointing material									
Schedule 40, screwed:									
1/2"	LF	18.85	17.40	16.55	16.75	16.40	16.90	16.75	17.70
3/4"	LF	20.75	19.05	18.15	18.35	18.00	18.50	18.35	19.40
1"	LF	23.25	21.50	20.50	20.50	20.25	20.75	20.50	21.75
1 1/4"	LF	28.00	25.75	24.50	24.75	24.25	25.00	24.75	26.25
1 1/2"	LF	31.50	29.00	27.75	28.00	27.50	28.25	28.00	29.75
2"	LF	38.00	35.00	33.50	33.75	33.00	34.00	33.75	35.75
Schedule 40, flanged:									
2 1/2"	LF	67.00	62.00	59.00	60.00	59.00	60.00	60.00	63.00
3"	LF	80.00	74.00	70.00	71.00	69.00	71.00	71.00	75.00
3 1/2"	LF	107.00	99.00	94.00	95.00	93.00	96.00	95.00	101.00
4"	LF	118.00	109.00	104.00	105.00	103.00	106.00	105.00	111.00
6"	LF	190.00	176.00	167.00	169.00	166.00	171.00	169.00	179.00
Black steel pressure piping, based on 10' of pipe for screwed piping and 20' of pipe for welded piping including one tee, one 90-degree elbow, one pipe support, and jointing material									
Schedule 40, screwed:									
1/2"	LF	16.60	15.55	15.10	15.25	14.80	15.25	15.40	16.00
3/4"	LF	18.45	17.30	16.80	17.00	16.50	17.00	17.15	17.80
1"	LF	19.90	18.65	18.10	18.30	17.75	18.30	18.45	19.15
1 1/4"	LF	22.75	21.25	20.75	21.00	20.25	21.00	21.00	22.00
1 1/2"	LF	25.25	23.75	23.00	23.25	22.50	23.25	23.50	24.25
2"	LF	29.75	28.00	27.25	27.50	26.75	27.50	27.75	28.75
Schedule 40, welded:									
2 1/2"	LF	46.75	44.00	42.75	43.00	41.75	43.00	43.50	45.25
3"	LF	57.00	54.00	52.00	53.00	51.00	53.00	53.00	55.00
3 1/2"	LF	71.00	67.00	65.00	65.00	63.00	65.00	66.00	68.00
4"	LF	78.00	73.00	71.00	72.00	70.00	72.00	73.00	75.00
6"	LF	133.00	125.00	121.00	122.00	119.00	122.00	124.00	128.00
8"	LF	193.00	181.00	176.00	178.00	173.00	178.00	180.00	187.00
Copper drainage piping, based on 10' of pipe, including one tee, one 90-degree elbow, one support, and solder									
Drainage waste and vent:									
1 1/4"	LF	14.00	13.10	12.75	12.85	12.50	12.85	13.00	13.35
1 1/2"	LF	16.30	15.30	14.85	15.00	14.55	15.00	15.15	15.60
2"	LF	20.75	19.50	18.95	19.10	18.55	19.10	19.30	19.85
3"	LF	30.50	28.50	27.75	28.00	27.25	28.00	28.25	29.00
Cast iron drainage piping, based on 100' of pipe, including two y's, four 1/8 bends, and jointing material									
Hub and spigot:									
3"	LF	16.85	16.10	15.35	15.50	15.20	15.55	15.65	16.55
4"	LF	22.25	21.25	20.25	20.25	19.95	20.50	20.50	21.75
6"	LF	36.00	34.50	32.75	33.25	32.50	33.25	33.50	35.50
8"	LF	54.00	51.00	48.75	49.25	48.25	49.50	49.75	53.00
10"	LF	79.00	75.00	71.00	72.00	71.00	73.00	73.00	77.00
12"	LF	107.00	102.00	97.00	98.00	96.00	99.00	99.00	105.00
15"	LF	159.00	152.00	145.00	146.00	143.00	147.00	147.00	156.00
Mechanical joint:									
3"	LF	14.10	13.45	12.85	12.95	12.70	13.00	13.10	13.85
4"	LF	18.20	17.40	16.55	16.75	16.40	16.80	16.90	17.90
6"	LF	31.75	30.25	29.00	29.25	28.50	29.25	29.50	31.25
8"	LF	51.00	49.00	46.75	47.25	46.25	47.50	47.75	50.00
10"	LF	75.00	72.00	68.00	69.00	68.00	69.00	70.00	74.00
Plastic drainage piping, based on 10' of pipe, including one y, one 1/8 bend, two pipe supports, and jointing material									
ABS drainage waste and vent:									
1 1/4"	LF	9.00	8.55	8.35	8.35	8.15	8.50	8.40	8.90
1 1/2"	LF	10.25	9.80	9.55	9.55	9.35	9.70	9.60	10.20
2"	LF	12.00	11.45	11.15	11.15	10.90	11.35	11.25	11.90
3"	LF	16.05	15.35	14.90	14.90	14.60	15.20	15.05	15.90
Glass drainage piping, based on 10' of pipe, including one y, one 1/8 bend, two pipe supports, and jointing material									
Glass pipe:									
1 1/2"	LF	55.00	51.00	48.75	49.25	48.25	49.75	49.25	53.00
2"	LF	71.00	66.00	63.00	64.00	62.00	64.00	64.00	68.00

Instructions for use, page 4. Main index, page 7.

DIV 15 Mechanical — IMPERIAL CURRENT MARKET PRICES

Item	UNITS	St. Johns	Halifax	Montreal	Ottawa	Toronto	Winnipeg	Calgary	Vancouver
3"	LF	98.00	91.00	87.00	88.00	86.00	89.00	88.00	94.00
4"	LF	153.00	142.00	136.00	138.00	135.00	139.00	138.00	147.00
6"	LF	310.00	285.00	275.00	280.00	275.00	280.00	280.00	300.00
15100 VALVES AND COCKS (manual)									
Gate valves									
Bronze 200 psi water or 125 psi steam pressure, screwed or soldered:									
1/2"	EA	50.00	47.75	46.25	46.25	45.50	46.25	46.75	49.00
3/4"	EA	56.00	54.00	52.00	52.00	51.00	52.00	53.00	55.00
1"	EA	66.00	63.00	61.00	61.00	60.00	61.00	62.00	65.00
1 1/4"	EA	85.00	81.00	79.00	79.00	78.00	79.00	80.00	84.00
1 1/2"	EA	105.00	101.00	98.00	98.00	96.00	98.00	99.00	104.00
2"	EA	141.00	135.00	131.00	131.00	129.00	131.00	132.00	139.00
I.b.b.m. Outside screw and yoke:									
200 psi water or 125 psi steam pressure, flanged:									
2 1/2"	EA	340.00	325.00	315.00	315.00	310.00	315.00	320.00	335.00
3"	EA	410.00	390.00	380.00	380.00	370.00	380.00	385.00	400.00
4"	EA	605.00	580.00	560.00	560.00	550.00	560.00	565.00	595.00
6"	EA	905.00	860.00	840.00	840.00	820.00	840.00	845.00	885.00
8"	EA	1,530	1,460	1,410	1,410	1,390	1,410	1,430	1,500
Globe valves									
Bronze 300 psi water or 150 psi steam pressure, screwed or soldered:									
1/2"	EA	67.00	64.00	62.00	62.00	61.00	62.00	63.00	66.00
3/4"	EA	86.00	82.00	80.00	80.00	79.00	80.00	81.00	85.00
1"	EA	114.00	109.00	106.00	106.00	104.00	106.00	107.00	112.00
1 1/4"	EA	148.00	141.00	137.00	137.00	135.00	137.00	139.00	145.00
1 1/2"	EA	180.00	171.00	166.00	166.00	163.00	166.00	168.00	176.00
2"	EA	280.00	270.00	260.00	260.00	255.00	260.00	265.00	275.00
I.b.b.m. Outside screw and yoke:									
200 psi water or 125 psi steam pressure, flanged:									
2 1/2"	EA	555.00	530.00	515.00	515.00	505.00	515.00	520.00	545.00
3"	EA	645.00	615.00	600.00	600.00	585.00	600.00	605.00	635.00
4"	EA	950.00	905.00	880.00	880.00	860.00	880.00	890.00	930.00
6"	EA	1,650	1,570	1,530	1,530	1,500	1,530	1,540	1,620
8"	EA	2,675	2,550	2,475	2,475	2,425	2,475	2,500	2,625
Swing check valves									
Bronze 300 psi water or 150 psi steam pressure, screwed or soldered:									
1/2"	EA	53.00	51.00	49.25	49.25	48.25	49.25	49.75	52.00
3/4"	EA	59.00	57.00	55.00	55.00	54.00	55.00	56.00	58.00
1"	EA	76.00	73.00	71.00	71.00	69.00	71.00	71.00	75.00
1 1/4"	EA	90.00	86.00	83.00	83.00	82.00	83.00	84.00	88.00
1 1/2"	EA	110.00	105.00	102.00	102.00	100.00	102.00	103.00	108.00
2"	EA	157.00	150.00	146.00	146.00	143.00	146.00	147.00	154.00
I.b.b.m. 200 psi water or 125 psi steam pressure, flanged:									
2 1/2"	EA	265.00	250.00	245.00	245.00	240.00	245.00	245.00	260.00
3"	EA	320.00	305.00	295.00	295.00	290.00	295.00	300.00	315.00
4"	EA	495.00	470.00	460.00	460.00	450.00	460.00	460.00	485.00
6"	EA	785.00	750.00	730.00	730.00	715.00	730.00	735.00	770.00
8"	EA	1,630	1,550	1,510	1,510	1,480	1,510	1,520	1,600
15160 PUMPS									
In-line circulators									
Bronze body:									
3/4" to 1 1/2"	EA	605.00	570.00	545.00	550.00	540.00	550.00	555.00	595.00
Iron body:									
3/4" to 1 1/2"	EA	410.00	385.00	370.00	375.00	365.00	375.00	375.00	400.00
2"	EA	665.00	620.00	600.00	605.00	590.00	605.00	610.00	650.00
2 1/2"	EA	750.00	705.00	675.00	685.00	670.00	685.00	690.00	735.00
3"	EA	1,000	935.00	900.00	910.00	890.00	910.00	920.00	980.00
Base mounted, ball bearing type									
Iron body:									
1 hp	EA	1,550	1,450	1,390	1,410	1,380	1,410	1,420	1,520
3 hp	EA	1,940	1,820	1,750	1,770	1,730	1,770	1,780	1,900
5 hp	EA	2,200	2,075	1,990	2,000	1,970	2,000	2,025	2,175
7.5 hp	EA	3,500	3,275	3,150	3,175	3,125	3,175	3,200	3,425
10 hp	EA	4,125	3,875	3,725	3,750	3,675	3,750	3,800	4,050

15250 Insulation

15260 PIPE INSULATION

Item	UNITS	St. Johns	Halifax	Montreal	Ottawa	Toronto	Winnipeg	Calgary	Vancouver
Glass fibre, factory jacket									
1/2" thick:									
1/2"	LF	4.12	3.82	3.68	3.71	3.64	3.75	3.75	3.97
3/4"	LF	4.45	4.14	3.98	4.02	3.94	4.06	4.06	4.29
1"	LF	4.63	4.30	4.14	4.18	4.10	4.22	4.22	4.47
1 1/4"	LF	5.30	4.93	4.74	4.79	4.69	4.83	4.83	5.10
1 1/2"	LF	5.50	5.10	4.90	4.95	4.85	5.00	5.00	5.30
2"	LF	5.80	5.40	5.20	5.25	5.15	5.30	5.30	5.60
2 1/2"	LF	6.15	5.75	5.50	5.55	5.45	5.65	5.65	5.95
3"	LF	7.00	6.55	6.30	6.35	6.20	6.40	6.40	6.80

IMPERIAL CURRENT MARKET PRICES — Mechanical DIV 15

Item	UNITS	St. Johns	Halifax	Montreal	Ottawa	Toronto	Winnipeg	Calgary	Vancouver
4"	LF	8.45	7.85	7.55	7.60	7.45	7.70	7.70	8.15
5"	LF	9.85	9.15	8.80	8.90	8.70	8.95	8.95	9.50
6"	LF	11.00	10.20	9.85	9.95	9.75	10.00	10.00	10.60
1" thick:									
1/2"	LF	4.81	4.47	4.30	4.34	4.25	4.38	4.38	4.64
3/4"	LF	5.15	4.78	4.60	4.64	4.55	4.69	4.69	4.96
1"	LF	5.50	5.10	4.90	4.95	4.85	5.00	5.00	5.30
1 1/4"	LF	6.00	5.55	5.35	5.40	5.30	5.45	5.45	5.80
1 1/2"	LF	6.35	5.90	5.65	5.70	5.60	5.75	5.75	6.10
2"	LF	6.65	6.20	5.95	6.00	5.90	6.10	6.10	6.45
2 1/2"	LF	7.00	6.55	6.30	6.35	6.20	6.40	6.40	6.80
3"	LF	8.05	7.50	7.20	7.30	7.15	7.35	7.35	7.80
4"	LF	9.85	9.15	8.80	8.90	8.70	8.95	8.95	9.50
5"	LF	11.45	10.65	10.25	10.35	10.10	10.45	10.45	11.05
6"	LF	11.95	11.15	10.70	10.80	10.60	10.90	10.90	11.55
8"	LF	14.45	13.45	12.90	13.05	12.80	13.20	13.20	13.95
10"	LF	16.05	14.90	14.35	14.50	14.20	14.65	14.65	15.50
12"	LF	21.00	19.45	18.70	18.90	18.50	19.10	19.10	20.25

15260 COVER FOR PIPE INSULATION

6 oz. canvas

Item	UNITS	St. Johns	Halifax	Montreal	Ottawa	Toronto	Winnipeg	Calgary	Vancouver
1/2"	LF	3.83	3.56	3.42	3.46	3.39	3.49	3.49	3.70
3/4"	LF	3.90	3.63	3.49	3.52	3.45	3.56	3.56	3.76
1"	LF	3.96	3.68	3.54	3.57	3.50	3.61	3.61	3.82
1 1/4"	LF	4.01	3.72	3.58	3.62	3.55	3.65	3.65	3.87
1 1/2"	LF	4.08	3.79	3.65	3.68	3.61	3.72	3.72	3.94
2"	LF	4.27	3.97	3.82	3.86	3.78	3.90	3.90	4.12
2 1/2"	LF	4.49	4.17	4.01	4.05	3.97	4.09	4.09	4.33
3"	LF	4.74	4.40	4.23	4.27	4.19	4.32	4.32	4.57
4"	LF	4.98	4.63	4.46	4.50	4.41	4.54	4.54	4.81
5"	LF	5.35	4.96	4.77	4.82	4.72	4.87	4.87	5.15
6"	LF	6.05	5.60	5.40	5.45	5.35	5.50	5.50	5.85
8"	LF	6.60	6.10	5.90	5.95	5.80	6.00	6.00	6.35
10"	LF	7.45	6.90	6.65	6.70	6.60	6.80	6.80	7.20
12"	LF	7.80	7.25	7.00	7.05	6.90	7.10	7.10	7.55

15290 DUCTWORK INSULATION

Internal
Glass fibre acoustic lining:

Item	UNITS	St. Johns	Halifax	Montreal	Ottawa	Toronto	Winnipeg	Calgary	Vancouver
1/2"	SF	3.43	3.19	3.07	3.10	3.04	3.13	3.13	3.31
1"	SF	3.60	3.34	3.21	3.25	3.18	3.28	3.28	3.47

External
Glass fibre thermal flexible:

Item	UNITS	St. Johns	Halifax	Montreal	Ottawa	Toronto	Winnipeg	Calgary	Vancouver
1"	SF	2.89	2.69	2.59	2.61	2.56	2.64	2.64	2.79
2"	SF	3.43	3.19	3.07	3.10	3.04	3.13	3.13	3.31

Glass fibre thermal rigid:

Item	UNITS	St. Johns	Halifax	Montreal	Ottawa	Toronto	Winnipeg	Calgary	Vancouver
1"	SF	7.15	6.65	6.40	6.45	6.30	6.50	6.50	6.90
2"	SF	8.85	8.25	7.90	8.00	7.85	8.10	8.10	8.55

15300 Fire Protection

15330 SPRINKLERS

Systems priced per head including all required piping, accessories and equipment for a complete system

Item	UNITS	St. Johns	Halifax	Montreal	Ottawa	Toronto	Winnipeg	Calgary	Vancouver
Sprinkler heads 1 per 100 sf	EA	158.00	148.00	142.00	145.00	141.00	144.00	144.00	155.00
Sprinkler heads 1 per 150 sf	EA	171.00	160.00	154.00	157.00	152.00	155.00	155.00	167.00

15360 CARBON DIOXIDE EQUIPMENT

Extinguishing systems
Kitchen hood extinguishing system including carbon dioxide cylinder, distribution piping and 2 heads

Item	UNITS	St. Johns	Halifax	Montreal	Ottawa	Toronto	Winnipeg	Calgary	Vancouver
Kitchen hood system	EA	4,225	3,975	3,825	3,900	3,775	3,850	3,850	4,150

Extinguishers

Item	UNITS	St. Johns	Halifax	Montreal	Ottawa	Toronto	Winnipeg	Calgary	Vancouver
10 lbs capacity with wall brackets	EA	345.00	325.00	315.00	320.00	310.00	315.00	315.00	340.00

15370 PRESSURIZED EXTINGUISHERS AND FIRE BLANKETS

Pressurized extinguishers

Item	UNITS	St. Johns	Halifax	Montreal	Ottawa	Toronto	Winnipeg	Calgary	Vancouver
Water extinguisher, 2.5 gal capacity with wall bracket	EA	165.00	154.00	148.00	151.00	147.00	150.00	150.00	162.00

Fire blankets

Item	UNITS	St. Johns	Halifax	Montreal	Ottawa	Toronto	Winnipeg	Calgary	Vancouver
Size 72" x 72"	EA	159.00	149.00	143.00	146.00	142.00	145.00	145.00	156.00

15375 STAND PIPE AND FIRE HOSE EQUIPMENT

Fire hose cabinet

Item	UNITS	St. Johns	Halifax	Montreal	Ottawa	Toronto	Winnipeg	Calgary	Vancouver
Steel painted, with 75' of hose and extinguisher	EA	980.00	920.00	885.00	905.00	875.00	895.00	895.00	965.00

Fire hose rack

Item	UNITS	St. Johns	Halifax	Montreal	Ottawa	Toronto	Winnipeg	Calgary	Vancouver
Steel painted, with 75' of hose	EA	510.00	480.00	460.00	470.00	455.00	465.00	465.00	500.00

DIV 15 Mechanical — IMPERIAL CURRENT MARKET PRICES

Item	UNITS	St. Johns	Halifax	Montreal	Ottawa	Toronto	Winnipeg	Calgary	Vancouver
Specialties									
Siamese pumper connection:									
4" x 2 1/2"	EA	800.00	750.00	720.00	735.00	715.00	730.00	730.00	785.00
Check valve, 4" dia.	EA	535.00	500.00	485.00	490.00	480.00	485.00	485.00	525.00
Double gate and check valves, assembly with bronze trimmings:									
4" dia.	EA	7,400	6,900	6,700	6,800	6,600	6,700	6,700	7,300

15400 Plumbing

15430 PLUMBING SPECIALTIES

Item	UNITS	St. Johns	Halifax	Montreal	Ottawa	Toronto	Winnipeg	Calgary	Vancouver
Fixture chair carriers									
Lavatory	EA	205.00	191.00	184.00	186.00	182.00	187.00	187.00	198.00
Water closet	EA	340.00	315.00	305.00	310.00	300.00	310.00	310.00	330.00
Urinal	EA	175.00	164.00	158.00	159.00	156.00	161.00	161.00	170.00
Wall hydrants non-freeze type 3/4" dia., 12" wall including 15' of connecting pipe									
Exposed	EA	465.00	435.00	420.00	425.00	415.00	430.00	430.00	455.00
Concealed	EA	565.00	530.00	510.00	515.00	505.00	520.00	520.00	550.00
Trap primer including 25' type l, 1/2" copper pressure pipe									
Bronze, 1/2" dia.	EA	360.00	340.00	325.00	330.00	320.00	330.00	330.00	350.00
Floor drain including 10' of connecting drainage pipe									
Cast iron body, nickle bronze top:									
2"	EA	255.00	240.00	230.00	235.00	230.00	235.00	235.00	250.00
3"	EA	255.00	240.00	230.00	235.00	230.00	235.00	235.00	250.00
4"	EA	290.00	275.00	265.00	265.00	260.00	270.00	270.00	285.00
Funnel type, cast iron body, polished brass top:									
2"	EA	360.00	340.00	325.00	330.00	320.00	330.00	330.00	350.00
3"	EA	360.00	340.00	325.00	330.00	320.00	330.00	330.00	350.00
4"	EA	390.00	365.00	350.00	355.00	350.00	360.00	360.00	380.00
Trench grating									
Medium duty golden duct alloy grate and frame:									
6"	LF	89.00	83.00	80.00	81.00	79.00	82.00	82.00	86.00
12"	LF	138.00	130.00	125.00	126.00	124.00	127.00	127.00	135.00
15"	LF	147.00	138.00	133.00	134.00	132.00	135.00	135.00	143.00
Heavy duty golden duct alloy grate and frame:									
12"	LF	154.00	145.00	139.00	141.00	138.00	142.00	142.00	150.00
Extra heavy duty golden duct alloy grate and frame:									
9"	LF	146.00	136.00	131.00	133.00	130.00	134.00	134.00	142.00
18"	LF	260.00	245.00	235.00	240.00	235.00	240.00	240.00	255.00
Roof drains including 10' of connecting drainage pipe									
Cast iron body with underdeck clamp:									
2"	EA	320.00	300.00	290.00	290.00	285.00	295.00	295.00	310.00
3"	EA	320.00	300.00	290.00	290.00	285.00	295.00	295.00	310.00
4"	EA	330.00	310.00	300.00	300.00	295.00	305.00	305.00	325.00
6"	EA	450.00	420.00	405.00	410.00	400.00	410.00	410.00	435.00
Cast iron body meter flow with underdeck clamp:									
2"	EA	420.00	395.00	380.00	380.00	375.00	385.00	385.00	410.00
3"	EA	420.00	395.00	380.00	380.00	375.00	385.00	385.00	410.00
4"	EA	455.00	425.00	410.00	415.00	405.00	420.00	420.00	440.00
6"	EA	565.00	530.00	510.00	515.00	505.00	520.00	520.00	550.00
Cleanouts									
Goldenized with cut-off caulking, ferrule and nickle bronze cover:									
2"	EA	179.00	168.00	162.00	163.00	160.00	165.00	165.00	175.00
3"	EA	179.00	168.00	162.00	163.00	160.00	165.00	165.00	175.00
4"	EA	179.00	168.00	162.00	163.00	160.00	165.00	165.00	175.00
6"	EA	280.00	260.00	250.00	255.00	250.00	255.00	255.00	270.00

15440 PLUMBING FIXTURES

Based on white fixture including plumbing brass and 15' of connecting pipe for each service, carrier not included.

Item	UNITS	St. Johns	Halifax	Montreal	Ottawa	Toronto	Winnipeg	Calgary	Vancouver
Non-refrigerated drinking fountains									
Vitreous china:									
Wall hung 12" x 13"	EA	1,040	990.00	955.00	955.00	935.00	965.00	975.00	1,020
Semi-recessed:									
15" x 26.5"	EA	1,210	1,160	1,110	1,110	1,090	1,120	1,140	1,190
Fibreglass:									
Wall hung 14" x 10"	EA	1,000	960.00	925.00	925.00	905.00	930.00	940.00	985.00
Semi-recessed:									
16" x 28"	EA	1,130	1,070	1,030	1,030	1,010	1,040	1,050	1,110
Bathtubs									
Cast iron enamelled, recessed:									
5' long	EA	2,825	2,700	2,600	2,600	2,550	2,625	2,650	2,775
Steel enamelled, recessed:									
5' long	EA	1,880	1,800	1,730	1,730	1,700	1,750	1,760	1,850
Fibreglass, one piece with sidewalls:									
5' long	EA	2,625	2,500	2,425	2,425	2,375	2,425	2,450	2,575
Kitchen sinks									
Stainless steel:									
Single bowl, 20" x 20 1/2" x 7"	EA	975.00	930.00	895.00	895.00	880.00	905.00	915.00	960.00
Double bowl, 20 1/2" x 31" x 7"	EA	1,110	1,060	1,020	1,020	1,000	1,030	1,040	1,090

IMPERIAL CURRENT MARKET PRICES — Mechanical DIV 15

Item	UNITS	St. Johns	Halifax	Montreal	Ottawa	Toronto	Winnipeg	Calgary	Vancouver
Laundry sinks and trays									
Steel enamelled sinks:									
Single bowl, 24" x 21"	EA	935.00	895.00	860.00	860.00	840.00	870.00	875.00	920.00
Double bowl, 32" x 21"	EA	1,060	1,010	975.00	975.00	955.00	985.00	995.00	1,040
Single compartment, 22" x 22"	EA	1,020	970.00	935.00	935.00	915.00	945.00	950.00	1,000
Double compartment, 44 1/2" x 22"	EA	1,240	1,180	1,140	1,140	1,110	1,150	1,160	1,210
Lavatories									
Vitreous china:									
Wall hung, 20" x 18"	EA	1,050	1,000	965.00	965.00	945.00	975.00	985.00	1,030
Countertop, 21" x 19"	EA	1,050	1,000	965.00	965.00	945.00	975.00	985.00	1,030
Countertop, 19" x 16", oval	EA	1,020	970.00	935.00	935.00	915.00	945.00	950.00	1,000
Cast iron enamelled:									
Wall hung, 19" x 17"	EA	1,180	1,120	1,080	1,080	1,060	1,090	1,100	1,160
Countertop, 21" x 17"	EA	1,130	1,080	1,040	1,040	1,020	1,050	1,060	1,110
Steel enamelled									
Countertop, 21" x 17"	EA	1,030	980.00	945.00	945.00	925.00	955.00	965.00	1,010
Countertop, 18" dia.	EA	1,030	980.00	945.00	945.00	925.00	955.00	965.00	1,010
Service sinks									
Cast iron enamelled:									
Wall hung, 22" x 18"	EA	2,375	2,250	2,175	2,175	2,125	2,200	2,225	2,325
Mop receptor, floor type:									
22" x 18"	EA	2,150	2,050	1,970	1,970	1,930	1,990	2,000	2,100
Vitreous china urinals									
Floor mounted:									
With tank	EA	1,650	1,580	1,520	1,520	1,490	1,530	1,550	1,620
With flush valve	EA	1,470	1,400	1,350	1,350	1,320	1,360	1,370	1,440
Wall mounted:									
With tank	EA	1,600	1,530	1,470	1,470	1,450	1,490	1,500	1,580
With flush valve	EA	1,430	1,370	1,320	1,320	1,290	1,330	1,340	1,410
Vitreous china water closets									
Floor mounted:									
One-piece closet, combination	EA	1,410	1,340	1,290	1,290	1,270	1,310	1,320	1,380
With tank, regular rim	EA	970.00	925.00	890.00	890.00	875.00	900.00	910.00	950.00
With tank, elongated rim	EA	1,020	970.00	935.00	935.00	915.00	945.00	950.00	1,000
With flush valve, elongated rim	EA	1,280	1,220	1,180	1,180	1,150	1,190	1,200	1,260
Wall mounted:									
With tank, regular rim	EA	1,140	1,090	1,050	1,050	1,030	1,060	1,070	1,120
With flush valve, elongated rim	EA	1,360	1,300	1,250	1,250	1,230	1,260	1,280	1,340
Shower mixing valves									
Thermostatic control	EA	255.00	245.00	235.00	235.00	230.00	235.00	240.00	250.00
15450 PLUMBING EQUIPMENT									
Hot water storage heaters, no wiring or plumbing included.									
Gas fired:									
25.0 imp. gals.	EA	510.00	485.00	475.00	480.00	465.00	475.00	475.00	505.00
33.3 imp. gals.	EA	555.00	525.00	515.00	520.00	505.00	515.00	515.00	550.00
41.6 imp. gals.	EA	725.00	685.00	670.00	680.00	660.00	670.00	670.00	715.00
Electric:									
12.0 imp. gals.	EA	285.00	270.00	265.00	270.00	260.00	265.00	265.00	285.00
22.1 imp.gals.	EA	360.00	340.00	335.00	335.00	325.00	335.00	335.00	355.00
30.0 imp.gals.	EA	380.00	360.00	355.00	355.00	345.00	355.00	355.00	380.00
40.0 imp. gals.	EA	395.00	370.00	365.00	370.00	355.00	365.00	365.00	390.00
60.0 imp. gals.	EA	540.00	510.00	500.00	505.00	490.00	500.00	500.00	535.00
15450 WATER TREATMENT									
Water softeners (according to grain capacity)									
Semi-automatic									
20,000	EA	815.00	770.00	755.00	760.00	740.00	755.00	755.00	805.00
Fully automatic									
20,000	EA	950.00	895.00	880.00	890.00	860.00	880.00	880.00	940.00
30,000	EA	1,070	1,010	990.00	1,000	970.00	990.00	990.00	1,060
40,000	EA	1,300	1,230	1,210	1,220	1,180	1,210	1,210	1,290
60,000	EA	1,750	1,650	1,620	1,640	1,590	1,620	1,620	1,730
105,000	EA	2,400	2,275	2,225	2,250	2,200	2,225	2,225	2,400

15550 Power or Heat Generation

15555 BOILERS

Item	UNITS	St. Johns	Halifax	Montreal	Ottawa	Toronto	Winnipeg	Calgary	Vancouver
Packaged steel boilers									
Oil fired, hot water:									
5 hp	EA	3,775	3,575	3,400	3,450	3,400	3,475	3,475	3,675
7.5 hp	EA	4,900	4,625	4,400	4,450	4,400	4,500	4,500	4,750
10 hp	EA	12,700	12,100	11,500	11,600	11,500	11,700	11,700	12,400
20 hp	EA	14,400	13,700	13,000	13,100	13,000	13,300	13,300	14,100
40 hp	EA	22,000	20,800	19,800	20,000	19,800	20,200	20,200	21,400
60 hp	EA	25,700	24,300	23,200	23,400	23,200	23,600	23,600	25,000
80 hp	EA	32,500	30,800	29,300	29,600	29,300	29,900	29,900	31,700
100 hp	EA	37,300	35,300	33,600	34,000	33,600	34,300	34,300	36,300
125 hp	EA	40,400	38,200	36,400	36,800	36,400	37,100	37,100	39,300
Gas fired, hot water:									
5 hp	EA	3,575	3,400	3,225	3,250	3,225	3,300	3,300	3,475
7.5 hp	EA	4,550	4,300	4,100	4,150	4,100	4,175	4,175	4,425

Instructions for use, page 4. Main index, page 7.

DIV 15 Mechanical — IMPERIAL CURRENT MARKET PRICES

Item	UNITS	St. Johns	Halifax	Montreal	Ottawa	Toronto	Winnipeg	Calgary	Vancouver
10 hp	EA	14,700	13,900	13,200	13,400	13,200	13,500	13,500	14,300
20 hp	EA	16,600	15,700	15,000	15,100	15,000	15,300	15,300	16,200
40 hp	EA	24,500	23,100	22,000	22,300	22,000	22,500	22,500	23,800
60 hp	EA	28,900	27,300	26,000	26,300	26,000	26,600	26,600	28,100
80 hp	EA	34,900	33,000	31,500	31,800	31,500	32,100	32,100	34,000
100 hp	EA	41,100	38,900	37,000	37,400	37,000	37,700	37,700	40,000
125 hp	EA	42,400	40,100	38,200	38,600	38,200	39,000	39,000	41,300
Sectional cast iron boilers									
Gas fired, steam, capacity net ibr:									
450.1 mbh	EA	13,300	12,600	12,000	12,100	12,000	12,200	12,200	13,000
900.2 mbh	EA	20,100	19,000	18,100	18,300	18,100	18,500	18,500	19,600
1552.5 mbh	EA	30,800	29,200	27,800	28,100	27,800	28,300	28,300	30,000
2173.9 mbh	EA	41,300	39,100	37,200	37,600	37,200	38,000	38,000	40,200
Gas fired, hot water, capacity net ibr:									
521.7 mbh	EA	13,100	12,400	11,800	11,900	11,800	12,000	12,000	12,700
1043.5 mbh	EA	22,000	20,800	19,800	20,000	19,800	20,200	20,200	21,400
1739.1 mbh	EA	30,400	28,700	27,400	27,600	27,400	27,900	27,900	29,600
2434.8 mbh	EA	41,000	38,700	36,900	37,300	36,900	37,600	37,600	39,900
15590 FUEL HANDLING EQUIPMENT									
Oil storage tanks									
Underground steel tank including hold-down straps, anchors, saddles, excavation, bedding and backfilling									
Small/domestic									
250 gals.	EA	2,525	2,400	2,300	2,300	2,300	2,350	2,350	2,475
500 gals.	EA	3,775	3,600	3,425	3,475	3,425	3,525	3,525	3,700
Large/commercial									
1,000 gals.	EA	5,500	5,300	5,000	5,100	5,000	5,200	5,200	5,400
2,200 gals.	EA	8,700	8,300	7,900	8,000	7,900	8,100	8,100	8,500
5,500 gals.	EA	24,400	23,300	22,200	22,400	22,200	22,800	22,800	23,900
11,000 gals.	EA	40,600	38,800	36,900	37,300	36,900	38,000	38,000	39,900
36" access sleeve to grade with 24" manhole	EA	4,425	4,225	4,025	4,075	4,025	4,150	4,150	4,350

15750 Heat Transfer Equipment

15830 TERMINAL HEAT TRANSFER UNITS
(Not including piping or accessories)

Item	UNITS	St. Johns	Halifax	Montreal	Ottawa	Toronto	Winnipeg	Calgary	Vancouver
Unit heaters with diffusers									
Steam at 2 lbs pressure:									
35 mbh	EA	945.00	890.00	860.00	865.00	850.00	865.00	865.00	920.00
63 mbh	EA	1,100	1,040	1,000	1,010	995.00	1,010	1,010	1,070
125 mbh	EA	1,490	1,410	1,350	1,370	1,340	1,370	1,370	1,450
180 mbh	EA	1,940	1,840	1,770	1,790	1,750	1,790	1,790	1,890
240 mbh	EA	2,425	2,300	2,200	2,225	2,200	2,225	2,225	2,375
352 mbh	EA	3,750	3,550	3,400	3,450	3,375	3,450	3,450	3,650
Hot water entering at 200 deg F									
23 mbh	EA	970.00	920.00	885.00	895.00	875.00	895.00	895.00	945.00
40 mbh	EA	1,150	1,090	1,050	1,060	1,040	1,060	1,060	1,120
80 mbh	EA	1,540	1,460	1,400	1,420	1,390	1,420	1,420	1,500
115 mbh	EA	2,125	2,000	1,920	1,940	1,910	1,940	1,940	2,050
161 mbh	EA	2,600	2,450	2,375	2,400	2,350	2,400	2,400	2,525
250 mbh	EA	3,750	3,550	3,400	3,450	3,375	3,450	3,450	3,650
Natural gas fired, output capacity									
40 mbh	EA	1,580	1,490	1,440	1,450	1,420	1,450	1,450	1,540
80 mbh	EA	1,880	1,770	1,710	1,720	1,690	1,720	1,720	1,820
120 mbh	EA	2,475	2,350	2,275	2,275	2,250	2,275	2,275	2,425
160 mbh	EA	2,825	2,675	2,575	2,600	2,550	2,600	2,600	2,750
200 mbh	EA	3,150	2,975	2,850	2,900	2,825	2,900	2,900	3,050
320 mbh	EA	4,975	4,700	4,525	4,575	4,475	4,575	4,575	4,850
Force flow units									
Steam at 2 lbs pressure or water entering at 200 deg F (93 deg C)									
surface recess mounted including thermostat:									
16.7 mbh steam or 9.4 mbh hot water capacity	EA	1,970	1,860	1,790	1,810	1,770	1,810	1,810	1,910
34.6 mbh steam or 25.9 mbh hot water capacity	EA	2,275	2,175	2,075	2,100	2,050	2,100	2,100	2,225
50.0 mbh steam or 33.5 mbh hot water capacity	EA	2,800	2,650	2,550	2,575	2,525	2,575	2,575	2,725
89.0 mbh steam or 65.0 mbh hot water capacity	EA	3,775	3,575	3,425	3,475	3,400	3,475	3,475	3,675
Semi-recessed mounted, all sizes:									
Add	EA	410.00	390.00	375.00	380.00	370.00	380.00	380.00	400.00
Convectors and radiators									
Baseboard:									
Cast iron	LF	110.00	104.00	100.00	101.00	99.00	101.00	101.00	107.00
Wall finned	LF	32.50	30.75	29.50	29.75	29.25	29.75	29.75	31.50
Convectors-radiators, floor type:									
5.0 mbh	EA	545.00	515.00	495.00	500.00	490.00	500.00	500.00	530.00
10.2 mbh	EA	755.00	715.00	685.00	695.00	680.00	695.00	695.00	735.00
14.4 mbh	EA	855.00	810.00	780.00	790.00	775.00	790.00	790.00	835.00

IMPERIAL CURRENT MARKET PRICES — Mechanical DIV 15

Item	UNITS	St. Johns	Halifax	Montreal	Ottawa	Toronto	Winnipeg	Calgary	Vancouver
15850 Air Distribution									
15855 CENTRAL AIR HANDLING UNITS									
Central station modular units, with insulated casing, fans motors and drives, heating and cooling coils, with filters, humidifier and mixing box. Automatic controls not included.									
Low pressure type:									
1,500 cfm	EA	10,500	10,000	9,600	9,700	9,600	9,800	9,900	10,300
3,000 cfm	EA	14,600	13,800	13,300	13,400	13,300	13,600	13,700	14,300
6,000 cfm	EA	19,900	18,900	18,100	18,300	18,100	18,500	18,700	19,600
10,000 cfm	EA	25,300	23,900	23,000	23,200	23,000	23,400	23,700	24,800
Medium pressure type:									
15,000 cfm	EA	40,200	38,000	36,600	36,900	36,600	37,300	37,700	39,500
20,000 cfm	EA	52,000	49,200	47,300	47,700	47,300	48,200	48,700	51,100
30,000 cfm	EA	72,500	68,600	65,900	66,600	65,900	67,200	67,900	71,200
Multizone units, pre-assembled unit, with casing, fans, motors and drives, heating and cooling coils, mixing box with filter section, zone damper section, humidifier. Automatic controls are not included.									
Low pressure blow through unit:									
3,000 cfm, 8 zones	EA	12,600	11,900	11,400	11,500	11,400	11,700	11,800	12,300
6,000 cfm, 8 zones	EA	18,500	17,500	16,800	17,000	16,800	17,100	17,300	18,100
Medium pressure blow through unit:									
10,000 cfm, 12 zones	EA	25,900	24,500	23,600	23,800	23,600	24,100	24,300	25,500
15,000 cfm, 12 zones	EA	34,200	32,400	31,100	31,400	31,100	31,700	32,000	33,600
15860 FANS									
Vane axial fans, for suspended mounting									
Direct connected tubular belt driven fan class 1									
3,000 cfm	EA	2,400	2,275	2,200	2,200	2,200	2,225	2,250	2,375
5,000 cfm	EA	2,775	2,625	2,525	2,550	2,525	2,575	2,600	2,725
7,000 cfm	EA	3,200	3,025	2,900	2,950	2,900	2,975	3,000	3,150
10,000 cfm	EA	4,775	4,525	4,350	4,400	4,350	4,450	4,475	4,700
15,000 cfm	EA	5,900	5,600	5,400	5,400	5,400	5,500	5,500	5,800
20,000 cfm	EA	8,500	8,000	7,700	7,800	7,700	7,900	8,000	8,300
Propeller fans									
Direct driven through the wall plate type, unit not including exhaust wall shutter:									
12" dia., 1,000 cfm	EA	640.00	605.00	580.00	590.00	580.00	595.00	600.00	630.00
16" dia., 2,000 cfm	EA	740.00	700.00	675.00	680.00	675.00	690.00	695.00	730.00
24" dia., 5,000 cfm	EA	920.00	870.00	835.00	845.00	835.00	850.00	860.00	900.00
30" dia., 8,000 cfm	EA	1,030	970.00	930.00	940.00	930.00	950.00	960.00	1,010
36" dia., 15,000 cfm	EA	1,590	1,500	1,440	1,460	1,440	1,470	1,490	1,560
42" dia., 20,000 cfm	EA	2,900	2,725	2,625	2,650	2,625	2,675	2,700	2,825
48" dia., 30,000 cfm	EA	3,975	3,750	3,600	3,650	3,600	3,675	3,725	3,900
54" dia., 40,000 cfm	EA	4,075	3,850	3,700	3,750	3,700	3,775	3,825	4,000
60" dia., 50,000 cfm	EA	5,200	4,875	4,675	4,725	4,675	4,775	4,825	5,100
72" dia., 60,000 cfm	EA	7,300	6,900	6,600	6,700	6,600	6,700	6,800	7,100
Roof exhaust fans, back draft damper, prefabricated curb and speed controller not included:									
Centrifugal, aluminum, direct drive:									
200 cfm	EA	590.00	555.00	535.00	540.00	535.00	545.00	550.00	580.00
420 cfm	EA	615.00	585.00	560.00	565.00	560.00	575.00	580.00	605.00
630 cfm	EA	665.00	625.00	605.00	610.00	605.00	615.00	620.00	650.00
850 cfm	EA	730.00	690.00	665.00	670.00	665.00	680.00	685.00	715.00
1,480 cfm	EA	1,230	1,170	1,120	1,130	1,120	1,150	1,160	1,210
2,330 cfm	EA	1,550	1,470	1,410	1,430	1,410	1,440	1,450	1,520
Centrifugal, aluminum, belt driven:									
630 cfm	EA	1,370	1,300	1,250	1,260	1,250	1,270	1,280	1,350
1,270 cfm	EA	1,400	1,330	1,280	1,290	1,280	1,300	1,320	1,380
1,910 cfm	EA	1,840	1,740	1,670	1,690	1,670	1,700	1,720	1,800
4,240 cfm	EA	2,950	2,775	2,675	2,700	2,675	2,725	2,750	2,900
6,000 cfm	EA	3,400	3,225	3,100	3,125	3,100	3,150	3,175	3,325
9,500 cfm	EA	5,900	5,600	5,400	5,400	5,400	5,500	5,500	5,800
14,400 cfm	EA	6,000	5,700	5,500	5,500	5,500	5,600	5,600	5,900
15885 AIR FILTERS									
Renewable roll, automatic advance, one spare media									
Vertical type:									
3' x 5'	EA	4,300	4,075	3,925	3,950	3,925	4,000	4,025	4,225
3' x 6'	EA	4,400	4,150	4,000	4,025	4,000	4,075	4,100	4,300
3' x 8'	EA	4,475	4,225	4,075	4,100	4,075	4,150	4,200	4,400
3' x 10'	EA	4,550	4,300	4,150	4,175	4,150	4,225	4,275	4,475
3' x 12'	EA	4,650	4,400	4,225	4,275	4,225	4,300	4,350	4,550
Horizontal type:									
2' x 5'	EA	4,625	4,375	4,200	4,250	4,200	4,275	4,325	4,525
2' x 6'	EA	4,700	4,450	4,275	4,325	4,275	4,350	4,400	4,625
2' x 8'	EA	4,775	4,525	4,350	4,400	4,350	4,450	4,475	4,700
2' x 10'	EA	4,900	4,625	4,450	4,500	4,450	4,550	4,600	4,800
2' x 12'	EA	4,975	4,725	4,525	4,575	4,525	4,625	4,675	4,900

Instructions for use, page 4. Main index, page 7.

DIV 16 Electrical — IMPERIAL CURRENT MARKET PRICES

Item	UNITS	St. Johns	Halifax	Montreal	Ottawa	Toronto	Winnipeg	Calgary	Vancouver
Permanent washable type, metal frame:									
2" thick	SF	62.00	59.00	56.00	57.00	56.00	58.00	58.00	61.00
Electronic air cleaner									
Standard, residential type	EA	1,510	1,420	1,370	1,380	1,370	1,400	1,410	1,480
Glass fibre, throwaway type									
1"-20" x 20"	EA	3.49	3.30	3.18	3.21	3.18	3.24	3.27	3.43
2"-20" x 20"	EA	5.65	5.35	5.15	5.20	5.15	5.25	5.30	5.55
15890 DUCT WORK									
Rigid ducts, sheet metal including cleats and normal suspension									
Galvanized steel	LB	5.30	5.10	4.79	4.84	4.79	4.88	4.88	5.15
Aluminum	LB	16.25	15.50	14.60	14.75	14.60	14.90	14.90	15.80
Stainless steel	LB	13.20	12.65	11.90	12.05	11.90	12.15	12.15	12.85
Flexible ducts, aluminum, insulated									
4" dia.	LF	5.80	5.55	5.20	5.25	5.20	5.30	5.30	5.65
5" dia.	LF	6.10	5.80	5.50	5.55	5.50	5.60	5.60	5.90
6" dia.	LF	7.65	7.30	6.90	6.95	6.90	7.05	7.05	7.45
7" dia.	LF	8.95	8.55	8.10	8.15	8.10	8.25	8.25	8.75
8" dia.	LF	10.05	9.60	9.05	9.10	9.05	9.20	9.20	9.75
9" dia.	LF	11.10	10.60	10.00	10.10	10.00	10.20	10.20	10.80
10" dia.	LF	12.25	11.70	11.00	11.15	11.00	11.25	11.25	11.90
12" dia.	LF	14.05	13.45	12.70	12.80	12.70	12.95	12.95	13.70
14" dia.	LF	19.00	18.15	17.10	17.30	17.10	17.45	17.45	18.50
16" dia.	LF	23.50	22.50	21.25	21.50	21.25	21.75	21.75	23.00
15940 OUTLETS									
Louvers									
Fresh and exhaust air:									
Galvanized steel	SF	38.00	36.25	34.25	34.75	34.25	35.00	35.00	37.00
Aluminum	SF	45.50	43.50	41.00	41.50	41.00	42.00	42.00	44.25

16: ELECTRICAL
16050 Basic Materials and Methods
Material Price Carried At Trade
16110 RACEWAYS INSTALLED COMPLETE
Conduit

Item	UNITS	St. Johns	Halifax	Montreal	Ottawa	Toronto	Winnipeg	Calgary	Vancouver
Embedded in slab excluding elbows and pull boxes:									
Rigid galvanized steel									
1/2"	LF	4.15	3.97	3.63	3.73	3.71	3.73	3.71	4.08
3/4"	LF	4.92	4.70	4.31	4.42	4.40	4.42	4.40	4.84
1"	LF	6.80	6.50	5.95	6.10	6.05	6.10	6.05	6.65
1 1/4"	LF	8.75	8.35	7.65	7.85	7.80	7.85	7.80	8.60
1 1/2"	LF	10.90	10.40	9.55	9.75	9.75	9.75	9.75	10.70
2"	LF	13.80	13.20	12.10	12.40	12.35	12.40	12.35	13.55
E.M.T.									
1/2"	LF	2.57	2.46	2.25	2.31	2.30	2.31	2.30	2.53
3/4"	LF	3.48	3.33	3.05	3.12	3.11	3.12	3.11	3.42
1"	LF	4.70	4.49	4.11	4.22	4.20	4.22	4.20	4.62
1 1/4"	LF	6.80	6.50	5.95	6.10	6.10	6.10	6.10	6.70
1 1/2"	LF	7.80	7.45	6.85	7.00	6.95	7.00	6.95	7.65
2"	LF	9.85	9.40	8.65	8.85	8.80	8.85	8.80	9.70
Rigid pvc									
1/2"	LF	2.64	2.52	2.31	2.37	2.36	2.37	2.36	2.59
3/4"	LF	3.29	3.15	2.88	2.96	2.94	2.96	2.94	3.23
1"	LF	4.29	4.10	3.75	3.85	3.83	3.85	3.83	4.21
1 1/4"	LF	5.45	5.25	4.79	4.91	4.89	4.91	4.89	5.35
1 1/2"	LF	6.55	6.25	5.75	5.90	5.85	5.90	5.85	6.45
2"	LF	8.25	7.85	7.20	7.40	7.35	7.40	7.35	8.10
Surface mounted 8' average high one pull box, one elbow per 100 LF, and supports:									
Rigid galvanized steel									
1/2"	LF	4.79	4.57	4.19	4.29	4.27	4.29	4.27	4.70
3/4"	LF	5.65	5.40	4.95	5.10	5.05	5.10	5.05	5.55
1"	LF	8.25	7.85	7.20	7.40	7.35	7.40	7.35	8.10
1 1/4"	LF	10.80	10.30	9.45	9.70	9.65	9.70	9.65	10.60
1 1/2"	LF	13.45	12.85	11.80	12.10	12.00	12.10	12.00	13.25
2"	LF	16.45	15.75	14.40	14.80	14.70	14.80	14.70	16.15
2 1/2"	LF	28.50	27.25	25.00	25.50	25.50	25.50	25.50	28.00
3"	LF	38.00	36.50	33.25	34.25	34.00	34.25	34.00	37.50
3 1/2"	LF	47.75	45.50	41.75	42.75	42.50	42.75	42.50	46.75
4"	LF	58.00	55.00	50.00	52.00	51.00	52.00	51.00	57.00
5"	LF	112.00	107.00	98.00	100.00	100.00	100.00	100.00	110.00
6"	LF	137.00	131.00	120.00	123.00	123.00	123.00	123.00	135.00
E.M.T.									
1/2"	LF	3.47	3.31	3.03	3.11	3.09	3.11	3.09	3.40
3/4"	LF	4.53	4.33	3.96	4.06	4.04	4.06	4.04	4.45
1"	LF	5.60	5.35	4.91	5.05	5.05	5.05	5.00	5.50
1 1/4"	LF	8.30	7.95	7.30	7.45	7.45	7.45	7.45	8.15

IMPERIAL CURRENT MARKET PRICES — Electrical DIV 16

Item	UNITS	St. Johns	Halifax	Montreal	Ottawa	Toronto	Winnipeg	Calgary	Vancouver
1 1/2"	LF	9.95	9.50	8.70	8.95	8.90	8.95	8.90	9.75
2"	LF	11.85	11.30	10.35	10.60	10.55	10.60	10.55	11.60
2 1/2"	LF	22.25	21.25	19.50	20.00	19.90	20.00	19.90	22.00
3"	LF	28.25	27.00	24.50	25.25	25.00	25.25	25.00	27.75
4"	LF	42.50	40.75	37.25	38.25	38.00	38.25	38.00	41.75
Rigid pvc									
1/2"	LF	3.57	3.41	3.12	3.20	3.19	3.20	3.19	3.50
3/4"	LF	4.44	4.24	3.89	3.99	3.97	3.99	3.97	4.36
1"	LF	6.00	5.75	5.25	5.40	5.35	5.40	5.35	5.90
1 1/4"	LF	7.65	7.30	6.70	6.85	6.80	6.85	6.80	7.50
1 1/2"	LF	8.75	8.35	7.65	7.85	7.80	7.85	7.80	8.60
2"	LF	10.90	10.40	9.55	9.75	9.75	9.75	9.75	10.70
2 1/2"	LF	16.10	15.40	14.10	14.45	14.40	14.45	14.40	15.85
3"	LF	19.90	19.00	17.40	17.85	17.75	17.85	17.75	19.55
3 1/2"	LF	24.00	23.00	21.00	21.50	21.50	21.50	21.50	23.50
4"	LF	28.75	27.50	25.25	25.75	25.75	25.75	25.75	28.25
Rigid aluminum									
1/2"	LF	5.50	5.30	4.83	4.96	4.93	4.96	4.93	5.40
3/4"	LF	7.05	6.70	6.15	6.30	6.30	6.30	6.30	6.90
1"	LF	9.45	9.00	8.25	8.45	8.40	8.45	8.40	9.25
1 1/4"	LF	12.95	12.35	11.35	11.60	11.55	11.60	11.55	12.70
1 1/2"	LF	14.65	14.00	12.85	13.15	13.10	13.15	13.10	14.40
2"	LF	18.85	18.05	16.50	16.95	16.85	16.95	16.85	18.55
2 1/2"	LF	29.75	28.50	26.00	26.75	26.75	26.75	26.75	29.25
3"	LF	39.00	37.25	34.25	35.00	35.00	35.00	35.00	38.50
3 1/2"	LF	48.75	46.50	42.75	43.75	43.50	43.75	43.50	47.75
4"	LF	64.00	61.00	56.00	58.00	57.00	58.00	57.00	63.00
Elbows:									
Rigid galvanized steel including coupling and support									
1 1/4"	EA	89.00	85.00	78.00	80.00	80.00	80.00	80.00	88.00
1 1/2"	EA	105.00	101.00	92.00	94.00	94.00	94.00	94.00	103.00
2"	EA	137.00	131.00	120.00	123.00	122.00	123.00	122.00	134.00
2 1/2"	EA	230.00	220.00	205.00	210.00	205.00	210.00	205.00	230.00
3"	EA	305.00	290.00	265.00	275.00	275.00	275.00	275.00	300.00
3 1/2"	EA	390.00	375.00	340.00	350.00	350.00	350.00	350.00	385.00
4"	EA	465.00	445.00	405.00	415.00	415.00	415.00	415.00	455.00
E.M.T. including coupling									
1 1/4"	EA	47.25	45.00	41.25	42.50	42.25	42.50	42.25	46.50
1 1/2"	EA	59.00	56.00	51.00	53.00	53.00	53.00	53.00	58.00
2"	EA	77.00	73.00	67.00	69.00	69.00	69.00	69.00	76.00
2 1/2"	EA	129.00	123.00	113.00	116.00	115.00	116.00	115.00	127.00
3"	EA	166.00	159.00	146.00	149.00	148.00	149.00	148.00	163.00
4"	EA	260.00	250.00	230.00	235.00	230.00	235.00	230.00	255.00
PVC including coupling									
1/2"	EA	10.90	10.45	9.55	9.80	9.75	9.80	9.75	10.70
3/4"	EA	20.25	19.35	17.70	18.15	18.10	18.15	18.10	19.90
1"	EA	32.75	31.25	28.75	29.50	29.25	29.50	29.25	32.25
1 1/4"	EA	45.25	43.25	39.50	40.50	40.50	40.50	40.50	44.50
1 1/2"	EA	58.00	55.00	50.00	52.00	52.00	52.00	52.00	57.00
2"	EA	72.00	69.00	63.00	65.00	65.00	65.00	65.00	71.00
2 1/2"	EA	97.00	93.00	85.00	87.00	87.00	87.00	87.00	96.00
3"	EA	129.00	123.00	113.00	116.00	115.00	116.00	115.00	127.00
3 1/2"	EA	158.00	151.00	139.00	142.00	141.00	142.00	141.00	156.00
4"	EA	184.00	176.00	161.00	165.00	165.00	165.00	165.00	181.00
Rigid aluminum including coupling and supports									
1 1/4"	EA	79.00	76.00	69.00	71.00	71.00	71.00	71.00	78.00
1 1/2"	EA	94.00	90.00	82.00	84.00	84.00	84.00	84.00	92.00
2"	EA	131.00	125.00	115.00	118.00	117.00	118.00	117.00	129.00
2 1/2"	EA	210.00	200.00	184.00	189.00	188.00	189.00	188.00	205.00
3"	EA	285.00	270.00	245.00	255.00	255.00	255.00	255.00	280.00
3 1/2"	EA	385.00	365.00	335.00	345.00	345.00	345.00	345.00	380.00
4"	EA	465.00	445.00	405.00	415.00	415.00	415.00	415.00	455.00
Cable tray including fittings and supports									
Ventilated type:									
Galvanized steel									
6" wide	LF	35.25	33.50	30.75	31.50	31.50	31.50	31.50	34.50
12" wide	LF	38.00	36.25	33.25	34.00	33.75	34.00	33.75	37.25
18" wide	LF	47.75	45.75	41.75	43.00	42.75	43.00	42.75	47.00
24" wide	LF	54.00	52.00	47.50	48.75	48.50	48.75	48.50	53.00
Aluminum									
6" wide	LF	42.75	40.75	37.25	38.25	38.00	38.25	38.00	42.00
12" wide	LF	47.00	45.00	41.25	42.25	42.00	42.25	42.00	46.25
18" wide	LF	57.00	55.00	50.00	51.00	51.00	51.00	51.00	56.00
24" wide	LF	67.00	64.00	59.00	60.00	60.00	60.00	60.00	66.00
Ladder type:									
Galvanized steel									
6" wide	LF	33.00	31.75	29.00	29.75	29.50	29.75	29.50	32.50
12" wide	LF	35.75	34.25	31.25	32.25	32.00	32.25	32.00	35.25

Instructions for use, page 4. Main index, page 7.

DIV 16 Electrical — IMPERIAL CURRENT MARKET PRICES

Item	UNITS	St. Johns	Halifax	Montreal	Ottawa	Toronto	Winnipeg	Calgary	Vancouver
18" wide	LF	43.00	41.00	37.75	38.50	38.50	38.50	38.50	42.25
24" wide	LF	49.75	47.50	43.50	44.75	44.50	44.75	44.50	49.00
Aluminum									
6" wide	LF	41.25	39.50	36.25	37.00	37.00	37.00	37.00	40.50
12" wide	LF	43.25	41.50	38.00	39.00	38.75	39.00	38.75	42.50
18" wide	LF	52.00	50.00	45.75	46.75	46.75	46.75	46.75	51.00
24" wide	LF	60.00	57.00	53.00	54.00	54.00	54.00	54.00	59.00
Wiring channels									
Square section, steel:									
2 1/2" x 2 1/2"	LF	28.75	27.50	25.00	25.75	25.50	25.75	25.50	28.25
4" x 4"	LF	40.00	38.25	35.00	35.75	35.75	35.75	35.75	39.25
6" x 6"	LF	53.00	51.00	46.50	47.75	47.50	47.75	47.50	52.00

16110 UNDERGROUND SERVICES

Concrete manholes

Item	UNITS	St. Johns	Halifax	Montreal	Ottawa	Toronto	Winnipeg	Calgary	Vancouver
5' x 5' single	EA	4,225	4,050	3,700	3,800	3,775	3,800	3,775	4,150
5' x 10' double	EA	7,800	7,400	6,800	7,000	6,900	7,000	6,900	7,600

Underground duct banks, 4" pvc pipe ducts & fittings including all excavation, concrete and backfilling

In soft earth with backfill:

Item	UNITS	St. Johns	Halifax	Montreal	Ottawa	Toronto	Winnipeg	Calgary	Vancouver
1 duct	LF	41.50	39.75	36.50	37.25	37.00	37.25	37.00	40.75
2 ducts	LF	56.00	53.00	48.50	49.75	49.50	49.75	49.50	55.00
3 ducts	LF	63.00	60.00	55.00	56.00	56.00	56.00	56.00	62.00
4 ducts	LF	93.00	89.00	82.00	84.00	83.00	84.00	83.00	92.00
5 ducts	LF	104.00	99.00	91.00	93.00	93.00	93.00	93.00	102.00
6 ducts	LF	109.00	104.00	96.00	98.00	98.00	98.00	98.00	107.00
7 ducts	LF	129.00	123.00	113.00	116.00	115.00	116.00	115.00	127.00
8 ducts	LF	140.00	134.00	122.00	125.00	125.00	125.00	125.00	137.00
9 ducts	LF	158.00	151.00	138.00	142.00	141.00	142.00	141.00	155.00
10 ducts	LF	177.00	170.00	155.00	159.00	158.00	159.00	158.00	174.00
11 ducts	LF	186.00	178.00	163.00	167.00	166.00	167.00	166.00	183.00
12 ducts	LF	195.00	187.00	171.00	175.00	174.00	175.00	174.00	192.00
13 ducts	LF	220.00	210.00	193.00	198.00	197.00	198.00	197.00	215.00
14 ducts	LF	230.00	220.00	200.00	205.00	205.00	205.00	205.00	225.00
15 ducts	LF	245.00	235.00	215.00	220.00	220.00	220.00	220.00	240.00

In soft earth with granular backfill:

Item	UNITS	St. Johns	Halifax	Montreal	Ottawa	Toronto	Winnipeg	Calgary	Vancouver
1 duct	LF	55.00	52.00	48.00	49.25	49.00	49.25	49.00	54.00
2 ducts	LF	72.00	68.00	63.00	64.00	64.00	64.00	64.00	70.00
3 ducts	LF	82.00	79.00	72.00	74.00	74.00	74.00	74.00	81.00
4 ducts	LF	120.00	115.00	105.00	108.00	107.00	108.00	107.00	118.00
5 ducts	LF	133.00	127.00	116.00	119.00	118.00	119.00	118.00	130.00
6 ducts	LF	142.00	135.00	124.00	127.00	126.00	127.00	126.00	139.00
7 ducts	LF	172.00	164.00	151.00	154.00	154.00	154.00	154.00	169.00
8 ducts	LF	185.00	176.00	162.00	166.00	165.00	166.00	165.00	181.00
9 ducts	LF	199.00	190.00	174.00	179.00	178.00	179.00	178.00	195.00
10 ducts	LF	230.00	215.00	199.00	205.00	205.00	205.00	205.00	225.00
11 ducts	LF	235.00	225.00	205.00	210.00	210.00	210.00	210.00	230.00
12 ducts	LF	250.00	240.00	220.00	225.00	225.00	225.00	225.00	245.00
13 ducts	LF	285.00	270.00	250.00	255.00	255.00	255.00	255.00	280.00
14 ducts	LF	300.00	285.00	260.00	265.00	265.00	265.00	265.00	290.00
15 ducts	LF	315.00	300.00	275.00	280.00	280.00	280.00	280.00	310.00

In soft rock with granular backfill:

Item	UNITS	St. Johns	Halifax	Montreal	Ottawa	Toronto	Winnipeg	Calgary	Vancouver
1 duct	LF	69.00	66.00	60.00	62.00	61.00	62.00	61.00	68.00
2 ducts	LF	86.00	82.00	75.00	77.00	77.00	77.00	77.00	84.00
3 ducts	LF	93.00	89.00	82.00	84.00	83.00	84.00	83.00	92.00
4 ducts	LF	149.00	142.00	130.00	133.00	133.00	133.00	133.00	146.00
5 ducts	LF	170.00	163.00	149.00	153.00	152.00	153.00	152.00	167.00
6 ducts	LF	174.00	166.00	152.00	156.00	155.00	156.00	155.00	171.00
7 ducts	LF	200.00	192.00	176.00	180.00	179.00	180.00	179.00	197.00
8 ducts	LF	215.00	205.00	190.00	195.00	194.00	195.00	194.00	215.00
9 ducts	LF	240.00	230.00	210.00	215.00	215.00	215.00	215.00	235.00
10 ducts	LF	270.00	260.00	240.00	245.00	245.00	245.00	245.00	270.00
11 ducts	LF	280.00	270.00	245.00	250.00	250.00	250.00	250.00	275.00
12 ducts	LF	295.00	280.00	255.00	265.00	260.00	265.00	260.00	290.00
13 ducts	LF	320.00	305.00	280.00	285.00	285.00	285.00	285.00	315.00
14 ducts	LF	330.00	315.00	290.00	300.00	295.00	300.00	295.00	325.00
15 ducts	LF	345.00	330.00	305.00	310.00	310.00	310.00	310.00	340.00

16110/20 FEEDER CIRCUIT

70-500 A (support and fittings included, exposed installation, copper conductors)

Rigid galvanized conduit:

Item	UNITS	St. Johns	Halifax	Montreal	Ottawa	Toronto	Winnipeg	Calgary	Vancouver
70 A, 3 wire	LF	12.30	11.75	10.75	11.05	10.95	11.05	10.95	12.05
70 A, 4 wire	LF	16.05	15.35	14.05	14.40	14.35	14.40	14.35	15.75
105 A, 3 wire	LF	18.10	17.30	15.85	16.25	16.15	16.25	16.15	17.75
105 A, 4 wire	LF	21.75	20.75	19.10	19.60	19.50	19.60	19.50	21.50
155 A, 3 wire	LF	28.75	27.50	25.00	25.75	25.50	25.75	25.50	28.25
155 A, 4 wire	LF	32.50	31.00	28.50	29.00	29.00	29.00	29.00	31.75
210 A, 3 wire	LF	34.25	32.50	29.75	30.75	30.50	30.75	30.50	33.50
210 A, 4 wire	LF	51.00	49.00	44.75	46.00	45.75	46.00	45.75	50.00
300 A, 3 wire	LF	56.00	53.00	48.75	50.00	49.75	50.00	49.75	55.00

IMPERIAL CURRENT MARKET PRICES — Electrical DIV 16

Item	UNITS	St. Johns	Halifax	Montreal	Ottawa	Toronto	Winnipeg	Calgary	Vancouver
300 A, 4 wire	LF	73.00	70.00	64.00	66.00	66.00	66.00	66.00	72.00
405 A, 3 wire	LF	79.00	75.00	69.00	70.00	70.00	70.00	70.00	77.00
405 A, 4 wire	LF	104.00	99.00	91.00	93.00	93.00	93.00	93.00	102.00
500 A, 3 wire	LF	111.00	106.00	97.00	100.00	99.00	100.00	99.00	109.00
500 A, 4 wire	LF	196.00	188.00	172.00	176.00	175.00	176.00	175.00	193.00
E.M.T. conduit:									
70 A, 3 wire	LF	8.55	8.15	7.45	7.65	7.60	7.65	7.60	8.40
70 A, 4 wire	LF	11.45	10.95	10.00	10.25	10.20	10.25	10.20	11.25
105 A, 3 wire	LF	12.35	11.80	10.85	11.10	11.05	11.10	11.05	12.15
105 A, 4 wire	LF	15.80	15.10	13.80	14.15	14.10	14.15	14.10	15.50
155 A, 3 wire	LF	19.10	18.25	16.75	17.15	17.05	17.15	17.05	18.80
155 A, 4 wire	LF	22.75	21.75	20.00	20.50	20.50	20.50	20.50	22.50
210 A, 3 wire	LF	25.25	24.25	22.00	22.75	22.50	22.75	22.50	24.75
210 A, 4 wire	LF	38.00	36.25	33.25	34.00	33.75	34.00	33.75	37.25
300 A, 3 wire	LF	43.25	41.50	38.00	39.00	38.75	39.00	38.75	42.50
300 A, 4 wire	LF	54.00	52.00	47.25	48.50	48.25	48.50	48.25	53.00
405 A, 3 wire	LF	59.00	56.00	52.00	53.00	53.00	53.00	53.00	58.00
405 A, 4 wire	LF	94.00	90.00	82.00	84.00	84.00	84.00	84.00	92.00
500 A, 3 wire	LF	104.00	99.00	91.00	93.00	93.00	93.00	93.00	102.00

16120 CONDUCTORS

Building wire installed in conduit
Rw-90 copper:

Item	UNITS	St. Johns	Halifax	Montreal	Ottawa	Toronto	Winnipeg	Calgary	Vancouver
No. 14	CLF	37.00	35.25	32.50	33.25	33.00	33.25	33.00	36.25
No. 12	CLF	48.50	46.50	42.50	43.50	43.25	43.50	43.25	47.75
No. 10	CLF	66.00	63.00	58.00	59.00	59.00	59.00	59.00	65.00
No. 8	CLF	97.00	92.00	85.00	87.00	86.00	87.00	86.00	95.00
No. 6	CLF	127.00	122.00	111.00	114.00	114.00	114.00	114.00	125.00
No. 4	CLF	146.00	140.00	128.00	131.00	130.00	131.00	130.00	143.00
No. 3	CLF	220.00	215.00	195.00	200.00	199.00	200.00	199.00	220.00
No. 2	CLF	280.00	270.00	245.00	255.00	250.00	255.00	250.00	275.00
No. 1	CLF	320.00	305.00	280.00	290.00	285.00	290.00	285.00	315.00
No. 1/0	CLF	390.00	375.00	340.00	350.00	350.00	350.00	350.00	385.00
No. 2/0	CLF	475.00	455.00	415.00	425.00	425.00	425.00	425.00	465.00
No. 3/0	CLF	560.00	535.00	490.00	505.00	500.00	505.00	500.00	550.00
No. 4/0	CLF	675.00	645.00	590.00	605.00	605.00	605.00	605.00	665.00
250 mcm	CLF	800.00	765.00	700.00	715.00	715.00	715.00	715.00	785.00
300 mcm	CLF	915.00	875.00	800.00	825.00	820.00	825.00	820.00	900.00
350 mcm	CLF	1,040	1,000	915.00	935.00	935.00	935.00	935.00	1,030
400 mcm	CLF	1,150	1,100	1,000	1,030	1,020	1,030	1,020	1,130
500 mcm	CLF	1,360	1,300	1,190	1,220	1,210	1,220	1,210	1,330
600 mcm	CLF	1,660	1,590	1,460	1,490	1,490	1,490	1,490	1,630
750 mcm	CLF	2,050	1,950	1,780	1,830	1,820	1,830	1,820	2,000
1000 mcm	CLF	2,575	2,475	2,250	2,325	2,300	2,325	2,300	2,525

Rw-90 aluminum

Item	UNITS	St. Johns	Halifax	Montreal	Ottawa	Toronto	Winnipeg	Calgary	Vancouver
No. 1	CLF	205.00	194.00	178.00	182.00	181.00	182.00	181.00	199.00
No. 1/0	CLF	240.00	230.00	210.00	215.00	215.00	215.00	215.00	240.00
No. 2/0	CLF	280.00	265.00	245.00	250.00	250.00	250.00	250.00	275.00
No. 3/0	CLF	350.00	335.00	310.00	315.00	315.00	315.00	315.00	345.00
No. 4/0	CLF	425.00	405.00	370.00	380.00	380.00	380.00	380.00	415.00
250 mcm	CLF	480.00	460.00	420.00	430.00	430.00	430.00	430.00	475.00
300 mcm	CLF	555.00	530.00	485.00	495.00	495.00	495.00	495.00	545.00
350 mcm	CLF	655.00	625.00	575.00	590.00	585.00	590.00	585.00	645.00
400 mcm	CLF	760.00	725.00	665.00	680.00	680.00	680.00	680.00	745.00
500 mcm	CLF	845.00	805.00	740.00	760.00	755.00	760.00	755.00	830.00
600 mcm	CLF	930.00	890.00	815.00	835.00	830.00	835.00	830.00	915.00
750 mcm	CLF	1,150	1,100	1,010	1,030	1,030	1,030	1,030	1,130
1000 mcm	CLF	1,600	1,520	1,400	1,430	1,420	1,430	1,420	1,570

Corflex, single copper conductor, low tension, 600 V pvc jacket:

Item	UNITS	St. Johns	Halifax	Montreal	Ottawa	Toronto	Winnipeg	Calgary	Vancouver
No. 1/0	LF	4.93	4.71	4.32	4.43	4.40	4.43	4.40	4.84
No. 2/0	LF	5.35	5.10	4.67	4.79	4.77	4.79	4.77	5.25
No. 3/0	LF	5.75	5.50	5.05	5.15	5.15	5.15	5.15	5.65
No. 4/0	LF	7.00	6.70	6.10	6.30	6.25	6.30	6.25	6.85
250 mcm	LF	6.55	6.30	5.75	5.90	5.85	5.90	5.85	6.45
300 mcm	LF	8.20	7.85	7.15	7.35	7.30	7.35	7.30	8.05
350 mcm	LF	9.90	9.45	8.65	8.90	8.85	8.90	8.85	9.70
400 mcm	LF	10.65	10.20	9.35	9.55	9.55	9.55	9.55	10.50
500 mcm	LF	12.30	11.75	10.75	11.05	10.95	11.05	10.95	12.05

High tension, 5 kV single copper conductor, x-link shielded pvc:

Item	UNITS	St. Johns	Halifax	Montreal	Ottawa	Toronto	Winnipeg	Calgary	Vancouver
No. 8	LF	3.62	3.46	3.17	3.25	3.23	3.25	3.23	3.55
No. 6	LF	3.86	3.69	3.38	3.46	3.44	3.46	3.44	3.79
No. 4	LF	4.47	4.27	3.91	4.01	3.99	4.01	3.99	4.39
No. 2	LF	5.45	5.20	4.75	4.87	4.85	4.87	4.85	5.35
No. 1	LF	5.85	5.60	5.15	5.25	5.25	5.25	5.25	5.75
No. 1/0	LF	6.80	6.45	5.95	6.10	6.05	6.10	6.05	6.65
No. 2/0	LF	8.10	7.75	7.10	7.30	7.25	7.30	7.25	7.95
No. 3/0	LF	9.45	9.05	8.30	8.50	8.45	8.50	8.45	9.30
No. 4/0	LF	10.90	10.45	9.55	9.80	9.75	9.80	9.75	10.75
250 mcm	LF	11.70	11.15	10.25	10.50	10.45	10.50	10.45	11.50
300 mcm	LF	12.65	12.05	11.05	11.35	11.30	11.35	11.30	12.40

Instructions for use, page 4. Main index, page 7.

DIV 16 Electrical — IMPERIAL CURRENT MARKET PRICES

Item	UNITS	St. Johns	Halifax	Montreal	Ottawa	Toronto	Winnipeg	Calgary	Vancouver
350 mcm	LF	13.55	12.95	11.85	12.20	12.10	12.20	12.10	13.35
400 mcm	LF	15.45	14.75	13.50	13.85	13.80	13.85	13.80	15.15
500 mcm	LF	18.45	17.60	16.15	16.55	16.45	16.55	16.45	18.10
750 mcm	LF	21.25	20.25	18.50	19.00	18.90	19.00	18.90	20.75
High tension, 15 kV single copper conductor, x-link shielded pvc:									
No. 1	LF	8.10	7.75	7.10	7.30	7.25	7.30	7.25	7.95
No. 1/0	LF	9.45	9.05	8.30	8.50	8.45	8.50	8.45	9.30
No. 2/0	LF	10.40	9.95	9.10	9.35	9.30	9.35	9.30	10.25
No. 3/0	LF	11.70	11.15	10.25	10.50	10.45	10.50	10.45	11.50
No. 4/0	LF	14.00	13.35	12.25	12.55	12.50	12.55	12.50	13.75
250 mcm	LF	14.50	13.85	12.70	13.00	12.95	13.00	12.95	14.25
300 mcm	LF	15.45	14.75	13.50	13.85	13.80	13.85	13.80	15.15
350 mcm	LF	17.75	16.95	15.55	15.95	15.85	15.95	15.85	17.45
400 mcm	LF	19.10	18.25	16.75	17.15	17.05	17.15	17.05	18.80
500 mcm	LF	21.25	20.25	18.50	19.00	18.90	19.00	18.90	20.75
750 mcm	LF	25.00	23.75	21.75	22.25	22.25	22.25	22.25	24.50
High tension, 25 kV single copper conductor, x-link shielded pvc:									
No. 1	LF	9.05	8.65	7.90	8.10	8.10	8.10	8.10	8.90
No. 1/0	LF	10.40	9.95	9.10	9.35	9.30	9.35	9.30	10.25
No. 2/0	LF	11.70	11.15	10.25	10.50	10.45	10.50	10.45	11.50
No. 4/0	LF	14.50	13.85	12.70	13.00	12.95	13.00	12.95	14.25
250 mcm	LF	15.80	15.10	13.80	14.15	14.10	14.15	14.10	15.50
300 mcm	LF	17.75	16.95	15.55	15.95	15.85	15.95	15.85	17.45
350 mcm	LF	19.10	18.25	16.75	17.15	17.05	17.15	17.05	18.80
400 mcm	LF	20.75	19.90	18.20	18.70	18.60	18.70	18.60	20.50
500 mcm	LF	23.50	22.50	20.50	21.25	21.00	21.25	21.00	23.25
750 mcm	LF	28.75	27.50	25.00	25.75	25.50	25.75	25.50	28.25
16130 BOXES AND CABINETS									
Wiring outlet boxes									
Ceiling type 4" x 4":									
Surface	EA	19.90	19.00	17.40	17.85	17.75	17.85	17.75	19.55
Recessed	EA	14.80	14.10	12.95	13.25	13.20	13.25	13.20	14.50
Cast iron	EA	82.00	78.00	72.00	73.00	73.00	73.00	73.00	80.00
Switch type:									
Surface 1 gang	EA	14.65	14.00	12.85	13.15	13.10	13.15	13.10	14.40
Surface 2 gang	EA	21.00	20.25	18.45	18.95	18.85	18.95	18.85	20.75
Recessed 1 gang	EA	16.60	15.85	14.50	14.85	14.80	14.85	14.80	16.30
Recessed 2 gang	EA	31.75	30.25	27.75	28.50	28.25	28.50	28.25	31.00
Recessed 3 gang	EA	51.00	49.00	44.75	46.00	45.75	46.00	45.75	50.00
Cast Iron 1 gang	EA	48.50	46.25	42.50	43.50	43.25	43.50	43.25	47.50
Cast Iron 2 gang	EA	54.00	52.00	47.50	48.75	48.50	48.75	48.50	53.00
Receptacle type:									
Surface 1 gang	EA	14.90	14.25	13.05	13.35	13.30	13.35	13.30	14.65
Surface 2 gang	EA	21.50	20.50	18.80	19.30	19.20	19.30	19.20	21.00
Recessed 1 gang	EA	21.50	20.50	18.80	19.30	19.20	19.30	19.20	21.00
Recessed 2 gang	EA	24.75	23.50	21.50	22.00	22.00	22.00	22.00	24.25
Cast Iron 1 gang	EA	49.25	47.00	43.00	44.25	44.00	44.25	44.00	48.50
Cast Iron 2 gang	EA	55.00	53.00	48.50	49.75	49.50	49.75	49.50	54.00
Cabinets									
Current transformer:									
20" x 20" x 10"	EA	255.00	245.00	225.00	230.00	230.00	230.00	230.00	250.00
20" x 30" x 10"	EA	290.00	280.00	255.00	260.00	260.00	260.00	260.00	285.00
30" x 30" x 10"	EA	370.00	355.00	325.00	335.00	330.00	335.00	330.00	365.00
36" x 36" x 10"	EA	505.00	480.00	440.00	450.00	450.00	450.00	450.00	495.00
36" x 36" x 12"	EA	610.00	585.00	535.00	550.00	545.00	550.00	545.00	600.00
48" x 48" x 12"	EA	880.00	840.00	770.00	790.00	785.00	790.00	785.00	865.00
16140 SWITCHES AND RECEPTACLE ON WIRED OUTLETS (bakelite cover included).									
Switches, 120-227 V									
Toggle switches, premium grade:									
Single pole	EA	20.75	19.75	18.10	18.55	18.45	18.55	18.45	20.25
Single pole with glow handle	EA	36.00	34.50	31.50	32.25	32.25	32.25	32.25	35.25
Double pole	EA	41.50	39.50	36.25	37.25	37.00	37.25	37.00	40.75
3-way	EA	28.75	27.50	25.25	26.00	25.75	26.00	25.75	28.25
4-way	EA	61.00	58.00	53.00	54.00	54.00	54.00	54.00	59.00
15 A receptacles									
Standard:									
Duplex u ground	EA	16.80	16.05	14.70	15.05	15.00	15.05	15.00	16.50
Duplex u ground, specification grade	EA	22.75	21.75	20.00	20.50	20.50	20.50	20.50	22.50
Weatherproof:									
Single	EA	39.75	38.00	34.75	35.50	35.50	35.50	35.50	39.00
Clock outlets:									
120 V	EA	26.00	24.75	22.75	23.25	23.25	23.25	23.25	25.50
20 A receptacles									
Standard:									
Duplex u ground	EA	33.50	32.00	29.25	30.00	29.75	30.00	29.75	32.75
30 A receptacles									
Range and dryer type:									
4 wire, 120/240 V	EA	66.00	63.00	58.00	59.00	59.00	59.00	59.00	65.00

IMPERIAL CURRENT MARKET PRICES — Electrical DIV 16

Item	UNITS	St. Johns	Halifax	Montreal	Ottawa	Toronto	Winnipeg	Calgary	Vancouver
50 A receptacles									
Range and dryer type:									
4 wire, 120/240 V	EA	97.00	93.00	85.00	87.00	87.00	87.00	87.00	95.00

16400 Service and Distribution
16440 DISCONNECTS

Item	UNITS	St. Johns	Halifax	Montreal	Ottawa	Toronto	Winnipeg	Calgary	Vancouver
Switches, fusible type, without fuses (individual mounting)									
600 V									
30 A 2 poles 2 W	EA	194.00	185.00	170.00	174.00	173.00	174.00	173.00	190.00
30 A 3 poles 3 W	EA	200.00	193.00	176.00	181.00	180.00	181.00	180.00	198.00
30 A 3 poles 4 W	EA	220.00	210.00	191.00	196.00	195.00	196.00	195.00	215.00
60 A 2 poles 2 W	EA	225.00	215.00	196.00	200.00	200.00	200.00	200.00	220.00
60 A 3 poles 3 W	EA	240.00	230.00	210.00	215.00	215.00	215.00	215.00	235.00
60 A 3 poles 4 W	EA	265.00	250.00	230.00	235.00	235.00	235.00	235.00	260.00
100 A 2 poles 2 W	EA	380.00	365.00	335.00	340.00	340.00	340.00	340.00	375.00
100 A 3 poles 3 W	EA	400.00	380.00	350.00	355.00	355.00	355.00	355.00	390.00
100 A 3 poles 4 W	EA	425.00	405.00	370.00	380.00	380.00	380.00	380.00	420.00
200 A 2 poles 2 W	EA	615.00	590.00	540.00	555.00	550.00	555.00	550.00	605.00
200 A 3 poles 3 W	EA	635.00	605.00	555.00	570.00	565.00	570.00	565.00	620.00
200 A 3 poles 4 W	EA	690.00	660.00	605.00	620.00	615.00	620.00	615.00	675.00
400 A 2 poles 2 W	EA	1,490	1,420	1,300	1,340	1,330	1,340	1,330	1,460
400 A 3 poles 3 W	EA	1,530	1,470	1,340	1,380	1,370	1,380	1,370	1,510
400 A 3 poles 4 W	EA	1,660	1,580	1,450	1,490	1,480	1,490	1,480	1,630
600 A 2 poles 2 W	EA	1,980	1,890	1,730	1,780	1,770	1,780	1,770	1,950
600 A 3 poles 3 W	EA	2,025	1,930	1,760	1,810	1,800	1,810	1,800	1,980
600 A 3 poles 4 W	EA	2,150	2,050	1,870	1,920	1,910	1,920	1,910	2,100
800 A 2 poles 2 W	EA	3,525	3,375	3,075	3,175	3,150	3,175	3,150	3,475
800 A 3 poles 3 W	EA	3,525	3,375	3,075	3,175	3,150	3,175	3,150	3,475
800 A 3 poles 4 W	EA	3,825	3,675	3,350	3,450	3,425	3,450	3,425	3,775
1200 A 2 poles 2 W	EA	4,600	4,375	4,025	4,125	4,100	4,125	4,100	4,500
1200 A 3 poles 3 W	EA	4,600	4,375	4,025	4,125	4,100	4,125	4,100	4,500
1200 A 3 poles 4 W	EA	5,100	4,850	4,425	4,550	4,525	4,550	4,525	4,975
Switches, non fusible									
250 or 600 V:									
30 A 2 poles 2 W	EA	161.00	154.00	141.00	145.00	144.00	145.00	144.00	158.00
30 A 3 poles 3 W	EA	169.00	162.00	148.00	152.00	151.00	152.00	151.00	166.00
30 A 3 poles 4 W	EA	186.00	178.00	163.00	167.00	166.00	167.00	166.00	183.00
60 A 2 poles 2 W	EA	186.00	178.00	163.00	167.00	166.00	167.00	166.00	183.00
60 A 3 poles 3 W	EA	205.00	194.00	177.00	182.00	181.00	182.00	181.00	199.00
60 A 3 poles 4 W	EA	240.00	230.00	210.00	215.00	215.00	215.00	215.00	235.00
100 A 2 poles 2 W	EA	310.00	295.00	270.00	275.00	275.00	275.00	275.00	305.00
100 A 3 poles 3 W	EA	325.00	310.00	285.00	290.00	290.00	290.00	290.00	320.00
100 A 3 poles 4 W	EA	370.00	355.00	325.00	330.00	330.00	330.00	330.00	365.00
200 A 2 poles 2 W	EA	520.00	500.00	455.00	465.00	465.00	465.00	465.00	510.00
200 A 3 poles 3 W	EA	540.00	515.00	470.00	480.00	480.00	480.00	480.00	530.00
200 A 3 poles 4 W	EA	590.00	560.00	515.00	530.00	525.00	530.00	525.00	580.00
400 A 2 poles 2 W	EA	1,220	1,170	1,070	1,100	1,090	1,100	1,090	1,200
400 A 3 poles 3 W	EA	1,290	1,230	1,130	1,160	1,150	1,160	1,150	1,270
400 A 3 poles 4 W	EA	1,380	1,320	1,210	1,240	1,230	1,240	1,230	1,350
600 A 2 poles 2 W	EA	1,610	1,540	1,410	1,450	1,440	1,450	1,440	1,580
600 A 3 poles 3 W	EA	1,660	1,580	1,450	1,490	1,480	1,490	1,480	1,630
600 A 3 poles 4 W	EA	1,780	1,700	1,560	1,600	1,590	1,600	1,590	1,750
800 A 2 poles 2 W	EA	2,900	2,775	2,550	2,625	2,600	2,625	2,600	2,850
800 A 3 poles 3 W	EA	2,975	2,825	2,600	2,675	2,650	2,675	2,650	2,925
800 A 3 poles 4 W	EA	3,250	3,100	2,850	2,925	2,900	2,925	2,900	3,200
1200 A 2 poles 2 W	EA	3,875	3,700	3,375	3,475	3,450	3,475	3,450	3,800
1200 A 3 poles 3 W	EA	3,875	3,700	3,375	3,475	3,450	3,475	3,450	3,800
1200 A 3 poles 4 W	EA	4,150	3,950	3,625	3,725	3,700	3,725	3,700	4,075
Splitters troughs									
125 A:									
3', 3 poles	EA	170.00	162.00	149.00	153.00	152.00	153.00	152.00	167.00
3', 4 poles	EA	220.00	210.00	193.00	198.00	197.00	198.00	197.00	215.00
225 A:									
3', 3 poles	EA	270.00	260.00	235.00	240.00	240.00	240.00	240.00	265.00
3', 4 poles	EA	365.00	350.00	320.00	330.00	325.00	330.00	325.00	360.00
400 A									
3', 3 poles	EA	495.00	475.00	435.00	445.00	440.00	445.00	440.00	485.00
3', 4 poles	EA	640.00	615.00	560.00	575.00	575.00	575.00	575.00	630.00
600 A:									
3', 3 poles	EA	845.00	805.00	740.00	760.00	755.00	760.00	755.00	830.00
3', 4 poles	EA	1,060	1,010	925.00	950.00	945.00	950.00	945.00	1,040
Splitter boxes									
125 A									
3 poles	EA	150.00	143.00	131.00	134.00	134.00	134.00	134.00	147.00
4 poles	EA	191.00	183.00	167.00	172.00	171.00	172.00	171.00	188.00
225 A									
3 poles	EA	230.00	220.00	200.00	205.00	205.00	205.00	205.00	225.00
4 poles	EA	295.00	285.00	260.00	265.00	265.00	265.00	265.00	290.00

Instructions for use, page 4. Main index, page 7.

DIV 16 Electrical — IMPERIAL CURRENT MARKET PRICES

Item	UNITS	St. Johns	Halifax	Montreal	Ottawa	Toronto	Winnipeg	Calgary	Vancouver
16460 TRANSFORMERS									
Dry type non-ventilated									
Three phase 600 V/120-208 V:									
3 KVA	EA	885.00	845.00	775.00	795.00	790.00	795.00	790.00	870.00
6 KVA	EA	1,100	1,050	965.00	990.00	985.00	990.00	985.00	1,080
9 KVA	EA	1,350	1,290	1,180	1,210	1,200	1,210	1,200	1,320
15 KVA	EA	1,690	1,620	1,480	1,520	1,510	1,520	1,510	1,660
30 KVA	EA	3,800	3,625	3,325	3,400	3,400	3,400	3,400	3,725
Ventilated type									
Three phase 600 V/120-208 V:									
30 KVA	EA	2,425	2,325	2,125	2,175	2,175	2,175	2,175	2,375
45 KVA	EA	3,125	2,975	2,725	2,800	2,775	2,800	2,775	3,050
75 KVA	EA	4,600	4,400	4,025	4,125	4,100	4,125	4,100	4,525
112.5 KVA	EA	5,900	5,700	5,200	5,300	5,300	5,300	5,300	5,800
150 KVA	EA	7,200	6,900	6,300	6,500	6,400	6,500	6,400	7,100
225 KVA	EA	10,400	9,900	9,100	9,300	9,300	9,300	9,300	10,200
300 KVA	EA	13,700	13,100	12,000	12,300	12,200	12,300	12,200	13,500
450 KVA	EA	27,100	25,900	23,700	24,300	24,200	24,300	24,200	26,600
500 KVA	EA	28,700	27,400	25,100	25,700	25,600	25,700	25,600	28,200
600 KVA	EA	32,900	31,400	28,800	29,500	29,400	29,500	29,400	32,300
750 KVA	EA	37,900	36,200	33,200	34,000	33,900	34,000	33,900	37,300
16465 BUS DUCT									
Copper low impedence ventilated including supports and fitting, excluding elbows									
Feeder type:									
600 V									
1000 A	LF	210.00	200.00	184.00	188.00	187.00	188.00	187.00	205.00
1350 A	LF	310.00	295.00	270.00	275.00	275.00	275.00	275.00	305.00
1600 A	LF	385.00	370.00	340.00	345.00	345.00	345.00	345.00	380.00
2000 A	LF	435.00	415.00	380.00	390.00	390.00	390.00	390.00	430.00
2500 A	LF	525.00	500.00	460.00	470.00	470.00	470.00	470.00	515.00
3000 A	LF	595.00	570.00	525.00	535.00	535.00	535.00	535.00	585.00
3500 A	LF	640.00	615.00	560.00	575.00	575.00	575.00	575.00	630.00
4000 A	LF	775.00	740.00	680.00	695.00	695.00	695.00	695.00	765.00
4500 A	LF	1,130	1,080	985.00	1,010	1,010	1,010	1,010	1,110
5500 A	LF	1,310	1,260	1,150	1,180	1,170	1,180	1,170	1,290
347/600 V									
1000 A	LF	255.00	245.00	225.00	230.00	230.00	230.00	230.00	250.00
1350 A	LF	320.00	305.00	280.00	290.00	285.00	290.00	285.00	315.00
1600 A	LF	385.00	370.00	340.00	345.00	345.00	345.00	345.00	380.00
2000 A	LF	475.00	455.00	415.00	425.00	425.00	425.00	425.00	465.00
2500 A	LF	595.00	570.00	525.00	535.00	535.00	535.00	535.00	585.00
3000 A	LF	715.00	685.00	625.00	645.00	640.00	645.00	640.00	705.00
3500 A	LF	845.00	805.00	740.00	760.00	755.00	760.00	755.00	830.00
4000 A	LF	1,010	960.00	880.00	905.00	900.00	905.00	900.00	990.00
4500 A	LF	1,170	1,120	1,020	1,050	1,040	1,050	1,040	1,150
5500 A	LF	1,310	1,260	1,150	1,180	1,170	1,180	1,170	1,290
Plug in type:									
600 V									
1000 A	LF	220.00	210.00	193.00	198.00	197.00	198.00	197.00	215.00
1350 A	LF	325.00	310.00	280.00	290.00	290.00	290.00	290.00	315.00
1600 A	LF	410.00	390.00	360.00	370.00	365.00	370.00	365.00	400.00
2000 A	LF	475.00	455.00	415.00	425.00	425.00	425.00	425.00	465.00
2500 A	LF	535.00	510.00	470.00	480.00	480.00	480.00	480.00	525.00
3000 A	LF	620.00	590.00	540.00	555.00	550.00	555.00	550.00	605.00
3500 A	LF	655.00	625.00	575.00	590.00	585.00	590.00	585.00	645.00
4000 A	LF	800.00	765.00	700.00	720.00	715.00	720.00	715.00	790.00
4500 A	LF	1,130	1,080	985.00	1,010	1,010	1,010	1,010	1,110
347/600 V									
600 A	LF	205.00	196.00	179.00	184.00	183.00	184.00	183.00	200.00
1000 A	LF	270.00	255.00	235.00	240.00	240.00	240.00	240.00	265.00
1350 A	LF	325.00	310.00	280.00	290.00	290.00	290.00	290.00	315.00
1600 A	LF	425.00	405.00	370.00	380.00	380.00	380.00	380.00	415.00
2000 A	LF	490.00	465.00	425.00	440.00	435.00	440.00	435.00	480.00
2500 A	LF	590.00	565.00	515.00	530.00	525.00	530.00	525.00	580.00
3000 A	LF	735.00	700.00	640.00	660.00	655.00	660.00	655.00	720.00
3500 A	LF	845.00	805.00	740.00	760.00	755.00	760.00	755.00	830.00
4000 A	LF	980.00	940.00	860.00	880.00	875.00	880.00	875.00	965.00
4500 A	LF	1,170	1,120	1,020	1,050	1,040	1,050	1,040	1,150
Aluminum low impedence ventilated including supports and fitting, excluding elbows									
Feeder type:									
600 V									
600 A	LF	131.00	126.00	115.00	118.00	117.00	118.00	117.00	129.00
1000 A	LF	140.00	134.00	122.00	126.00	125.00	126.00	125.00	137.00
1350 A	LF	169.00	161.00	148.00	152.00	151.00	152.00	151.00	166.00
1600 A	LF	178.00	170.00	155.00	159.00	158.00	159.00	158.00	174.00
2000 A	LF	225.00	215.00	196.00	200.00	200.00	200.00	200.00	220.00
2500 A	LF	280.00	265.00	245.00	250.00	250.00	250.00	250.00	275.00
3000 A	LF	395.00	375.00	345.00	350.00	350.00	350.00	350.00	385.00
3500 A	LF	435.00	415.00	380.00	390.00	385.00	390.00	385.00	425.00

IMPERIAL CURRENT MARKET PRICES — Electrical DIV 16

Item	UNITS	St. Johns	Halifax	Montreal	Ottawa	Toronto	Winnipeg	Calgary	Vancouver
4000 A	LF	470.00	450.00	410.00	425.00	420.00	425.00	420.00	465.00
4500 A	LF	520.00	500.00	455.00	470.00	465.00	470.00	465.00	515.00
347/600 V									
600 A	LF	164.00	157.00	143.00	147.00	146.00	147.00	146.00	161.00
1000 A	LF	174.00	166.00	152.00	156.00	155.00	156.00	155.00	171.00
1350 A	LF	200.00	191.00	175.00	179.00	178.00	179.00	178.00	196.00
1600 A	LF	220.00	210.00	191.00	196.00	195.00	196.00	195.00	215.00
2000 A	LF	280.00	265.00	245.00	250.00	250.00	250.00	250.00	275.00
2500 A	LF	290.00	275.00	255.00	260.00	260.00	260.00	260.00	285.00
3000 A	LF	420.00	400.00	365.00	375.00	375.00	375.00	375.00	410.00
3500 A	LF	485.00	465.00	425.00	435.00	435.00	435.00	435.00	475.00
4000 A	LF	520.00	500.00	455.00	470.00	465.00	470.00	465.00	515.00
4500 A	LF	585.00	560.00	510.00	525.00	520.00	525.00	520.00	575.00
Plug in type:									
600 V									
600 A	LF	135.00	129.00	118.00	121.00	120.00	121.00	120.00	132.00
1000 A	LF	145.00	139.00	127.00	130.00	130.00	130.00	130.00	142.00
1350 A	LF	174.00	166.00	152.00	156.00	155.00	156.00	155.00	171.00
1600 A	LF	189.00	181.00	166.00	170.00	169.00	170.00	169.00	186.00
2000 A	LF	235.00	225.00	210.00	215.00	210.00	215.00	210.00	235.00
2500 A	LF	305.00	295.00	270.00	275.00	275.00	275.00	275.00	300.00
3000 A	LF	345.00	330.00	300.00	310.00	310.00	310.00	310.00	340.00
3500 A	LF	405.00	390.00	355.00	365.00	365.00	365.00	365.00	400.00
4000 A	LF	520.00	500.00	455.00	470.00	465.00	470.00	465.00	515.00
347/600 V									
600 A	LF	155.00	148.00	136.00	139.00	139.00	139.00	139.00	153.00
1000 A	LF	164.00	157.00	143.00	147.00	146.00	147.00	146.00	161.00
1350 A	LF	205.00	196.00	179.00	184.00	183.00	184.00	183.00	200.00
1600 A	LF	220.00	210.00	191.00	196.00	195.00	196.00	195.00	215.00
2000 A	LF	280.00	265.00	245.00	250.00	250.00	250.00	250.00	275.00
2500 A	LF	330.00	315.00	290.00	295.00	295.00	295.00	295.00	325.00
3000 A	LF	380.00	365.00	335.00	345.00	340.00	345.00	340.00	375.00
3500 A	LF	485.00	465.00	425.00	435.00	435.00	435.00	435.00	475.00
4000 A	LF	595.00	565.00	520.00	535.00	530.00	535.00	530.00	585.00
Bus duct plug in units									
Fusible units (excluding fuses):									
600 V									
30 A	EA	265.00	250.00	230.00	235.00	235.00	235.00	235.00	260.00
60 A	EA	315.00	300.00	275.00	280.00	280.00	280.00	280.00	310.00
100 A	EA	750.00	715.00	655.00	675.00	670.00	675.00	670.00	735.00
200 A	EA	1,040	990.00	905.00	930.00	925.00	930.00	925.00	1,020
400 A	EA	1,590	1,520	1,390	1,430	1,420	1,430	1,420	1,560
600 A	EA	2,025	1,930	1,760	1,810	1,800	1,810	1,800	1,980
800 A	EA	2,975	2,825	2,600	2,675	2,650	2,675	2,650	2,925
347/600V									
30 A	EA	285.00	275.00	250.00	255.00	255.00	255.00	255.00	280.00
60 A	EA	360.00	340.00	315.00	320.00	320.00	320.00	320.00	350.00
100 A	EA	855.00	820.00	750.00	770.00	765.00	770.00	765.00	840.00
200 A	EA	1,190	1,130	1,040	1,070	1,060	1,070	1,060	1,170
400 A	EA	1,760	1,680	1,540	1,580	1,570	1,580	1,570	1,730
600 A	EA	2,225	2,125	1,940	1,990	1,980	1,990	1,980	2,175
800 A	EA	3,300	3,150	2,900	2,975	2,950	2,975	2,950	3,250
Fittings for low impedence bus ducts									
3 poles, 600 V:									
Elbows									
600 A	EA	465.00	445.00	405.00	415.00	415.00	415.00	415.00	455.00
800 A	EA	545.00	520.00	475.00	485.00	485.00	485.00	485.00	535.00
1000 A	EA	610.00	585.00	535.00	550.00	545.00	550.00	545.00	600.00
1350 A	EA	705.00	675.00	615.00	635.00	630.00	635.00	630.00	695.00
1600 A	EA	795.00	760.00	695.00	715.00	710.00	715.00	710.00	780.00
2000 A	EA	935.00	895.00	820.00	840.00	835.00	840.00	835.00	920.00
2500 A	EA	1,060	1,020	930.00	955.00	950.00	955.00	950.00	1,050
3000 A	EA	1,230	1,180	1,080	1,110	1,100	1,110	1,100	1,210
3500 A	EA	1,400	1,340	1,230	1,260	1,250	1,260	1,250	1,380
4000 A	EA	1,570	1,500	1,370	1,410	1,400	1,410	1,400	1,540
Tees									
600 A	EA	670.00	640.00	590.00	605.00	600.00	605.00	600.00	660.00
800 A	EA	750.00	715.00	655.00	675.00	670.00	675.00	670.00	735.00
1000 A	EA	830.00	790.00	725.00	745.00	740.00	745.00	740.00	815.00
1350 A	EA	1,110	1,060	970.00	995.00	990.00	995.00	990.00	1,090
1600 A	EA	1,230	1,180	1,080	1,110	1,100	1,110	1,100	1,210
2000 A	EA	1,440	1,380	1,260	1,300	1,290	1,300	1,290	1,420
2500 A	EA	1,640	1,560	1,430	1,470	1,460	1,470	1,460	1,610
3000 A	EA	1,880	1,800	1,650	1,690	1,680	1,690	1,680	1,850
3500 A	EA	2,100	2,000	1,830	1,880	1,870	1,880	1,870	2,050
4000 A	EA	2,300	2,200	2,000	2,050	2,050	2,050	2,050	2,250
Wall flange									
600 A	EA	315.00	300.00	275.00	280.00	280.00	280.00	280.00	310.00
800 A	EA	315.00	300.00	275.00	280.00	280.00	280.00	280.00	310.00
1000 A	EA	315.00	300.00	275.00	280.00	280.00	280.00	280.00	310.00

DIV 16 Electrical — IMPERIAL CURRENT MARKET PRICES

Item	UNITS	St. Johns	Halifax	Montreal	Ottawa	Toronto	Winnipeg	Calgary	Vancouver
1350 A	EA	315.00	300.00	275.00	280.00	280.00	280.00	280.00	310.00
1600 A	EA	315.00	300.00	275.00	280.00	280.00	280.00	280.00	310.00
2000 A	EA	315.00	300.00	275.00	280.00	280.00	280.00	280.00	310.00
2500 A	EA	315.00	300.00	275.00	280.00	280.00	280.00	280.00	310.00
3000 A	EA	315.00	300.00	275.00	280.00	280.00	280.00	280.00	310.00
3500 A	EA	390.00	375.00	345.00	350.00	350.00	350.00	350.00	385.00
4000 A	EA	390.00	375.00	345.00	350.00	350.00	350.00	350.00	385.00
Fire barrier									
600 A	EA	80.00	76.00	70.00	71.00	71.00	71.00	71.00	78.00
800 A	EA	80.00	76.00	70.00	71.00	71.00	71.00	71.00	78.00
1000 A	EA	80.00	76.00	70.00	71.00	71.00	71.00	71.00	78.00
1350 A	EA	80.00	76.00	70.00	71.00	71.00	71.00	71.00	78.00
1600 A	EA	80.00	76.00	70.00	71.00	71.00	71.00	71.00	78.00
2000 A	EA	80.00	76.00	70.00	71.00	71.00	71.00	71.00	78.00
2500 A	EA	80.00	76.00	70.00	71.00	71.00	71.00	71.00	78.00
3000 A	EA	80.00	76.00	70.00	71.00	71.00	71.00	71.00	78.00
3500 A	EA	122.00	117.00	107.00	110.00	109.00	110.00	109.00	120.00
4000 A	EA	122.00	117.00	107.00	110.00	109.00	110.00	109.00	120.00
Transformer tap openings									
600 A	EA	1,190	1,130	1,040	1,070	1,060	1,070	1,060	1,170
800 A	EA	1,310	1,250	1,150	1,180	1,170	1,180	1,170	1,290
1000 A	EA	1,440	1,380	1,260	1,300	1,290	1,300	1,290	1,420
1350 A	EA	1,510	1,440	1,320	1,360	1,350	1,360	1,350	1,490
1600 A	EA	1,640	1,560	1,430	1,470	1,460	1,470	1,460	1,610
2000 A	EA	1,800	1,720	1,580	1,620	1,610	1,620	1,610	1,770
2500 A	EA	1,980	1,890	1,730	1,780	1,770	1,780	1,770	1,950
3000 A	EA	2,250	2,150	1,960	2,000	2,000	2,000	2,000	2,200
3500 A	EA	2,500	2,375	2,175	2,225	2,225	2,225	2,225	2,450
4000 A	EA	2,775	2,650	2,425	2,475	2,475	2,475	2,475	2,725
Full neutral 347/600 V:									
Elbows									
600 A	EA	560.00	535.00	490.00	505.00	500.00	505.00	500.00	550.00
800 A	EA	625.00	600.00	550.00	565.00	560.00	565.00	560.00	615.00
1000 A	EA	670.00	640.00	590.00	605.00	600.00	605.00	600.00	660.00
1350 A	EA	855.00	820.00	750.00	770.00	765.00	770.00	765.00	840.00
1600 A	EA	935.00	895.00	820.00	840.00	835.00	840.00	835.00	920.00
2000 A	EA	1,110	1,060	970.00	995.00	990.00	995.00	990.00	1,090
2500 A	EA	1,270	1,210	1,110	1,140	1,130	1,140	1,130	1,240
3000 A	EA	1,440	1,380	1,260	1,300	1,290	1,300	1,290	1,420
3500 A	EA	1,690	1,620	1,480	1,520	1,510	1,520	1,510	1,660
4000 A	EA	1,840	1,750	1,610	1,650	1,640	1,650	1,640	1,800
Tees									
600 A	EA	765.00	735.00	670.00	690.00	685.00	690.00	685.00	755.00
800 A	EA	855.00	820.00	750.00	770.00	765.00	770.00	765.00	840.00
1000 A	EA	1,040	990.00	905.00	930.00	925.00	930.00	925.00	1,020
1350 A	EA	1,270	1,210	1,110	1,140	1,130	1,140	1,130	1,240
1600 A	EA	1,360	1,290	1,190	1,220	1,210	1,220	1,210	1,330
2000 A	EA	1,570	1,500	1,370	1,410	1,400	1,410	1,400	1,540
2500 A	EA	1,800	1,720	1,580	1,620	1,610	1,620	1,610	1,770
3000 A	EA	2,050	1,960	1,790	1,840	1,830	1,840	1,830	2,025
3500 A	EA	2,350	2,250	2,050	2,100	2,100	2,100	2,100	2,300
4000 A	EA	2,500	2,375	2,175	2,225	2,225	2,225	2,225	2,450
Wall flange									
600 A	EA	315.00	300.00	275.00	280.00	280.00	280.00	280.00	310.00
800 A	EA	315.00	300.00	275.00	280.00	280.00	280.00	280.00	310.00
1000 A	EA	315.00	300.00	275.00	280.00	280.00	280.00	280.00	310.00
1350 A	EA	315.00	300.00	275.00	280.00	280.00	280.00	280.00	310.00
1600 A	EA	315.00	300.00	275.00	280.00	280.00	280.00	280.00	310.00
2000 A	EA	315.00	300.00	275.00	280.00	280.00	280.00	280.00	310.00
2500 A	EA	315.00	300.00	275.00	280.00	280.00	280.00	280.00	310.00
3000 A	EA	315.00	300.00	275.00	280.00	280.00	280.00	280.00	310.00
3500 A	EA	390.00	375.00	345.00	350.00	350.00	350.00	350.00	385.00
4000 A	EA	390.00	375.00	345.00	350.00	350.00	350.00	350.00	385.00
Fire barrier									
600 A	EA	80.00	76.00	70.00	71.00	71.00	71.00	71.00	78.00
800 A	EA	80.00	76.00	70.00	71.00	71.00	71.00	71.00	78.00
1000 A	EA	80.00	76.00	70.00	71.00	71.00	71.00	71.00	78.00
1350 A	EA	80.00	76.00	70.00	71.00	71.00	71.00	71.00	78.00
1600 A	EA	80.00	76.00	70.00	71.00	71.00	71.00	71.00	78.00
2000 A	EA	80.00	76.00	70.00	71.00	71.00	71.00	71.00	78.00
2500 A	EA	80.00	76.00	70.00	71.00	71.00	71.00	71.00	78.00
3000 A	EA	80.00	76.00	70.00	71.00	71.00	71.00	71.00	78.00
3500 A	EA	122.00	117.00	107.00	110.00	109.00	110.00	109.00	120.00
4000 A	EA	122.00	117.00	107.00	110.00	109.00	110.00	109.00	120.00
Transformer tap openings									
600 A	EA	1,270	1,210	1,110	1,140	1,130	1,140	1,130	1,240
800 A	EA	1,400	1,340	1,230	1,260	1,250	1,260	1,250	1,380
1000 A	EA	1,570	1,500	1,370	1,410	1,400	1,410	1,400	1,540
1350 A	EA	1,690	1,620	1,480	1,520	1,510	1,520	1,510	1,660
1600 A	EA	1,800	1,720	1,580	1,620	1,610	1,620	1,610	1,770

IMPERIAL CURRENT MARKET PRICES — Electrical DIV 16

Item	UNITS	St. Johns	Halifax	Montreal	Ottawa	Toronto	Winnipeg	Calgary	Vancouver
1600 A	EA	1,800	1,720	1,580	1,620	1,610	1,620	1,610	1,770
2000 A	EA	2,025	1,940	1,770	1,820	1,810	1,820	1,810	1,990
2500 A	EA	2,050	1,950	1,780	1,830	1,820	1,830	1,820	2,000
3000 A	EA	2,300	2,200	2,000	2,050	2,050	2,050	2,050	2,250
3500 A	EA	2,600	2,500	2,275	2,325	2,325	2,325	2,325	2,550
4000 A	EA	2,800	2,675	2,450	2,525	2,500	2,525	2,500	2,750

16470 PANELBOARDS

Lighting panels quicklag breakers, bolt on
120/200 V NBHA main lugs:
100 A

Item	UNITS	St. Johns	Halifax	Montreal	Ottawa	Toronto	Winnipeg	Calgary	Vancouver
12 circuits, 15 A	EA	685.00	655.00	600.00	615.00	610.00	615.00	610.00	670.00
18 circuits, 15 A	EA	940.00	895.00	820.00	840.00	840.00	840.00	840.00	920.00
24 circuits, 15 A	EA	1,140	1,090	1,000	1,030	1,020	1,030	1,020	1,120

225 A

Item	UNITS	St. Johns	Halifax	Montreal	Ottawa	Toronto	Winnipeg	Calgary	Vancouver
12 circuits, 15 A	EA	685.00	655.00	600.00	615.00	610.00	615.00	610.00	670.00
18 circuits, 15 A	EA	940.00	895.00	820.00	840.00	840.00	840.00	840.00	920.00
24 circuits, 15 A	EA	1,140	1,090	1,000	1,030	1,020	1,030	1,020	1,120
30 circuits, 15 A	EA	1,380	1,320	1,210	1,240	1,230	1,240	1,230	1,360
36 circuits, 15 A	EA	1,630	1,560	1,430	1,460	1,450	1,460	1,450	1,600
42 circuits, 15 A	EA	1,820	1,740	1,590	1,630	1,630	1,630	1,630	1,790

Tub only with main lug:
400 A

Item	UNITS	St. Johns	Halifax	Montreal	Ottawa	Toronto	Winnipeg	Calgary	Vancouver
30 spaces	EA	1,380	1,320	1,210	1,240	1,230	1,240	1,230	1,360
42 spaces	EA	1,540	1,470	1,350	1,380	1,370	1,380	1,370	1,510

600 A

Item	UNITS	St. Johns	Halifax	Montreal	Ottawa	Toronto	Winnipeg	Calgary	Vancouver
30 spaces	EA	1,580	1,510	1,390	1,420	1,410	1,420	1,410	1,560
42 spaces	EA	1,730	1,650	1,510	1,550	1,550	1,550	1,550	1,700

120/208 V NHBA main lugs:
100 A

Item	UNITS	St. Johns	Halifax	Montreal	Ottawa	Toronto	Winnipeg	Calgary	Vancouver
12 circuits, 15 A	EA	730.00	695.00	640.00	655.00	650.00	655.00	650.00	715.00
18 circuits, 15 A	EA	940.00	895.00	820.00	840.00	840.00	840.00	840.00	920.00
24 circuits, 15 A	EA	1,190	1,130	1,040	1,070	1,060	1,070	1,060	1,170

225 A

Item	UNITS	St. Johns	Halifax	Montreal	Ottawa	Toronto	Winnipeg	Calgary	Vancouver
12 circuits, 15 A	EA	730.00	695.00	640.00	655.00	650.00	655.00	650.00	715.00
18 circuits, 15 A	EA	940.00	895.00	820.00	840.00	840.00	840.00	840.00	920.00
24 circuits, 15 A	EA	1,190	1,130	1,040	1,070	1,060	1,070	1,060	1,170
30 circuits, 15 A	EA	1,430	1,360	1,250	1,280	1,270	1,280	1,270	1,400
36 circuits, 15 A	EA	1,630	1,560	1,430	1,460	1,450	1,460	1,450	1,600
42 circuits, 15 A	EA	1,840	1,760	1,610	1,650	1,650	1,650	1,650	1,810

Tub only with main lug:
400 A

Item	UNITS	St. Johns	Halifax	Montreal	Ottawa	Toronto	Winnipeg	Calgary	Vancouver
30 spaces	EA	1,380	1,320	1,210	1,240	1,230	1,240	1,230	1,360
42 spaces	EA	1,540	1,470	1,350	1,380	1,370	1,380	1,370	1,510

600 A

Item	UNITS	St. Johns	Halifax	Montreal	Ottawa	Toronto	Winnipeg	Calgary	Vancouver
30 spaces	EA	1,580	1,510	1,390	1,420	1,410	1,420	1,410	1,560
42 spaces	EA	1,730	1,650	1,510	1,550	1,550	1,550	1,550	1,700

120/200 V NBHA with main breaker:
100 A

Item	UNITS	St. Johns	Halifax	Montreal	Ottawa	Toronto	Winnipeg	Calgary	Vancouver
12 circuits, 15 A	EA	985.00	940.00	860.00	885.00	880.00	885.00	880.00	965.00
24 circuits, 15 A	EA	1,370	1,310	1,200	1,230	1,220	1,230	1,220	1,340
36 circuits 15 A	EA	1,890	1,800	1,650	1,700	1,690	1,700	1,690	1,860
42 circuits, 15 A	EA	2,125	2,025	1,850	1,900	1,890	1,900	1,890	2,075

225 A

Item	UNITS	St. Johns	Halifax	Montreal	Ottawa	Toronto	Winnipeg	Calgary	Vancouver
12 circuits, 15 A	EA	985.00	940.00	860.00	885.00	880.00	885.00	880.00	965.00
24 circuits, 15 A	EA	1,410	1,350	1,240	1,270	1,260	1,270	1,260	1,390
36 circuits, 15 A	EA	1,920	1,840	1,680	1,730	1,720	1,730	1,720	1,890
42 circuits, 15 A	EA	2,150	2,050	1,880	1,930	1,920	1,930	1,920	2,100

Tub only with main breaker:
400 A

Item	UNITS	St. Johns	Halifax	Montreal	Ottawa	Toronto	Winnipeg	Calgary	Vancouver
30 spaces	EA	2,850	2,725	2,500	2,575	2,550	2,575	2,550	2,800
42 spaces	EA	3,175	3,025	2,775	2,850	2,825	2,850	2,825	3,100

600 A

Item	UNITS	St. Johns	Halifax	Montreal	Ottawa	Toronto	Winnipeg	Calgary	Vancouver
30 spaces	EA	4,125	3,950	3,625	3,700	3,675	3,700	3,675	4,050
42 spaces	EA	4,575	4,375	4,000	4,100	4,100	4,100	4,100	4,500

120/208 V NHBA with main breaker:
100 A

Item	UNITS	St. Johns	Halifax	Montreal	Ottawa	Toronto	Winnipeg	Calgary	Vancouver
12 circuits, 15 A	EA	1,020	980.00	895.00	920.00	915.00	920.00	915.00	1,010
24 circuits, 15 A	EA	1,410	1,350	1,240	1,270	1,260	1,270	1,260	1,390
36 circuits, 15 A	EA	1,970	1,880	1,720	1,770	1,760	1,770	1,760	1,930
42 circuits, 15 A	EA	2,200	2,100	1,920	1,970	1,960	1,970	1,960	2,150

225 A

Item	UNITS	St. Johns	Halifax	Montreal	Ottawa	Toronto	Winnipeg	Calgary	Vancouver
12 circuits, 15 A	EA	1,290	1,230	1,130	1,160	1,150	1,160	1,150	1,270
24 circuits, 15 A	EA	1,710	1,630	1,490	1,530	1,530	1,530	1,530	1,680
36 circuits, 15 A	EA	2,225	2,125	1,950	2,000	1,990	2,000	1,990	2,200
42 circuits, 15 A	EA	2,450	2,350	2,150	2,200	2,200	2,200	2,200	2,425

Tub only with main breaker:
400 A

Item	UNITS	St. Johns	Halifax	Montreal	Ottawa	Toronto	Winnipeg	Calgary	Vancouver
30 spaces	EA	3,175	3,025	2,775	2,850	2,825	2,850	2,825	3,100
42 spaces	EA	3,475	3,325	3,050	3,125	3,100	3,125	3,100	3,425

DIV 16 Electrical — IMPERIAL CURRENT MARKET PRICES

Item	UNITS	St. Johns	Halifax	Montreal	Ottawa	Toronto	Winnipeg	Calgary	Vancouver
600 A									
30 spaces	EA	4,825	4,625	4,225	4,350	4,325	4,350	4,325	4,750
42 spaces	EA	5,300	5,100	4,625	4,750	4,725	4,750	4,725	5,200
347/600 V NBHA main lugs:									
100 A									
12 circuits, 15 A single pole 347 V	EA	1,240	1,190	1,090	1,120	1,110	1,120	1,110	1,220
18 circuits, 15 A single pole 347 V	EA	1,710	1,630	1,490	1,530	1,530	1,530	1,530	1,680
24 circuits, 15 A single pole 347 V	EA	2,450	2,350	2,150	2,200	2,200	2,200	2,200	2,425
225 A									
12 circuits, 15 A single pole 347 V	EA	1,290	1,230	1,130	1,160	1,150	1,160	1,150	1,270
18 circuits, 15 A single pole 347 V	EA	1,710	1,630	1,490	1,530	1,530	1,530	1,530	1,680
24 circuits, 15 A single pole 347 V	EA	2,450	2,350	2,150	2,200	2,200	2,200	2,200	2,425
30 circuits, 15 A single pole 347 V	EA	3,300	3,150	2,900	2,975	2,950	2,975	2,950	3,250
36 circuits, 15 A single pole 347 V	EA	3,750	3,600	3,300	3,375	3,350	3,375	3,350	3,700
42 circuits, 15 A single pole 347 V	EA	4,350	4,150	3,800	3,900	3,900	3,900	3,900	4,275
347/600 V NBHA main lugs:									
225 A, 42 spaces, 1 or 3 poles	EA	1,490	1,430	1,310	1,340	1,330	1,340	1,330	1,470
347/600 V NFBA main breaker:									
225 A, 42 spaces, 1 or 3 poles	EA	1,560	1,490	1,370	1,400	1,390	1,400	1,390	1,530

16475 CIRCUIT BREAKERS

Item	UNITS	St. Johns	Halifax	Montreal	Ottawa	Toronto	Winnipeg	Calgary	Vancouver
Circuit breaker type CED:									
600 V									
15-50 A	EA	490.00	470.00	430.00	440.00	440.00	440.00	440.00	485.00
70-100 A	EA	655.00	625.00	575.00	590.00	585.00	590.00	585.00	645.00
347/600 V									
15-50 A	EA	570.00	545.00	500.00	515.00	510.00	515.00	510.00	560.00
70-100 A	EA	700.00	670.00	615.00	630.00	625.00	630.00	625.00	690.00
Circuit breaker type CFJ:									
600 V									
100-225 A	EA	1,060	1,020	930.00	955.00	950.00	955.00	950.00	1,040
347/600 V									
100-225 A	EA	1,180	1,120	1,030	1,060	1,050	1,060	1,050	1,160
Circuit breaker type CJJ:									
600 V									
225-400 A	EA	1,890	1,800	1,650	1,700	1,690	1,700	1,690	1,860
347/600 V									
225-400 A	EA	2,050	1,960	1,790	1,840	1,830	1,840	1,830	2,000
Circuit breaker type CKMA:									
600 V									
500-600 A	EA	2,575	2,450	2,250	2,300	2,300	2,300	2,300	2,525
700-800 A	EA	3,275	3,125	2,875	2,950	2,925	2,950	2,925	3,225
347/600 V									
500-600 A	EA	2,825	2,700	2,475	2,550	2,525	2,550	2,525	2,775
700-800 A	EA	3,600	3,425	3,150	3,225	3,200	3,225	3,200	3,525
Circuit breakers NHBA:									
120 V, single pole									
15-60 A	EA	19.15	18.30	16.80	17.20	17.10	17.20	17.10	18.85
70 A	EA	53.00	51.00	46.50	47.75	47.50	47.75	47.50	52.00
240 V, 2 poles									
15-60 A	EA	37.00	35.50	32.50	33.25	33.00	33.25	33.00	36.50
70 A	EA	69.00	66.00	60.00	62.00	62.00	62.00	62.00	68.00
80 A	EA	87.00	83.00	76.00	78.00	78.00	78.00	78.00	86.00
100 A	EA	100.00	95.00	87.00	89.00	89.00	89.00	89.00	98.00
240 V, 3 poles									
15-60 A	EA	105.00	101.00	92.00	94.00	94.00	94.00	94.00	103.00
70 A	EA	152.00	145.00	133.00	136.00	135.00	136.00	135.00	149.00
80 A	EA	176.00	169.00	154.00	158.00	158.00	158.00	158.00	173.00
100 A	EA	192.00	184.00	168.00	173.00	172.00	173.00	172.00	189.00
Ground fault circuit breaker NBHA:									
120 V, single pole, 15-20 A	EA	169.00	161.00	147.00	151.00	150.00	151.00	150.00	166.00
NHBA:									
240 V, single pole, 15-20 A	EA	68.00	65.00	59.00	61.00	61.00	61.00	61.00	67.00
NFBA									
347/600 V									
15-60 A, single pole	EA	120.00	115.00	105.00	108.00	107.00	108.00	107.00	118.00
15-60 A, 2 poles	EA	270.00	260.00	240.00	245.00	240.00	245.00	240.00	265.00
15-60 A, 3 poles	EA	340.00	325.00	295.00	305.00	305.00	305.00	305.00	335.00

16475 OVERCURRENT PROTECTION DEVICES

Item	UNITS	St. Johns	Halifax	Montreal	Ottawa	Toronto	Winnipeg	Calgary	Vancouver
Distribution panel fusible type									
Base and main lugs 250 or 600 V:									
3 poles, 3 wires									
200 A	EA	990.00	945.00	865.00	890.00	885.00	890.00	885.00	970.00
400 A	EA	1,110	1,060	975.00	1,000	995.00	1,000	995.00	1,090
600 A	EA	1,230	1,180	1,080	1,110	1,100	1,110	1,100	1,210
800 A	EA	1,590	1,520	1,400	1,430	1,420	1,430	1,420	1,570
1200 A	EA	2,150	2,050	1,880	1,930	1,920	1,930	1,920	2,100
3 poles, 4 wires									
200 A	EA	1,270	1,210	1,110	1,140	1,130	1,140	1,130	1,240
400 A	EA	1,390	1,330	1,220	1,250	1,240	1,250	1,240	1,370

IMPERIAL CURRENT MARKET PRICES — Electrical DIV 16

Item	UNITS	St. Johns	Halifax	Montreal	Ottawa	Toronto	Winnipeg	Calgary	Vancouver
600 A	EA	1,520	1,450	1,330	1,360	1,350	1,360	1,350	1,490
800 A	EA	1,890	1,800	1,650	1,700	1,690	1,700	1,690	1,860
1200 A	EA	2,500	2,375	2,175	2,225	2,225	2,225	2,225	2,450
Door in trim	EA	345.00	330.00	300.00	310.00	310.00	310.00	310.00	340.00
Fusible units for distribution panel, fuses not included									
600 V:									
2 poles									
30 A	EA	172.00	164.00	150.00	154.00	154.00	154.00	154.00	169.00
60 A	EA	172.00	164.00	150.00	154.00	154.00	154.00	154.00	169.00
100 A	EA	290.00	275.00	250.00	260.00	260.00	260.00	260.00	285.00
200 A	EA	600.00	575.00	525.00	540.00	535.00	540.00	535.00	590.00
400 A	EA	1,590	1,520	1,400	1,430	1,420	1,430	1,420	1,570
600 A	EA	1,920	1,840	1,680	1,730	1,720	1,730	1,720	1,890
800 A	EA	2,925	2,775	2,550	2,625	2,600	2,625	2,600	2,850
1200 A	EA	6,400	6,200	5,600	5,800	5,800	5,800	5,800	6,300
3 poles									
30 A	EA	225.00	215.00	195.00	200.00	199.00	200.00	199.00	220.00
60 A	EA	225.00	215.00	195.00	200.00	199.00	200.00	199.00	220.00
100 A	EA	360.00	345.00	315.00	325.00	325.00	325.00	325.00	355.00
200 A	EA	750.00	720.00	660.00	675.00	670.00	675.00	670.00	740.00
400 A	EA	1,640	1,570	1,440	1,470	1,460	1,470	1,460	1,610
600 A	EA	2,025	1,930	1,770	1,820	1,810	1,820	1,810	1,990
800 A	EA	2,975	2,825	2,600	2,675	2,650	2,675	2,650	2,925
1200 A	EA	6,600	6,300	5,700	5,900	5,900	5,900	5,900	6,400
Space only									
30 A	EA	63.00	61.00	55.00	57.00	57.00	57.00	57.00	62.00
60 A	EA	63.00	61.00	55.00	57.00	57.00	57.00	57.00	62.00
100 A	EA	90.00	86.00	79.00	81.00	81.00	81.00	81.00	89.00
200 A	EA	132.00	126.00	116.00	119.00	118.00	119.00	118.00	130.00
400 A	EA	225.00	215.00	198.00	205.00	200.00	205.00	200.00	220.00
600 A	EA	250.00	240.00	220.00	225.00	220.00	225.00	220.00	245.00
800 A	EA	310.00	295.00	270.00	280.00	280.00	280.00	280.00	305.00
1200 A	EA	310.00	295.00	270.00	280.00	280.00	280.00	280.00	305.00
Distribution panel, breaker type base and main lugs									
250 or 600 V:									
3 poles, 3 wires									
250 A	EA	860.00	820.00	750.00	770.00	770.00	770.00	770.00	845.00
400 A	EA	990.00	945.00	865.00	890.00	885.00	890.00	885.00	970.00
600 A	EA	1,150	1,100	1,010	1,040	1,030	1,040	1,030	1,130
800 A	EA	1,450	1,380	1,270	1,300	1,290	1,300	1,290	1,420
1000 A	EA	2,025	1,930	1,770	1,820	1,810	1,820	1,810	1,990
1200 A	EA	2,225	2,125	1,950	2,000	1,990	2,000	1,990	2,200
3 poles, 4 wires									
250 A	EA	935.00	890.00	815.00	835.00	835.00	835.00	835.00	915.00
400 A	EA	1,070	1,020	935.00	960.00	955.00	960.00	955.00	1,050
600 A	EA	1,270	1,210	1,110	1,140	1,130	1,140	1,130	1,240
800 A	EA	1,920	1,840	1,680	1,730	1,720	1,730	1,720	1,890
1000 A	EA	2,225	2,125	1,950	2,000	1,990	2,000	1,990	2,200
1200 A	EA	2,425	2,325	2,125	2,175	2,175	2,175	2,175	2,400
Breaker units for distribution panel									
600 V:									
FB frame									
15 - 60 A, 1 pole	EA	138.00	132.00	121.00	124.00	123.00	124.00	123.00	136.00
15 - 60 A, 2 poles	EA	310.00	295.00	270.00	280.00	280.00	280.00	280.00	305.00
15 - 60 A, 3 poles	EA	395.00	380.00	345.00	355.00	355.00	355.00	355.00	390.00
70 - 100 A, 2 poles	EA	385.00	365.00	335.00	345.00	345.00	345.00	345.00	380.00
70 - 100 A, 3 poles	EA	460.00	440.00	400.00	410.00	410.00	410.00	410.00	450.00
125 - 150 A, 2 poles	EA	780.00	745.00	685.00	700.00	695.00	700.00	695.00	765.00
125 - 150 A, 3 poles	EA	975.00	930.00	850.00	875.00	870.00	875.00	870.00	955.00
KA frame:									
70 - 225 A, 2 poles	EA	915.00	875.00	800.00	820.00	820.00	820.00	820.00	900.00
70 - 225 A, 3 poles	EA	1,130	1,080	990.00	1,020	1,010	1,020	1,010	1,110
LB frame:									
70 - 400 A, 2 poles	EA	1,460	1,390	1,280	1,310	1,300	1,310	1,300	1,430
70 - 400 A, 3 poles	EA	1,810	1,730	1,580	1,620	1,620	1,620	1,620	1,780
250 - 600 A, 2 poles	EA	2,250	2,150	1,970	2,025	2,000	2,025	2,000	2,200
250 - 600 A, 3 poles	EA	2,825	2,700	2,475	2,550	2,525	2,550	2,525	2,775
MA frame:									
125 - 600 A, 2 poles	EA	2,450	2,350	2,150	2,200	2,200	2,200	2,200	2,425
125 - 600 A, 3 poles	EA	3,225	3,075	2,825	2,900	2,875	2,900	2,875	3,175
700 - 800 A, 2 poles	EA	3,075	2,950	2,700	2,775	2,750	2,775	2,750	3,025
700 - 800 A, 3 poles	EA	3,975	3,800	3,500	3,575	3,550	3,575	3,550	3,925
NB frame:									
900 - 1000 A, 2 poles	EA	5,500	5,300	4,850	4,975	4,950	4,975	4,950	5,400
900 - 1000 A, 3 poles	EA	6,000	5,700	5,200	5,400	5,400	5,400	5,400	5,900
1200 A, 2 poles	EA	6,800	6,500	5,900	6,100	6,100	6,100	6,100	6,700
1200 A, 3 poles	EA	8,800	8,400	7,700	7,900	7,900	7,900	7,900	8,700
600 V breakers, mark-75, in panelboard									
HFB frame:									
15 - 60 A, 2 poles	EA	415.00	395.00	360.00	370.00	370.00	370.00	370.00	405.00
15 - 60 A, 3 poles	EA	505.00	480.00	440.00	450.00	450.00	450.00	450.00	495.00

Instructions for use, page 4. Main index, page 7.

DIV 16 Electrical — IMPERIAL CURRENT MARKET PRICES

Item	UNITS	St. Johns	Halifax	Montreal	Ottawa	Toronto	Winnipeg	Calgary	Vancouver
70 - 100 A, 3 poles	EA	660.00	630.00	580.00	595.00	590.00	595.00	590.00	650.00
125 - 150 A, 2 poles	EA	1,090	1,040	955.00	980.00	975.00	980.00	975.00	1,070
125 - 150 A, 3 poles	EA	1,240	1,190	1,090	1,120	1,110	1,120	1,110	1,220
HKA frame:									
70 - 225 A, 2 poles	EA	1,610	1,530	1,410	1,440	1,430	1,440	1,430	1,580
70 - 225 A, 3 poles	EA	1,990	1,900	1,740	1,790	1,780	1,790	1,780	1,960
HLB-HLA frame:									
125 - 400 A, 2 poles	EA	2,175	2,075	1,910	1,960	1,950	1,960	1,950	2,150
125 - 400 A, 3 poles	EA	2,725	2,600	2,375	2,425	2,425	2,425	2,425	2,675
250 - 600 A, 2 poles	EA	2,825	2,700	2,475	2,550	2,525	2,550	2,525	2,775
250 - 600 A, 3 poles	EA	3,225	3,075	2,825	2,900	2,875	2,900	2,875	3,175
HMA frame:									
600 A, 2 poles	EA	3,000	2,875	2,625	2,700	2,675	2,700	2,675	2,950
600 A, 3 poles	EA	3,675	3,500	3,225	3,300	3,275	3,300	3,275	3,600
700 A, 2 poles	EA	3,525	3,375	3,100	3,175	3,150	3,175	3,150	3,475
700 A, 3 poles	EA	4,125	3,950	3,625	3,700	3,675	3,700	3,675	4,050
600 V breaker, tri-pac, in panelboard									
FB frame									
15 - 100 A, 2 poles	EA	1,130	1,080	990.00	1,020	1,010	1,020	1,010	1,110
15 - 100 A, 3 poles	EA	1,370	1,310	1,200	1,230	1,220	1,230	1,220	1,340
LA frame:									
70 - 225 A, 2 poles	EA	2,225	2,125	1,940	1,990	1,980	1,990	1,980	2,175
70 - 225 A, 3 poles	EA	3,525	3,375	3,100	3,175	3,150	3,175	3,150	3,475
250 - 400 A, 2 poles	EA	2,850	2,725	2,500	2,575	2,550	2,575	2,550	2,800
250 - 400 A, 3 poles	EA	3,975	3,800	3,500	3,575	3,550	3,575	3,550	3,925

16480 MOTORS

3 phase, 208 V and 575 V, drip proof (squirrel induction, sliding base)

Item	UNITS	St. Johns	Halifax	Montreal	Ottawa	Toronto	Winnipeg	Calgary	Vancouver
10 hp motors:									
3600 rpm	EA	1,370	1,310	1,200	1,230	1,220	1,230	1,220	1,350
1800 rpm	EA	1,290	1,230	1,130	1,160	1,150	1,160	1,150	1,270
1200 rpm	EA	1,860	1,780	1,630	1,670	1,660	1,670	1,660	1,830
900 rpm	EA	2,825	2,700	2,475	2,525	2,525	2,525	2,525	2,775
15 hp motors:									
3600 rpm	EA	1,690	1,620	1,480	1,520	1,510	1,520	1,510	1,660
1800 rpm	EA	1,660	1,580	1,450	1,490	1,480	1,490	1,480	1,630
1200 rpm	EA	2,425	2,325	2,125	2,175	2,175	2,175	2,175	2,375
900 rpm	EA	3,625	3,475	3,175	3,250	3,250	3,250	3,250	3,550
25 hp motors:									
3600 rpm	EA	2,625	2,500	2,300	2,350	2,350	2,350	2,350	2,575
1800 rpm	EA	2,225	2,125	1,950	2,000	1,990	2,000	1,990	2,200
1200 rpm	EA	3,250	3,100	2,850	2,925	2,900	2,925	2,900	3,200
900 rpm	EA	5,100	4,875	4,475	4,575	4,575	4,575	4,575	5,000
50 hp motors:									
3600 rpm	EA	4,650	4,450	4,075	4,175	4,150	4,175	4,150	4,575
1800 rpm	EA	4,025	3,850	3,525	3,625	3,600	3,625	3,600	3,950
1200 rpm	EA	5,900	5,700	5,200	5,300	5,300	5,300	5,300	5,800
900 rpm	EA	11,200	10,700	9,800	10,000	10,000	10,000	10,000	11,000
75 hp motors:									
3600 rpm	EA	7,400	7,100	6,500	6,700	6,600	6,700	6,600	7,300
1800 rpm	EA	6,200	5,900	5,400	5,500	5,500	5,500	5,500	6,100
1200 rpm	EA	9,100	8,700	8,000	8,200	8,200	8,200	8,200	9,000
900 rpm	EA	16,000	15,300	14,000	14,400	14,300	14,400	14,300	15,700
100 hp motors:									
3600 rpm	EA	9,500	9,100	8,300	8,500	8,500	8,500	8,500	9,300
1800 rpm	EA	7,700	7,300	6,700	6,900	6,800	6,900	6,800	7,500
1200 rpm	EA	17,800	17,000	15,600	16,000	15,900	16,000	15,900	17,500
900 rpm	EA	20,000	19,100	17,500	17,900	17,900	17,900	17,900	19,600

16480 MOTOR STARTERS

Magnetic starter (full voltage, non-reversible general purpose enclosure with overload relays)

600 V 3 phase:

Item	UNITS	St. Johns	Halifax	Montreal	Ottawa	Toronto	Winnipeg	Calgary	Vancouver
Motors up to 2 hp	EA	370.00	355.00	325.00	335.00	330.00	335.00	330.00	365.00
Motors up to 5 hp	EA	495.00	475.00	435.00	445.00	445.00	445.00	445.00	490.00
Motors up to 10 hp	EA	615.00	590.00	540.00	555.00	550.00	555.00	550.00	605.00
Motors up to 25 hp	EA	1,000	955.00	875.00	895.00	895.00	895.00	895.00	980.00
Motors up to 50 hp	EA	1,550	1,480	1,360	1,390	1,390	1,390	1,390	1,530

Combination magnetic/fusible type (full voltage non-reversible general purpose enclosure with fuses and overload relays)

600 V 3 phase:

Item	UNITS	St. Johns	Halifax	Montreal	Ottawa	Toronto	Winnipeg	Calgary	Vancouver
Motors up to 5 hp	EA	1,000	955.00	875.00	895.00	895.00	895.00	895.00	980.00
Motors up to 10 hp	EA	1,120	1,070	980.00	1,000	1,000	1,000	1,000	1,100
Motors up to 25 hp	EA	1,840	1,760	1,610	1,650	1,640	1,650	1,640	1,810
Motors up to 50 hp	EA	2,800	2,675	2,450	2,500	2,500	2,500	2,500	2,750

IMPERIAL CURRENT MARKET PRICES — Electrical DIV 16

16500 Lighting

16510 INTERIOR LIGHTING FIXTURE WIRED ON EXISTING OUTLET

Item	UNITS	St. Johns	Halifax	Montreal	Ottawa	Toronto	Winnipeg	Calgary	Vancouver
Fluorescent, medium quality (lamps included)									
Surface mounted, strip fixture (no louvre or guard hpf-rs ballast included):									
24", 1 tube	EA	73.00	70.00	64.00	65.00	65.00	65.00	65.00	71.00
48", 1 tube	EA	64.00	61.00	56.00	57.00	57.00	57.00	57.00	63.00
24", 2 tube	EA	78.00	75.00	69.00	70.00	70.00	70.00	70.00	77.00
48", 2 tube	EA	68.00	65.00	60.00	61.00	61.00	61.00	61.00	67.00
48", 4 tube	EA	118.00	113.00	103.00	106.00	106.00	106.00	106.00	116.00
Surface mounted, wrap-around lens:									
48", 2 tube	EA	91.00	87.00	80.00	82.00	81.00	82.00	81.00	89.00
48", 4 tube	EA	140.00	134.00	122.00	125.00	125.00	125.00	125.00	137.00
Surface mounted, lay-in lens:									
48", 2 tube	EA	115.00	110.00	100.00	103.00	103.00	103.00	103.00	113.00
48", 4 tube	EA	181.00	173.00	158.00	162.00	161.00	162.00	161.00	178.00
Surface mounted, damp locations:									
48", 2 tube	EA	188.00	179.00	164.00	168.00	167.00	168.00	167.00	184.00
Suspended fixtures:									
48", 2 tube	EA	117.00	112.00	102.00	105.00	105.00	105.00	105.00	115.00
48", 4 tube	EA	117.00	112.00	102.00	105.00	105.00	105.00	105.00	115.00
96", 2 tube high bay vho	EA	255.00	245.00	225.00	230.00	230.00	230.00	230.00	250.00
Recessed, lay-in acrylic lens:									
48", 2 tube	EA	115.00	110.00	100.00	103.00	103.00	103.00	103.00	113.00
48", 4 tube	EA	156.00	149.00	136.00	140.00	139.00	140.00	139.00	153.00
Recessed, hinge frame acrylic lens:									
48", 2 tube	EA	134.00	128.00	117.00	120.00	120.00	120.00	120.00	132.00
48", 4 tube	EA	158.00	151.00	138.00	142.00	141.00	142.00	141.00	155.00
Incandescent (lamps and stems included)									
Industrial type:									
RLM dome, 200 W	EA	63.00	60.00	55.00	56.00	56.00	56.00	56.00	61.00
RLM dome, 500 W	EA	72.00	68.00	63.00	64.00	64.00	64.00	64.00	70.00
Glass reflector, 200 W	EA	85.00	81.00	75.00	77.00	76.00	77.00	76.00	84.00
Glass reflector, 500 W	EA	135.00	129.00	118.00	121.00	121.00	121.00	121.00	133.00
Vaportight, 150 W	EA	100.00	96.00	88.00	90.00	89.00	90.00	89.00	98.00
Explosion proof, 150 W	EA	285.00	270.00	250.00	255.00	255.00	255.00	255.00	280.00
Outdoor bracket, 150 W	EA	150.00	143.00	131.00	135.00	134.00	135.00	134.00	147.00
Commercial type:									
Glass enclosed, 150 W	EA	106.00	101.00	93.00	95.00	94.00	95.00	94.00	104.00
Pot light, 150 W	EA	101.00	97.00	89.00	91.00	90.00	91.00	90.00	99.00
Wall-washer, 200 W	EA	106.00	101.00	93.00	95.00	94.00	95.00	94.00	104.00
Wash-basin, 60 W	EA	100.00	96.00	88.00	90.00	89.00	90.00	89.00	98.00
Exit lights:									
1 face (ceiling or wall), 50,000 hr	EA	168.00	161.00	147.00	151.00	150.00	151.00	150.00	165.00
Recessed, 25 W	EA	97.00	92.00	85.00	87.00	86.00	87.00	86.00	95.00
Surface mounted, 25 W	EA	101.00	97.00	89.00	91.00	90.00	91.00	90.00	99.00
Mercury (ballast, lamps etc. included)									
High bay type:									
400 W, single	EA	460.00	440.00	405.00	415.00	410.00	415.00	410.00	450.00
400 W, twin	EA	670.00	640.00	585.00	600.00	600.00	600.00	600.00	660.00
Low bay type:									
400 W, single	EA	460.00	440.00	405.00	415.00	410.00	415.00	410.00	450.00
400 W, twin	EA	660.00	630.00	575.00	590.00	590.00	590.00	590.00	650.00
Recessed type									
400 W, single	EA	505.00	485.00	445.00	455.00	450.00	455.00	450.00	495.00
400 W, twin	EA	555.00	530.00	485.00	500.00	495.00	500.00	495.00	545.00

16535 EMERGENCY LIGHT AND POWER

Item	UNITS	St. Johns	Halifax	Montreal	Ottawa	Toronto	Winnipeg	Calgary	Vancouver
Individual unit includes twin head and mounting brackets, 10 years maintenance free:									
6 V:									
100 W	EA	760.00	730.00	665.00	685.00	680.00	685.00	680.00	750.00
200 W	EA	1,030	990.00	905.00	930.00	925.00	930.00	925.00	1,020
12 V:									
200 W	EA	1,070	1,030	940.00	965.00	960.00	965.00	960.00	1,060
300 W	EA	1,350	1,290	1,180	1,210	1,210	1,210	1,210	1,330
400 W	EA	1,520	1,460	1,330	1,370	1,360	1,370	1,360	1,500
Central units (completely operative)									
24 and 32 V:									
500 W	EA	4,825	4,625	4,225	4,325	4,325	4,325	4,325	4,750
1000 W	EA	5,800	5,500	5,100	5,200	5,200	5,200	5,200	5,700
1500 W	EA	6,800	6,500	6,000	6,100	6,100	6,100	6,100	6,700
2000 W	EA	8,400	8,000	7,400	7,500	7,500	7,500	7,500	8,300
3000 W	EA	9,900	9,400	8,700	8,900	8,800	8,900	8,800	9,700
4000 W	EA	11,700	11,200	10,200	10,500	10,500	10,500	10,500	11,500
120 Vdc:									
2000 W	EA	11,800	11,300	10,300	10,600	10,600	10,600	10,600	11,600
5000 W	EA	15,500	14,800	13,500	13,900	13,800	13,900	13,800	15,200

DIV 16 Electrical — IMPERIAL CURRENT MARKET PRICES

Item	UNITS	St. Johns	Halifax	Montreal	Ottawa	Toronto	Winnipeg	Calgary	Vancouver
10000 W	EA	21,100	20,200	18,500	19,000	18,900	19,000	18,900	20,800
20000 W	EA	27,700	26,500	24,300	24,900	24,800	24,900	24,800	27,200
120 Vac:									
500 W	EA	5,800	5,500	5,100	5,200	5,200	5,200	5,200	5,700
1000 W	EA	9,000	8,600	7,900	8,100	8,000	8,100	8,000	8,800
3000 W	EA	21,300	20,300	18,600	19,100	19,000	19,100	19,000	20,900
4500 W	EA	26,700	25,500	23,400	24,000	23,900	24,000	23,900	26,200
6000 W	EA	31,900	30,500	28,000	28,700	28,500	28,700	28,500	31,400
Heads operative average distance 6000 mm									
24 and 32 V	EA	118.00	113.00	103.00	106.00	106.00	106.00	106.00	116.00
120 Vdc	EA	118.00	113.00	103.00	106.00	106.00	106.00	106.00	116.00
120 Vac	EA	118.00	113.00	103.00	106.00	106.00	106.00	106.00	116.00

16600 Power Generation
16620 COMPLETE OPERATING SYSTEM

Item	UNITS	St. Johns	Halifax	Montreal	Ottawa	Toronto	Winnipeg	Calgary	Vancouver
347-600 V									
35 kW	EA	29,800	28,500	26,100	26,700	26,600	26,700	26,600	29,300
50 kW	EA	36,600	35,000	32,000	32,900	32,700	32,900	32,700	36,000
60 kW	EA	44,800	42,800	39,200	40,200	40,000	40,200	40,000	44,000
100 kW	EA	57,000	54,500	49,900	51,200	50,900	51,200	50,900	56,000
150 kW	EA	71,900	68,700	62,900	64,500	64,200	64,500	64,200	70,600
200 kW	EA	82,900	79,200	72,500	74,400	74,000	74,400	74,000	81,400
300 kW	EA	116,700	111,500	102,100	104,700	104,200	104,700	104,200	114,600
500 kW	EA	258,000	246,500	225,800	231,600	230,400	231,600	230,400	253,400

16700 Communications
16720 ALARM AND DETECTION EQUIPMENT

Fire alarm systems, not wired, price of components only

Item	UNITS	St. Johns	Halifax	Montreal	Ottawa	Toronto	Winnipeg	Calgary	Vancouver
1 stage, without smoke protection (batteries included):									
Control panel 4 zones	EA	2,525	2,425	2,200	2,275	2,250	2,275	2,250	2,475
Control panel 8 zones	EA	3,075	2,950	2,700	2,775	2,750	2,775	2,750	3,025
Control panel 12 zones	EA	3,950	3,775	3,450	3,525	3,525	3,525	3,525	3,875
Control panel 24 zones	EA	6,200	6,000	5,500	5,600	5,600	5,600	5,600	6,100
Annunciator 4 zones	EA	740.00	710.00	650.00	665.00	660.00	665.00	660.00	730.00
Annunciator 8 zones	EA	1,010	960.00	880.00	900.00	900.00	900.00	900.00	990.00
Annunciator 12 zones	EA	1,260	1,200	1,100	1,130	1,120	1,130	1,120	1,240
Annunciator 24 zones	EA	1,890	1,810	1,660	1,700	1,690	1,700	1,690	1,860
2 stage, without smoke detection (batteries included):									
Control panel 4 zones	EA	3,475	3,325	3,025	3,125	3,100	3,125	3,100	3,400
Control panel 8 zones	EA	4,225	4,050	3,700	3,800	3,775	3,800	3,775	4,150
Control panel 12 zones	EA	5,200	4,950	4,525	4,650	4,625	4,650	4,625	5,100
Control panel 24 zones	EA	7,200	6,900	6,300	6,400	6,400	6,400	6,400	7,000
2 stage, with smoke detection (batteries included):									
Control panel 4 zones	EA	3,950	3,775	3,450	3,525	3,525	3,525	3,525	3,875
Control panel 8 zones	EA	5,000	4,800	4,400	4,500	4,500	4,500	4,500	4,950
Control panel 12 zones	EA	6,200	6,000	5,500	5,600	5,600	5,600	5,600	6,100
Control panel 24 zones	EA	8,800	8,400	7,700	7,900	7,900	7,900	7,900	8,700
Components:									
Bells	EA	163.00	156.00	143.00	147.00	146.00	147.00	146.00	161.00
Manual station, 1 stage	EA	51.00	48.75	44.75	46.00	45.75	46.00	45.75	50.00
Manual station, 2 stage	EA	81.00	78.00	71.00	73.00	72.00	73.00	72.00	80.00
Fire detection	EA	53.00	50.00	46.00	47.25	47.00	47.25	47.00	52.00
Smoke detector, surface type	EA	225.00	215.00	197.00	200.00	200.00	200.00	200.00	220.00
Smoke detector, duct type	EA	665.00	635.00	580.00	595.00	595.00	595.00	595.00	655.00

Card Access & Alarm System
Basic computer / processor unit, keyboard, printer, control terminal, cabinet and multiplexer panels, wiring and conduit with 15 cardreading stations, 30 devices and 1000 photo access cards

Item	UNITS	St. Johns	Halifax	Montreal	Ottawa	Toronto	Winnipeg	Calgary	Vancouver
Price per system	EA	148,300	141,700	129,800	133,100	132,400	133,100	132,400	145,600
Components									
Card readers	EA	595.00	565.00	520.00	535.00	530.00	535.00	530.00	585.00
Window alarms	EA	595.00	565.00	520.00	535.00	530.00	535.00	530.00	585.00
Door alarms	EA	370.00	355.00	325.00	330.00	330.00	330.00	330.00	365.00
Skylight alarms	EA	670.00	640.00	585.00	600.00	600.00	600.00	600.00	660.00
Infrared, microwave or ultrasonic detectors	EA	370.00	355.00	325.00	330.00	330.00	330.00	330.00	365.00

16850 Electrical Resistance Heating
16856 ELECTRIC HEATERS PROPELLERS FAN TYPE

Wall type force flow

Item	UNITS	St. Johns	Halifax	Montreal	Ottawa	Toronto	Winnipeg	Calgary	Vancouver
208 V, integrated thermostat:									
1500 W	EA	410.00	395.00	360.00	370.00	365.00	370.00	365.00	405.00
2000 W	EA	430.00	410.00	375.00	385.00	385.00	385.00	385.00	420.00
3000 W	EA	470.00	445.00	410.00	420.00	420.00	420.00	420.00	460.00
4000 W	EA	485.00	465.00	425.00	435.00	435.00	435.00	435.00	475.00

16880 ELECTRICAL BASEBOARD

208 V, integrated thermostat
Baked enamel finish (white):

Item	UNITS	St. Johns	Halifax	Montreal	Ottawa	Toronto	Winnipeg	Calgary	Vancouver
500 W	EA	166.00	158.00	145.00	149.00	148.00	149.00	148.00	163.00

IMPERIAL CURRENT MARKET PRICES — Electrical DIV 16

Item	UNITS	St. Johns	Halifax	Montreal	Ottawa	Toronto	Winnipeg	Calgary	Vancouver
1250 W	EA	275.00	260.00	240.00	245.00	245.00	245.00	245.00	270.00
1500 W	EA								
2000 W	EA	370.00	355.00	325.00	330.00	330.00	330.00	330.00	365.00
16890 PACKAGED ROOM AIR CONDITIONERS									
Window mounted									
120 V:									
5000 BTU, 185 cfm	EA	545.00	520.00	475.00	485.00	485.00	485.00	485.00	535.00
6000 BTU, 190 cfm	EA	660.00	630.00	580.00	595.00	590.00	595.00	590.00	650.00
8000 BTU, 300 cfm	EA	995.00	950.00	870.00	895.00	890.00	895.00	890.00	980.00
10,000 BTU, 265 cfm	EA	1,060	1,020	930.00	955.00	950.00	955.00	950.00	1,050
208 V:									
15000 BTU, 370 cfm	EA	1,480	1,410	1,290	1,330	1,320	1,330	1,320	1,450
17500 BTU, 400 cfm	EA	1,510	1,440	1,320	1,360	1,350	1,360	1,350	1,490
22500 BTU, 630 cfm	EA	2,050	1,970	1,800	1,850	1,840	1,850	1,840	2,025

SECTION D: METRIC COMPOSITE UNIT RATES

SECTION D
CIQS LIST OF ELEMENTS

A. SHELL
A1 Substructure
- A11 Foundations
- A12 Basement Excavation

A2 Structure
- A21 Lowest Floor Construction
- A22 Upper Floor Construction
- A23 Roof Construction

A3 Exterior Enclosure
- A31 Walls Below Grade
- A32 Walls Above Grade
- A33 Windows & Entrances
- A34 Roof Covering
- A35 Projections

B. INTERIORS
B1 Partitions & Doors
- B11 Partitions
- B12 Doors

B2 Finishes
- B21 Floor Finishes
- B22 Ceiling Finishes
- B23 Wall Finishes

B3 Fittings & Equipment
- B31 Fittings & Fixtures
- B32 Equipment
- B33 Conveying Systems

C. SERVICES
C1 Mechanical
- C11 Plumbing & Drainage
- C12 Fire Protection
- C13 HVAC
- C14 Controls

C2 Electrical
- C21 Service & Distribution
- C22 Lgt., Devices & Htg.
- C23 Systems & Ancillaries

D. SITE & ANCILLARY WORK
D1 Site Work
- D11 Site Development
- D12 Mechanical Site Services
- D13 Electrical Site Services

D2 Ancillary Work
- D21 Demolition
- D22 Alterations

Z. GEN. REQS. & ALLOWS.
Z1 Gen Reqs. & Fee
- Z11 Gen. Requirements
- Z12 Fee

Z2 Allowances
- Z21 Design Allowance
- Z22 Escalation Allowance
- Z23 Construction Allowance

Item	UNITS	St. Johns	Halifax	Montreal	Ottawa	Toronto	Winnipeg	Calgary	Vancouver
A1: SUBSTRUCTURE									
A11 Foundations									
EXCAVATION BY MACHINE (INCLUDING DISPOSAL OF SURPLUS MATERIAL)									
Trench excavation for foundation walls 1.2 m wide x 1.2 m deep									
In medium soil:									
Backfill one side with excavated material, other side with imported granular material	m	46.25	42.75	44.25	40.00	42.50	46.25	35.75	42.25
Add for each additional 300 mm depth (max 4000 mm overall)	m	12.05	11.15	11.55	10.45	11.10	12.05	9.25	10.95
In rock:									
Backfill both sides with imported granular material	m	240.00	205.00	235.00	240.00	220.00	245.00	205.00	240.00
Add for each additional 300 mm depth (max 4000 mm overall)	m	61.00	52.00	60.00	61.00	56.00	62.00	52.00	60.00
Footing excavation for columns									
In medium soil (top of footing at grade level):									
900 x 900 mm x 200 mm	EA	4.02	3.60	3.95	3.64	3.82	4.26	3.20	4.02
1200 mm x 1200 mm x 300 mm	EA	9.40	8.45	9.25	8.55	8.95	10.00	7.50	9.40
1500 mm x 1500 mm x 400 mm	EA	18.30	16.40	17.95	16.55	17.35	19.40	14.55	18.30
1800 mm x 1800 mm x 500 mm	EA	32.75	29.25	32.25	29.75	31.00	34.75	26.00	32.75
2100 mm x 2100 mm x 600 mm	EA	56.00	50.00	55.00	51.00	53.00	59.00	44.50	56.00
2400 mm x 2400 mm x 600 mm	EA	73.00	65.00	72.00	66.00	69.00	77.00	58.00	73.00
Add for each additional 300 mm depth (max 4000 mm overall)									
900 mm x 900 mm x 200 mm	EA	7.60	7.00	7.50	7.15	7.15	8.00	5.95	7.45
1200 mm x 1200 mm x 300 mm	EA	13.40	12.35	13.25	12.60	12.60	14.10	10.50	13.15
1500 mm x 1500 mm x 400 mm	EA	21.00	19.35	20.75	19.75	19.80	22.25	16.50	20.75
1800 mm x 1800 mm x 500 mm	EA	30.25	28.00	30.00	28.50	28.50	31.75	23.75	29.75
2100 mm x 2100 mm x 600 mm	EA	41.25	38.00	40.75	38.75	38.75	43.50	32.50	40.50
2400 mm x 2400 mm x 600 mm	EA	54.00	50.00	54.00	51.00	51.00	57.00	42.50	53.00
FOOTINGS									
Assumed normal subsoil, bearing capacity 350 000 kg/m² (approximately), rates include bottom leveling, formwork, reinforcing steel and 20 MPa concrete									
Wall footings									
400 mm wide x 200 mm thick reinforced with 2 15 m bars	m	30.00	30.00	31.75	32.00	32.75	34.00	31.00	32.00
500 mm wide x 200 mm thick reinforced with 3 15 m bars	m	34.25	34.00	35.00	36.00	36.50	38.25	34.75	35.75
600 mm wide x 300 mm thick reinforced with 4 15 m bars	m	55.00	54.00	55.00	57.00	58.00	61.00	55.00	56.00
Column footings									
0.9 m x 0.9 m x 0.25 m thick reinforced with 5 15 m bars ea. way	EA	78.00	78.00	78.00	81.00	82.00	86.00	77.00	81.00
1.2 m x 1.2 m x 0.3 m thick reinforced with 6 20 m bars ea. way	EA	159.00	157.00	155.00	163.00	165.00	173.00	155.00	161.00
1.5 m x 1.5 m x 0.4 m thick reinforced with 7 25 m bars ea. way	EA	290.00	280.00	275.00	295.00	295.00	310.00	280.00	290.00
1.8 m x 1.8 m x 0.5 m thick reinforced with 7 30 m bars ea. way	EA	480.00	465.00	445.00	485.00	485.00	515.00	460.00	470.00
2.1 m x 2.1 m x 0.6 m thick reinforced with 10 30 m bars ea. way	EA	720.00	695.00	660.00	725.00	725.00	770.00	685.00	705.00
2.4 m x 2.4 m x 0.7 m thick reinforced with 11 35 m bars ea. way	EA	1,010	965.00	910.00	1,010	1,010	1,070	950.00	980.00
FOUNDATION WALLS									
Concrete 20 MPa reinforced with 15 kg steel per m²									
300 mm thick 1000 mm high	m	141.00	139.00	143.00	157.00	140.00	162.00	143.00	149.00
Add for each additional 300 mm in height	m	42.50	41.75	43.00	47.00	42.00	48.75	42.75	44.75
Standard blockwork filled with concrete									
300 mm thick 1000 mm high	m	79.00	88.00	107.00	104.00	101.00	103.00	106.00	117.00
Add for each additional 300 mm in height	m	23.50	26.50	32.00	31.25	30.25	30.75	32.00	35.25

METRIC COMPOSITE UNIT RATES — Structure CIQS A2

Item	UNITS	St. Johns	Halifax	Montreal	Ottawa	Toronto	Winnipeg	Calgary	Vancouver
A12 Basement Excavation (The following figures are guides only and should be supplemented by information contained in section C. Special conditions dictating wellpoint dewatering systems, shoring, soldier piling, timber lagging etc., must be assessed separately and added to project estimates as required.)									
EXCAVATION BY MACHINE (Including disposal of surplus material, backfilling with imported granular material, weeping tiles to perimeter and trimming base ready to receive concrete. Measure cube of basement to outside face of perimeter walls and from underside of slab on grade.)									
Simple building shape									
In medium soil	m³	15.90	14.00	15.10	14.30	15.40	16.50	13.75	16.25
In rock ripping	m³	30.50	28.50	29.75	28.00	28.75	31.75	26.75	30.50
Complex building type									
In medium soil	m³	26.50	23.75	25.25	24.00	25.50	27.25	22.25	26.50
In rock ripping	m³	43.25	40.50	42.25	39.50	40.75	44.75	37.50	42.50
Special Conditions (Comparative rates are not shown as pricing for this is seldom done on any elemental basis, but rather by particular study and specific solution (e.g., piling). The outcome of each study normally defines a method. For information on these methods consult unit price Section 2.Site work.)									
A2: STRUCTURE									
A21 Lowest Floor Construction									
FLOOR SLABS Concrete 20 MPa 100 mm thick with mesh reinforcement, 150 mm layer of crushed stone and including screed and steel trowel finish									
Plain slab	m²	28.00	24.75	24.00	26.25	25.25	27.25	24.25	25.00
Slab with concrete skim slab 10 MPa 75 mm thick and waterproof fabric membrane 2 ply	m²	56.00	54.00	53.00	56.00	55.00	61.00	52.00	56.00
Add for each additional 25 mm in thickness of concrete	m²	3.64	3.18	2.85	3.42	3.23	3.56	3.22	2.97
Extra for floor trench internal size 450 mm wide x 300 mm deep, constructed monolithically with slab, including all additional concrete, reinforcement, formwork and steel angle frame and 6 mm plate cover	m	74.00	64.00	64.00	66.00	64.00	66.00	63.00	63.00
A22 Upper Floor Construction									
STEEL FRAME (Including steel floor deck, concrete slab, reinforcement and joint formwork.)									
3 storey live load 2 kPa plus partitions 1.2 kPa Not fireproofed:									
Bay size 8 m x 8 m	m²	135.00	129.00	110.00	143.00	131.00	132.00	148.00	148.00
Bay size 9 m x 9 m	m²	142.00	136.00	116.00	150.00	138.00	139.00	156.00	155.00
Bay size 10 m x 10 m	m²	149.00	143.00	121.00	157.00	145.00	146.00	165.00	163.00
Bay size 11 m x 11 m	m²	160.00	152.00	129.00	168.00	155.00	156.00	177.00	175.00
3 storey live load 3.6 kPa plus partitions 1.2 kPa Not fireproofed:									
Bay size 8 m x 8 m	m²	141.00	135.00	115.00	148.00	137.00	137.00	155.00	154.00
Bay size 9 m x 9 m	m²	148.00	141.00	120.00	156.00	144.00	144.00	163.00	162.00
Bay size 10 m x 10 m	m²	157.00	149.00	127.00	164.00	152.00	152.00	173.00	171.00
Bay size 11 m x 11 m	m²	171.00	162.00	138.00	179.00	165.00	166.00	189.00	187.00
10 storey live load 2.4 kPa plus partitions 1.2 kPa With fireproofing to steel and deck:									
Bay size 8 m x 8 m	m²	172.00	148.00	127.00	159.00	152.00	154.00	165.00	168.00
Bay size 9 m x 9 m	m²	177.00	153.00	131.00	165.00	157.00	159.00	171.00	174.00
Bay size 10 m x 10 m	m²	183.00	160.00	137.00	172.00	163.00	166.00	179.00	182.00
Bay size 11 m x 11 m	m²	194.00	169.00	144.00	183.00	173.00	176.00	191.00	193.00
10 storey live load 3.6 kPa plus partitions 1.2 kPa With fireproofing to steel and deck:									
Bay size 8 m x 8 m	m²	177.00	152.00	131.00	164.00	156.00	158.00	170.00	173.00
Bay size 9 m x 9 m	m²	181.00	158.00	135.00	170.00	161.00	164.00	177.00	179.00
Bay size 10 m x 10 m	m²	190.00	165.00	141.00	179.00	169.00	172.00	186.00	188.00
Bay size 11 m x 11 m	m²	200.00	175.00	149.00	189.00	179.00	182.00	198.00	200.00
CONCRETE FRAME (Including concrete, reinforcement and formwork to slab columns and beams.)									
4 storey live load 3.0-4.0 kPa									
Bay size 6 m x 6 m slab and flat drops	m²	117.00	121.00	117.00	120.00	126.00	129.00	117.00	119.00
Bay size 9 m x 9 m slab and flat drops	m²	130.00	129.00	123.00	132.00	136.00	140.00	126.00	127.00
Bay size 12 m x 6 m flat slab and beams	m²	161.00	164.00	160.00	158.00	166.00	174.00	157.00	161.00

Instructions for use, page 4. Main index, page 7.

CIQS A2 Structure — METRIC COMPOSITE UNIT RATES

Item	UNITS	St. Johns	Halifax	Montreal	Ottawa	Toronto	Winnipeg	Calgary	Vancouver
Bay size 6 m x 12 m joists slabs	m²	138.00	145.00	142.00	135.00	143.00	149.00	138.00	141.00
Bay size 12 m x 9 m joists slabs	m²	144.00	150.00	147.00	141.00	149.00	156.00	143.00	146.00
4 storey live load 5.0 kPa									
Bay size 6 m x 6 m slab and flat drops	m²	119.00	123.00	119.00	123.00	129.00	131.00	118.00	121.00
Bay size 9 m x 9 m slab and flat drops	m²	136.00	134.00	128.00	137.00	141.00	146.00	130.00	132.00
Bay size 12 m x 6 m flat slab and beams	m²	173.00	176.00	172.00	170.00	179.00	187.00	168.00	173.00
Bay size 6 m x 12 m joists slabs	m²	147.00	153.00	149.00	144.00	152.00	159.00	145.00	149.00
Bay size 12 m x 9 m joists slabs	m²	149.00	155.00	151.00	147.00	154.00	162.00	148.00	151.00
4 storey live load 7.0 kPa									
Bay size 6 m x 6 m slab and flat drops	m²	123.00	126.00	122.00	126.00	132.00	135.00	121.00	125.00
Bay size 9 m x 9 m slab and flat drops	m²	146.00	146.00	137.00	148.00	152.00	156.00	140.00	142.00
Bay size 12 m x 6 m flat slab and beams	m²	175.00	177.00	171.00	172.00	180.00	189.00	169.00	174.00
Bay size 6 m x 12 m joists slabs	m²	158.00	163.00	158.00	155.00	162.00	170.00	155.00	158.00
Bay size 12 m x 9 m joists slabs	m²	170.00	173.00	168.00	167.00	174.00	183.00	165.00	170.00
15 storey live load 3.0-4.0 kPa									
Bay size 6 m x 6 m slab and flat drops	m²	124.00	125.00	120.00	129.00	130.00	133.00	120.00	122.00
Bay size 9 m x 9 m slab and flat drops	m²	143.00	140.00	133.00	145.00	145.00	148.00	136.00	136.00
Bay size 12 m x 6 m flat slab and beams	m²	148.00	153.00	148.00	145.00	152.00	159.00	146.00	148.00
Bay size 6 m x 12 m joists slabs	m²	139.00	142.00	138.00	140.00	146.00	149.00	136.00	140.00
Bay size 12 m x 9 m joists slabs	m²	134.00	139.00	135.00	131.00	137.00	143.00	132.00	134.00
15 storey live load 8.0 kPa									
Bay size 6 m x 6 m slab and flat drops	m²	131.00	131.00	126.00	136.00	137.00	141.00	126.00	129.00
Bay size 9 m x 9 m slab and flat drops	m²	159.00	157.00	150.00	162.00	162.00	167.00	153.00	153.00
Bay size 12 m x 6 m flat slab and beams	m²	166.00	169.00	163.00	163.00	169.00	178.00	162.00	165.00
Bay size 6 m x 12 m joists slabs	m²	158.00	164.00	159.00	156.00	163.00	171.00	156.00	159.00
Bay size 12 m x 9 m joists slabs	m²	162.00	167.00	162.00	160.00	167.00	175.00	159.00	163.00
WOOD JOISTED FLOORS									
Joists at 400 mm o.c. with bridging									
39 mm x 184 mm joists and 12 mm plywood subfloor	m²	30.50	30.25	29.50	28.25	29.00	27.25	26.75	26.75
39 mm x 300 mm joists and 19 mm plywood subfloor	m²	40.00	38.25	39.00	38.25	36.75	35.25	33.50	33.00
CONCRETE SHEAR WALLS									
Unfinished reinforced concrete									
200 mm thick, 14 kg steel per m²	m²	140.00	146.00	142.00	131.00	139.00	153.00	135.00	144.00
300 mm thick, 17 kg steel per m²	m²	157.00	161.00	156.00	148.00	154.00	170.00	150.00	159.00

Stairs

ASSUMED SUPPORTED BY THE STRUCTURE

Steel

Item	UNITS	St. Johns	Halifax	Montreal	Ottawa	Toronto	Winnipeg	Calgary	Vancouver
Pan stair 1200 mm wide x 3600 mm rise, half landing, including concrete infill and pipe railings	FLIGHT	4,500	4,775	4,750	5,600	5,200	5,000	6,200	5,800
Pan stair 1200 mm wide x 3600 mm rise, half landing, including precast terrazzo and landing and picket railings	FLIGHT	8,700	7,800	7,700	8,600	8,600	8,300	9,900	8,400

Concrete

Item	UNITS	St. Johns	Halifax	Montreal	Ottawa	Toronto	Winnipeg	Calgary	Vancouver
Cast-in-place concrete stair 1200 mm wide x 3600 mm rise, half landing, including fair concrete finish and pipe railings	FLIGHT	2,975	3,225	3,100	3,400	3,200	3,225	3,250	3,375
Cast-in-place concrete stair 1200 mm wide x 3600 mm rise, half landing, including quarry tile finish and picket railings	FLIGHT	5,100	5,400	5,200	5,500	5,600	5,400	5,900	5,500

A23 Roof Construction

STEEL FRAME
(Including 38 mm deep roof deck.)
3 storey live load 3.0 kPa, including 2 kPa snow load
Not fireproofed:

Item	UNITS	St. Johns	Halifax	Montreal	Ottawa	Toronto	Winnipeg	Calgary	Vancouver
Bay size 9 m x 9 m	m²	83.00	78.00	64.00	87.00	79.00	74.00	94.00	86.00
Bay size 10 m x 10 m	m²	88.00	82.00	67.00	91.00	83.00	78.00	99.00	91.00
Bay size 11 m x 11 m	m²	103.00	96.00	79.00	107.00	98.00	92.00	117.00	107.00
Bay size 12 m x 12 m	m²	113.00	105.00	86.00	117.00	107.00	100.00	128.00	117.00

10 storey live load 3.0 kPa, including 2 kPa snow load
With fireproofing to steel and deck:

Item	UNITS	St. Johns	Halifax	Montreal	Ottawa	Toronto	Winnipeg	Calgary	Vancouver
Bay size 9 m x 9 m	m²	143.00	119.00	99.00	129.00	122.00	119.00	139.00	133.00
Bay size 10 m x 10 m	m²	150.00	125.00	104.00	136.00	129.00	125.00	146.00	140.00
Bay size 11 m x 11 m	m²	158.00	133.00	110.00	145.00	137.00	133.00	156.00	148.00
Bay size 12 m x 12 m	m²	166.00	141.00	117.00	153.00	145.00	140.00	166.00	157.00

CONCRETE FRAME
(Including concrete, reinforcement and formwork to slab columns and beams.)
4 storey live load 3.0-4.0 kPa including 2 kPa snow load

Item	UNITS	St. Johns	Halifax	Montreal	Ottawa	Toronto	Winnipeg	Calgary	Vancouver
Bay size 6 m x 6 m slab and flat drops	m²	117.00	121.00	117.00	121.00	126.00	129.00	117.00	119.00
Bay size 9 m x 9 m slab and flat drops	m²	130.00	129.00	123.00	132.00	136.00	140.00	126.00	127.00
Bay size 12 m x 6 m flat slab and beams	m²	161.00	164.00	160.00	158.00	166.00	174.00	157.00	161.00
Bay size 6 m x 12 m joists slabs	m²	138.00	145.00	142.00	135.00	143.00	149.00	138.00	141.00
Bay size 12 m x 9 m joists slabs	m²	149.00	155.00	150.00	146.00	153.00	159.00	147.00	150.00

15 storey live load 3.0-4.0 kPa including 2 kPa snow load

Item	UNITS	St. Johns	Halifax	Montreal	Ottawa	Toronto	Winnipeg	Calgary	Vancouver
Bay size 6 m x 6 m slab and flat drops	m²	124.00	125.00	120.00	129.00	130.00	133.00	120.00	122.00
Bay size 9 m x 9 m slab and flat drops	m²	142.00	140.00	134.00	144.00	145.00	148.00	136.00	136.00
Bay size 12 m x 6 m flat slab and beams	m²	148.00	153.00	148.00	145.00	152.00	159.00	146.00	148.00
Bay size 6 m x 12 m joists slabs	m²	142.00	149.00	145.00	140.00	147.00	154.00	141.00	145.00
Bay size 12 m x 9 m joists slabs	m²	130.00	136.00	133.00	128.00	136.00	143.00	129.00	132.00

METRIC COMPOSITE UNIT RATES — Exterior Closure A3

Item	UNITS	St. Johns	Halifax	Montreal	Ottawa	Toronto	Winnipeg	Calgary	Vancouver
A3: EXTERIOR ENCLOSURE									
A31 Walls Below Ground Floor									
CONCRETE									
Cast in place									
20 MPa									
300 mm thick, 3000 mm max. high, 17 kg reinforcement per m² and with 2 coats asphalt emulsion waterproofing	m²	196.00	199.00	192.00	178.00	190.00	215.00	187.00	196.00
300 mm thick, 3600 mm max. high, 22 kg reinforcement per m² and with 2 coats asphalt emulsion waterproofing	m²	186.00	187.00	181.00	168.00	180.00	205.00	179.00	189.00
350 mm thick, 4800 mm max. high, 32 kg reinforcement per m² and with 2 coats asphalt emulsion waterproofing	m²	205.00	205.00	198.00	188.00	200.00	225.00	197.00	210.00
MASONRY									
Blockwork									
Reinforced:									
250 mm thick with 12 mm cement parging and 2 coats sprayed asphalt	m²	99.00	102.00	119.00	115.00	119.00	117.00	114.00	126.00
300 mm thick with concrete filling to voids 12 mm cement parging and 2 coats sprayed asphalt	m²	131.00	131.00	146.00	141.00	150.00	150.00	144.00	155.00
A32 Walls Above Ground Floor									
CONCRETE									
Cast in place									
20 MPa:									
200 mm thick, 300 mm high, with 20 kg reinforcement per m², sandblasted finish and 25 mm polystyrene insulation	m²	174.00	181.00	174.00	163.00	173.00	193.00	168.00	181.00
200 mm thick, 300 mm high, with 20 kg reinforcement per m², board-formed finish, 25 mm polystyrene insulation and 100 mm concrete block backup	m²	205.00	215.00	225.00	205.00	220.00	225.00	220.00	230.00
Precast concrete									
Solid load-bearing, white textured finish, 25 mm moulded polystrene insulation and 150 mm concrete block backup	m²	300.00	295.00	295.00	310.00	300.00	280.00	285.00	325.00
Sandwich load-bearing panels with textured finish, 25 mm moulded polystyrene insulation and 100 mm concrete block backup	m²	320.00	305.00	310.00	340.00	315.00	335.00	305.00	345.00
Solid non-load-bearing, white exposed aggregate finish, 50 mm moulded polystyrene insulation 100 mm concrete block backup	m²	280.00	280.00	295.00	265.00	270.00	285.00	305.00	310.00
MASONRY									
Blockwork									
250 mm with 2 coats silicone	m²	71.00	81.00	99.00	93.00	89.00	100.00	97.00	103.00
300 mm with 2 coats silicone	m²	78.00	87.00	107.00	101.00	104.00	107.00	104.00	121.00
325 mm hollow wall comprising 100 mm architectural blockwork, 25 mm moulded polystyrene insulation, 50 mm cavity, 100 mm block inner skin and 2 coats silicone	m²	131.00	134.00	169.00	161.00	160.00	159.00	165.00	186.00
Brickwork									
Solid walls:									
200 mm wall with 100 mm modular facing 100 mm brick backup	m²	230.00	205.00	215.00	200.00	215.00	240.00	205.00	250.00
300 mm wall with 100 mm modular facing bonded with headers every 6th course to 200 mm concrete block backing	m²	181.00	170.00	191.00	179.00	186.00	197.00	184.00	210.00
Hollow walls:									
300 mm wall with 100 mm modular facing, 50 mm cavity, 50 mm rigid insulation and 100 mm concrete block backing	m²	162.00	149.00	170.00	158.00	165.00	170.00	166.00	192.00
350 mm wall with 100 mm modular facing, 12 mm parging, 38 mm cavity, 50 mm rigid insulation and 150 mm concrete block backing	m²	181.00	166.00	187.00	175.00	185.00	193.00	181.00	210.00
300 mm wall with two 100 mm modular facing skins, 500 rigid insulation, 12 mm parging and 38 mm cavity	m²	240.00	215.00	220.00	210.00	225.00	250.00	210.00	255.00
Composite walls									
262 mm wall with 100 mm modular brick facing, polystyrene vapour barrier, 150 mm metal studding, 100 mm batt insulation, metal furring and drywall	m²	179.00	175.00	171.00	168.00	177.00	197.00	174.00	200.00
Stonework									
387 mm wall with 100 mm limestone ashlar sawn face, 12 mm parging and 250 mm concrete block backing	m²	375.00	375.00	365.00	395.00	365.00	405.00	415.00	385.00
SIDING									
Metal siding with masonry backing									
Steel:									
0.711 mm with baked enamel finish on z-bar sub girts and 300 mm concrete block backing	m²	143.00	155.00	174.00	179.00	169.00	180.00	180.00	195.00
Aluminum:									
0.813 mm with baked enamel finish, concealed fastenings on z-bar sub grits and 300 mm concrete block backing	m²	151.00	163.00	183.00	190.00	178.00	190.00	190.00	205.00
Wood and board siding									
Cedar:									
19 mm x 250 mm bevelled siding on wood furring with 250 mm concrete block backup	m²	114.00	136.00	156.00	152.00	140.00	160.00	145.00	145.00

Instructions for use, page 4. Main index, page 7.

CIQS B1 Partitions and Doors — METRIC COMPOSITE UNIT RATES

Item	UNITS	St. Johns	Halifax	Montreal	Ottawa	Toronto	Winnipeg	Calgary	Vancouver
A33 Windows & Entrances									
ALUMINUM									
Based on 1200 mm x 1800 mm opening, with baked enamel finish									
Non-thermally broken:									
Window with no vents and sealed tinted single glazing	m²	260.00	255.00	240.00	240.00	245.00	260.00	265.00	235.00
Window with one opening and sealed tinted double glazing	m²	365.00	370.00	350.00	355.00	345.00	375.00	385.00	340.00
Thermally broken:									
Window with no vents and sealed tinted single glazing	m²	300.00	295.00	285.00	275.00	280.00	305.00	310.00	270.00
Window with one opening and sealed tinted double glazing	m²	425.00	445.00	420.00	425.00	410.00	450.00	455.00	400.00
STEEL									
With baked enamel finish									
Industrial sash:									
With 20% ventilating sash and clear single glazing	m²	280.00	265.00	250.00	255.00	260.00	285.00	285.00	250.00
WOOD									
Redwood									
Based on 1200 mm x 1800 mm opening:									
With lower ventilating unit and clear double glazing	m²	375.00	355.00	325.00	320.00	340.00	370.00	335.00	320.00
ALUMINUM FRAMING SYSTEM									
With baked enamel finish									
Non-thermally broken:									
3000 mm - 3600 mm flr/flr with 1200 mm mullion spacing and tinted single glazing	m²	420.00	370.00	365.00	385.00	385.00	410.00	425.00	375.00
Thermally broken:									
3000 mm - 3600 mm flr/flr with 1200 mm mullion spacing and tinted double glazing	m²	515.00	470.00	450.00	470.00	470.00	520.00	520.00	455.00
A34 Roof Covering									
BUILT UP FELT ROOFING									
(Including wood cants and nailers, aluminum flashing 450 mm girth, insulation 75 mm thick, and gravel.)									
High rise office building	m²	36.00	37.50	36.25	36.25	39.00	42.50	37.00	38.25
Low rise articulated office building	m²	41.75	43.75	42.50	42.50	45.25	50.00	42.50	44.25
FLUID APPLIED ROOFING									
Hot applied rubberized asphalt on base sheet including 75 mm rigid insulation									
Low rise institutional building	m²	47.75	52.00	48.75	48.25	51.00	56.00	48.25	53.00
B1: PARTITIONS AND DOORS									
B11 PARTITIONS									
Brickwork									
Modular red clay, single wythe, plastered one side	m²	183.00	167.00	176.00	170.00	166.00	187.00	166.00	190.00
Modular backup, single wythe plaster both sides	m²	205.00	190.00	205.00	199.00	182.00	205.00	188.00	205.00
Modular backup, double wythe plaster both sides	m²	275.00	255.00	270.00	260.00	250.00	280.00	250.00	285.00
Blockwork partitions									
Plain:									
Painted one side									
100 mm thick	m²	55.00	56.00	67.00	63.00	67.00	58.00	67.00	75.00
150 mm thick	m²	58.00	61.00	75.00	66.00	71.00	66.00	73.00	81.00
200 mm thick	m²	62.00	65.00	79.00	74.00	76.00	74.00	77.00	82.00
Plastered and painted one side									
100 mm thick	m²	126.00	123.00	140.00	135.00	129.00	127.00	133.00	144.00
150 mm thick	m²	129.00	128.00	148.00	138.00	133.00	135.00	139.00	150.00
200 mm thick	m²	133.00	132.00	152.00	146.00	138.00	143.00	143.00	151.00
Plastered and painted both sides									
100 mm thick	m²	205.00	196.00	220.00	215.00	196.00	200.00	205.00	220.00
150 mm thick	m²	205.00	200.00	225.00	215.00	200.00	210.00	210.00	225.00
200 mm thick	m²	210.00	205.00	230.00	225.00	205.00	220.00	215.00	225.00
Architectural:									
Painted one side									
100 mm thick	m²	60.00	67.00	76.00	77.00	74.00	75.00	74.00	87.00
150 mm thick	m²	65.00	72.00	81.00	83.00	80.00	84.00	79.00	92.00
200 mm thick	m²	73.00	79.00	90.00	91.00	90.00	98.00	88.00	103.00
Plastered and painted one side									
100 mm thick	m²	131.00	134.00	149.00	149.00	136.00	144.00	140.00	156.00
150 mm thick	m²	136.00	139.00	154.00	155.00	142.00	153.00	145.00	161.00
200 mm thick	m²	144.00	146.00	163.00	163.00	152.00	167.00	154.00	172.00
Integrally coloured architectural:									
Painted one side									
100 mm thick	m²	70.00	79.00	82.00	90.00	86.00	89.00	75.00	102.00
150 mm thick	m²	73.00	85.00	88.00	97.00	90.00	95.00	81.00	108.00

METRIC COMPOSITE UNIT RATES — Mechanical CIQS C1

Item	UNITS	St. Johns	Halifax	Montreal	Ottawa	Toronto	Winnipeg	Calgary	Vancouver
Painted both sides									
100 mm thick	m²	141.00	146.00	155.00	162.00	148.00	158.00	141.00	171.00
150 mm thick	m²	144.00	152.00	161.00	169.00	152.00	164.00	147.00	177.00
200 mm thick	m²	153.00	158.00	167.00	176.00	163.00	171.00	154.00	187.00
Metal stud									
90 mm thick:									
10 mm drywall single board both sides	m²	28.00	35.50	38.00	39.00	36.75	35.00	33.75	37.00
12 mm drywall single board both sides	m²	28.00	35.50	38.00	39.25	37.00	35.25	34.00	37.50
10 mm drywall double board both sides	m²	38.50	49.25	56.00	57.00	54.00	50.00	48.25	54.00
12 mm drywall double board both sides	m²	38.75	49.75	56.00	57.00	54.00	51.00	48.75	55.00
Wood stud									
38 mm x 89 mm studs with 12 mm drywall both sides	m²	18.30	25.25	29.50	29.00	26.75	26.50	23.50	26.25

B12 Doors

Based on 900 mm x 2100 mm single doors excluding hardware, including painting where applicable.

Item	UNITS	St. Johns	Halifax	Montreal	Ottawa	Toronto	Winnipeg	Calgary	Vancouver
Wood									
Hollow core:									
Paint grade birch in 0.914 mm hollow metal frame	EA	305.00	315.00	290.00	315.00	320.00	315.00	265.00	320.00
Solid core:									
Paint grade birch in 1.219 mm hollow metal frame	EA	355.00	350.00	350.00	340.00	355.00	375.00	305.00	375.00
Stain grade birch in 1.219 mm hollow metal frame	EA	370.00	350.00	370.00	355.00	350.00	380.00	320.00	380.00
Stain grade red oak in 1.219 mm hollow metal frame	EA	440.00	405.00	380.00	420.00	385.00	405.00	330.00	420.00
Plastic laminate faced, solid colours in 1.219 mm hollow metal frame	EA	465.00	390.00	395.00	405.00	405.00	425.00	345.00	430.00
Metal									
Hollow steel honeycombed:									
In 1.219 hollow metal frame	EA	365.00	355.00	395.00	365.00	395.00	385.00	325.00	385.00
Hollow steel stiffened:									
In 1.219 hollow metal frame	EA	555.00	530.00	585.00	570.00	545.00	580.00	490.00	580.00
In 1.219 hollow metal frame, door with 600 mm x 600 mm aperture glazed Georgian glazed wired glass	EA	680.00	650.00	705.00	685.00	665.00	705.00	600.00	695.00

FINISHING HARDWARE

Per door, including locksets, butts, pulls, pushes and closers where applicable.

Item	UNITS	St. Johns	Halifax	Montreal	Ottawa	Toronto	Winnipeg	Calgary	Vancouver
Hotels	EA	330.00	310.00	310.00	365.00	345.00	365.00	385.00	335.00
Retail stores	EA	210.00	255.00	195.00	230.00	230.00	230.00	255.00	210.00
Apartment buildings	EA	147.00	155.00	137.00	161.00	154.00	161.00	178.00	148.00
Office buildings	EA	400.00	445.00	370.00	425.00	430.00	425.00	445.00	395.00
Hospitals	EA	425.00	470.00	390.00	445.00	460.00	450.00	470.00	415.00
Schools	EA	365.00	385.00	335.00	380.00	385.00	385.00	375.00	355.00

C1: MECHANICAL
C11 Plumbing and Drainage

Total plumbing cost including sanitary facilities, roof drainage, standpipe fire hose system etc.

Item	UNITS	St. Johns	Halifax	Montreal	Ottawa	Toronto	Winnipeg	Calgary	Vancouver
Commercial building	/FIXT	2,650	2,850	2,575	2,375	2,375	2,450	2,750	2,575
Educational building	/FIXT	2,850	3,075	2,775	2,550	2,550	2,650	2,975	2,775
Residential building	/FIXT	710.00	760.00	690.00	635.00	635.00	655.00	740.00	690.00
SWIMMING POOL OLYMPIC SIZE									
with mechanical work including filtration, pool and deck drainage, water heating etc.	EA	244,600	262,400	237,600	218,600	218,600	226,500	254,500	237,300
GREASE INTERCEPTOR									
Cast iron type, 15 kg fat capacity	EA	535.00	570.00	520.00	475.00	475.00	495.00	555.00	515.00
WATER PUMP STATION									
22,000 l tank, 11 kW 15 l/s 60 m head, centrifugal duplex pumps	EA	72,000	77,300	69,900	64,300	64,300	66,700	74,900	69,900
LAWN SPRINKLER SYSTEM									
9-hole golf course, fully automatic	EA	105,000	112,600	102,000	93,800	93,800	97,200	109,200	101,800
Residential system (measure area serviced)	m²	3.90	4.18	3.79	3.48	3.48	3.61	4.05	3.78

C13 Heating, Ventilation and Air Conditioning

HEATING

Item	UNITS	St. Johns	Halifax	Montreal	Ottawa	Toronto	Winnipeg	Calgary	Vancouver
Hot water heating system (measure area serviced)									
Including equipment and perimeter radiation	m²	150.00	161.00	145.00	134.00	134.00	139.00	156.00	145.00
Radiant underflooring hot water heating, copper tubing	m²	73.00	78.00	71.00	65.00	65.00	67.00	76.00	71.00
Snow melting system including steel pipe, glycol charge, heat exchanger, pump and control (measure area serviced)	m²	82.00	88.00	80.00	73.00	73.00	76.00	85.00	80.00

VENTILATION

Item	UNITS	St. Johns	Halifax	Montreal	Ottawa	Toronto	Winnipeg	Calgary	Vancouver
Sanitary exhaust system, including fans ductwork and grilles	l/s	10.80	11.60	10.50	9.75	9.75	10.00	11.25	10.45
Propeller thru wall fan	l/s	2.90	3.11	2.81	2.62	2.62	2.68	3.01	2.81
Make-up air systems, including fan, heating coil, duct, diffusers, thermal insulation, and controls	l/s	24.25	26.00	23.75	22.00	22.00	22.50	25.25	23.50

Instructions for use, page 4. Main index, page 7.

CIQS C1, C2 Mech./Elect. — METRIC COMPOSITE UNIT RATES

Item	UNITS	St. Johns	Halifax	Montreal	Ottawa	Toronto	Winnipeg	Calgary	Vancouver
AIR CONDITIONING									
Central station systems									
Chiller, cooling tower, distribution, AHU, ductwork & diffusers	kW	1,050	1,130	1,020	945.00	945.00	975.00	1,100	1,020
Air cooled chiller, distribution water, AHU, ductwork & diffusers	kW	930.00	995.00	900.00	830.00	830.00	860.00	965.00	900.00
Air cooled condenser, direct expansion, AHU, ductwork & diffusers	kW	750.00	805.00	730.00	670.00	670.00	695.00	780.00	730.00
Fan-coil system									
Chiller, cooling tower, individual room units with central primary air system	kW	1,250	1,340	1,210	1,120	1,120	1,160	1,300	1,210
Roof-top system									
Packaged unit, air cooled, gas-fired including ductwork and diffusers:									
18 kW cooling, 50 kW heating	EA	11,500	12,400	11,200	10,400	10,400	10,700	12,000	11,200
35 kW tonne cooling, 80 kW heating	EA	24,000	25,700	23,300	21,700	21,700	22,200	25,000	23,300
53 kW cooling, 110 kW heating	EA	33,500	36,000	32,500	30,300	30,300	31,000	34,900	32,500
70 kW cooling, 120 kW heating	EA	38,700	41,600	37,600	35,000	35,000	35,900	40,300	37,600
Air distribution									
Air handling unit, ductwork, diffusers and grilles, automatic controls, thermal and acoustical insulation	l/s	27.00	29.00	26.25	24.50	24.50	25.00	28.25	26.25
Air conditioning equipment									
Absorption chiller	kW	100.00	107.00	97.00	89.00	89.00	93.00	104.00	97.00
Centrifugal chiller	kW	122.00	131.00	119.00	109.00	109.00	113.00	127.00	119.00
Cooling tower	kW	51.00	54.00	49.25	45.25	45.25	47.00	53.00	49.00
C2: ELECTRICAL									
ELECTRICAL INSTALLATIONS									
Office buildings (speculative), national code 70 regulation, substation, lighting fixture cost at average $50.00, fire alarm, telephones, floor outlets. 1 per 30 m², parking in basement.									
Q-deck flooring and trench duct:									
High-rise lighting intensity 700 lx	m²	79.00	87.00	79.00	69.00	69.00	69.00	82.00	78.00
Low-rise lighting intensity 700 lx	m²	84.00	92.00	84.00	73.00	73.00	74.00	87.00	83.00
High-rise lighting intensity 1000 lx	m²	81.00	90.00	82.00	71.00	71.00	72.00	84.00	80.00
Conventional underfloor duct and header:									
High-rise lighting intensity 700 lx	m²	94.00	103.00	94.00	82.00	82.00	82.00	97.00	92.00
Low-rise lighting intensity 700 lx	m²	98.00	109.00	99.00	86.00	86.00	87.00	102.00	97.00
High-rise lighting intensity 1000 lx	m²	94.00	103.00	94.00	82.00	82.00	82.00	97.00	92.00
Heavy laboratories, national code 70 regulation, no parking facilities, substation, 1000 lx at 347 V 1 V control, fixture cost $65.00, fire alarm, telephone, emergency generator.									
High rise:									
Load demand 160 W/m² lab area 40% of gfa	m²	145.00	160.00	147.00	127.00	127.00	128.00	151.00	143.00
Load demand 160 W/m² lab area 50% of gfa	m²	157.00	173.00	158.00	137.00	137.00	138.00	163.00	155.00
Load demand 160 W/m² lab area 60% of gfa	m²	168.00	186.00	170.00	147.00	147.00	148.00	175.00	166.00
Low rise:									
Load demand 160 W/m² lab area 40% of gfa	m²	151.00	167.00	152.00	132.00	132.00	133.00	157.00	149.00
Load demand 160 W/m² lab area 50% of gfa	m²	162.00	179.00	164.00	142.00	142.00	143.00	169.00	161.00
Load demand 160 W/m² lab area 60% of gfa	m²	174.00	192.00	175.00	152.00	152.00	153.00	180.00	171.00
LIGHTING SYSTEMS (net area lighted)									
Swimming pools (against net area of pool)									
Underwater lighting, complete operating system with ground protection:									
270 W/m²	m²	31.50	35.00	32.00	27.50	27.50	27.75	32.75	31.25
540 W/m²	m²	53.00	58.00	53.00	46.00	46.00	46.50	55.00	52.00
1080 W/m²	m²	74.00	81.00	74.00	64.00	64.00	65.00	77.00	73.00
Parking lots									
Davit steel poles, 2 heads, 250W HPS integrated ballast, operating system wired to panel, complete:									
11 W/m²	m²	7.50	8.25	7.55	6.55	6.55	6.60	7.75	7.40
22 W/m²	m²	13.50	14.90	13.65	11.80	11.80	11.90	14.05	13.35
Supermarkets (against net area)									
Strip fluorescent	m²	37.00	41.00	37.50	32.25	32.25	32.75	38.50	36.50
Recessed mercury	m²	34.75	38.50	35.25	30.50	30.50	30.75	36.25	34.50
Office building (against net area), lighting system operating and wired to panel, 347 V with standard LV switching, grid box system.									
700 lx average cost/fixture									
$50.00	m²	49.50	55.00	50.00	43.25	43.25	43.75	51.00	49.00
$70.00	m²	53.00	58.00	53.00	46.00	46.00	46.50	55.00	52.00
$90.00	m²	59.00	65.00	60.00	52.00	52.00	52.00	61.00	58.00
ELECTRICAL HEATING									
Apartments, 2 to 3 storeys, heating load approx. 90 W/m², with baseboard convector units with integrated thermostats:									
Baked white enamel finish	kW	285.00	315.00	290.00	250.00	250.00	255.00	300.00	285.00
Offices, standard partitioning, heating load approximately 110 W/m², with baseboard convectors and room thermostats:									
Baked white enamel finish	kW	330.00	365.00	335.00	290.00	290.00	290.00	340.00	325.00
Stainless steel finish	kW	455.00	500.00	455.00	395.00	395.00	400.00	470.00	445.00
Banks and similar large window exposure, heating load 130 W/m², with central thermostat control:									
Baked white enamel finish	kW	315.00	350.00	320.00	275.00	275.00	280.00	330.00	315.00
Stainless steel finish	kW	455.00	500.00	455.00	395.00	395.00	400.00	470.00	445.00

METRIC COMPOSITE UNIT RATES — Electrical CIQS C2

Item	UNITS	St. Johns	Halifax	Montreal	Ottawa	Toronto	Winnipeg	Calgary	Vancouver
SUBSTATIONS									
Indoor (vault type), 2 incoming h.t. lines, primary protection, load breaker and air circuit breaker, all busing, insulators, cutouts, transformer, grounding, etc., no secondary protection or distribution.									
12,000/347-600 V									
1,000 kVa	EA	51,000	56,300	51,400	44,500	44,500	44,900	52,900	50,300
1,500 kVa	EA	54,300	60,000	54,800	47,500	47,500	47,900	56,400	53,700
2,000 kVa	EA	58,800	64,900	59,300	51,400	51,400	51,800	61,100	58,100
Indoor (metal clad unit type), 2 incoming h.t. lines, primary protection, load breakers and air circuit breaker, all metering, transformer, including tentative allowance for secondary breaker type switchboard without main breaker.									
12,000/347-600 V									
1,000 kVa	EA	70,600	77,900	71,200	61,600	61,600	62,200	73,300	69,700
1,500 kVa	EA	80,400	88,800	81,100	70,200	70,200	70,800	83,400	79,400
2,000 kVa	EA	88,200	97,400	89,000	77,000	77,000	77,700	91,600	87,100
Outdoor, 2 incoming h.t. lines, steel switching structure, transformer fencing, lightning protection, grounding etc., does not include secondary protection.									
12,000/347-600 V									
1,000 kVa	EA	56,800	62,800	57,300	49,600	49,600	50,100	59,000	56,100
1,500 kVa	EA	62,700	69,300	63,300	54,800	54,800	55,200	65,100	62,000
2,000 kVa	EA	66,600	73,600	67,200	58,200	58,200	58,700	69,200	65,800
EMERGENCY SYSTEMS									
Diesel generator units including complete operating system, exhaust, cooling, oil system, control system.									
120/208 V 20 kW	EA	25,500	28,100	25,700	22,300	22,300	22,400	26,500	25,200
120/208 V 50 kW	EA	33,300	36,800	33,600	29,100	29,100	29,400	34,600	32,900
120/208 V 100 kW	EA	50,000	55,200	50,400	43,700	43,700	44,000	51,900	49,400
120/208 V 200 kW	EA	95,100	105,000	95,900	83,000	83,000	83,700	98,700	93,900
347/600 V 50 kW	EA	34,300	37,900	34,600	30,000	30,000	30,200	35,600	33,900
347/600 V 100 kW	EA	51,900	57,400	52,400	45,400	45,400	45,800	53,900	51,300
347/600 V 200 kW	EA	100,000	110,400	100,800	87,300	87,300	88,100	103,800	98,700
347/600 V 500 kW	EA	245,000	270,600	247,200	214,000	214,000	215,800	254,400	242,000
MOTOR CONTROL CENTERS									
To obtain probable cost of motor center, installed and operating, compute costs from motors connected to the center. Rate includes all fuses, control transformers pilot lights, push-button stations, etc. 575 V breaker combination starters.									
Class 11, type b:									
Motors to 7.5 kW	/mtr	1,030	1,140	1,040	905.00	905.00	910.00	1,070	1,020
Motors 20 to 40 kW	/mtr	1,500	1,650	1,510	1,310	1,310	1,320	1,550	1,480
Motors 90 to 150 kW	/mtr	3,450	3,825	3,475	3,025	3,025	3,050	3,600	3,425
575 V fuse combination starter									
Class 11, type b:									
Motors to 7.5 kW	/mtr	925.00	1,020	935.00	810.00	810.00	815.00	960.00	915.00
Motors 75 to 110 kW	/mtr	1,500	1,650	1,510	1,310	1,310	1,320	1,550	1,480
Motors 130 to 220 kW	/mtr	3,225	3,550	3,250	2,825	2,825	2,850	3,350	3,175
Motors 190 to 300 kW	/mtr	9,000	9,900	9,000	7,800	7,800	7,900	9,300	8,900
575 V star delta breaker									
Class 11, type b:									
Motors to 55 kW	/mtr	2,750	3,050	2,775	2,400	2,400	2,425	2,875	2,725
Motors 75 to 110 kW	/mtr	3,675	4,050	3,700	3,200	3,200	3,225	3,800	3,625
Motors 130 to 220 kW	/mtr	8,300	9,200	8,400	7,200	7,200	7,300	8,600	8,200
COMMUNICATION SYSTEM									
Intercom system									
Complete with switchboard. Cost per system:									
Up to 50 lines	EA	27,400	30,300	27,700	24,000	24,000	24,200	28,500	27,100
Up to 100 lines	EA	51,900	57,400	52,400	45,400	45,400	45,800	53,900	51,300
Up to 200 lines	EA	77,400	85,500	78,100	67,600	67,600	68,200	80,400	76,500
Public address system									
Complete with open wiring in hung ceiling. Cost per system:									
Up to 10 loudspeakers	EA	2,750	3,025	2,775	2,400	2,400	2,425	2,850	2,700
Up to 20 loudspeakers	EA	3,525	3,900	3,550	3,075	3,075	3,100	3,675	3,475
Up to 40 loudspeakers	EA	6,500	7,100	6,500	5,600	5,600	5,700	6,700	6,400
Add to above for the following:									
Microphone	EA	355.00	390.00	355.00	310.00	310.00	310.00	365.00	350.00
Tape deck	EA	980.00	1,080	990.00	855.00	855.00	865.00	1,020	970.00
Phonograph	EA	275.00	305.00	275.00	240.00	240.00	240.00	285.00	270.00
LIGHTNING PROTECTION									
Complete installation of rods to include bonding of steel structure.									
High-rise structure:									
Up to 20 rods	/ROD	980.00	1,080	990.00	855.00	855.00	865.00	1,020	970.00
Up to 60 rods	/ROD	980.00	1,080	990.00	855.00	855.00	865.00	1,020	970.00
Medium-rise structure:									
Up to 20 rods	/ROD	685.00	760.00	690.00	600.00	600.00	605.00	710.00	680.00
Up to 60 rods	/ROD	785.00	865.00	790.00	685.00	685.00	690.00	815.00	775.00

CIQS D1 Site Work — METRIC COMPOSITE UNIT RATES

Item	UNITS	St. Johns	Halifax	Montreal	Ottawa	Toronto	Winnipeg	Calgary	Vancouver
Low-rise structure:									
Up to 20 rods	/ROD	490.00	540.00	495.00	430.00	430.00	430.00	510.00	485.00
Up to 60 rods	/ROD	590.00	650.00	595.00	515.00	515.00	520.00	610.00	580.00
SNOW MELTING COMPLETE									
System connected to panels, including controls, mineral insulation heating cable with nylon jacket.									
330 W/m²	m²	84.00	93.00	85.00	74.00	74.00	74.00	88.00	83.00
440 W/m²	m²	95.00	105.00	96.00	83.00	83.00	84.00	99.00	94.00

D1: SITE WORK
D11: Site Development

Item	UNITS	St. Johns	Halifax	Montreal	Ottawa	Toronto	Winnipeg	Calgary	Vancouver
Seeding & sodding									
Rough grade, spread stock piled topsoil, fine grade & place sod	m²	10.20	7.95	7.55	8.25	8.05	8.30	7.65	7.80
Rough grade, spread stock piled topsoil, fine grade & seed	m²	6.50	5.40	5.70	5.90	5.55	5.60	5.20	5.85
Rough grade, spread imported topsoil, fine grade & place sod	m²	13.50	10.10	9.60	11.10	10.90	10.35	9.90	10.70
Rough grade, spread imported topsoil, fine grade & seed	m²	9.80	7.55	7.75	8.75	8.40	7.70	7.45	8.75
Road & parking									
Roadways, 8m wide, with 225mm crushed stone base, 75mm double layer asphalt and precast concrete curbs each side	m	295.00	280.00	280.00	280.00	290.00	310.00	280.00	295.00
Roadways, 3.6 m wide, including crushed stone paving and 38 mm x 250 mm cedar curbs to edges	m	18.95	18.95	21.25	24.75	21.50	24.75	18.70	24.25
Parking lots, including 150 mm crushed stone base, 50 mm single layer asphalt precast concrete bumpers at each car and painted parking lines	m²	21.25	20.50	19.05	19.00	19.90	22.00	19.85	19.85
Walkway & steps									
Walks, 1.2 m wide, including 100 mm crushed stone base and 50 mm single layer asphalt	m	51.00	51.00	49.00	48.25	48.50	56.00	51.00	50.00
Walks, 1.2 m wide, including 100 mm crushed stone base and 125 mm concrete, mesh and broom finish	m	51.00	47.25	49.25	51.00	51.00	54.00	48.25	51.00
Concrete steps to walks, 1.2 m wide, including crushed stone base and broom finish (300 mm tread and 150 mm rise)	TREAD	55.00	53.00	57.00	57.00	57.00	59.00	54.00	58.00
Pedestrian and service tunnels for typical university installation, including reinforced concrete, waterproofing, excavation and backfill but not including mechanical and electrical services									
1800 mm wide x 3000 mm high	m	1,900	1,800	1,780	1,710	1,800	1,950	1,720	1,820
3000 mm wide x 3000 mm high	m	2,150	2,025	2,000	1,950	2,050	2,200	1,940	2,050
Fences & screens									
1800 mm high cedar privacy fence 19 mm x 140 mm alternate sides of 38 mm x 89 mm rails including 89 mm x 89 mm posts at 3000 mm o.c. set in concrete	m	185.00	166.00	145.00	171.00	166.00	179.00	165.00	148.00
1800 mm high decorative concrete block screen, including 1200 mm deep block foundation wall below	m	265.00	265.00	305.00	290.00	305.00	275.00	295.00	325.00

Z1: GENERAL REQUIREMENTS AND FEE

For preliminary estimating purposes the general contractor's site expenses, head office overhead and profit may be calculated on a percentage basis of the total net estimated cost

Item	UNITS	Value
Complex Institutional Projects	%	8 - 12
School Project	%	7 - 11
Simple Commercial Projects	%	6 - 10

Z2: CONTINGENCIES/ ALLOWANCES

Z21 Design

Initial estimates require the inclusion of a contingency sum for remeasured items, design development change, etc. This contingency may be reduced as more information becomes available enabling more detailed estimates to be prepared ... % ... 5 - 10

Z22 Escalation

Provision should be made for likely cost increases between the date of estimate and the anticipated date of tender ... % ... varies according to circumstances

Z23 Construction

Allowance should be made for possible increases in contract cost resulting from unforeseen site conditions, design change during construction, etc.

Item	UNITS	Value
New work	%	2 - 5
Renovations and alterations	%	3 - 8

SECTION D — IMPERIAL COMPOSITE UNIT RATES

Item	UNITS	St. Johns	Halifax	Montreal	Ottawa	Toronto	Winnipeg	Calgary	Vancouver
A1: SUBSTRUCTURE									
A11 Foundations									
EXCAVATION BY MACHINE									
(including disposal of surplus material)									
Trench excavation for foundation walls 4' wide x 4' deep									
In medium soil:									
Backfill one side with excavated material, other side with imorted granular material	LF	14.10	13.05	13.50	12.20	13.00	14.10	10.85	12.85
Add for each additional 12" depth (max 12' overall)	LF	3.67	3.40	3.52	3.18	3.39	3.67	2.83	3.34
In rock:									
Backfill both sides wtih imported granular material	LF	74.00	63.00	72.00	73.00	68.00	74.00	62.00	73.00
Add for each additional 12" depth (max 12' overall)	LF	18.70	15.95	18.25	18.50	17.15	18.75	15.80	18.35
Footing excavation for columns									
In medium soil (top of footing at grade level):									
36" x 36" x 8"	EA	4.02	3.60	3.95	3.64	3.82	4.26	3.20	4.02
48" x 48" x 12"	EA	9.40	8.45	9.25	8.55	8.95	10.00	7.50	9.40
60" x 60" x 16"	EA	18.30	16.40	17.95	16.55	17.35	19.40	14.55	18.30
72" x 72" x 20"	EA	32.75	29.25	32.25	29.75	31.00	34.75	26.00	32.75
84" x 84" x 24"	EA	56.00	50.00	55.00	51.00	53.00	59.00	44.50	56.00
96" x 96" x 24"	EA	73.00	65.00	72.00	66.00	69.00	77.00	58.00	73.00
Add for each additional 12" depth (max 12' overall)									
36" x 36" x 8"	EA	7.60	7.00	7.50	7.15	7.15	8.00	5.95	7.45
48" x 48" x 12"	EA	13.40	12.35	13.25	12.60	12.60	14.10	10.50	13.15
48" x 48" x 16"	EA	21.00	19.35	20.75	19.75	19.80	22.25	16.50	20.75
60" x 60" x 20"	EA	30.25	28.00	30.00	28.50	28.50	31.75	23.75	29.75
84" x 84" x 24"	EA	41.25	38.00	40.75	38.75	38.75	43.50	32.50	40.50
96" x 96" x 24"	EA	54.00	50.00	54.00	51.00	51.00	57.00	42.50	53.00
FOOTINGS									
Assumed normal subsoil, bearing capacity 8000 psf (approximately), rates include bottom leveling, formwork, reinforcing steel and 3000 psi concrete									
Wall footings									
16" wide x 8" thick reinforced with 2 #4 bars	LF	9.15	9.20	9.65	9.75	9.95	10.35	9.50	9.80
20" wide x 8" thick reinforced with 3 #4 bars	LF	10.45	10.35	10.65	10.95	11.15	11.65	10.60	10.90
24" wide x 10" thick reinforced with 4 #4 bars	LF	16.65	16.40	16.75	17.40	17.65	18.45	16.85	17.10
Column footings									
36" x 36" x 10" thick reinforced with 5 #4 bars each way	EA	78.00	78.00	78.00	81.00	82.00	86.00	77.00	81.00
48" x 48" x 12" thick reinforced with 6 #5 bars each way	EA	159.00	157.00	155.00	163.00	165.00	173.00	155.00	161.00
60" x 60" x 16" thick reinforced with 7 #7 bars each way	EA	290.00	280.00	275.00	295.00	295.00	310.00	280.00	290.00
72" x 72" x 20" thick reinforced with 7 #9 bars each way	EA	480.00	465.00	445.00	485.00	485.00	515.00	460.00	470.00
84" x 84" x 24" thick reinforced with 10 #9 bars each way	EA	720.00	695.00	660.00	725.00	725.00	770.00	685.00	705.00
96" x 96" x 26" thick reinforced with 11 #10 bars each way	EA	1,010	965.00	910.00	1,010	1,010	1,070	950.00	980.00
FOUNDATION WALLS									
Concrete 3000 psi reinforced with 3 lbs. per square foot									
12" thick 3'0" high	LF	43.00	42.50	43.75	47.75	42.50	49.50	43.50	45.50
Add for each additional 12" in height	LF	12.95	12.75	13.10	14.35	12.80	14.80	13.05	13.60
Standard blockwork filled with concrete									
12" thick 3'0" high	LF	24.00	27.00	32.50	31.75	30.75	31.25	32.50	35.75
Add for each additional 12" in height	LF	7.20	8.05	9.75	9.50	9.20	9.40	9.75	10.75
A12 Basement Excavation									
(The following figures are guides only and should be supplemented by information contained in section C. Special conditions dictating wellpoint dewatering systems, shoring, soldier piling, timber lagging etc., must be assessed separately and added to project estimates as required.)									
EXCAVATION BY MACHINE									
(Including disposal of surplus material, backfilling with imported granular material, weeping tiles to perimeter and trimming base ready to receive concrete. Measure cube of basement to outside face of perimeter walls and from underside of slab on grade.)									
Simple building shape									
In medium soil	CF	0.45	0.40	0.43	0.41	0.44	0.47	0.39	0.46
In rock ripping	CF	0.87	0.81	0.85	0.80	0.82	0.90	0.76	0.86
Complex building shape									
In medium soil	CF	0.75	0.67	0.72	0.68	0.72	0.77	0.63	0.75
In rock ripping	CF	1.22	1.14	1.19	1.12	1.16	1.27	1.06	1.21

CIQS A2 Structure — IMPERIAL COMPOSITE UNIT RATES

Special Conditions

(Comparative rates are not shown as pricing for this is seldom done on any elemental basis, but rather by particular study and specific solution (e.g., piling). The outcome of each study normally defines a method. For information on these methods consult unit price Section 2. Site work.)

A2: STRUCTURE

A21 Lowest Floor Construction

FLOOR SLABS

Concrete 3000 psi 4" thick with mesh reinforcement, 6" layer of crushed stone and including screed and steel trowel finish

Item	UNITS	St. Johns	Halifax	Montreal	Ottawa	Toronto	Winnipeg	Calgary	Vancouver
Plain slab	SF	2.61	2.31	2.23	2.43	2.34	2.54	2.24	2.33
Slab with concrete skim slab 2000 psi 3" thick and 2 ply waterproof fabric membrane	SF	5.15	4.98	4.92	5.20	5.15	5.65	4.84	5.15
Add for each additional 1" in thickness of concrete	SF	0.34	0.30	0.26	0.32	0.30	0.33	0.30	0.28
Extra for floor trench internal size 18" wide x 12" deep constructed monolithically with slab, including all additional concrete, reinforcement, formwork and steel angle frame and 1/4" plate cover	LF	22.50	19.60	19.40	20.25	19.50	20.25	19.30	19.15

A22 Upper Floor Construction

STEEL FRAME

(Including steel floor deck, concrete slab, reinforcement and joint formwork.)

3 storey live load 50 psf plus partitions 25 psf
Not fireproofed:

Item	UNITS	St. Johns	Halifax	Montreal	Ottawa	Toronto	Winnipeg	Calgary	Vancouver
Bay size 25' x 25'	SF	12.55	12.05	10.25	13.25	12.20	12.25	13.75	13.70
Bay size 30' x 30'	SF	13.25	12.65	10.75	13.95	12.85	12.90	14.55	14.45
Bay size 35' x 35'	SF	13.90	13.25	11.30	14.60	13.50	13.50	15.30	15.15
Bay size 40' x 40'	SF	14.85	14.15	12.05	15.60	14.45	14.45	16.40	16.25

3 storey live load 75 psf plus partitions 25 psf
Not fireproofed:

Item	UNITS	St. Johns	Halifax	Montreal	Ottawa	Toronto	Winnipeg	Calgary	Vancouver
Bay size 25' x 25'	SF	13.10	12.50	10.65	13.80	12.70	12.75	14.35	14.30
Bay size 30' x 30'	SF	13.75	13.10	11.15	14.45	13.35	13.40	15.10	15.00
Bay size 35' x 35'	SF	14.55	13.85	11.80	15.30	14.10	14.15	16.05	15.90
Bay size 40' x 40'	SF	15.85	15.05	12.80	16.60	15.35	15.40	17.55	17.35

10 storey live load 50 psf plus partitions 25 psf
With fireproofing to steel and deck:

Item	UNITS	St. Johns	Halifax	Montreal	Ottawa	Toronto	Winnipeg	Calgary	Vancouver
Bay size 25' x 25'	SF	16.00	13.75	11.80	14.80	14.10	14.30	15.30	15.60
Bay size 30' x 30'	SF	16.40	14.25	12.20	15.35	14.60	14.80	15.90	16.20
Bay size 35' x 35'	SF	17.05	14.80	12.70	16.00	15.20	15.40	16.65	16.85
Bay size 40' x 40'	SF	18.00	15.70	13.40	17.00	16.10	16.30	17.75	17.90

10 storey live load 75 psf plus partitions 25 psf
With fireproofing to steel and deck:

Item	UNITS	St. Johns	Halifax	Montreal	Ottawa	Toronto	Winnipeg	Calgary	Vancouver
Bay size 25' x 25'	SF	16.40	14.15	12.15	15.25	14.50	14.70	15.80	16.05
Bay size 30' x 30'	SF	16.85	14.65	12.55	15.80	15.00	15.20	16.40	16.65
Bay size 35' x 35'	SF	17.60	15.35	13.15	16.60	15.75	15.95	17.30	17.50
Bay size 40' x 40'	SF	18.55	16.20	13.85	17.60	16.65	16.85	18.40	18.55

CONCRETE FRAME

(Including concrete, reinforcement and formwork to slab columns and beams.)

4 storey live load 60-80 psf

Item	UNITS	St. Johns	Halifax	Montreal	Ottawa	Toronto	Winnipeg	Calgary	Vancouver
Bay size 20' x 20' slab and flat drops	SF	10.85	11.25	10.90	11.20	11.75	11.95	10.80	11.05
Bay size 30' x 30' slab and flat drops	SF	12.10	12.00	11.45	12.25	12.65	13.00	11.65	11.80
Bay size 40' x 40' flat slab and beams	SF	14.95	15.30	14.90	14.70	15.45	16.20	14.60	15.00
Bay size 20' x 20' joists slabs	SF	12.80	13.45	13.15	12.60	13.30	13.85	12.80	13.05
Bay size 40' x 40' joists slabs	SF	13.35	13.95	13.60	13.15	13.85	14.45	13.25	13.60

4 storey live load 105 psf

Item	UNITS	St. Johns	Halifax	Montreal	Ottawa	Toronto	Winnipeg	Calgary	Vancouver
Bay size 20' x 20' slab and flat drops	SF	11.10	11.45	11.05	11.40	11.95	12.20	11.00	11.25
Bay size 30' x 30' slab and flat drops	SF	12.60	12.45	11.85	12.75	13.10	13.55	12.10	12.25
Bay size 40' x 40' flat slab and beams	SF	16.10	16.35	15.95	15.80	16.60	17.40	15.60	16.10
Bay size 20' x 20' joists slabs	SF	13.65	14.20	13.85	13.40	14.10	14.75	13.50	13.85
Bay size 40' x 40' joists slabs	SF	13.85	14.45	14.05	13.65	14.35	15.00	13.75	14.05

4 storey live load 140 psf

Item	UNITS	St. Johns	Halifax	Montreal	Ottawa	Toronto	Winnipeg	Calgary	Vancouver
Bay size 20' x 20' slab and flat drops	SF	11.40	11.75	11.35	11.75	12.30	12.55	11.30	11.55
Bay size 30' x 30' slab and flat drops	SF	13.60	13.60	12.70	13.75	14.15	14.50	13.00	13.20
Bay size 40' x 40' flat slab and beams	SF	16.25	16.40	15.90	15.95	16.70	17.55	15.70	16.15
Bay size 20' x 20' joists slabs	SF	14.65	15.15	14.65	14.40	15.05	15.75	14.40	14.70
Bay size 40' x 40' joists slabs	SF	15.75	16.10	15.55	15.50	16.20	17.00	15.35	15.80

15 storey live load 60-80 psf

Item	UNITS	St. Johns	Halifax	Montreal	Ottawa	Toronto	Winnipeg	Calgary	Vancouver
Bay size 20' x 20' slab and flat drops	SF	11.50	11.60	11.10	11.95	12.10	12.35	11.20	11.30
Bay size 30' x 30' slab and flat drops	SF	13.25	13.00	12.35	13.45	13.45	13.75	12.60	12.65
Bay size 40' x 40' flat slab and beams	SF	13.70	14.20	13.75	13.50	14.10	14.80	13.60	13.80
Bay size 20' x 20' joists slabs	SF	12.90	13.25	12.85	12.95	13.60	13.80	12.65	12.95
Bay size 40' x 40' joists slabs	SF	12.45	12.85	12.50	12.15	12.75	13.35	12.25	12.50

IMPERIAL COMPOSITE UNIT RATES — Exterior Closure CIQS A3

Item	UNITS	St. Johns	Halifax	Montreal	Ottawa	Toronto	Winnipeg	Calgary	Vancouver
15 storey live load 160 psf									
Bay size 20' x 20' slab and flat drops	SF	12.20	12.20	11.65	12.65	12.75	13.10	11.75	11.95
Bay size 30' x 30' slab and flat drops	SF	14.75	14.65	13.90	15.05	15.10	15.50	14.20	14.25
Bay size 40' x 40' flat slab and beams	SF	15.40	15.70	15.10	15.15	15.75	16.50	15.00	15.30
Bay size 20' x 20' joists slabs	SF	14.70	15.25	14.75	14.50	15.15	15.85	14.50	14.80
Bay size 40' x 40' joists slabs	SF	15.10	15.50	15.05	14.85	15.55	16.30	14.80	15.15
WOOD JOISTED FLOORS									
Joists at 16" o.c. with bridging									
2" x 8" joists and 1/2" plywood subfloor	SF	2.83	2.81	2.74	2.62	2.69	2.53	2.48	2.50
2" x 12" joists and 3/4" plywood subfloor	SF	3.72	3.56	3.62	3.55	3.41	3.28	3.12	3.07
CONCRETE SHEAR WALLS									
Unfinished reinforced concrete									
8" thick, 3 lbs steel per sf	SF	13.05	13.50	13.20	12.20	12.90	14.20	12.55	13.35
12" thick, 3.5 lbs steel per sf	SF	14.65	14.95	14.50	13.75	14.35	15.80	13.95	14.75

Stairs
ASSUMED SUPPORTED BY THE STRUCTURE

Item	UNITS	St. Johns	Halifax	Montreal	Ottawa	Toronto	Winnipeg	Calgary	Vancouver
Steel									
Pan stair 4' wide x 12' rise, half landing, including concrete infill and pipe railings	FLIGHT	4,500	4,775	4,750	5,600	5,200	5,000	6,200	5,800
Pan stair 4' wide x 12' rise, half landing, including precast terrazzo and landing and picket railings	FLIGHT	8,700	7,800	7,700	8,600	8,600	8,300	9,900	8,400
Concrete									
Cast-in-place concrete stair 4' wide x 12' rise, half landing, including fair concrete finish and pipe railings	FLIGHT	2,975	3,225	3,100	3,400	3,200	3,225	3,250	3,375
Cast-in-place concrete stair 4' wide x 12' rise, half landing, including quarry tile finish and picket railings	FLIGHT	5,100	5,400	5,200	5,500	5,600	5,400	5,900	5,500

A23 Roof Construction

STEEL FRAME
(Including 1 1/2" deep roof deck.)
3 storey live load 60 psf, including 40 psf snow load
Not fireproofed:

Item	UNITS	St. Johns	Halifax	Montreal	Ottawa	Toronto	Winnipeg	Calgary	Vancouver
Bay size 25' x 25'	SF	7.75	7.20	5.90	8.05	7.35	6.90	8.75	8.00
Bay size 30' x 30'	SF	8.15	7.60	6.20	8.45	7.70	7.25	9.20	8.45
Bay size 35' x 35'	SF	9.60	8.95	7.30	9.95	9.10	8.55	10.90	9.95
Bay size 40' x 40'	SF	10.45	9.75	7.95	10.85	9.90	9.35	11.85	10.85
10 storey live load 60 psf, including 40 psf snow load									
With fireproofing to steel and deck:									
Bay size 25' x 25'	SF	13.35	11.05	9.20	11.95	11.35	11.05	12.90	12.35
Bay size 30' x 30'	SF	13.95	11.60	9.65	12.60	11.95	11.65	13.60	12.95
Bay size 35' x 35'	SF	14.70	12.35	10.25	13.45	12.70	12.35	14.50	13.80
Bay size 40' x 40'	SF	15.45	13.05	10.85	14.25	13.45	13.05	15.45	14.60

CONCRETE FRAME
(Including concrete, reinforcement and formwork to slab columns and beams.)

Item	UNITS	St. Johns	Halifax	Montreal	Ottawa	Toronto	Winnipeg	Calgary	Vancouver
4 storey live load 60-80 psf including 40 psf snow load									
Bay size 20' x 20' slab and flat drops	SF	10.85	11.25	10.90	11.20	11.75	11.95	10.85	11.05
Bay size 30' x 30' slab and flat drops	SF	12.10	12.00	11.45	12.25	12.65	13.00	11.65	11.80
Bay size 40' x 20' flat slab and beams	SF	14.95	15.30	14.90	14.70	15.45	16.20	14.60	15.00
Bay size 20' x 40' joists slabs	SF	12.80	13.45	13.15	12.60	13.30	13.85	12.80	13.05
Bay size 40' x 30' joists slabs	SF	13.80	14.40	13.95	13.55	14.20	14.80	13.65	13.95
15 storey live load 60-80 psf including 40 psf snow load									
Bay size 20' x 20' slab and flat drops	SF	11.50	11.55	11.10	11.95	12.05	12.35	11.15	11.30
Bay size 30' x 30' slab and flat drops	SF	13.15	13.05	12.40	13.40	13.45	13.75	12.65	12.70
Bay size 40' x 40' flat slab and beams	SF	13.70	14.20	13.75	13.50	14.10	14.80	13.60	13.80
Bay size 20' x 40' joists slabs	SF	13.20	13.80	13.50	12.95	13.65	14.25	13.15	13.45
Bay size 40' x 30' joists slabs	SF	12.05	12.60	12.35	11.95	12.65	13.25	11.95	12.30

A3: EXTERIOR ENCLOSURE
A31 Walls Below Ground Floor

CONCRETE
Cast in place
3000 psi

Item	UNITS	St. Johns	Halifax	Montreal	Ottawa	Toronto	Winnipeg	Calgary	Vancouver
12" thick, 10' max. high, 3.5 lbs. reinforcement per SF and with 2 coats asphalt emulsion waterproofing	SF	18.20	18.45	17.85	16.50	17.70	20.00	17.35	18.20
12" thick, 12' max. high, 4.5 lbs. reinforcement per SF and with 2 coats asphalt emulsion waterproofing	SF	17.30	17.40	16.80	15.65	16.70	18.80	16.65	17.55
14" thick, 16' max. high, 6.5 lbs. reinforcement per SF and with 2 coats asphalt emulsion waterproofing	SF	19.20	19.20	18.45	17.50	18.55	21.00	18.30	19.45

MASONRY
Blockwork
Reinforced:
10" thick with 1/2" cement parging and 2 coats

CIQS A3 Exterior Closure — IMPERIAL COMPOSITE UNIT RATES

Item	UNITS	St. Johns	Halifax	Montreal	Ottawa	Toronto	Winnipeg	Calgary	Vancouver
sprayed asphalt	SF	9.20	9.50	11.00	10.70	11.10	10.90	10.60	11.70
12" thick with concrete filling to voids 1/2" cement parging and 2 coats sprayed asphalt	SF	12.15	12.15	13.55	13.10	13.90	13.95	13.40	14.40

A32 Walls Above Ground Floor

CONCRETE
Cast in place
3000 psi:

Item	UNITS	St. Johns	Halifax	Montreal	Ottawa	Toronto	Winnipeg	Calgary	Vancouver
8" thick, 12" high, with 4 lbs. reinforcement per SF, sandblasted finish and 1" polystyrene insulation	SF	16.20	16.80	16.20	15.20	16.10	17.90	15.65	16.80
8" thick, 12" high, with 4 lbs. reinforcement per SF, board-formed finish, 1" polystyrene insulation and 4" concrete block backup	SF	19.20	19.90	20.75	19.10	20.25	21.00	20.25	21.50

Precast concrete

Item	UNITS	St. Johns	Halifax	Montreal	Ottawa	Toronto	Winnipeg	Calgary	Vancouver
Solid load-bearing, white textured finish, 1" moulded polystyrene insulation and 6" concrete block backup	SF	28.00	27.50	27.50	29.00	28.00	26.25	26.50	30.25
Sandwich load-bearing panels with with textured finish, 1" moulded polystyrene insulation and 4" concrete block backup	SF	30.00	28.50	28.75	31.50	29.50	31.00	28.25	32.00
Solid non-load-bearing, white exposed aggregate finish, 2" moulded polystryene insulation and 4" concrete block backup	SF	26.00	26.00	27.50	24.75	25.00	26.50	28.50	28.50

MASONRY
Blockwork

Item	UNITS	St. Johns	Halifax	Montreal	Ottawa	Toronto	Winnipeg	Calgary	Vancouver
10" with 2 coats silicone	SF	6.60	7.50	9.20	8.65	8.25	9.35	9.00	9.55
12" with 2 coats silicone	SF	7.25	8.05	9.90	9.40	9.65	10.00	9.65	11.25
12 1/2" hollow wall comprising 4" architectural blockwork, 1" moulded polystryene insulation, 2" cavity, 4" block inner skin and 2 coats silicone	SF	12.20	12.40	15.65	15.00	14.85	14.75	15.35	17.25

Brickwork
Solid walls:

Item	UNITS	St. Johns	Halifax	Montreal	Ottawa	Toronto	Winnipeg	Calgary	Vancouver
8" wall with 4" modular facing 4" mm brick backup	SF	21.25	19.15	19.90	18.75	19.90	22.25	19.15	23.25
12" wall with 4" modular facing bonded with headers every 6th course to 8" concrete block backing	SF	16.75	15.80	17.70	16.65	17.25	18.30	17.10	19.45

Hollow walls:

Item	UNITS	St. Johns	Halifax	Montreal	Ottawa	Toronto	Winnipeg	Calgary	Vancouver
12" wall with 4" modular facing, 2" cavity, 2" rigid insulation, and 4" concrete block backing	SF	15.05	13.80	15.80	14.70	15.35	15.80	15.40	17.85
14" wall with 4" modular facing, 1/2" parging, 1 1/2" cavity, 2" rigid insulation, and 6" concrete block backing	SF	16.80	15.40	17.40	16.25	17.20	17.90	16.80	19.30
12" wall with two 4" modular facing skins, 2" rigid insulation, 1/2" parging and 1 1/2" cavity	SF	22.25	19.80	20.25	19.35	20.75	23.25	19.70	23.75

Composite walls

Item	UNITS	St. Johns	Halifax	Montreal	Ottawa	Toronto	Winnipeg	Calgary	Vancouver
10 1/2" wall with 4" modular brick facing, polystyrene vapour barrier, 6" metal studding, 4" batt insulation, metal furring and drywall	SF	16.60	16.25	15.90	15.60	16.45	18.30	16.20	18.75

Stonework

Item	UNITS	St. Johns	Halifax	Montreal	Ottawa	Toronto	Winnipeg	Calgary	Vancouver
15 1/2" wall with 4" limestone ashlar sawn face, 1/2" parging and 10" concrete block backing	SF	34.75	34.75	34.00	36.75	33.75	37.50	38.50	35.75

SIDING
Metal siding with masonry backing
Steel:

Item	UNITS	St. Johns	Halifax	Montreal	Ottawa	Toronto	Winnipeg	Calgary	Vancouver
22 gauge with baked enamel finish on z-bar sub girts and 12" concrete block backing	SF	13.25	14.40	16.15	16.65	15.75	16.75	16.70	18.15

Aluminum:

Item	UNITS	St. Johns	Halifax	Montreal	Ottawa	Toronto	Winnipeg	Calgary	Vancouver
.032" with baked enamel finish, concealed fastenings on z-bar sub grits and 12" concrete block backing	SF	14.00	15.15	17.00	17.70	16.60	17.70	17.60	19.10

Wood and board siding
Cedar:

Item	UNITS	St. Johns	Halifax	Montreal	Ottawa	Toronto	Winnipeg	Calgary	Vancouver
1" x 10" bevelled siding on wood furring with 10" concrete block backup	SF	10.65	12.60	14.45	14.10	12.95	14.80	13.50	13.45

A33 Windows & Entrances

ALUMINUM
Based on 4'x 6' opening, with baked enamel finish
Non-thermally broken:

Item	UNITS	St. Johns	Halifax	Montreal	Ottawa	Toronto	Winnipeg	Calgary	Vancouver
Window with no vents and sealed tinted single glazing	SF	24.25	23.75	22.50	22.25	22.75	24.25	24.75	21.75
Window with one opening and sealed tinted double glazing	SF	33.75	34.50	32.50	33.25	32.00	34.75	35.75	31.50

Thermally broken:

Item	UNITS	St. Johns	Halifax	Montreal	Ottawa	Toronto	Winnipeg	Calgary	Vancouver
Window with no vents and sealed tinted single glazing	SF	27.75	27.50	26.50	25.75	26.25	28.50	28.75	25.00
Window with one opening and sealed tinted double glazing	SF	39.75	41.25	39.00	39.50	37.75	41.75	42.25	37.00

STEEL
With baked enamel finish
Industrial sash:

Item	UNITS	St. Johns	Halifax	Montreal	Ottawa	Toronto	Winnipeg	Calgary	Vancouver
With 20% ventilating sash and clear single glazing	SF	26.00	24.50	23.25	23.75	24.25	26.50	26.50	23.25

IMPERIAL COMPOSITE UNIT RATES — Partitions and Doors CIQS B1

Item	UNITS	St. Johns	Halifax	Montreal	Ottawa	Toronto	Winnipeg	Calgary	Vancouver
WOOD									
Redwood									
Based on 4' x 6' opening:									
With lower ventilating unit and clear double glazing	SF	35.00	33.00	30.00	29.50	31.50	34.50	31.00	29.50
ALUMINUM FRAMING SYSTEM									
With baked enamel finish									
Non-thermally broken:									
10'- 12' flr/flr with 4' mullion spacing and tinted single glazing	SF	39.00	34.50	34.00	35.75	35.75	38.00	39.25	34.75
Thermally broken:									
10'- 12' flr/flr with 4' mullion spacing and tinted double glazing	SF	47.75	43.50	41.75	43.50	43.50	48.50	48.00	42.00

A34 Roof Covering

Item	UNITS	St. Johns	Halifax	Montreal	Ottawa	Toronto	Winnipeg	Calgary	Vancouver
BUILT UP FELT ROOFING									
(Including wood cants and nailers, aluminum flashing 18" girth, insulation 3" thick, and gravel.)									
High rise office building	SF	3.36	3.48	3.37	3.37	3.62	3.96	3.43	3.56
Low rise articulated office building	SF	3.88	4.06	3.95	3.94	4.21	4.65	3.95	4.10
FLUID APPLIED ROOFING									
Hot applied rubberized asphalt on base sheet including 3" rigid insulation									
Low rise institutional building	SF	4.44	4.83	4.54	4.49	4.71	5.25	4.49	4.95

B1: PARTITIONS AND DOORS
B11 Partitions

Item	UNITS	St. Johns	Halifax	Montreal	Ottawa	Toronto	Winnipeg	Calgary	Vancouver
Brickwork									
Modular red clay, single wythe, plastered one side	SF	17.00	15.50	16.35	15.80	15.40	17.35	15.40	17.65
Modular backup, single wythe plaster both sides	SF	19.00	17.65	18.90	18.50	16.95	18.95	17.45	19.10
Modular backup, double wythe plaster both sides	SF	25.75	23.50	25.00	24.25	23.00	26.00	23.50	26.25
Blockwork partitions									
Plain:									
Painted one side									
4" thick	SF	5.10	5.20	6.20	5.90	6.20	5.40	6.20	6.95
6" thick	SF	5.40	5.65	6.95	6.15	6.55	6.15	6.75	7.50
8" thick	SF	5.75	6.00	7.35	6.90	7.05	6.90	7.10	7.60
Plastered and painted one side									
4" thick	SF	11.70	11.40	13.00	12.55	11.95	11.80	12.30	13.35
6" thick	SF	12.00	11.85	13.75	12.85	12.30	12.55	12.85	13.90
8" thick	SF	12.35	12.25	14.10	13.60	12.80	13.30	13.25	14.00
Plastered and painted both sides									
4" thick	SF	18.85	18.25	20.25	19.85	18.25	18.80	18.95	20.50
6" thick	SF	19.15	18.70	21.00	20.25	18.60	19.55	19.50	21.00
8" thick	SF	19.50	19.05	21.50	21.00	19.05	20.25	19.90	21.00
Architectural:									
Painted one side									
4" thick	SF	5.55	6.20	7.05	7.20	6.85	7.00	6.85	8.05
6" thick	SF	6.05	6.65	7.55	7.75	7.40	7.80	7.30	8.55
8" thick	SF	6.80	7.30	8.35	8.50	8.35	9.10	8.15	9.55
Plastered and painted one side									
4" thick	SF	12.15	12.40	13.85	13.90	12.60	13.40	12.95	14.45
6" thick	SF	12.65	12.90	14.30	14.45	13.15	14.20	13.40	14.95
8" thick	SF	13.40	13.55	15.15	15.20	14.10	15.50	14.25	15.95
Integrally coloured architectural:									
Painted one side									
4" thick	SF	6.50	7.30	7.60	8.40	7.95	8.30	6.90	9.45
6" thick	SF	6.80	7.85	8.20	9.05	8.35	8.85	7.50	10.00
8" thick	SF	7.60	8.40	8.75	9.70	9.35	9.50	8.15	10.95
Plastered and painted both sides									
4" thick	SF	13.10	13.55	14.40	15.10	13.70	14.70	13.05	15.85
6" thick	SF	13.40	14.10	14.95	15.75	14.10	15.25	13.60	16.45
8" thick	SF	14.20	14.65	15.50	16.40	15.10	15.90	14.25	17.35
Metal stud									
3 5/8" thick:									
3/8" drywall single board both sides	SF	2.61	3.29	3.54	3.63	3.42	3.25	3.13	3.45
1/2" drywall single board both sides	SF	2.61	3.31	3.54	3.65	3.44	3.27	3.15	3.48
3/8" drywall double board both sides	SF	3.59	4.58	5.25	5.25	4.99	4.66	4.49	5.05
1/2" drywall double board both sides	SF	3.60	4.62	5.25	5.30	5.05	4.70	4.53	5.10
Wood stud									
2" x 4" studs with 1/2" drywall both sides	SF	1.70	2.35	2.73	2.70	2.49	2.46	2.18	2.44

CIQS C1 Mechanical — IMPERIAL COMPOSITE UNIT RATES

Item	UNITS	St. Johns	Halifax	Montreal	Ottawa	Toronto	Winnipeg	Calgary	Vancouver
B12 Doors Based on 3'0" x 7'0" single doors excluding hardware, including painting where applicable.									
Wood									
Hollow core:									
Paint grade birch in 20 gauge hollow metal frame	EA	305.00	315.00	290.00	315.00	320.00	315.00	265.00	320.00
Solid core:									
Paint grade birch in 18 gauge hollow metal frame	EA	355.00	350.00	350.00	340.00	355.00	375.00	305.00	375.00
Stain grade birch in 18 gauge hollow metal frame	EA	370.00	350.00	370.00	355.00	350.00	380.00	320.00	380.00
Stain grade red oak in 18 gauge hollow metal frame	EA	440.00	405.00	380.00	420.00	385.00	405.00	330.00	420.00
Plastic laminate faced, solid colours in 18 gauge hollow metal frame	EA	465.00	390.00	395.00	405.00	405.00	425.00	345.00	430.00
Metal									
Hollow steel honeycombed:									
In 18 gauge hollow metal frame	EA	365.00	355.00	395.00	365.00	395.00	385.00	325.00	385.00
Hollow steel stiffened:									
In 18 gauge hollow metal frame	EA	555.00	530.00	585.00	570.00	545.00	580.00	490.00	580.00
In 18 gauge hollow metal frame, door with 2' x 2' aperture glazed with georgian glazed wired glass	EA	680.00	650.00	705.00	685.00	665.00	705.00	600.00	695.00
FINISHING HARDWARE Per door, including locksets, butts, pulls, pushes and closers where applicable.									
Hotels	EA	330.00	310.00	310.00	365.00	345.00	365.00	385.00	335.00
Retail stores	EA	210.00	255.00	195.00	230.00	230.00	230.00	255.00	210.00
Apartment buildings	EA	147.00	155.00	137.00	161.00	154.00	161.00	178.00	148.00
Office buildings	EA	400.00	445.00	370.00	425.00	430.00	425.00	445.00	395.00
Hospitals	EA	425.00	470.00	390.00	445.00	460.00	450.00	470.00	415.00
Schools	EA	365.00	385.00	335.00	380.00	385.00	385.00	375.00	355.00
C1: MECHANICAL									
C11 Plumbing and Drainage Total plumbing cost including sanitary facilities, roof drainage, standpipe fire hose system, etc.									
Commercial building	/FIXT	2,650	2,850	2,575	2,375	2,375	2,450	2,750	2,575
Educational building	/FIXT	2,850	3,075	2,775	2,550	2,550	2,650	2,975	2,775
Residential building	/FIXT	710.00	760.00	690.00	635.00	635.00	655.00	740.00	690.00
SWIMMING POOL OLYMPIC SIZE with mechanical work including filtration, pool and deck drainage, water heating, etc.	EA	244,600	262,400	237,600	218,600	218,600	226,500	254,500	237,300
GREASE INTERCEPTOR									
Cast iron type, 9 lbs. fat capacity	EA	535.00	570.00	520.00	475.00	475.00	495.00	555.00	515.00
WATER PUMP STATION									
5000 gallon tank, 15 hp. 200 gpm. 200 ft. head, centrifugal duplex	EA	72,000	77,300	69,900	64,300	64,300	66,700	74,900	69,900
LAWN SPRINKLER SYSTEM									
9-hole golf course, fully automatic	EA	105,000	112,600	102,000	93,800	93,800	97,200	109,200	101,800
Residential system (measure area serviced)	SF	0.36	0.39	0.35	0.32	0.32	0.34	0.38	0.35
C13 Heating, Ventilation and Air Conditioning									
HEATING									
Hot water heating system (measure area serviced)									
Including equipment and perimeter radiation	SF	13.90	14.90	13.50	12.40	12.40	12.85	14.45	13.50
Radiant underflooring hot water heating, copper tubing	SF	6.75	7.25	6.55	6.05	6.05	6.25	7.05	6.55
Snow melting system including steel pipe, glycol charge, heat exchanger, pump and controls (measure area serviced)	SF	7.65	8.20	7.40	6.80	6.80	7.05	7.95	7.40
VENTILATION									
Sanitary exhaust system, including fans ductwork and grilles	CFM	5.10	5.45	4.95	4.60	4.60	4.72	5.30	4.94
Propeller thru wall fan	CFM	1.37	1.47	1.33	1.24	1.24	1.27	1.42	1.33
Make-up air systems, including fan, heating coil, duct, diffusers, thermal insulation and controls	CFM	11.50	12.35	11.15	10.40	10.40	10.65	11.95	11.15
AIR CONDITIONING									
Central station systems									
Chiller, cooling tower, distribution, AHU, ductwork & diffusers	TR	3,725	3,975	3,600	3,325	3,325	3,450	3,875	3,600
Air cooled chiller, distribution water, AHU, ductwork & diffusers	TR	3,275	3,500	3,175	2,925	2,925	3,025	3,400	3,175
Air cooled condenser, direct expansion, AHU, ductwork & diffusers	TR	2,650	2,825	2,575	2,350	2,350	2,450	2,750	2,575
Fan-coil system									
Chiller, cooling tower, individual room units with central primary air system	TR	4,400	4,725	4,275	3,925	3,925	4,075	4,575	4,250

IMPERIAL COMPOSITE UNIT RATES — Electrical CIQS C2

Item	UNITS	St. Johns	Halifax	Montreal	Ottawa	Toronto	Winnipeg	Calgary	Vancouver
Roof-top system									
Packaged unit, air cooled, gas-fired ductwork and diffusers:									
5 TR cooling, 150 mbh heating	EA	11,500	12,400	11,200	10,400	10,400	10,700	12,000	11,200
10 TR cooling, 240 mbh heating	EA	24,000	25,700	23,300	21,700	21,700	22,200	25,000	23,300
15 TR cooling, 320 mbh heating	EA	33,500	36,000	32,500	30,300	30,300	31,000	34,900	32,500
20 TR cooling, 400 mbh heating	EA	38,700	41,600	37,600	35,000	35,000	35,900	40,300	37,600
Air distribution									
Air handling unit, ductwork, diffusers and grilles, automatic controls, thermal and acoustical insulation	CFM	12.80	13.70	12.40	11.55	11.55	11.85	13.30	12.40
Air conditioning equipment									
Absorption chiller	TR	350.00	375.00	340.00	315.00	315.00	325.00	365.00	340.00
Centrifugal chiller	TR	430.00	460.00	420.00	385.00	385.00	400.00	445.00	415.00
Cooling tower	TR	178.00	191.00	173.00	159.00	159.00	165.00	185.00	173.00

C2: ELECTRICAL

ELECTRICAL INSTALLATIONS

Office buildings (speculative), national code 70 regulation, substation, lighting fixture cost at average $50.00, fire alarm, telephone, floor outlets, 1 per 300 SF, parking in basement.

Item	UNITS	St. Johns	Halifax	Montreal	Ottawa	Toronto	Winnipeg	Calgary	Vancouver
Q-deck flooring and trench duct:									
High-rise lighting intensity 70 ft-c	SF	7.30	8.10	7.40	6.40	6.40	6.45	7.60	7.25
Low-rise lighting intensity 70 ft-c	SF	7.75	8.55	7.85	6.80	6.80	6.85	8.05	7.65
High-rise lighting intensity 100 ft-c	SF	7.55	8.35	7.60	6.60	6.60	6.65	7.85	7.45
Conventional underfloor duct and header:									
High-rise lighting intensity 70 ft-c	SF	8.70	9.60	8.75	7.60	7.60	7.65	9.00	8.60
Low-rise lighting intensity 70 ft-c	SF	9.15	10.10	9.20	8.00	8.00	8.05	9.50	9.05
High-rise lighting intensity 100 ft-c	SF	8.70	9.60	8.75	7.60	7.60	7.65	9.00	8.60

Heavy laboratories, national code 70 regulation, no parking facilities, substation, 100 ft-c at 347 V 1 V control, fixture cost $65.00, fire alarm, telephone, emergency generator.

Item	UNITS	St. Johns	Halifax	Montreal	Ottawa	Toronto	Winnipeg	Calgary	Vancouver
High rise:									
Load demand 15 W/SF lab area 40% of gfa	SF	13.50	14.90	13.60	11.80	11.80	11.90	14.00	13.35
Load demand 18 W/SF lab area 50% of gfa	SF	14.55	16.05	14.70	12.70	12.70	12.80	15.10	14.35
Load demand 20 W/SF lab area 60% of gfa	SF	15.65	17.30	15.80	13.65	13.65	13.80	16.25	15.45
Low rise:									
Load demand 15 W/SF lab area 40% of gfa	SF	14.00	15.50	14.15	12.25	12.25	12.35	14.55	13.85
Load demand 18 W/SF lab area 50% of gfa	SF	15.10	16.65	15.25	13.20	13.20	13.30	15.70	14.90
Load demand 20 W/SF lab area 60% of gfa	SF	16.10	17.80	16.25	14.10	14.10	14.20	16.75	15.95

LIGHTING SYSTEMS (net area lighted)

Swimming pools (against net area of pool)
Underwater lighting, complete operating system with ground protection:

Item	UNITS	St. Johns	Halifax	Montreal	Ottawa	Toronto	Winnipeg	Calgary	Vancouver
25 W/SF	SF	2.94	3.25	2.96	2.57	2.57	2.59	3.05	2.90
50 W/SF	SF	4.90	5.40	4.94	4.28	4.28	4.32	5.10	4.84
100 W/SF	SF	6.85	7.55	6.90	6.00	6.00	6.05	7.10	6.75
Parking lots									
Davit steel poles, 2 heads, 250 W HPS ballast, operating system wired to panel, complete:									
1 W/SF	SF	0.70	0.77	0.70	0.61	0.61	0.61	0.72	0.69
2 W/SF	SF	1.25	1.39	1.27	1.10	1.10	1.11	1.30	1.24
Supermarkets (against net area)									
Strip fluorescent	SF	3.44	3.80	3.47	3.01	3.01	3.03	3.58	3.40
Recessed mercury	SF	3.24	3.57	3.26	2.83	2.83	2.85	3.36	3.20

Office building (against net area), lighting system operating and wired to panel, 347 V with standard L V switching, grid box system.
70 ft-c average cost/fixture

Item	UNITS	St. Johns	Halifax	Montreal	Ottawa	Toronto	Winnipeg	Calgary	Vancouver
$50.00	SF	4.60	5.10	4.64	4.02	4.02	4.05	4.78	4.55
$70.00	SF	4.90	5.40	4.94	4.28	4.28	4.32	5.10	4.84
$90.00	SF	5.50	6.05	5.55	4.80	4.80	4.84	5.70	5.45

ELECTRICAL HEATING

Apartments, 2 to 3 storeys, heating load approx. 8 W/SF, with baseboard convector and room thermostats:

Item	UNITS	St. Johns	Halifax	Montreal	Ottawa	Toronto	Winnipeg	Calgary	Vancouver
Baked white enamel finish	kW	285.00	315.00	290.00	250.00	250.00	255.00	300.00	285.00

Offices, standard partitioning, heating load approximately 9-10 W/SF, with baseboard convectors and room thermostats:

Item	UNITS	St. Johns	Halifax	Montreal	Ottawa	Toronto	Winnipeg	Calgary	Vancouver
Baked white enamel finish	kW	330.00	365.00	335.00	290.00	290.00	290.00	340.00	325.00
Stainless steel finish	kW	455.00	500.00	455.00	395.00	395.00	400.00	470.00	445.00

Banks and similar large window exposure, heating load 12 W/SF, with central thermostat control:

Item	UNITS	St. Johns	Halifax	Montreal	Ottawa	Toronto	Winnipeg	Calgary	Vancouver
Baked white enamel finish	kW	315.00	350.00	320.00	275.00	275.00	280.00	330.00	315.00
Stainless steel finish	kW	455.00	500.00	455.00	395.00	395.00	400.00	470.00	445.00

Instructions for use, page 4. Main index, page 7.

CIQS C2 Electrical — IMPERIAL COMPOSITE UNIT RATES

Item	UNITS	St. Johns	Halifax	Montreal	Ottawa	Toronto	Winnipeg	Calgary	Vancouver
SUBSTATIONS									
Indoor (vault type), 2 incoming h.t. lines, primary protection, load breaker and air circuit breaker, all busing, insulators, cutouts, transformer, grounding, etc. no secondary protection or distribution.									
12,000/347-600 V									
1,000 kVa	EA	51,000	56,300	51,400	44,500	44,500	44,900	52,900	50,300
1,500 kVa	EA	54,300	60,000	54,800	47,500	47,500	47,900	56,400	53,700
2,000 kVa	EA	58,800	64,900	59,300	51,400	51,400	51,800	61,100	58,100
Indoor (metal clad unit type), 2 incoming h.t. lines, primary protection, load breakers and air circuit breaker, all metering, transformer, including tentative allowance for secondary breaker type switchboard without main breaker.									
12,000/347-600 V									
1,000 kVa	EA	70,600	77,900	71,200	61,600	61,600	62,200	73,300	69,700
1,500 kVa	EA	80,400	88,800	81,100	70,200	70,200	70,800	83,400	79,400
2,000 kVa	EA	88,200	97,400	89,000	77,000	77,000	77,700	91,600	87,100
Outdoor, 2 incoming h.t. lines, steel switching structure, transformer fencing, lightning protection, grounding, etc., does not include secondary protection.									
12,000/347-600 V									
1,000 kVa	EA	56,800	62,800	57,300	49,600	49,600	50,100	59,000	56,100
1,500 kVa	EA	62,700	69,300	63,300	54,800	54,800	55,200	65,100	62,000
2,000 kVa	EA	66,600	73,600	67,200	58,200	58,200	58,700	69,200	65,800
EMERGENCY SYSTEMS									
Diesel generator units including complete operating system, exhaust, cooling, oil system, control system.									
120/208 V 20 kW	EA	25,500	28,100	25,700	22,300	22,300	22,400	26,500	25,200
120/208 V 50 kW	EA	33,300	36,800	33,600	29,100	29,100	29,400	34,600	32,900
120/208 V 100 kW	EA	50,000	55,200	50,400	43,700	43,700	44,000	51,900	49,400
120/208 V 200 kW	EA	95,100	105,000	95,900	83,000	83,000	83,700	98,700	93,900
347/600 V 50 kW	EA	34,300	37,900	34,600	30,000	30,000	30,200	35,600	33,900
347/600 V 100 kW	EA	51,900	57,400	52,400	45,400	45,400	45,800	53,900	51,300
347/600 V 200 kW	EA	100,000	110,400	100,800	87,300	87,300	88,100	103,800	98,700
347/600 V 500 kW	EA	245,000	270,600	247,200	214,000	214,000	215,800	254,400	242,000
MOTOR CONTROL CENTERS									
To obtain probable cost of motor center, installed and operating, compute costs from motors connected to the center. Rate include all fuses, control transformers pilot lights, push-button stations, etc. 575 V breaker combination starters									
Class 11, type b:									
Motors to 10 hp	/mtr	1,030	1,140	1,040	905.00	905.00	910.00	1,070	1,020
Motors 30 to 50 hp	/mtr	1,500	1,650	1,510	1,310	1,310	1,320	1,550	1,480
Motors 125 to 200 hp	/mtr	3,450	3,825	3,475	3,025	3,025	3,050	3,600	3,425
575 V fuse combination starter									
Class 11, type b:									
Motors to 10 hp	/mtr	925.00	1,020	935.00	810.00	810.00	815.00	960.00	915.00
Motors 30 - 50 hp	/mtr	1,500	1,650	1,510	1,310	1,310	1,320	1,550	1,480
Motors 125 - 200 hp	/mtr	3,225	3,550	3,250	2,825	2,825	2,850	3,350	3,175
Motors 250 - 400 hp	/mtr	9,000	9,900	9,000	7,800	7,800	7,900	9,300	8,900
575 V star delta breaker									
Class 11, type b:									
Motors to 75 hp	/mtr	2,750	3,050	2,775	2,400	2,400	2,425	2,875	2,725
Motors 100 - 150 hp	/mtr	3,675	4,050	3,700	3,200	3,200	3,225	3,800	3,625
Motors 175 - 300 hp	/mtr	8,300	9,200	8,400	7,200	7,200	7,300	8,600	8,200
COMMUNICATION SYSTEM									
Intercom system									
Complete with switchboard. Cost per system:									
Up to 50 lines	EA	27,400	30,300	27,700	24,000	24,000	24,200	28,500	27,100
Up to 100 lines	EA	51,900	57,400	52,400	45,400	45,400	45,800	53,900	51,300
Up to 200 lines	EA	77,400	85,500	78,100	67,600	67,600	68,200	80,400	76,500
Public address system									
Complete with open wiring in hung ceiling. Cost per system:									
Up to 10 loudspeakers	EA	2,750	3,025	2,775	2,400	2,400	2,425	2,850	2,700
Up to 20 loudspeakers	EA	3,525	3,900	3,550	3,075	3,075	3,100	3,675	3,475
Up to 40 loudspeakers	EA	6,500	7,100	6,500	5,600	5,600	5,700	6,700	6,400
Add to above for the following:									
Microphone	EA	355.00	390.00	355.00	310.00	310.00	310.00	365.00	350.00
Tape deck	EA	980.00	1,080	990.00	855.00	855.00	865.00	1,020	970.00
Phonograph	EA	275.00	305.00	275.00	240.00	240.00	240.00	285.00	270.00
LIGHTNING PROTECTION									
Complete installation of rods to include bonding of steel structure.									
High-rise structure:									
Up to 20 rods	/ROD	980.00	1,080	990.00	855.00	855.00	865.00	1,020	970.00
Up to 60 rods	/ROD	980.00	1,080	990.00	855.00	855.00	865.00	1,020	970.00

IMPERIAL COMPOSITE UNIT RATES — Gen. Req. CIQS Z1, Z2

Item	UNITS	St. Johns	Halifax	Montreal	Ottawa	Toronto	Winnipeg	Calgary	Vancouver
Medium-rise structure:									
Up to 20 rods	/ROD	685.00	760.00	690.00	600.00	600.00	605.00	710.00	680.00
Up to 60 rods	/ROD	785.00	865.00	790.00	685.00	685.00	690.00	815.00	775.00
Low-rise structure:									
Up to 20 rods	/ROD	490.00	540.00	495.00	430.00	430.00	430.00	510.00	485.00
Up to 60 rods	/ROD	590.00	650.00	595.00	515.00	515.00	520.00	610.00	580.00
SNOW MELTING COMPLETE									
System connected to panels, including controls, mineral insulation heating cable with nylon jacket.									
30 W/SF	SF	7.85	8.65	7.90	6.85	6.85	6.90	8.15	7.75
40 W/SF	SF	8.80	9.75	8.90	7.70	7.70	7.75	9.15	8.70

D1: SITE WORK
D11: SITE DEVELOPMENT

Item	UNITS	St. Johns	Halifax	Montreal	Ottawa	Toronto	Winnipeg	Calgary	Vancouver
Seeding & sodding									
Rough grade, spread stock piled topsoil, fine grade & place sod	SY	8.55	6.65	6.30	6.90	6.75	6.95	6.40	6.55
Rough grade, spread stock piled topsoil, fine grade & seed	SY	5.45	4.50	4.78	4.94	4.66	4.69	4.34	4.88
Rough grade, spread imported topsoil, fine grade & place sod	SY	11.30	8.45	8.05	9.30	9.10	8.65	8.30	8.95
Rough grade, spread imported topsoil, fine grade & seed	SY	8.20	6.35	6.50	7.30	7.00	6.45	6.25	7.30
Road & parking									
Roadways, 25' wide, with 9" crushed stone base, 3" double layer asphalt and precast concrete curbs each side	LF	90.00	86.00	85.00	85.00	89.00	95.00	85.00	91.00
Roadways, 12' wide, including crushed stone paving and 2" x 10" cedar curbs to edges	LF	5.75	5.75	6.45	7.50	6.50	7.55	5.70	7.40
Parking lots, including 6" crushed stone base, 2" single layer asphalt precast concrete bumpers at each car and painted parking lines	SF	1.98	1.90	1.77	1.76	1.85	2.05	1.84	1.84
Walkway & steps									
Walks, 4' wide, including 4" crushed stone base and 2" single layer asphalt	LF	15.60	15.60	14.95	14.70	14.80	17.15	15.65	15.30
Walks, 4' wide, including 4" crushed stone base and 5" concrete, mesh and broom finish	LF	15.40	14.40	15.00	15.65	15.45	16.45	14.70	15.40
Concrete steps to walks, 4' wide, including crushed stone base and broom (12" tread and 6" rise)	TREAD	55.00	53.00	57.00	57.00	57.00	59.00	54.00	58.00
Pedestrian and service tunnels for typical university installation, including reinforced concrete, waterproofing, excavation and backfill but not including mechanical and electrical services,									
6' wide x 10' high	LF	580.00	545.00	545.00	520.00	550.00	595.00	525.00	555.00
10' wide x 10' high	LF	655.00	615.00	610.00	595.00	625.00	675.00	590.00	625.00
Fences & screens									
6" high cedar privacy fence 1" x 6" alternate sides of 2" x 4" rails including 4" x 4" posts at 10' o.c. set in concrete	LF	56.00	51.00	44.25	52.00	51.00	55.00	50.00	45.25
6' high decorative concrete block screen, including 4' deep block foundation wall below	LF	81.00	81.00	94.00	88.00	92.00	84.00	91.00	98.00

Z1: GENERAL REQUIREMENTS AND FEE

For preliminary estimating purposes the general contractor's site expenses, head office overhead and profit may be calculated on a percentage basis of the total net estimated cost

Item	UNITS	Value
Complex Institutional Projects	%	8 - 12
School Project	%	7 - 11
Simple Commercial Projects	%	6 - 10

Z2: CONTINGENCIES/ ALLOWANCES

Z21 Design

Initial estimates require the inclusion of a contingency sum for remeasured items, design development change, etc. This contingency may be reduced as more information becomes available enabling more detailed estimates to be prepared ... % ... 5 - 10

Z22 Escalation

Provision should be made for likely cost increases between the date of estimate and the anticipated date of tender ... % ... varies according to circumstances

Z23 Construction

Allowance should be made for possible increases in contract cost resulting from unforeseen site conditions, design change during construction, etc.

Item	UNITS	Value
New work	%	2 - 5
Renovations and alterations	%	3 - 8

SECTION E — GROSS BUILDING COSTS — REPRESENTATIVE EXAMPLES

DESCRIPTION		SQUARE METRES			SQUARE FEET			%
		LOW	AVERAGE	HIGH	LOW	AVERAGE	HIGH	
MULTI LEVEL PARKING GARAGE: Above ground, 700 cars, reinforced concrete frame. Excluding Site. 275,000 SF (25 400 m²)	A1 substructure		31.95			2.97		9.13
	A2 structure		204.20			18.97		58.37
	A3 exterior enclosure		24.44			2.27		6.99
	B1 partitions & doors		2.46			0.23		0.70
	B2 finishes		13.87			1.29		3.96
	B3 fittings & equipment		9.89			0.92		2.83
	C1 mechanical		21.55			2.00		6.16
	C2 electrical		17.13			1.59		4.90
	Z1 general requirements & fee		24.36			2.26		6.96
	COMPLETE BUILDING	314.86	349.85	384.83	29.25	32.50	35.75	100.00

DESCRIPTION		SQUARE METRES			SQUARE FEET			%
		LOW	AVERAGE	HIGH	LOW	AVERAGE	HIGH	
PARKING GARAGE: Below ground, 300 cars, reinforced concrete frame, 3 levels, heated. Excluding Site. 132,000 SF (12 268 m²)	A1 substructure		133.92			12.44		26.18
	A2 structure		157.86			14.67		30.86
	A3 exterior enclosure		54.33			5.05		10.62
	B1 partitions & doors		17.84			1.66		3.49
	B2 finishes		36.86			3.42		7.21
	B3 fittings & equipment		12.21			1.13		2.39
	C1 mechanical		42.98			3.99		8.40
	C2 electrical		17.58			1.63		3.44
	Z1 general requirements & fee		37.88			3.52		7.41
	COMPLETE BUILDING	460.30	511.44	562.59	42.76	47.51	52.27	100.00

DESCRIPTION		SQUARE METRES			SQUARE FEET			%
		LOW	AVERAGE	HIGH	LOW	AVERAGE	HIGH	
LIGHT INDUSTRIAL: 10% administration/canteen etc.. Excluding Site. 50,000 SF (4600 m²)	A1 substructure		40.42			3.76		8.73
	A2 structure		98.24			9.13		21.21
	A3 exterior enclosure		89.13			8.28		19.24
	B1 partitions & doors		3.92			0.36		0.85
	B2 finishes		36.28			3.37		7.83
	B3 fittings & equipment		26.11			2.43		5.64
	C1 mechanical		81.81			7.60		17.66
	C2 electrical		56.98			5.29		12.30
	Z1 general requirements & fee		30.31			2.82		
	COMPLETE BUILDING	416.87	463.19	509.51	38.73	43.03	47.34	100.00

DESCRIPTION		SQUARE METRES			SQUARE FEET			%
		LOW	AVERAGE	HIGH	LOW	AVERAGE	HIGH	
WAREHOUSE: Bare, lightly serviced, single storey 18 ft. (5.5 m) eaves. Excluding Site. 30,000 SF (2800 m²)	A1 substructure		22.60			2.10		6.41
	A2 structure		66.51			6.18		18.88
	A3 exterior enclosure		128.17			11.91		36.38
	B1 partitions & doors		24.61			2.29		6.99
	B2 finishes		2.11			0.20		0.60
	B3 fittings & equipment		0.00			0.00		0.00
	C1 mechanical		73.62			6.84		20.89
	C2 electrical		8.60			0.80		2.44
	Z1 general requirements & fee		26.11			2.43		7.41
	COMPLETE BUILDING	317.09	352.32	387.56	29.46	32.73	36.01	100.00

DESCRIPTION		SQUARE METRES			SQUARE FEET			%
		LOW	AVERAGE	HIGH	LOW	AVERAGE	HIGH	
PUBLIC ADMINISTRATION BUILDING: Brick veneer, includes fittings. Excluding Site. 173,000 SF (16 100 m²)	A1 substructure		30.06			2.79		2.36
	A2 structure		202.40			18.80		15.89
	A3 exterior enclosure		188.61			17.52		14.81
	B1 partitions & doors		74.60			6.93		5.86
	B2 finishes		196.29			18.24		15.42
	B3 fittings & equipment		63.21			5.87		4.96
	C1 mechanical		279.18			25.94		21.92
	C2 electrical		144.84			13.46		11.37
	Z1 general requirements & fee		94.33			8.76		7.41
	COMPLETE BUILDING	1,146.17	1,273.52	1,400.87	106.48	118.31	130.15	100.00

GROSS BUILDING COSTS — REPRESENTATIVE EXAMPLES SECTION E

DESCRIPTION		SQUARE METRES			SQUARE FEET			%
		LOW	AVERAGE	HIGH	LOW	AVERAGE	HIGH	
COMMERICIAL OFFICE BUILDING: 3 storeys, finished open space with access flooring, one level of below grade parking. Excluding Site. 87,600 SF (8140 m²)	A1 substructure		23.96			2.23		2.07
	A2 structure		187.75			17.44		16.23
	A3 exterior enclosure		164.59			15.29		14.23
	B1 partitions & doors		58.32			5.42		5.04
	B2 finishes		96.93			9.00		8.38
	B3 fittings & equipment		61.62			5.72		5.33
	C1 mechanical		305.71			28.40		26.44
	C2 electrical		172.00			15.98		14.87
	Z1 general requirements & fee		85.66			7.96		7.41
	COMPLETE BUILDING	1,040.88	1,156.54	1,272.19	96.70	107.45	118.19	100.00

DESCRIPTION		SQUARE METRES			SQUARE FEET			%
		LOW	AVERAGE	HIGH	LOW	AVERAGE	HIGH	
THEATRE: 3,000 seats, includes workshops and stage equipment. Excluding Site. 190,400 SF (17 689 m²)	A1 substructure		51.18			4.75		2.38
	A2 structure		352.40			32.74		16.40
	A3 exterior enclosure		314.50			29.22		14.64
	B1 partitions & doors		199.60			18.54		9.29
	B2 finishes		234.09			21.75		10.90
	B3 fittings & equipment		253.90			23.59		11.82
	C1 mechanical		387.95			36.04		18.05
	C2 electrical		195.69			18.18		9.11
	Z1 general requirements & fee		159.13			14.78		7.41
	COMPLETE BUILDING	1,933.60	2,148.44	2,363.29	179.64	199.60	219.56	100.00

DESCRIPTION		SQUARE METRES			SQUARE FEET			%
		LOW	AVERAGE	HIGH	LOW	AVERAGE	HIGH	
ART GALLERY: Steel framed, metal clad, 3 storeys. Excluding Site 69,000 SF (6400 m²)	A1 substructure		39.38			3.66		2.24
	A2 structure		302.63			28.12		17.22
	A3 exterior enclosure		381.73			35.46		21.72
	B1 partitions & doors		105.49			9.80		6.00
	B2 finishes		190.86			17.73		10.86
	B3 fittings & equipment		99.40			9.23		5.66
	C1 mechanical		339.14			31.51		19.29
	C2 electrical		153.94			14.30		8.75
	Z1 general requirements & fee		145.13			13.48		8.26
	COMPLETE BUILDING	1,581.94	1,757.71	1,933.48	146.97	163.30	179.63	100.00

DESCRIPTION		SQUARE METRES			SQUARE FEET			%
		LOW	AVERAGE	HIGH	LOW	AVERAGE	HIGH	
PRIVATE MUSEUM: 3 storeys. Excluding Site. 40,000 SF (3665 m²)	A1 substructure		115.70			10.75		6.16
	A2 structure		231.50			21.51		12.32
	A3 exterior enclosure		421.20			39.13		22.42
	B1 partitions & doors		100.68			9.35		5.36
	B2 finishes		148.39			13.79		7.90
	B3 fittings & equipment		195.25			18.14		10.39
	C1 mechanical		321.50			29.87		17.11
	C2 electrical		199.81			18.56		10.64
	Z1 general requirements & fee		144.76			13.45		7.70
	COMPLETE BUILDING	1,690.91	1,878.79	2,066.67	157.09	174.55	192.00	100.00

DESCRIPTION		SQUARE METRES			SQUARE FEET			%
		LOW	AVERAGE	HIGH	LOW	AVERAGE	HIGH	
ARENA/SPORTS CENTRE: 1 rink, 1 basketball or tennis, 3 squash or racquet, 1 pool. Excluding Site. 72,000 SF (6700 m²)	A1 substructure		43.31			4.02		4.27
	A2 structure		273.47			25.41		26.97
	A3 exterior enclosure		129.78			12.06		12.81
	B1 partitions & doors		69.88			6.49		6.90
	B2 finishes		58.26			5.41		5.75
	B3 fittings & equipment		54.39			5.05		5.37
	C1 mechanical		206.39			19.17		20.37
	C2 electrical		94.30			8.76		9.30
	Z1 general requirements & fee		83.68			7.77		8.26
	COMPLETE BUILDING	912.11	1,013.46	1,114.80	84.74	94.15	103.57	100.00

SECTION E — GROSS BUILDING COSTS — REPRESENTATIVE EXAMPLES

DESCRIPTION		SQUARE METRES			SQUARE FEET			%
		LOW	AVERAGE	HIGH	LOW	AVERAGE	HIGH	
CIVIC CENTRE: Including 800 seat auditorium, concrete structure, stucco and concrete panel cladding. Excluding site. 67,400 SF (6250 m²)	A1 substructure		73.73			6.85		3.99
	A2 structure		277.49			25.78		15.02
	A3 exterior enclosure		330.29			30.68		17.87
	B1 partitions & doors		135.57			12.59		7.34
	B2 finishes		122.92			11.42		6.65
	B3 fittings & equipment		151.75			14.10		8.21
	C1 mechanical		400.73			37.23		21.67
	C2 electrical		215.76			20.04		11.68
	Z1 general requirements & fee		139.83			12.99		7.57
	COMPLETE BUILDING	1,663.26	1,848.06	2,032.87	154.52	171.69	188.86	100.00

DESCRIPTION		SQUARE METRES			SQUARE FEET			%
		LOW	AVERAGE	HIGH	LOW	AVERAGE	HIGH	
ZOOLOGICAL BUILDING: To house animals. Excluding Site. 5,440 SF (505 m²)	A1 substructure		328.06			30.48		15.10
	A2 structure		349.58			32.48		16.09
	A3 exterior enclosure		353.51			32.84		16.26
	B1 partitions & doors		173.29			16.10		7.98
	B2 finishes		223.03			20.72		10.27
	B3 fittings & equipment		167.04			15.52		7.69
	C1 mechanical		301.22			27.98		13.87
	C2 electrical		115.68			10.75		5.33
	Z1 general requirements & fee		160.91			14.95		7.41
	COMPLETE BUILDING	1,955.09	2,172.32	2,389.56	181.63	201.82	222.00	100.00

DESCRIPTION		SQUARE METRES			SQUARE FEET			%
		LOW	AVERAGE	HIGH	LOW	AVERAGE	HIGH	
SUPERMARKET: Single storey. Excluding Site. 33,000 SF (3000 m²)	A1 substructure		70.23			6.52		9.55
	A2 structure		110.49			10.26		15.03
	A3 exterior enclosure		81.15			7.54		11.04
	B1 partitions & doors		36.21			3.36		4.93
	B2 finishes		111.63			10.37		15.18
	B3 fittings & equipment		41.93			3.90		5.70
	C1 mechanical		143.06			13.29		19.46
	C2 electrical		86.04			7.99		11.70
	Z1 general requirements & fee		54.45			5.06		7.41
	COMPLETE BUILDING	661.67	735.19	808.71	61.47	68.30	75.13	100.00

DESCRIPTION		SQUARE METRES			SQUARE FEET			%
		LOW	AVERAGE	HIGH	LOW	AVERAGE	HIGH	
FIRE STATION: 1 storey, 6 appliances. Excluding Site. 8,900 SF (827 m²)	A1 substructure		87.14			8.10		7.69
	A2 structure		97.29			9.04		8.59
	A3 exterior enclosure		268.55			24.95		23.70
	B1 partitions & doors		81.40			7.56		7.18
	B2 finishes		69.24			6.43		6.11
	B3 fittings & equipment		30.04			2.79		2.65
	C1 mechanical		251.71			23.38		22.21
	C2 electrical		163.84			15.22		14.46
	Z1 general requirements & fee		83.94			7.80		7.41
	COMPLETE BUILDING	1,019.82	1,133.14	1,246.45	94.74	105.27	115.80	100.00

DESCRIPTION		SQUARE METRES			SQUARE FEET			%
		LOW	AVERAGE	HIGH	LOW	AVERAGE	HIGH	
PSYCHIATRIC HOSPITAL: 2 storey, 325 Bed. Excluding Site. 500,000 SF (46 763 m²)	A1 substructure		41.11			3.82		2.17
	A2 structure		196.74			18.28		10.38
	A3 exterior enclosure		274.63			25.51		14.48
	B1 partitions & doors		137.31			12.76		7.24
	B2 finishes		160.24			14.89		8.45
	B3 fittings & equipment		226.07			21.00		11.92
	C1 mechanical		524.26			48.71		27.65
	C2 electrical		199.95			18.58		10.54
	Z1 general requirements & fee		135.92			12.63		7.17
	COMPLETE BUILDING	1,706.61	1,896.23	2,085.86	158.55	176.17	193.78	100.00

GROSS BUILDING COSTS — REPRESENTATIVE EXAMPLES SECTION E

DESCRIPTION		SQUARE METRES			SQUARE FEET			%
		LOW	AVERAGE	HIGH	LOW	AVERAGE	HIGH	
HIGH RISE HOSPITAL: concrete frame, precast concrete cladding. Three levels below grade, 21 levels above grade. Excluding Site. 885,500 SF (82 260 m²)	A1 substructure		41.97			3.90		2.16
	A2 structure		192.62			17.89		9.92
	A3 exterior enclosure		155.64			14.46		8.01
	B1 partitions & doors		146.83			13.64		7.56
	B2 finishes		93.00			8.64		4.79
	B3 fittings & equipment		231.16			21.48		11.90
	C1 mechanical		653.99			60.76		33.67
	C2 electrical		300.01			27.87		15.45
	Z1 general requirements & fee		127.07			11.81		6.54
	COMPLETE BUILDING	1,748.06	1,942.28	2,136.51	162.40	180.44	198.49	100.00

DESCRIPTION		SQUARE METRES			SQUARE FEET			%
		LOW	AVERAGE	HIGH	LOW	AVERAGE	HIGH	
HEALTH CENTRE (CLINIC): 2 storey, urban. Excluding Site. 25,000 SF (2300 m²)	A1 substructure		18.66			1.73		1.43
	A2 structure		154.77			14.38		11.89
	A3 exterior enclosure		142.99			13.28		10.99
	B1 partitions & doors		127.71			11.86		9.82
	B2 finishes		115.78			10.76		8.90
	B3 fittings & equipment		130.52			12.13		10.03
	C1 mechanical		372.31			34.59		28.61
	C2 electrical		142.06			13.20		10.92
	Z1 general requirements & fee		96.39			8.95		7.41
	COMPLETE BUILDING	1,171.07	1,301.19	1,431.31	108.80	120.88	132.97	100.00

DESCRIPTION		SQUARE METRES			SQUARE FEET			%
		LOW	AVERAGE	HIGH	LOW	AVERAGE	HIGH	
REGIONAL HOSPITAL/ ACUTE CARE FACILITY: 2 storey. Excluding Site. 160,000 SF (14 700 m²)	A1 substructure		28.67			2.66		1.58
	A2 structure		152.34			14.15		8.37
	A3 exterior enclosure		233.12			21.66		12.81
	B1 partitions & doors		132.64			12.32		7.29
	B2 finishes		113.30			10.53		6.23
	B3 fittings & equipment		282.96			26.29		15.55
	C1 mechanical		504.46			46.87		27.73
	C2 electrical		234.85			21.82		12.91
	Z1 general requirements & fee		136.95			12.72		7.53
	COMPLETE BUILDING	1,637.37	1,819.30	2,001.23	152.12	169.02	185.92	100.00

DESCRIPTION		SQUARE METRES			SQUARE FEET			%
		LOW	AVERAGE	HIGH	LOW	AVERAGE	HIGH	
SENIOR CITIZENS HOME: 170 units, 5 storeys. Excluding Site. 148,300 SF (13 780 m²)	A1 substructure		35.52			3.30		3.18
	A2 structure		117.69			10.93		10.52
	A3 exterior enclosure		166.09			15.43		14.85
	B1 partitions & doors		113.27			10.52		10.13
	B2 finishes		80.10			7.44		7.16
	B3 fittings & equipment		105.75			9.82		9.46
	C1 mechanical		300.88			27.95		26.90
	C2 electrical		116.25			10.80		10.39
	Z1 general requirements & fee		82.84			7.70		7.41
	COMPLETE BUILDING	1,006.55	1,118.39	1,230.23	93.51	103.90	114.29	100.00

DESCRIPTION		SQUARE METRES			SQUARE FEET			%
		LOW	AVERAGE	HIGH	LOW	AVERAGE	HIGH	
INTERNATIONAL AIRPORT TERMINAL BUILDING: 3 levels. Excluding Site. 625,000 SF (58 000 m²)	A1 substructure		37.67			3.50		2.23
	A2 structure		250.02			23.23		14.81
	A3 exterior enclosure		240.15			22.31		14.23
	B1 partitions & doors		65.04			6.04		3.85
	B2 finishes		142.81			13.27		8.46
	B3 fittings & equipment		208.27			19.35		12.34
	C1 mechanical		422.07			39.21		25.02
	C2 electrical		196.56			18.26		11.65
	Z1 general requirements & fee		125.01			11.61		7.41
	COMPLETE BUILDING	1,518.84	1,687.60	1,856.36	141.10	156.78	172.46	100.00

SECTION E — GROSS BUILDING COSTS — REPRESENTATIVE EXAMPLES

DESCRIPTION		SQUARE METRES			SQUARE FEET			%
		LOW	AVERAGE	HIGH	LOW	AVERAGE	HIGH	
SMALL AIRPORT TERMINAL BUILDING: Steel framed metal clad, single storey. Excluding Site. 39,000 SF (3600 m²)	A1 substructure		75.30			7.00		5.04
	A2 structure		207.14			19.24		13.86
	A3 exterior enclosure		439.61			40.84		29.40
	B1 partitions & doors		95.15			8.84		6.37
	B2 finishes		125.74			11.68		8.41
	B3 fittings & equipment		189.10			17.57		12.65
	C1 mechanical		178.90			16.62		11.97
	C2 electrical		73.04			6.79		4.89
	Z1 general requirements & fee		110.72			10.29		7.41
	COMPLETE BUILDING	1,345.24	1,494.71	1,644.18	124.98	138.86	152.75	100.00
		SQUARE METRES			**SQUARE FEET**			**%**
		LOW	AVERAGE	HIGH	LOW	AVERAGE	HIGH	
SHOPPING CENTRE: 500,000 SF (46 000 m²) & over. Excluding Site.	A1 substructure		52.67			4.89		7.48
	A2 structure		101.05			9.39		14.34
	A3 exterior enclosure		98.22			9.13		13.94
	B1 partitions & doors		4.53			0.42		0.64
	B2 finishes		12.95			1.20		1.84
	B3 fittings & equipment		17.94			1.67		2.55
	C1 mechanical		252.68			23.47		35.87
	C2 electrical		112.23			10.43		15.93
	Z1 general requirements & fee		52.18			4.85		7.41
	COMPLETE BUILDING	634.01	704.46	774.90	58.90	65.45	71.99	100.00
		SQUARE METRES			**SQUARE FEET**			**%**
		LOW	AVERAGE	HIGH	LOW	AVERAGE	HIGH	
ELEMENTARY SCHOOL: 17 classrooms, single storey. Excluding Site. 56,770 SF (5270 m²),	A1 substructure		18.49			1.72		1.84
	A2 structure		115.56			10.74		11.47
	A3 exterior enclosure		165.59			15.38		16.44
	B1 partitions & doors		74.93			6.96		7.44
	B2 finishes		103.99			9.66		10.32
	B3 fittings & equipment		88.63			8.23		8.80
	C1 mechanical		257.49			23.92		25.57
	C2 electrical		108.00			10.03		10.72
	Z1 general requirements & fee		74.56			6.93		7.40
	COMPLETE BUILDING	906.52	1,007.25	1,107.97	84.22	93.58	102.93	100.00
		SQUARE METRES			**SQUARE FEET**			**%**
		LOW	AVERAGE	HIGH	LOW	AVERAGE	HIGH	
SECONDARY/HIGH SCHOOL: 2 storeys. Excluding Site. 150,000 SF (14 000 m²)	A1 substructure		21.08			1.96		2.01
	A2 structure		140.71			13.07		13.40
	A3 exterior enclosure		143.35			13.32		13.65
	B1 partitions & doors		109.57			10.18		10.44
	B2 finishes		98.41			9.14		9.37
	B3 fittings & equipment		85.36			7.93		8.13
	C1 mechanical		273.05			25.37		26.00
	C2 electrical		94.40			8.77		8.99
	Z1 general requirements & fee		84.08			7.81		8.01
	COMPLETE BUILDING	945.01	1,050.01	1,155.01	87.79	97.55	107.30	100.00
		SQUARE METRES			**SQUARE FEET**			**%**
		LOW	AVERAGE	HIGH	LOW	AVERAGE	HIGH	
UNIVERSITY LECTURE HALL BUILDING: 5 stories. Excluding Site. 80,000 SF (7500 m²)	A1 substructure		44.17			4.10		3.80
	A2 structure		200.74			18.65		17.28
	A3 exterior enclosure		135.30			12.57		11.64
	B1 partitions & doors		89.84			8.35		7.73
	B2 finishes		103.76			9.64		8.93
	B3 fittings & equipment		77.36			7.19		6.66
	C1 mechanical		291.63			27.09		25.10
	C2 electrical		133.06			12.36		11.45
	Z1 general requirements & fee		86.06			8.00		7.41
	COMPLETE BUILDING	1,045.74	1,161.93	1,278.12	97.15	107.95	118.74	100.00

GROSS BUILDING COSTS — REPRESENTATIVE EXAMPLES — SECTION E

DESCRIPTION		SQUARE METRES			SQUARE FEET			%
		LOW	AVERAGE	HIGH	LOW	AVERAGE	HIGH	
LABORATORY: 3 storey. Excluding Site. 67,700 SF (6290 m²)	A1 substructure		35.14			3.26		1.38
	A2 structure		265.66			24.68		10.44
	A3 exterior enclosure		237.26			22.04		9.33
	B1 partitions & doors		142.59			13.25		5.60
	B2 finishes		151.01			14.03		5.94
	B3 fittings & equipment		404.34			37.56		15.89
	C1 mechanical		827.27			76.86		32.51
	C2 electrical		291.48			27.08		11.46
	Z1 general requirements & fee		189.55			17.61		7.45
	COMPLETE BUILDING	2,289.87	2,544.30	2,798.73	212.74	236.37	260.01	100.00

DESCRIPTION		SQUARE METRES			SQUARE FEET			%
		LOW	AVERAGE	HIGH	LOW	AVERAGE	HIGH	
COLLEGE LIBRARY: 3 storeys, includes loose shelving & carrels. Excluding Site. 29,500 SF (2745 m²)	A1 substructure		76.03			7.06		7.08
	A2 structure		206.52			19.19		19.23
	A3 exterior enclosure		235.53			21.88		21.94
	B1 partitions & doors		40.51			3.76		3.77
	B2 finishes		54.03			5.02		5.03
	B3 fittings & equipment		66.57			6.18		6.20
	C1 mechanical		149.12			13.85		13.89
	C2 electrical		147.62			13.71		13.75
	Z1 general requirements & fee		97.87			9.09		9.11
	COMPLETE BUILDING	966.42	1,073.80	1,181.18	89.78	99.76	109.74	100.00

DESCRIPTION		SQUARE METRES			SQUARE FEET			%
		LOW	AVERAGE	HIGH	LOW	AVERAGE	HIGH	
PROVINCIAL COURTHOUSE: 33 courtrooms, 7 storey, concrete framed, limestone curtainwall cladding. Excluding parking & site. 472,000 SF (44 000 m²)	A1 substructure		28.72			2.67		1.58
	A2 structure		156.36			14.53		8.58
	A3 exterior enclosure		233.56			21.70		12.81
	B1 partitions & doors		132.89			12.35		7.29
	B2 finishes		113.51			10.55		6.23
	B3 fittings & equipment		279.73			25.99		15.35
	C1 mechanical		505.40			46.95		27.72
	C2 electrical		235.29			21.86		12.91
	Z1 general requirements & fee		137.21			12.75		7.53
	COMPLETE BUILDING	1,640.40	1,822.67	2,004.93	152.40	169.33	186.26	100.00

DESCRIPTION		SQUARE METRES			SQUARE FEET			%
		LOW	AVERAGE	HIGH	LOW	AVERAGE	HIGH	
CHURCH: 1 storey structure with basement. Excluding Site. 11,300 SF (1050 m²)	A1 substructure		88.58			8.23		7.01
	A2 structure		169.45			15.74		13.42
	A3 exterior enclosure		248.28			23.07		19.67
	B1 partitions & doors		107.12			9.95		8.48
	B2 finishes		108.12			10.04		8.56
	B3 fittings & equipment		111.20			10.33		8.81
	C1 mechanical		198.00			18.39		15.68
	C2 electrical		129.73			12.05		10.27
	Z1 general requirements & fee		102.30			9.50		8.10
	COMPLETE BUILDING	1,136.50	1,262.78	1,389.06	105.58	117.32	129.05	100.00

DESCRIPTION		SQUARE METRES			SQUARE FEET			%
		LOW	AVERAGE	HIGH	LOW	AVERAGE	HIGH	
LOW RISE APARTMENT: 3 storeys, 33 units. Excluding Site. 32,000 SF (3000 m²)	A1 substructure		19.85			1.84		3.09
	A2 structure		126.47			11.75		19.68
	A3 exterior enclosure		119.63			11.11		18.61
	B1 partitions & doors		68.07			6.32		10.59
	B2 finishes		61.34			5.70		9.54
	B3 fittings & equipment		30.05			2.79		4.68
	C1 mechanical		114.31			10.62		17.79
	C2 electrical		60.94			5.66		9.48
	Z1 general requirements & fee		42.05			3.91		6.54
	COMPLETE BUILDING	578.44	642.71	706.98	53.74	59.71	65.68	100.00

SECTION E — GROSS BUILDING COSTS — REPRESENTATIVE EXAMPLES

DESCRIPTION		SQUARE METRES			SQUARE FEET			%
		LOW	AVERAGE	HIGH	LOW	AVERAGE	HIGH	
HIGH RISE APARTMENT: 25 storeys, 300 unit. Excluding Site. 380,000 SF (35 000 m²)	A1 substructure		11.69			1.09		1.71
	A2 structure		139.23			12.93		20.31
	A3 exterior enclosure		134.86			12.53		19.68
	B1 partitions & doors		68.03			6.32		9.93
	B2 finishes		60.23			5.60		8.79
	B3 fittings & equipment		43.69			4.06		6.38
	C1 mechanical		118.61			11.02		17.31
	C2 electrical		57.26			5.32		8.36
	Z1 general requirements & fee		51.63			4.80		7.53
	COMPLETE BUILDING	616.71	685.23	753.75	57.29	63.66	70.03	100.00

DESCRIPTION		SQUARE METRES			SQUARE FEET			%
		LOW	AVERAGE	HIGH	LOW	AVERAGE	HIGH	
HIGH-RISE CONDOMINIUM: 140 units on 15 floors with one floor penthouse, one floor mechanical, 2 levels below ground parking. Excluding site. 150,000 SF (13 940 m²)	A1 substructure		120.45			11.19		12.26
	A2 structure		178.95			16.62		18.20
	A3 exterior enclosure		140.71			13.07		14.32
	B1 partitions & doors		72.69			6.75		7.40
	B2 finishes		75.54			7.02		7.69
	B3 fittings & equipment		93.52			8.69		9.52
	C1 mechanical		163.85			15.22		16.67
	C2 electrical		63.46			5.90		6.46
	Z1 general requirements & fee		73.48			6.83		7.48
	COMPLETE BUILDING	884.38	982.65	1,080.91	82.16	91.29	100.42	100.00

DESCRIPTION		SQUARE METRES			SQUARE FEET			%
		LOW	AVERAGE	HIGH	LOW	AVERAGE	HIGH	
HOTEL: 150 rooms, 3 floors, 163,100 SF (15 150 m²)	A1 substructure		37.57			3.49		2.70
	A2 structure		225.82			20.98		16.24
	A3 exterior enclosure		289.43			26.89		20.80
	B1 partitions & doors		90.09			8.37		6.48
	B2 finishes		114.01			10.59		8.20
	B3 fittings & equipment		73.42			6.82		5.28
	C1 mechanical		292.29			27.15		21.01
	C2 electrical		165.23			15.35		11.88
	Z1 general requirements & fee		103.04			9.57		7.41
	COMPLETE BUILDING	1,251.80	1,390.89	1,529.98	116.30	129.22	142.14	100.00

DESCRIPTION		SQUARE METRES			SQUARE FEET			%
		LOW	AVERAGE	HIGH	LOW	AVERAGE	HIGH	
HIGH RISE OFFICE COMPLEX: 30 office floors, 1 concourse level and 3 parking levels. 1,403,800 SF (130 400 m²)	A1 substructure		35.12			3.26		3.68
	A2 structure		192.27			17.86		20.13
	A3 exterior enclosure		152.99			14.21		16.03
	B1 partitions & doors		45.15			4.19		4.73
	B2 finishes		88.40			8.21		9.26
	B3 fittings & equipment		91.14			8.47		9.55
	C1 mechanical		189.73			17.63		19.88
	C2 electrical		89.04			8.27		9.33
	Z1 general requirements & fee		70.73			6.57		7.41
	COMPLETE BUILDING	859.10	954.56	1,050.02	79.81	88.68	97.55	100.00

DESCRIPTION		SQUARE METRES			SQUARE FEET			%
		LOW	AVERAGE	HIGH	LOW	AVERAGE	HIGH	
CORPORATE OFFICE COMPLEX: 4 floors with basement offices and mechanical penthouse. 123,900 SF (11 510 m²)	A1 substructure		26.01			2.42		1.97
	A2 structure		197.00			18.30		14.89
	A3 exterior enclosure		281.92			26.19		21.30
	B1 partitions & doors		66.98			6.22		5.06
	B2 finishes		107.29			9.97		8.11
	B3 fittings & equipment		96.70			8.98		7.31
	C1 mechanical		283.80			26.37		21.43
	C2 electrical		165.68			15.39		12.52
	Z1 general requirements & fee		98.03			9.11		7.41
	COMPLETE BUILDING	1,191.06	1,323.40	1,455.75	110.65	122.95	135.24	100.00

LABOUR RATES

SECTION F

Trade	St. Johns	Halifax	Montreal	Ottawa	Toronto	Winnipeg	Calgary	Vancouver
TOTAL WAGE PACKAGE LABOUR RATES								
The following rates represent the latest available information at time of printing. Rates are either the last negotiated rate or negotiated rates that will take effect in 1998. Total Wage Package rates for St. Johns, Halifax, Ottawa, Toronto, Winnipeg, Calgary and Vancouver include the Base Rate, Vacation & Statutory Holidays, Health & Welfare and Pension, Industry & Union Funds. Total Wage Package rates for Quebec include the Base Rate, Vacation & Statutory Holidays, Fringe Benefits, CCQ (Commission de la construction du Quebec) & AECQ (Association des entrepreneurs en construction du Quebec) and Other Funds (Qualification Fund, Indemnification Fund and Safety Equipment; Tools and Welding Qualification Funds). The following rates are applicable for commercial construction.								
Boilermaker	24.95	32.11	33.20	37.26	37.26	29.09	32.50	35.72
Bricklayer	22.65	26.11	32.33	34.15	35.91	24.77	26.56	32.48
Carpenter	20.98	25.58	32.35	33.42	35.85	26.35	23.67	31.57
Carpet Layers	N/A	N/A	29.51	30.89	32.25	22.47	N/A	31.99
Cement Finisher	N/A	N/A	28.92	31.61	N/A	21.40	22.82	31.18
Cement Mason	N/A	20.12	31.84	29.12	31.55	23.32	22.82	30.34
Drywall Finisher	N/A	N/A	32.39	32.03	33.12	24.09	N/A	31.56
Electrician	24.62	30.95	33.49	37.15	38.39	30.24	26.07	35.32
Elevator Construction	N/A	N/A	N/A	N/A	39.12	31.65	31.33	38.25
Elevator Mechanic	N/A	N/A	36.73	37.81	39.12	31.65	32.68	39.36
Glazier	19.69	20.71	N/A	27.74	32.18	24.25	23.45	32.27
Insulator	22.72	30.11	33.52	34.23	36.10	22.08	22.32	33.92
Ironworker, Reinforcing	23.41	22.96	33.15	35.51	35.51	24.99	24.56	34.11
Ironworker, Structural	23.41	28.40	33.73	35.51	35.51	28.95	31.23	34.11
Ironworker, Ornamental	23.41	N/A	31.44	35.51	35.51	23.29	31.23	34.11
Labourer	19.52	21.57	25.66	27.56	31.44	19.79	19.07	28.88
Millwright	24.21	28.62	33.18	36.35	36.35	29.39	32.41	33.76
Operating Engineer								
Class 1.1A	below	25.38	35.41	35.60	37.68	36.63	below	below
Class 1.1B	below	N/A	34.21	40.00	36.96	35.00	below	below
Class 1.2A	below	N/A	33.97	40.00	36.02	33.70	below	below
Class 1.2B	below	N/A	33.01	40.00	35.49	31.98	below	below
Class 1.3	below	N/A	32.15	N/A	33.93	N/A	below	below
Class 1.4	below	N/A	31.87	N/A	32.08	N/A	below	below
Class 1.5	below	N/A	N/A	N/A	30.00	N/A	below	below
Class 1.6	below	N/A	N/A	N/A	29.24	N/A	below	below
Group 1	23.82	above	above	above	above	above	30.86	35.44
Group 2	22.70	above	above	above	above	above	29.45	35.12
Group 3	22.24	above	above	above	above	above	28.04	34.45
Group 4	21.12	above	above	above	above	above	26.62	34.22
Group 5	20.28	above	above	above	above	above	25.18	31.68
Painter								
Brush & Roll	19.46	21.60	29.85	29.37	33.10	24.70	18.67	32.79
Spray & Sandblast	19.46	21.60	29.85	29.37	33.10	24.70	22.62	32.79
Plasterer	N/A	17.30	31.19	30.06	32.20	27.47	22.50	30.97
Plumber/Pipefitter	24.87	30.83	33.34	36.52	38.24	30.56	25.88	34.02
Refrigeration Worker	N/A	N/A	33.22	N/A	39.08	29.49	30.52	35.06
Resilient Floor Layer	N/A	N/A	29.51	30.89	32.25	22.58	N/A	31.99
Rodman	21.89	N/A	25.66	33.44	34.35	25.88	24.06	29.15
Roofer	N/A	22.23	33.59	28.82	32.99	23.62	21.57	30.94
Sheetmetal Worker	24.27	29.99	33.44	35.99	36.26	28.91	24.75	34.19
Sheeter, Decker & Cladder	N/A	N/A	N/A	35.77	36.26	25.40	24.20	34.02
Teamster	N/A	N/A	26.90	N/A	N/A	26.88	N/A	30.66
Terrazzo & Tilesetter	N/A	22.99	32.81	31.60	32.84	23.25	25.08	31.33
Truck Driver	N/A	N/A	26.90	27.73	N/A	N/A	29.45	32.50

Operator Classifications

Class 1.1A
 Cranes with a manufacturer's rating of 200 tons capacity and over.

Class 1.1B
 Cranes with a manufacturer's rating of 100 - 199 tons capacity, 1st Class Stationary Engineers, and skyway, climbing, hammerhead and kangaroo and GCI type cranes.

Class 1.2A
 All convention and hydraulic type cranes, not mentioned in 1.1A, crawler cranes, clams, shovels, gradalls, backhoes, draglines, dredges-suction & dipper, mobile truck cranes and all rough terrain type hydraulic cranes, 15 ton capacity and over boom truck, gantry cranes, cretercranes, side booms, power hoist, mine hoist, chimney hoist, overhead cranes, tower type and material hoists, piledrivers, caisson boring machines and drill rigs. Heavy duty mechanics, qualified maintenance welders, and 2nd Class Stationary Engineers. Mobile pumpcrete 42 meter boom and over.

Class 1.2B
 Pitman type cranes of 10 ton capacity and over.

Class 1.3
 Bullmoose, Pitman type cranes of less than 10 ton capacity, air compressor feeding low pressure into air locks, bulldozers, tractors, scrapers, emcos, overhead and front end loaders, industrial tractors with attachments, trenching machines, mucking machines, mobile pumpcretes not mentioned in 1.2A, side loaders, end booms, mobile pressure grease units, elevators, and Dinky locomotive type engines. 3rd Class Stationary Engineers. Kubota Type Backhoe and Skid Steer Loader.

Class 1.4
 Batching and crushing plants, 6" discharge pumps and over, air tuggers, wellpoint and dewatering systems, concrete mixer of one cubic yard and over, fork lifts, portable air compressors over 150 C.F.M., boom trucks, "A" Frames, post hole augers, and off-highway aggregate haulers; gas, diesel or steam driven generators over 50 H.P. (portable). Servicemen and 4th Class Stationary Engineers.

SECTION F

LABOUR RATES

Trade	St. Johns	Halifax	Montreal	Ottawa	Toronto	Winnipeg	Calgary	Vancouver

Class 1.5
Rollers on grade work, driver mounted compaction units, concrete conveyors, and concrete pumps. Firemen and attendants for forced air, gas or oil burning temporary heating units of 500,000 BTU or over per hour; 2nd year mechanic's helper and signalman.

Class 1.6
Pumps under 6" discharge and driver mounted power sweeper. 1st year mechanic's helper, truck crane oiler drivers, and oilers.

Group 1
Crane 15 ton capacity and over; piledriver; boring machine LDH equivalent and larger; sideboom; stiffleg; guy derrick; gin or guy pole; double drum hoist used for hoisting, lowering and/or erecting; dragline; hoe, shovel, clam, 1 1/2 cubic yard and over; hammerhead and tower cranes 3 ton capacity ad over; gradall; front end loader 10 cubic yard capacity and over; concrete pump with 60 feet of boom or over, or 110 cubic yard per hour capacity and over, or, 1000 PSI pressure and over; Machinist; Mechanic and Welder.

Group 2
Hammerhead and tower cranes up to 3 ton; crawler and mobile cranes up to 15 ton, boring machine MF and equivalent; trench type ditching machine (over 140 Cleveland); concrete pump with less than 60 feet of boom, or, less than 110 cubic yard per hour capacity, or less than 1000 PSI pressure; single drum hoist used for hoisting, lowering and/or erecting; dragline, hoe, shovel, clam over 1/2 cubic yard capacity and up to 1 1/2 cubic yard; front end loader 5 cubic yard capacity and up to 10 cubic yards; quad-tractor; motor scraper 657 and larger; crawler tractors larger than D9 or equivalent.

Group 3
Dragline, hoe, clam, shovel up to and including 1/2 cubic yard; crawler tractor with attachments such as dozer, scraper, over 75 b.h.p. up to and including D9 or equivalent; motor scraper up to 657 capacity; front end and overhead leader 1 cubic yard capacity and up to 5 cubic yards; concrete mixer 1 cubic yard capacity and over; crusher; batch plant; a-frame; lowboy; grader; service truck; lubricator; boring machine BDH equivalent and smaller; parts man; compaction equipment with attachments; "zoom boom" fork lift.

Group 4
Crawler tractors with attachments such as dozer and scraper up to and including 75 b.h.p.; front end and overhead loaders up to 1 cubic yard; concrete mixer up to 1 cubic yard; single drum skip hoist; elevator operator; dump truck operator; forklift; side loader; operated self-propelled and towed compaction equipment; single drum hoist uses not mentioned in Group 2 and parts man's helper.

Group 5
Oiler, assistant operator; water pumps; compressors; mechanical heater; tow tractor without attachments; mechanic's helper; gas tester (sniffer); boring machine helper; rigger for Franki-type machine.

METRIC CONVERSIONS & ABBREVIATIONS — SECTION G

Conversion Factors and Abbreviations

Metric Conversion Factors for Use in the Construction Industry

LENGTH	Imperial to Metric	Metric to Imperial	Metric Unit	Symbol
Inches	25.4	.039 370 1	millimetres	mm
Feet	.3048	3.280 84	metres	m
Yards	.9144	1.093 61	metres	m
Miles	1.609 344	.621 371	kilometres	km
Fathoms	1.8288	.546 806 6	metres	m
AREA				
Sq. inches	645.16	.001 550	sq. millimetres	mm^2
Sq. feet	.092 903	10.7639	sq. metres	m^2
Sq. yards	.836 127	1.195 99	sq. metres	m^2
Acres	.404 686	2.471 05	hectares	ha
Sq. miles	2.589 99	.386 102	sq. kilometres	km^2
VOLUME				
Cu. inches	16 387.1	61.0237×10^{-6}	cu. millimetres	mm^3
Cu. feet	.028 316 8	35.3147	cu. metres	m^3
Cu. yards	.764 555	1.307 95	cu. metres	m^3
Fluid ozs.	28.413	.035 195 1	millilitres	ml
Pints	568.261	.001 759 76	millilitres	ml
Gallons	4.546 09	.219 969	litres	l
MASS				
Grains	.064 798 91	15.432 36	grams	g
Ounces	28.3495	.035 274	grams	g
Pounds	.453 592	2.204 62	kilograms	kg
Tons (short)	.907 184	1.102 312	tonnes	t
VOLUME RATE OF FLOW				
Cu. ft/sec	.028 316 8	35.3147	cu. metres/sec	m^3/s
cu. ft/min	.471 947	2.118 88	litres/sec	l/s
Gals/min	.075 768 2	13.198 2	litres/sec	l/s
Gals/hour	.001 262 8	791.891	litres/sec	l/s
Millions gals/day	.005 261 68	19.0053	cu. metres/sec	m^3/s
FORCE				
Pounds force	4.448 22	.224 809	newtons	N
Tons force (short)	8.896 44	.112 404	kilonewtons	kN
PRESSURE				
Tons/sq. inch (short)	13.789 514	.072 519	megapascals	MPa
Pounds/sq. inch	6.894 76	.1450376	kilopascals	kPa
Pounds/sq. foot	47.8803	.020 8854	pascals	Pa
ENERGY				
Kilowatt hours	3.6	.277 778	megajoules	MJ
BTUs	1.055 06	.947 817	kilojoules	kJ
Foot pounds (force)	1.355 82	.737 562	joules	J
POWER				
Horsepower	.745 700	1.341 02	kilowatts	kW
BTU/hour	.293 071	3.412 14	watts	W
Footpounds/sec	1.355 82	.737 562	watts	W
ILLUMINATION				
Lumens/sq. foot	10.7639	.092 903	lux	lx

Abbreviations: Imperial Sections

Amp, A . . . . ampere	hp . . . . horsepower	MSY . . . . thousand square yards
Btu . . . . British Thermal Unit	hr(s) . . . . hour(s)	mtg . . . . mounting
cct . . . . circuit	h.t . . . . high tension	mtr . . . . motor
CF, cf . . . . cubic foot (feet)	ibr . . . . Institute of Boiler and	nb . . . . nickel bronze
CFM, cfm . . . . cubic foot (feet) per minute	Radiator Manufacturers specification	No . . . . number
ci . . . . cast iron	ici . . . . iron body, cast iron flanged	oc . . . . on centre
CIQS . . . . . Canadian Institute of Quantity Surveyors	incl . . . . included	os & y . . . . outside screw & yoke
CLF . . . . One hundred linear feet	induct . . . . induction	OWSJ . . . . open web steel joist
cond . . . . conduit	ksi . . . . thousand pounds per square inch	oz . . . . ounce
conn . . . . connector	kV . . . . kilovolt	prot . . . . protection
dia . . . . diameter	kVA . . . . kilovolt ampere	psf . . . . pounds per square foot
D4S . . . . dressed four sides	kVAc . . . . kilovolt ampere capacitance	psi . . . . pounds per square inch
EA, ea . . . . each	kW . . . . kilowatt	PVC . . . . polyvinyl chloride
EDR . . . . equivalent direct radiation	lbs/lf . . . . pounds per linear foot	rpm . . . . revolutions per minute
EMT . . . . electrical metallic tubing	Lf, lf . . . . linear foot	sch . . . . schedule
eqpt . . . . equipment	LF Dist . . . . linear foot distribution	self pro . . . . self propelled
FBM, fbm . . . . foot board measure	lin. yd . . . . linear yard	SF . . . . square foot
Fdn . . . . foundation	max . . . . maximum	$/MCF . . . . dollars per thousand cubic feet
Fixt . . . . fixture	mbh . . . . thousand BTUs per hour	S4S . . . . sanded four sides
fpm . . . . feet per minute	MCF . . . . thousand cubic feet	SY . . . . square yard
F.C. . . . . foot candles	mcm . . . . one thousandths of a square inch	T & G . . . . tongue & groove
ftg . . . . footing	meterg . . . . metering	ttw . . . . through the wall
ga . . . . gauge	MFBM . . . . thousand foot board measure	U ground . . . . underground
gfa . . . . gross floor area	MGH . . . . thousand gallons per hour	uncompl . . . . uncompleted
gal . . . . gallon	m.i. . . . . malleable iron	V . . . . volt
galv . . . . galvanized	min . . . . minimum	W . . . . watt
gpm . . . . gallons per minute	MFL . . . . thousand linear feet	wf . . . . wash fountain
G1S . . . . good one side	mm . . . . millimetre	w/sq ft . . . . watts per square foot

Build your construction business with the best!

Construction Market Data Building Reports has the sales and marketing tools you need to be successful in the Canadian Construction industry.

Construction project leads in a format to meet your individual business needs!

DAILY...
with ^{CMD} **KEYFAX**, ^{CMD} **KEYCARD** and ^{CMD} **KEYLINE**... customized project leads delivered by fax, mail or electronically to your computer!

WEEKLY...
with the Building, Engineering and Residential Bulletins.

IN MINUTES...
with CMD Online...unlimited access to Canada's largest database of construction project information.

Make planning & marketing decisions with confidence.

CanaData offers a comprehensive line of statistical, forecasting and reference information for Canadian

✓ Construction Starts
✓ Annual Construction Forecasts
✓ Bi-monthly forecasting newsletter
✓ Custom Reports
✓ Construction Cost Index
✓ Construction Industry Forecasting Conference

For more information call our toll-free number Today!
1-800-387-0213
or Fax
(416) 494-6978
Construction Market Data Canada Inc.
280 Yorkland Blvd., North York, ON   M2J 4Z6

NOTES

NOTES